"十二五"国家重点出版规划

# 先进燃气轮机设计制造基础专著系列

“十二五”国家重点出版规划

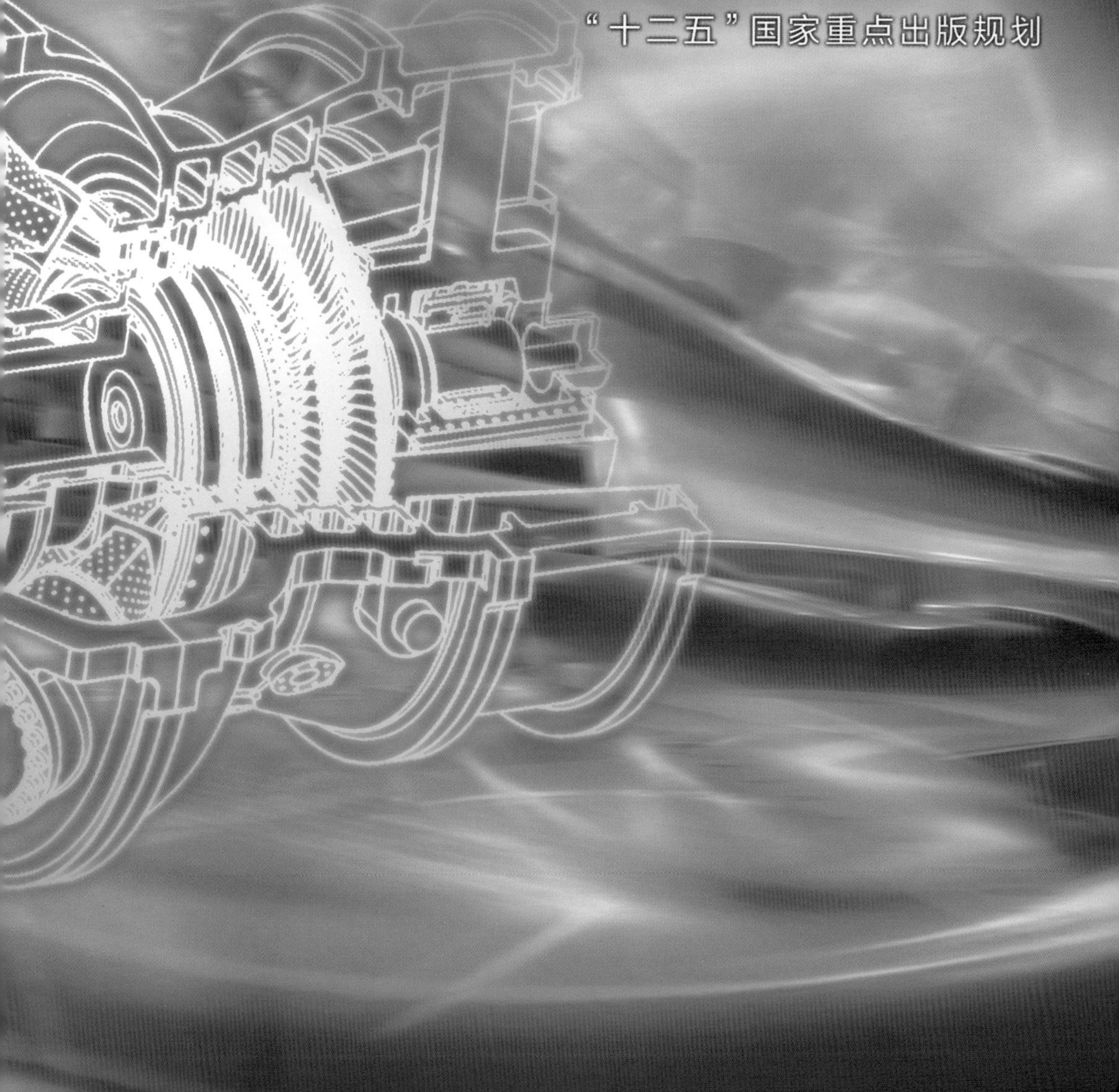

"十二五"国家重点出版规划

先进燃气轮机设计制造基础专著系列

丛书主编 王铁军

# 轴承转子系统动力学
## ——应用篇
### （下册）

虞 烈 刘 恒 王为民 著

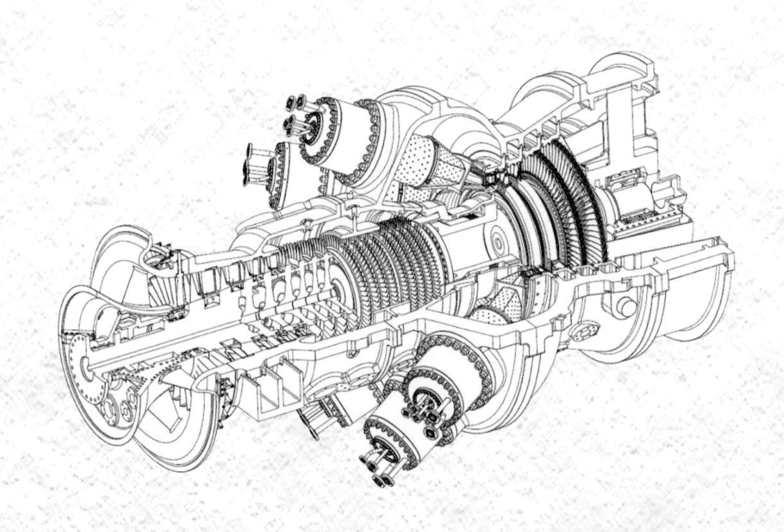

## 内容提要

本书较为系统地介绍了轴承转子系统动力学的基础理论、分析方法及其在工程中的应用案例，分为基础篇和应用篇上、下两册。基础篇主要内容是关于轴承转子系统动力学基础理论与分析方法的介绍；应用篇则主要涵盖了对于三大类机组亦即多平行轴压缩机机组、大型汽轮发电机组以及重型燃气轮机组合转子系统动力学的研究进展。

本书可作为高等院校机械、力学类教材使用，也可供从事轴承转子系统动力学研究的专业工程技术人员参考。

**图书在版编目(CIP)数据**

轴承转子系统动力学．下册，应用篇/虞烈，刘恒，王为民著．—西安：西安交通大学出版社，2016.12
(先进燃气轮机设计制造基础专著系列/王铁军主编)
ISBN 978-7-5605-9432-3

Ⅰ.①轴… Ⅱ.①虞… ②刘… ③王… Ⅲ.①燃气轮机—轴承—转子动力学 Ⅳ.①TK474.7

中国版本图书馆 CIP 数据核字(2017)第 034807 号

**书　　名**　轴承转子系统动力学——应用篇(下册)
**著　　者**　虞　烈　刘　恒　王为民
**责任编辑**　任振国　季苏平

**出版发行**　西安交通大学出版社
(西安市兴庆南路 10 号　邮政编码 710049)
**网　　址**　http://www.xjtupress.com
**电　　话**　(029)82668357　82667874(发行中心)
(029)82668315(总编办)
**传　　真**　(029)82668280
**印　　刷**　中煤地西安地图制印有限公司

**开　　本**　787mm×1092mm　1/16　**印张**　22.25　**彩页**　4　**字数**　465千字
**版次印次**　2016 年 12 月第 1 版　2016 年 12 月第 1 次印刷
**书　　号**　ISBN 978-7-5605-9432-3
**定　　价**　200.00元

读者购书、书店添货，如发现印装质量问题，请与本社发行中心联系、调换。
订购热线：(029)82665248　(029)82665249
投稿热线：(029)82669097　QQ:8377981
读者信箱：lg_book@163.com

“十二五”国家重点出版规划

先进燃气轮机设计制造基础专著系列

# 编 委 会

# 总 序

20 世纪中叶以来，燃气轮机为现代航空动力奠定了基础。随后，燃气轮机也被世界发达国家广泛用于舰船、坦克等运载工具的先进动力装置。燃气轮机在石油、化工、冶金等领域也得到了重要应用，并逐步进入发电领域，现已成为清洁高效火电能源系统的核心动力装备之一。

发电用燃气轮机占世界燃气轮机市场的绝大部分。燃气轮机电站的特点是，供电效率远远超过传统燃煤电站，清洁、占地少、用水少，启动迅速，比投资小，建设周期短，是未来火电系统的重要发展方向之一，是国家电力系统安全的重要保证。对远海油气开发、分布式供电等，燃气轮机发电可大有作为。

燃气轮机是需要多学科推动的国家战略高技术，是国家重大装备制造水平的标志，被誉为制造业王冠上的明珠。长期以来，世界发达国家均投巨资，在国家层面设立各类计划，研究燃气轮机基础理论，发展燃气轮机新技术，不断提高燃气轮机的性能和效率。目前，世界重型燃气轮机技术已发展到很高水平，其先进性主要体现在以下三个方面：一是单机功率达到 30 万千瓦至 45 万千瓦，二是透平前燃气温度达到 1600～1700 ℃，三是联合循环效率超过 60%。

从燃气轮机的发展历程来看，透平前燃气温度代表了燃气轮机的技术水平，人们一直在不断追求燃气温度的提高，这对高温透平叶片的强度、设计和制造提出了严峻挑战。目前，有以下几个途径：一是开发更高承温能力的高温合金叶片材料，但成本高、周期长；二是发展先进热障涂层技术，相比较而言，成本低，效果好；三是制备单晶或定向晶叶片，但难度大，成品率低；四是发展先进冷却技术，这会增加叶片结构的复杂性，从而大大提高制造成本。

整体而言，重型燃气轮机研发需要着重解决以下几个核心技术问题：先进冷却技术、先进热障涂层技术、定（单）向晶高温叶片精密制造技术、高温高负荷高效透平技术、高温低 $NO_x$ 排放燃烧室技术、高压高效先进压气机技术。前四个核心技术属于高温透平部分，占了先进重型燃气轮机设计制造核心技术的三分之二，其中高温叶片的高效冷却与热障是先进重型燃气轮机研发所必须解决的瓶颈问题，大型复杂高温叶片的精确成型制造属于世界难题，这三个核心技术是先进重型燃气轮机自主研发的基础。高温燃烧室技术主要包括燃烧室冷却与设计、低 NOx 排放与高效燃烧理论、燃烧室自激热声振荡及控制等。高压高效先进压气机技术的突破点在于大流量、高压比、宽工况运行条件的压气机设计。重型燃气轮机制造之所以被誉为制造业皇冠上的明珠，不仅仅由于其高新技术密集，而且在于其每一项技术的突破与创新都必须经历“基础理论→单元技术→零部件试验→系统集成→样机综合验证→产品应用”全过程，可见试验验证能力也是重型燃气轮机自主能力的重要标志。

我国燃气轮机研发始于上世纪 50 年代，与国际先进水平相比尚有较大差距。改革开放以来，我国重型燃气轮机研发有了长足发展，逐步走上了自主创新之路。“十五”期间，通过国家高技术研究发展计划，支持了 E 级燃气轮机重大专项，并形成了 F 级重型燃气轮机制造能力。“十一五”以来，国家中长期科学和技术发展规划纲要（2006～2020 年），将重型燃气轮机等清洁高效能源装备的研发列入优先主题，并通过国家重点基础研究发展计划，支持了重型燃气轮机制造基础和热功转换研究。

2006 年以来，我们承担了“大型动力装备制造基础研究”，这是我国重型燃气轮机制造基础研究的第一个国家重点基础研究发展计划项目，本人有幸担任了项目首席科学家。以F级重型燃气轮机制造为背景，重点研究高温透平叶片的气膜冷却机理、热障涂层技术、定向晶叶片成型技术、叶片冷却孔及榫头的精密加工技术、大型盘式拉杆转子系统动力学与实验系统等问题，2011年项目结题优秀。2012年，“先进重型燃气轮机制造基础研究”项目得到了国家重点基础研究发展计划的持续支持，以国际先进的J级重型燃气轮机制造为背景，研究面向更严酷服役环境的大型高温叶片设计制造基础和实验系统、大型拉杆组合转子的设计与性能退化规律。

这两个国家重点基础研究发展计划项目实施十年来，得到了二十多位国家重点基础研究发展计划顾问专家组专家、领域咨询专家组专家和项目专家组专家的大力支持、指导和无私帮助。项目组共同努力，校企协同创新，将基础理论研究融入企业实践，在重型燃气轮机高温透平叶片的冷却机理与冷却结构设计、热障涂层制备与强度理论、大型复杂高温叶片精确成型与精密加工、透平密封技术、大型盘式拉杆转子系统动力学、重型燃气轮机实验系统建设等方面取得了可喜进展。我们拟通过本套专著来总结十余年来的研究成果。

第1卷:高温透平叶片的传热与冷却。主要内容包括:高温透平叶片的传热及冷却原理，内部冷却结构与流动换热，表面流动传热与气膜冷却，叶片冷却结构设计与热分析，相关的计算方法与实验技术等。

第2卷:热障涂层强度理论与检测技术。主要内容包括:热障涂层中的热应力和生长应力，表面与界面裂纹及其竞争，层级热障涂层系统中的裂纹，外来物和陶瓷层烧结诱发的热障涂层失效，涂层强度评价与无损检测方法。

第3卷:高温透平叶片增材制造技术。重点介绍高温透平叶片制造的3D打印方法，主要内容包括:基于光固化原型的空心叶片内外结构一体化铸型制造方法和激光直接成型方法。

第4卷:高温透平叶片精密加工与检测技术。主要内容包括:空心透平叶片多工序精密加工的精确定位原理及夹具设计，冷却孔激光复合加工方法，切削液与加工质量，叶片型面与装配精度检测方法等。

第5卷：热力透平密封技术。主要内容包括：热力透平非接触式迷宫密封和蜂窝/孔形/袋形阻尼密封技术，接触式刷式密封技术相关的流动，传热和转子动力特性理论分析，数值模拟和实验方法。

第6卷：轴承转子系统动力学（上、下册）。上册为基础篇，主要内容包括经典转子动力学及一些新进展。下册为应用篇，主要内容包括大型发电机组轴系动力学，重型燃气轮机组合转子中的接触界面，预紧饱和状态下的基本解系和动力学分析方法，结构强度与设计准则等。

第7卷：叶片结构强度与振动。主要内容包括：重型燃气轮机压气机叶片和高温透平叶片的强度与振动分析方法及实例，减振技术，静动频测量方法及试验模态分析。

希望本套专著能为我国燃气轮机的发展提供借鉴，能为从事重型燃气轮机和航空发动机领域的技术人员、专家学者等提供参考。本套专著也可供相关专业人员及高等院校研究生参考。

本套专著得到了国家出版基金和国家重点基础研究发展计划的支持，在撰写、编辑及出版过程中，得到许多专家学者的无私帮助，在此表示感谢。特别感谢西安交通大学出版社给予的重视和支持，以及相关人员付出的辛勤劳动。

鉴于作者水平有限，缺点和错误在所难免。敬请广大读者不吝赐教。

**《先进燃气轮机设计制造基础》专著系列主编**
**机械结构强度与振动国家重点实验室主任** 王铁军
2016年9月6日于西安交通大学

# 序言

旋转机械在能源电力、交通、石油化工、军工生产及空间技术中占有极其重要的地位，也是国民经济支柱产业的关键高端装备。

有别于其他工程机械的最大特点是：在旋转机械中，转子与其他不动件之间是依赖小间隙约束而构成完整系统的。机组的失效也总是最先表现在这类小间隙约束的破坏与失效方面，而机组振动则是导致小间隙约束破坏的直接原因。因此在旋转机械发展的整个历史进程中，如何保证转子系统在小间隙约束条件下具有优良的动力学品质这一命题始终是学术界和工程界关注的焦点。轴承转子系统动力学就是这样一门研究在各种小间隙激励因素作用下转子系统动力学行为的科学。

本书是在参阅了国内外大量研究文献，以及总结我和我的同事们在本领域内数十年科学研究成果的基础上完成的。全书内容一部分是在 2001 年出版的同名研究生教材基础上修改而成的；增加和扩展部分则总结了作者在本领域内十余年来新的研究成果。与 2001 年出版的同名教材相比，在内容深度和广度上都大为拓展了。

全书共 16 章，分为基础篇（上册）和应用篇（下册）。基础篇主要内容是关于轴承转子系统动力学基础理论、分析方法的介绍；应用篇则主要涵盖了对于三大类机组亦即多平行轴压缩机机组、大型汽轮发电机组以及重型燃气轮机组合转子系统动力学的研究进展。书中第 6、第 16 章由刘恒教授撰写；第 3、第 12～14 章由王为民博士撰写；第 4、第 10、第 15 章分别取材于贾妍博士、李明博士和张明书博士的博士论文；其余章节以及全书的定稿由虞烈完成。

贯穿本书的主导思想是：与单一零部件相比，旋转机械的动力学行为在更大程度上取决于系统，这里所说的系统是指包括转子、支承、密封等在内的集成；另外一个需要充分关注的是关于系统的复杂性研究和非线性研究，随着现代机电系统的日趋复杂化，它们将成为二十一世纪科学研究的重要内容。

自然界的规律是客观存在的。同样，知识也是有生命的——人类在认识自然规律过程中以往所获得的正确认知，岁月的更替令它们常新不再，但并不消亡。这些知识作为人类文明的一部分被传承下去，并随着科学技术的进步不断地深化、丰富与发展，永无穷尽。这也许正是广大科学工作者愿意为之奉献毕生的真正动力与原因。

特别感谢国家重点基础研究发展计划和国家自然科学基金历年来所给予的资助。特别感谢国家科学技术学术著作出版基金委员会对本书出版的资助。

特别感谢景敏卿教授、周健高级工程师、孙岩桦副教授、耿海鹏博士、戚社苗博士、李辉光博士、杨利花副教授和研究所同仁在工作中所给予的长期支持和帮助。

感谢所有曾经与我共同工作过的硕士和博士们，他们的聪明才智和卓有成效的工作令我受益良多。

感谢所有的朋友与亲人们！

因学识有限，谬误难免，尚望大家不吝赐教。

虞　烈

西安交通大学机械电子及信息系统研究所

机械结构强度与振动国家重点实验室

2016 年 6 月 9 日于西安

# 目录

# 第9章 复杂转子系统的固有振动和强迫振动响应

如前所述，任意复杂转子轴承系统的动力学分析都可以归结为对于一个具有 $n$ 个自由度的二阶、无量纲微分方程组的求解。

对于固有振动：
$$\boldsymbol{M}\ddot{\boldsymbol{X}}+\boldsymbol{C}\dot{\boldsymbol{X}}+\boldsymbol{K}\boldsymbol{X}=\boldsymbol{0} \tag{9-1}$$

对于强迫振动：
$$\boldsymbol{M}\ddot{\boldsymbol{X}}+\boldsymbol{C}\dot{\boldsymbol{X}}+\boldsymbol{K}\boldsymbol{X}=\boldsymbol{F} \tag{9-2}$$

本章主要处理复杂转子轴承系统的固有振动和强迫振动分析问题，包括转子的固有频率分析，系统强迫振动响应的求解，基于复模态的系统灵敏度分析等。最后给出了一类由可倾瓦轴承支承的单跨多质量转子系统的动力学分析实例。

## 9.1 轴承转子系统的固有振动分析

设二阶微分方程组(9-1)的解具有如下形式：

$$\boldsymbol{X}=\boldsymbol{X}_0\mathrm{e}^{\lambda T} \tag{9-3}$$

其中，$\boldsymbol{X}_0$ 为待定常数列向量；$\lambda$ 为复特征值，$\lambda=-U\pm \mathrm{i}V$。将式(9-3)代入式(9-1)后，得到

$$(\lambda^2\boldsymbol{M}+\lambda\boldsymbol{C}+\boldsymbol{K})\boldsymbol{X}_0=\boldsymbol{0} \tag{9-4}$$

从而把轴承转子系统的固有振动分析转化为对于方程(9-4)的特征值求解问题。以下介绍轴承转子系统特征值问题求解的几种主要方法。

### 9.1.1 邓柯莱法

邓柯莱(Dunkerley)在研究多圆盘转轴的横向振动时，提出了一种对于系统基频的估算方法，后人称之为邓柯莱法[1]。该方法至今有时仍然被用于对系统基频的粗略估计。

当轴承转子系统中阻尼可忽略不计时(如不计陀螺效应的刚性支承或弹性支承转子系统)，将特征值问题(9-4)的解简记为 $\lambda=\pm \mathrm{i}\omega$，代入后得到

$$(\omega^2\boldsymbol{M}+\boldsymbol{K})\boldsymbol{X}_0=\boldsymbol{0} \tag{9-5}$$

记 $n$ 阶矩阵 $\boldsymbol{A}=-\boldsymbol{K}^{-1}\boldsymbol{M}=-\boldsymbol{F}\boldsymbol{M}$，$\boldsymbol{F}=\boldsymbol{K}^{-1}$ 为系统所对应的柔度矩阵。

式(9－5)的特征值问题可进一步简化为

$$\boldsymbol{A}\boldsymbol{X}_0=\frac{1}{\omega^2}\boldsymbol{X}_0 \tag{9-6}$$

若将$n$个特征值$\frac{1}{\omega_i^2}$按大小排列为$\frac{1}{\omega_1^2}>\frac{1}{\omega_2^2}>\cdots>\frac{1}{\omega_n^2}$,则$\frac{1}{\omega_1^2}$对应于系统的一阶固有频率,称为基频。

对应于式(9－6)的特征方程为

$$\left|\boldsymbol{A}-\frac{1}{\omega^2}\boldsymbol{I}\right|=0 \tag{9-7}$$

将式(9－7)等号左端展开后得到

$$(-1)^n\left[\left(\frac{1}{\omega^2}\right)^n-(a_{11}+a_{22}+\cdots+a_{nn})\left(\frac{1}{\omega^2}\right)^{n-1}+\cdots+(-1)^n\ |\boldsymbol{A}|\right]=0 \tag{9-8}$$

其中,$a_{ii}$是矩阵$\boldsymbol{A}$主对角线上的第$i$个主元。由代数方程理论知

$$\frac{1}{\omega_1^2}+\frac{1}{\omega_2^2}+\cdots+\frac{1}{\omega_n^2}=a_{11}+a_{22}+\cdots+a_{nn} \tag{9-9}$$

式(9-9)等号的右端项,亦即矩阵$\boldsymbol{A}$主对角线上的主元之和,被称为矩阵$\boldsymbol{A}$的迹,记为tr$\boldsymbol{A}$,即

$$\mathrm{tr}\boldsymbol{A}=\sum_{i=1}^{n}\frac{1}{\omega_i^2} \tag{9-10}$$

当系统方程的质量阵$\boldsymbol{M}$为对角阵时,矩阵$\boldsymbol{A}$的迹为

$$\mathrm{tr}\boldsymbol{A}=\mathrm{tr}(\boldsymbol{K}^{-1}\boldsymbol{M})=\mathrm{tr}(\boldsymbol{F}\boldsymbol{M})=f_{11}m_1+f_{22}m_2+\cdots+f_{nn}m_n \tag{9-11}$$

其中,$f_{ii}$和$m_i$分别是柔度矩阵$\boldsymbol{F}$及质量矩阵$\boldsymbol{M}$主对角线上的第$i$个元素。因为$f_{ii}$被定义为在第$i$个质量$m_i$处作用有单位力时所产生的位移,所以在只保留第$i$个质量元时所得到的单自由度系统的固有频率估计可记为

$$P_i^2=\frac{k_{ii}}{m_i}=\frac{1}{f_{ii}m_i} \tag{9-12}$$

将式(9－12)及式(9－11)代入式(9－10),得

$$\sum_{i=1}^{n}\frac{1}{\omega_i^2}=\frac{1}{P_1^2}+\frac{1}{P_2^2}+\cdots+\frac{1}{P_n^2} \tag{9-13}$$

对于轴承转子系统的横向振动,二阶以上的固有频率通常远大于基频,因而式(9－13)等号左端可只保留$\frac{1}{\omega_1^2}$项,从而得到

$$\frac{1}{\omega_1^2}\approx\frac{1}{P_1^2}+\frac{1}{P_2^2}+\cdots+\frac{1}{P_n^2} \tag{9-14}$$

式(9－14)称为邓柯莱公式，由此求得的系统基频显然是精确解的下限。

### 9.1.2 经典瑞利法

有关瑞利法的基本原理在前面的章节中曾经介绍过，这里仅讨论如何利用瑞利法求解系统的固有频率。对于无阻尼结构矩阵系统的特征值问题，实模态分析下的经典瑞利商(CRQ)有如下定义：

$$R(\boldsymbol{X}_{0i})=\frac{\boldsymbol{X}_{0i}^{\mathrm{T}}\boldsymbol{K}\boldsymbol{X}_{0i}}{\boldsymbol{X}_{0i}{}^{\mathrm{T}}\boldsymbol{M}\boldsymbol{X}_{0i}} \tag{9-15}$$

若 $\boldsymbol{X}_{0i}$ 是对系统第 $i$ 阶模态的近似估计，则 $R(\boldsymbol{X}_{0i})$ 也是对于系统第 $i$ 阶固有频率的近似估计，并具有相应的驻值、极值特性，且当 $\boldsymbol{X}_{0i}$ 是系统第 $i$ 阶主振型时，瑞利商反映了系统在第 $i$ 阶主振型振动过程中的机械能守恒，并有

$$\delta R(\boldsymbol{X}_{0i})=0\quad(\delta\text{ 为一阶变分}) \tag{9-16}$$

$$R(\boldsymbol{X}_{0i})=\frac{\boldsymbol{X}_{0i}^{\mathrm{T}}\boldsymbol{K}\boldsymbol{X}_{0i}}{\boldsymbol{X}_{0i}^{\mathrm{T}}\boldsymbol{M}\boldsymbol{X}_{0i}}=\frac{K_{pi}}{M_{pi}}=\omega_i^2\quad(\omega_i\text{ 为系统第 }i\text{ 阶固有频率}) \tag{9-17}$$

$$\min(\omega_i^2)\leqslant R(\boldsymbol{X}_{0i})\leqslant\max(\omega_i^2)\qquad(i=1,2,\cdots,n) \tag{9-18}$$

根据瑞利商的上述性质，原则上可以运用瑞利商计算任意阶固有频率，但由于高阶主振型很难合理假设，所以瑞利商一般用于求解一阶固有频率。由瑞利商计算出来的基频只能是精确解的上限，这是因为所假设的第一阶主振型与真实振型的偏差相当于给系统附加了某些约束，提高了系统刚度，致使算出的基频值有所提高。

### 9.1.3 复模态分析及广义瑞利法

对于形如式(9－1)自由运动方程的求解，以往人们对于特征值的关注远甚于特征向量。近年来新的研究动向表明：随着研究工作的深入，系统的特征向量(包括左、右特征向量)在系统的总体分析过程中(诸如模态分析与综合，系统的再分析、设计方案的重新修改……)所处的重要地位，实在不亚于特征值[2-7,19]。

式(9－1)可化为大家所熟知的广义特征值问题：

$$(\lambda_i\boldsymbol{A}-\boldsymbol{B})\boldsymbol{\Gamma}_i=\boldsymbol{0} \tag{9-19}$$

或

$$\boldsymbol{r}_i^{\mathrm{T}}(\lambda_i\boldsymbol{A}-\boldsymbol{B})=\boldsymbol{0} \tag{9-20}$$

其中

$$\boldsymbol{A}=\begin{pmatrix}\boldsymbol{0} & \boldsymbol{M}\\ \boldsymbol{M} & \boldsymbol{C}\end{pmatrix},\quad \boldsymbol{B}=\begin{pmatrix}\boldsymbol{M} & \boldsymbol{0}\\ \boldsymbol{0} & -\boldsymbol{K}\end{pmatrix},\quad \boldsymbol{\Gamma}_i=\begin{pmatrix}\lambda_i\boldsymbol{X}_{0i}\\ \boldsymbol{X}_{0i}\end{pmatrix},\quad \boldsymbol{r}_i=\begin{pmatrix}\lambda_i\boldsymbol{Y}_{0i}\\ \boldsymbol{Y}_{0i}\end{pmatrix} \tag{9-21}$$

式中,$\boldsymbol{X}_{0i}$,$\boldsymbol{Y}_{0i}$ 为对应于第 $i$ 阶特征值 $\lambda_i$ 的右、左特征向量。

一个 $n$ 阶的矩阵束$(-\lambda\boldsymbol{A}+\boldsymbol{B})$,如果 $\boldsymbol{A}$ 非奇异,则称其为为正则矩阵束。若该矩阵束有 $n$ 个线性独立的右特征向量,则称其为单纯束。事实上,后一个条件实际上也意味着左特征向量线性独立,其正交性与实模态分析中的正交性相对应,具有以下性质:

$$\begin{cases}(-\lambda_i\boldsymbol{A}+\boldsymbol{B})\boldsymbol{\Gamma}_i=\boldsymbol{0}\\ \boldsymbol{r}_i^{\mathrm{T}}(-\lambda_i\boldsymbol{A}+\boldsymbol{B})=\boldsymbol{0}\\ \boldsymbol{r}_i^{\mathrm{T}}\boldsymbol{A}\boldsymbol{\Gamma}_j=\boldsymbol{0}\ (i\neq j),\ \boldsymbol{r}_i^{\mathrm{T}}\boldsymbol{B}\boldsymbol{\Gamma}_j=\boldsymbol{0}\quad (i\neq j)\\ \boldsymbol{r}_i^{\mathrm{T}}\boldsymbol{A}\boldsymbol{\Gamma}_i=\boldsymbol{Y}_{0i}^{\mathrm{T}}(2\lambda_i\boldsymbol{M}+\boldsymbol{C})\boldsymbol{X}_{0i}\\ \boldsymbol{r}_i^{\mathrm{T}}\boldsymbol{B}\boldsymbol{\Gamma}_i=\lambda_i[\boldsymbol{Y}_{0i}^{\mathrm{T}}(2\lambda_i\boldsymbol{M}+\boldsymbol{C})\boldsymbol{X}_{0i}]\end{cases} \tag{9-22}$$

由于右、左特征向量的选取只能确定到一个任意常数因子,因此当 $\boldsymbol{\Gamma}_j$ 和 $\boldsymbol{r}_i$ 依照 $\boldsymbol{A}$ 规范化取值时,式(9-22)可简记为

$$\boldsymbol{r}_i^{\mathrm{T}}\boldsymbol{A}\boldsymbol{\Gamma}_j=\delta_{ij}$$

和

$$\boldsymbol{r}_i^{\mathrm{T}}\boldsymbol{B}\boldsymbol{\Gamma}_j=\lambda_i\delta_{ij} \tag{9-23}$$

双正交条件式(9-23)实际上对于所有的单纯矩阵束都成立,换句话说,一个给定的单纯矩阵束总可以表述成下列形式:

$$\boldsymbol{r}^{\mathrm{T}}\boldsymbol{A}\boldsymbol{\Gamma}=\boldsymbol{I}$$

和

$$\boldsymbol{r}^{\mathrm{T}}\boldsymbol{B}\boldsymbol{\Gamma}=\boldsymbol{\Lambda} \tag{9-24}$$

其中

$$\begin{cases}\boldsymbol{\Gamma}=(\Gamma_1\quad \Gamma_2\quad \cdots\quad \Gamma_n)\\ \boldsymbol{r}=(r_1\quad r_2\quad \cdots\quad r_n)\\ \boldsymbol{\Lambda}=\mathrm{diag}(\lambda_1\quad \lambda_2\quad \cdots\quad \lambda_n)\end{cases} \tag{9-25}$$

$\boldsymbol{\Gamma}$,$\boldsymbol{r}$ 分别被称为右、左特征向量矩阵或复模态矩阵。这表明,如果在实模态分析中对于无重根的 $n$ 阶系统只需要 $n$ 个模态就能构成系统振型的完备空间,那么在复模态分析中则需要 $2n$ 个定义在状态空间内的复模态方能构建系统复振型的完备空间。

对于一般的阻尼结构系统,基于左、右特征向量,特征值还可以表示为

$$\lambda_i = \frac{\boldsymbol{r}_i^{\mathrm{T}} \boldsymbol{B}\boldsymbol{\Gamma}_i}{\boldsymbol{r}_i^{\mathrm{T}} \boldsymbol{A}\boldsymbol{\Gamma}_i} \qquad (i = 1,2,\cdots,n) \tag{9-26}$$

如采用任意向量 $\boldsymbol{X}_i$,$\boldsymbol{Y}_i$ 代替式(9-26)中 $\boldsymbol{\Gamma}_i$ 和 $\boldsymbol{r}_i$,可以得到相应的广义瑞利商

$$R(\boldsymbol{X}_i,\boldsymbol{Y}_i) = \frac{\boldsymbol{Y}_i^{\mathrm{T}}\boldsymbol{B}\boldsymbol{X}_i}{\boldsymbol{Y}_i^{\mathrm{T}}\boldsymbol{A}\boldsymbol{X}_i} \tag{9-27}$$

若 $\boldsymbol{X}_i$,$\boldsymbol{Y}_i$ 分别是对系统第 $i$ 阶左右模态的近似估计,则 $R(\boldsymbol{X}_i,\boldsymbol{Y}_i)$ 是对系统第 $i$ 阶复特征值的近似估计。

可以证明,广义瑞利商 $R(\boldsymbol{X}_i,\boldsymbol{Y}_i)$ 在对应于特征值 $\lambda_i$ 处的每一对右、左特征向量 $\boldsymbol{\Gamma}_i$ 和 $\boldsymbol{r}_i$ 处取驻值,且 $R(\boldsymbol{\Gamma}_i,\boldsymbol{r}_i) = \lambda_i$。为此,考察 $R(\boldsymbol{X}_i,\boldsymbol{Y}_i)$ 的一阶变分

$$\delta R(\boldsymbol{X}_i,\boldsymbol{Y}_i) = \frac{(\delta\boldsymbol{Y}_i^{\mathrm{T}}\boldsymbol{B}\boldsymbol{X}_i + \boldsymbol{Y}_i^{\mathrm{T}}\boldsymbol{B}\delta\boldsymbol{X}_i)(\boldsymbol{Y}_i^{\mathrm{T}}\boldsymbol{A}\boldsymbol{X}_i) - (\boldsymbol{Y}_i^{\mathrm{T}}\boldsymbol{B}\boldsymbol{X}_i)(\delta\boldsymbol{Y}_i^{\mathrm{T}}\boldsymbol{A}\boldsymbol{X}_i + \boldsymbol{Y}_i^{\mathrm{T}}\boldsymbol{A}\delta\boldsymbol{X}_i)}{(\boldsymbol{Y}_i^{\mathrm{T}}\boldsymbol{A}\boldsymbol{X}_i)^2} \tag{9-28}$$

对式(9-28)在 $\boldsymbol{\Gamma}_i$ 和 $\boldsymbol{r}_i$ 处求值,由于

$$\begin{cases} \delta\boldsymbol{Y}_i^{\mathrm{T}}\boldsymbol{B}\boldsymbol{X}_i = \lambda_i(\delta\boldsymbol{Y}_i^{\mathrm{T}}\boldsymbol{A}\boldsymbol{\Gamma}_i) \\ \boldsymbol{Y}_i^{\mathrm{T}}\boldsymbol{B}\delta\boldsymbol{X}_i = \lambda_i(\boldsymbol{r}_i^{\mathrm{T}}\boldsymbol{A}\delta\boldsymbol{X}_i) = \lambda_i(\delta\boldsymbol{X}_i^{\mathrm{T}}\boldsymbol{A}^{\mathrm{T}}\boldsymbol{r}_i) \\ \boldsymbol{Y}_i^{\mathrm{T}}\boldsymbol{B}\boldsymbol{X}_i = \lambda_i(\boldsymbol{r}_i^{\mathrm{T}}\boldsymbol{A}\boldsymbol{\Gamma}_i) \\ \boldsymbol{Y}_i^{\mathrm{T}}\boldsymbol{A}\delta\boldsymbol{X}_i = (\delta\boldsymbol{X}_i^{\mathrm{T}}\boldsymbol{A}^{\mathrm{T}}\boldsymbol{r}_i) \end{cases} \tag{9-29}$$

对每一对 $\boldsymbol{\Gamma}_i$ 和 $\boldsymbol{r}_i$ 的取值依照 $\boldsymbol{A}$ 作规范化处理,由 $\boldsymbol{r}_i^{\mathrm{T}}\boldsymbol{A}\boldsymbol{\Gamma}_i = 1$ 得到

$$\delta R(\boldsymbol{X}_i,\boldsymbol{Y}_i)\big|_{\boldsymbol{X}_i=\boldsymbol{\Gamma}_i,\boldsymbol{Y}_i=\boldsymbol{r}_i} = 0$$

和

$$R(\boldsymbol{X}_i,\boldsymbol{Y}_i)\big|_{\boldsymbol{X}_i=\boldsymbol{\Gamma}_i,\boldsymbol{Y}_i=\boldsymbol{r}_i} = \lambda_i \tag{9-30}$$

经典 Rayleigh 最大和最小特性也可以由广义瑞利商直接推演出来:

当 $\boldsymbol{A}^{\mathrm{T}} = \boldsymbol{A}$,$\boldsymbol{B}^{\mathrm{T}} = \boldsymbol{B}$ 且 $\boldsymbol{A} > \boldsymbol{0}$ 时,有

$$\lambda_i = \frac{\boldsymbol{\Gamma}_i^{\mathrm{T}}\boldsymbol{B}\boldsymbol{\Gamma}_i}{\boldsymbol{\Gamma}_i^{\mathrm{T}}\boldsymbol{A}\boldsymbol{\Gamma}_i} \tag{9-31}$$

不失一般性,令 $\lambda_1 \leqslant \lambda_2 \leqslant \cdots \leqslant \lambda_n$,在特征向量空间内任取 $X_i = \sum a_i\boldsymbol{\Gamma}_i$,利用正交条件 $\boldsymbol{\Gamma}_i^{\mathrm{T}}\boldsymbol{A}\boldsymbol{\Gamma}_i = \delta_{ij}$,$\boldsymbol{\Gamma}_i^{\mathrm{T}}\boldsymbol{B}\boldsymbol{\Gamma}_i = \lambda_i\delta_{ij}$,于是

$$R(\boldsymbol{X}_i,\boldsymbol{Y}_i) = \frac{\boldsymbol{X}_i^{\mathrm{T}}\boldsymbol{B}\boldsymbol{X}_i}{\boldsymbol{X}_i^{\mathrm{T}}\boldsymbol{A}\boldsymbol{X}_i} = \frac{\lambda_1 a_1^2 + \lambda_2 a_2^2 + \cdots + \lambda_n a_n^2}{a_1^2 + a_2^2 + \cdots + a_n^2} \tag{9-32}$$

因而有

$$R(\boldsymbol{X}_i,\boldsymbol{X}_i) - \lambda_1 = \frac{(\lambda_2 - \lambda_1)a_2^2 + (\lambda_3 - \lambda_1)a_3^2 + \cdots + (\lambda_n - \lambda_1)a_n^2}{\sum_i a_i^2} \geqslant 0 \tag{9-33}$$

和

$$R(\boldsymbol{X}_i,\boldsymbol{X}_i)-\lambda_n=\frac{(\lambda_1-\lambda_n)a_1^2+(\lambda_2-\lambda_n)a_2^2+\cdots+(\lambda_{n-1}-\lambda_n)a_{n-1}^2}{\sum_i a_i^2}\leqslant 0 \tag{9-34}$$

亦即

$$\lambda_1\leqslant R(\boldsymbol{X}_i,\boldsymbol{X}_i)\leqslant\lambda_n \tag{9-35}$$

或

$$\begin{cases}\min R(\boldsymbol{X})=\lambda_1\\ \max R(\boldsymbol{X})=\lambda_n\end{cases} \tag{9-36}$$

类似地,对 $\lambda_2$,$\lambda_3$ 等也可以给出其变分描述。例如,如果所选择的可变向量 $\boldsymbol{X}$ 是和 $\boldsymbol{A\Gamma}_1$ 正交,则 $R(\boldsymbol{X},\boldsymbol{X})$ 的最小值将取 $\lambda_2$。

一般说来,与前 $k-1$ 个特征向量 $\boldsymbol{\Gamma}_1,\boldsymbol{\Gamma}_2,\cdots,\boldsymbol{\Gamma}_{K-1}$ 正交的向量的 $R(\boldsymbol{X},\boldsymbol{X})$,其最小值为第 $k$ 个特征值 $\lambda_k$。反之,如果对 $\boldsymbol{X}$ 的约束取为 $\boldsymbol{X}$ 与后 $n-k$ 个特征向量正交,则 $\lambda_k$ 为 $R(\boldsymbol{X},\boldsymbol{X})$ 的最大值。因此,经典瑞利商可以看作是广义瑞利商的特例[8]。

### 9.1.4 广义逆迭代法

在轴承转子系统的振动和稳定性分析中,求解非对称的特征值问题居多,其中质量矩阵 $\boldsymbol{M}$ 一般是对称的,而刚度矩阵 $\boldsymbol{K}$ 和阻尼矩阵 $\boldsymbol{C}$ 则由于动压滑动轴承转子动力学系数的非对称性通常为不对称实矩阵。方程(9-4)一般具备以下特点:

(1) 矩阵 $\boldsymbol{K}$,$\boldsymbol{C}$ 和 $\boldsymbol{M}$ 都是大型带状稀疏矩阵;

(2) 人们仅对其低阶特征值和特征向量感兴趣。

许多方法,如 QR 法、蓝奎兹(Lanczos)方法、子空间迭代法等,都可以用来求解方程(9-4)[9]。如何针对该问题的上述两个特点设计出有效的算法是人们所关注的问题。

参考文献[10]介绍了一种广义逆迭代算法,该算法直接在原 $n$ 阶规模上进行反迭代,而在迭代的同时把方程(9-4)简化为一个小型线性标准特征值问题。该算法既不涉及复数运算,同时也充分顾及了方程(9-4)的上述两个特点。实践表明,该方法不仅适用于对称矩阵系统,而且对于非对称矩阵系统也同样有效。以下对该算法作简单介绍:

对于 $\boldsymbol{A}\in\mathbf{R}^{n\times n}$ 的标准特征值问题 $\boldsymbol{AX}=\lambda\boldsymbol{X}$,若存在 $\boldsymbol{G}\in\mathbf{C}^{m\times m}$,$\boldsymbol{Q}\in\mathbf{C}^{n\times m}$,满足①$\mathrm{rank}(\boldsymbol{Q})=m$,②$\boldsymbol{AQ}=\boldsymbol{QG}$,则称 $\boldsymbol{Q}$ 为 $\boldsymbol{A}$ 的对应于 $m$ 阶特征值方阵 $\boldsymbol{G}$ 的

右特征矩阵。事实上，若 $\lambda \in \lambda(\boldsymbol{G})$，则 $\lambda \in \lambda(\boldsymbol{A})$。$\boldsymbol{G}$ 是缩阶后的方阵，其特征值的求解要比对于矩阵 $\boldsymbol{A}$ 的特征值求解简化得多。因此，求解大型特征值问题的子空间迭代法和里兹向量法等的实质都是通过迭代构造近似“特征值方阵”和“特征矩阵”的过程。

将方程(9-4)改写成如下形式：

$$\boldsymbol{S}\boldsymbol{X}_0 + \lambda\boldsymbol{R}\boldsymbol{X}_0 + \lambda^2\boldsymbol{X}_0 = \boldsymbol{0} \tag{9-37}$$

类似于标准特征值问题的情况，设 $\boldsymbol{S},\boldsymbol{R} \in \mathbf{R}^{n\times n}$，若存在 $\boldsymbol{Q} \in \mathbf{C}^{n\times m}$，$\boldsymbol{T} \in \mathbf{C}^{m\times m}$，满足 ①$\mathrm{rank}(\boldsymbol{T}) = m$，②$\boldsymbol{SQ} + \boldsymbol{RQT} + \boldsymbol{QT}^2 = \boldsymbol{0}$，则称 $\boldsymbol{T}$ 是系统式(9-37)的 $m$ 阶特征方阵，$\boldsymbol{Q}$ 是对应于 $\boldsymbol{T}$ 的右特征矩阵。显然，当 $m = 1$ 时的特征值方阵和特征矩阵就直接对应于特征值和特征向量。而在一般情况下，若 $\lambda$ 是 $\boldsymbol{T}$ 的特征值，则 $\lambda$ 也是方程(9-37)的特征值。与标准问题不同的是，很难将构造 $\boldsymbol{Q}$ 与 $\boldsymbol{G}$ 的里兹向量法直接推广到涉及到两个矩阵 $\boldsymbol{S}$ 与 $\boldsymbol{R}$ 的二次系统。以下着重说明针对 $\boldsymbol{K}$，$\boldsymbol{C}$ 和 $\boldsymbol{M}$ 矩阵都是实稀疏阵的特点，采用广义逆迭代法构造实特征值方阵 $\boldsymbol{T}$ 和特征矩阵 $\boldsymbol{Q}$ 的过程。

在式(9-37)中，$\lambda = 1/\omega$，$\boldsymbol{S} = \boldsymbol{K}^{-1}\boldsymbol{M}$，$\boldsymbol{R} = \boldsymbol{K}^{-1}\boldsymbol{C}$。反迭代过程如下：

(1) 将刚度矩阵 $\boldsymbol{K}$ 作三角分解；$\boldsymbol{K} = \boldsymbol{LU}$，其中 $\boldsymbol{L}$ 为单位下三角阵，$\boldsymbol{U}$ 为上三角阵。

(2) 选择两个 $n$ 维实型初始向量 $\boldsymbol{p}_1$ 和 $\boldsymbol{q}_1$，满足规范化条件 $\boldsymbol{p}_1^{\mathrm{T}}\boldsymbol{p}_1 + \boldsymbol{q}_1^{\mathrm{T}}\boldsymbol{q}_1 = 1$。

(3) $j = 1,2,\cdots,m$（$m$ 为截断值）。

(a) 进行广义反迭代：

$$\boldsymbol{v} = \boldsymbol{p}_j, \quad \boldsymbol{Ku} = -\boldsymbol{Mq}_j - \boldsymbol{Dp}_j \tag{9-38}$$

(b) 将迭代结果 $\boldsymbol{u}$ 和 $\boldsymbol{v}$ 对 $\boldsymbol{p}_j$ 和 $\boldsymbol{q}_j$（$i = 1,2,\cdots,j$）作广义正交化处理

$$\widetilde{\boldsymbol{U}} = \boldsymbol{u} - \sum_{i=1}^{j} t_{ij}\boldsymbol{p}_i, \qquad \widetilde{\boldsymbol{V}} = \boldsymbol{v} - \sum_{i=1}^{j} t_{ij}\boldsymbol{q}_i \tag{9-39}$$

其中，$t_{ij} = \boldsymbol{p}_i^{\mathrm{T}}\boldsymbol{u} + \boldsymbol{q}_i^{\mathrm{T}}\boldsymbol{v}$。

(c) 将 $\widetilde{\boldsymbol{U}}$ 和 $\widetilde{\boldsymbol{V}}$ 规范化，以获得 $\boldsymbol{p}_{j+1}$ 和 $\boldsymbol{q}_{j+1}$。

选择 $t_{j+1,j} = (\widetilde{\boldsymbol{U}}^{\mathrm{T}}\widetilde{\boldsymbol{U}} + \widetilde{\boldsymbol{V}}^{\mathrm{T}}\widetilde{\boldsymbol{V}})^{\frac{1}{2}}$，则有

$$\boldsymbol{p}_{j+1} = \widetilde{\boldsymbol{U}}/t_{j+1,j}, \qquad \boldsymbol{q}_{j+1} = \widetilde{\boldsymbol{V}}/t_{j+1,j} \tag{9-40}$$

经以上处理之后所得到的 $\boldsymbol{p}_j$ 和 $\boldsymbol{q}_j$，满足广义正交条件

$$\boldsymbol{p}_i^{\mathrm{T}}\boldsymbol{p}_j + \boldsymbol{q}_i^{\mathrm{T}}\boldsymbol{q}_j = \delta_{ij}$$

由于 $\boldsymbol{K}$，$\boldsymbol{C}$，$\boldsymbol{M}$ 都是实数矩阵，且所选择的初始向量也是实向量，因此上述算法不涉及复数运算。最终获得了两个 $n \times m$ 向量集矩阵 $\boldsymbol{Q} =$

$(\boldsymbol{q}_1 \quad \boldsymbol{q}_2 \quad \cdots \quad \boldsymbol{q}_m)$和$\boldsymbol{P}=(\boldsymbol{p}_1 \quad \boldsymbol{p}_2 \quad \cdots \quad \boldsymbol{p}_m)$,以及由正交规范化系数所构成的方阵$\boldsymbol{T}$,该矩阵为上海森伯格矩阵。

$$\boldsymbol{T}=\begin{pmatrix} t_{11} & \cdots & t_{1m} \\ t_{21} & \cdots & t_{2m} \\ \vdots & & \vdots \\ t_{m1} & \cdots & t_{mm} \end{pmatrix}$$

下面证明$\boldsymbol{Q}$与$\boldsymbol{T}$就是系统方程(9-37)的近似特征矩阵和特征值方阵。

上述算法可统一写成

$$\begin{cases} t_{j+1,j}\boldsymbol{q}_{j+1}=\boldsymbol{p}_j-\sum\limits_{i=1}^{j}t_{ij}\boldsymbol{q}_i \\ t_{j+1,j}\boldsymbol{p}_{j+1}=-S\boldsymbol{q}_j-R\boldsymbol{p}_j-\sum\limits_{i=1}^{j}t_{ij}\boldsymbol{p}_i \qquad (j=1,2,\cdots,m) \end{cases} \tag{9-41}$$

$$\boldsymbol{q}_i^{\mathrm{T}}\boldsymbol{q}_j+\boldsymbol{p}_i^{\mathrm{T}}\boldsymbol{p}_j=\delta_{ij} \qquad (i,j=1,2,\cdots,m+1) \tag{9-42}$$

写成矩阵形式

$$\begin{cases} \boldsymbol{P}=\boldsymbol{QT}+t_{m+1,m}\boldsymbol{q}_{m+1}\boldsymbol{e}_m^{\mathrm{T}} \\ -\boldsymbol{SQ}-\boldsymbol{RP}=\boldsymbol{PT}+t_{m+1,m}\boldsymbol{p}_{m+1}\boldsymbol{e}_m^{\mathrm{T}} \end{cases} \tag{9-43}$$

$$\begin{cases} \boldsymbol{Q}^{\mathrm{T}}\boldsymbol{Q}+\boldsymbol{P}^{\mathrm{T}}\boldsymbol{P}=\boldsymbol{I}_m \\ \boldsymbol{Q}^{\mathrm{T}}\boldsymbol{q}_{m+1}+\boldsymbol{P}^{\mathrm{T}}\boldsymbol{p}_{m+1}=\boldsymbol{0} \end{cases} \tag{9-44}$$

其中,$\boldsymbol{I}_m$表示$m$阶单位阵;$\boldsymbol{e}_m$是$\boldsymbol{I}_m$的第$m$列向量。用$\boldsymbol{Q}^{\mathrm{T}}$和$\boldsymbol{P}^{\mathrm{T}}$分别右乘式(9-43),再行相加后得到

$$\boldsymbol{T}=\boldsymbol{Q}^{\mathrm{T}}\boldsymbol{P}-\boldsymbol{P}^{\mathrm{T}}\boldsymbol{SQ}-\boldsymbol{P}^{\mathrm{T}}\boldsymbol{RP} \tag{9-45}$$

可以看到,特征值方阵$\boldsymbol{T}$是系统方程(9-37)的广义缩阶形式。式(9-43)又可合并为

$$\boldsymbol{SQ}+\boldsymbol{RQT}+\boldsymbol{QT}^2=-t_{m+1,m}[(\boldsymbol{Rq}_{m+1}+\boldsymbol{p}_{m+1})\boldsymbol{e}_m^{\mathrm{T}}+\boldsymbol{q}_{m+1}\boldsymbol{e}_m^{\mathrm{T}}]$$

简记为

$$\boldsymbol{SQ}+\boldsymbol{RQT}+\boldsymbol{QT}^2=\boldsymbol{F} \tag{9-46}$$

其中$\boldsymbol{F}$的前$m-2$列全部为零,亦即

$$\begin{cases} \boldsymbol{F}=-t_{m+1,m}(0 \quad \cdots \quad 0 \quad \boldsymbol{f}_{m-1} \quad \boldsymbol{f}_m) \\ \boldsymbol{f}_{m-1}=-t_{m+1,m}\boldsymbol{q}_{m+1} \\ \boldsymbol{f}_m=\boldsymbol{p}_{m+1}+\boldsymbol{Rq}_{m+1}+t_{m,m}\boldsymbol{q}_{m+1} \end{cases} \tag{9-47}$$

由以上两式可以看出,由广义逆迭代法所构造的$\boldsymbol{Q}$与$\boldsymbol{T}$的确是近似的特征矩阵和特征值方阵。

获得 $\boldsymbol{Q}$ 与 $\boldsymbol{T}$ 后，只需求解经缩阶了的标准特征值问题：

$$\boldsymbol{T}\boldsymbol{z}_i = \lambda_i \boldsymbol{z}_i \qquad (i = 1,2,\cdots,m) \tag{9-48a}$$

$$\boldsymbol{\varphi}_i = \boldsymbol{Q}\boldsymbol{z}_i \tag{9-48b}$$

则 $\omega_i = 1/\lambda_i$ 与 $\boldsymbol{\varphi}_i$ 就是原二次特征问题(9-7)的一个近似特征对。与里兹向量法等逆迭代法相同，在所求得的的 $m$ 个特征对中，仅仅前 $l$ 个特征对的精度较高。经验表明，截断值 $m$ 只需取 $m = \max(2l+4, l+16)$，则前 $l$ 个特征对都能保证有足够的精度。事实上，用 $\boldsymbol{z}_i$ 右乘式(9-46)后再将式(9-48)代入，有

$$\boldsymbol{S}\boldsymbol{x}_i + \lambda_i \boldsymbol{R}\boldsymbol{x}_i + \lambda_i^2 \boldsymbol{x}_i = -t_{m+1,m}(z_{m,i}\boldsymbol{f}_m + z_{m-1,i}\boldsymbol{f}_{m-1}) \tag{9-49}$$

其中，$z_{ji}$ 表示向量 $\boldsymbol{z}_i$ 的第 $j$ 列元素。式(9-49)等号右端项给出了近似解的残差。由于 $\boldsymbol{T}$ 矩阵是由反迭代过程产生的，当 $i \leqslant l$ 时，它的特征向量 $\boldsymbol{z}_i$ 的最后两个元素 $z_{m,i}$ 和 $z_{m-1,i}$ 的模一般都已经很小了，而

$$\boldsymbol{x}_i = \boldsymbol{Q}\boldsymbol{z}_i = \sum_{j=1}^{m} z_{ji}\boldsymbol{q}_j$$

这表明经过 $m$ 次反迭代后，前 $l$ 个特征对已趋于收敛。

## 9.2　转子系统的灵敏度分析

当系统参数给定时，人们除了对系统的特征值分布及稳定性有所了解之外，还希望对系统在工作点附近因参数发生扰动而引起的系统稳定性变化趋势获得足够的认识。因为对该系统稳定性的全面认识不仅与系统在某一静态工作点处的稳定裕度有关，而且也与该点的稳定性变化率相关。本节着重处理系统的灵敏度分析问题。

对于一般的广义特征值问题 $(\lambda\boldsymbol{A} + \boldsymbol{B})\boldsymbol{X} = \boldsymbol{0}$，当 $\boldsymbol{A}$，$\boldsymbol{B}$ 发生小扰动时，$\boldsymbol{A} \to \boldsymbol{A} + \Delta\boldsymbol{A}$；$\boldsymbol{B} \to \boldsymbol{B} + \Delta\boldsymbol{B}$。下式为系统无重根时的特征值扰动表达式：

$$\Delta\lambda_i = -\frac{\boldsymbol{Y}_i^{\mathrm{T}}(\lambda_i\Delta\boldsymbol{A} + \Delta\boldsymbol{B})\boldsymbol{X}_i}{\boldsymbol{Y}_i^{\mathrm{T}}\boldsymbol{A}\boldsymbol{X}_i} \tag{9-50}$$

记扰动矩阵

$$\boldsymbol{S} = \lambda_i\Delta\boldsymbol{A} + \Delta\boldsymbol{B}$$

$\boldsymbol{S}$ 中第 $(I,J)$ 个元素

$$S_{IJ} = \lambda_i \Delta a_{IJ} + \Delta b_{IJ} \tag{9-51}$$

通常情况下 $\boldsymbol{S}$ 为稀疏阵，不失一般性，设 $\boldsymbol{S}$ 中共有 $p$ 个每行元素不全为0的行向量和 $m$ 个每列元素不全为0的列向量，其余的行和列均由0元素组成。上述有关 $\boldsymbol{S}$ 的稀疏性可表示为

$$S_{IJ} \neq 0 \qquad (I \in i_1, i_2, \cdots, i_p;\quad J \in j_1, j_2, \cdots, j_m)$$

$$S_{IJ}=0 \qquad (I \notin i_1, i_2, \cdots, i_p;\quad J \notin j_1, j_2, \cdots, j_m) \tag{9-52}$$

这样,在$\boldsymbol{S}$中所包含的由不全为0的$S_{IJ}$组成的非0子矩阵$\hat{\boldsymbol{S}}$可以唯一地被确定:

令$i_1 < i_2 < \cdots < i_p, j_1 < j_2 < \cdots < j_m$,有

$$\hat{\boldsymbol{S}}_{p\times m}=\begin{pmatrix} S_{i1,j1} & S_{i1,j2} & \cdots & S_{i1,jm} \\ S_{i2,j1} & S_{i2,j2} & \cdots & S_{i2,jm} \\ \vdots & \vdots & & \vdots \\ S_{ip,j1} & S_{ip,j2} & \cdots & S_{ip,jm} \end{pmatrix}_{p\times m} \tag{9-53}$$

记

$$\boldsymbol{S}=\begin{pmatrix} 0 \\ \vdots \\ \bar{S}_{i1} \\ \bar{S}_{i2} \\ \vdots \\ \bar{S}_{ip} \\ 0 \\ \vdots \\ 0 \end{pmatrix},则\quad \boldsymbol{S}\boldsymbol{X}_i=\begin{pmatrix} 0 \\ \vdots \\ \bar{S}_{i1}X_i \\ \bar{S}_{i2}X_i \\ \vdots \\ \bar{S}_{ip}X_i \\ 0 \\ \vdots \\ 0 \end{pmatrix} \tag{9-54}$$

其中行向量

$$\bar{\boldsymbol{S}}_k=(S_{k,1}\quad S_{k,2}\quad \cdots \quad S_{k,2n}) \tag{9-55}$$

将式(9-52)、式(9-53)代入式(9-54)后得到

$$\bar{\boldsymbol{S}}_k\boldsymbol{X}_i=\sum_{l-j_1}^{j_m} S_{k,l}x_l \tag{9-56}$$

$$\begin{aligned}\boldsymbol{Y}_i^{\mathrm{T}}\boldsymbol{S}\boldsymbol{X}_i &= (y_1, y_2, \cdots, y_{2n})_i \begin{pmatrix} 0 \\ \vdots \\ \sum_{l=j_1}^{j_m} S_{i_1,l}x_l \\ \sum_{l=j_1}^{j_m} S_{i_2,l}x_l \\ \vdots \end{pmatrix} \\ &= y_{i_1}\left(\sum_{l=j_1}^{j_m} S_{i_1,l}x_l\right)+y_{i_2}\left(\sum_{l=j_1}^{j_m} S_{i_2,l}x_l\right)+\cdots+y_{i_p}\left(\sum_{l=j_1}^{j_m} S_{i_p,l}x_l\right) \\ &= \sum_{k=i_1}^{i_p}\left[\left(\sum_{l=j_1}^{j_m} S_{k,l}x_l\right)y_k\right] \end{aligned} \tag{9-57}$$

于是有

$$\Delta\lambda_i = -\frac{\sum_{k=i_1}^{i_p}\left[\left(\sum_{l=j_1}^{j_m} S_{k,l}x_l\right)y_k\right]}{\boldsymbol{Y}_i^{\mathrm{T}}\boldsymbol{A}\boldsymbol{X}_i} \tag{9-58}$$

特殊地，当只有第$(I,J)$个元素$S_{IJ}\neq 0$时，有

$$\Delta\lambda_i = -\frac{y_I S_{IJ} x_J}{(\boldsymbol{Y}_i^{\mathrm{T}}\boldsymbol{A}\boldsymbol{X}_i)} \tag{9-59}$$

其中，$y_I$，$x_J$ 分别为 $Y_i$，$X_i$ 的第 $I$，$J$ 个元素，或

$$\frac{\partial\lambda_i}{\partial S_{IJ}} = -\frac{y_I x_J}{(\boldsymbol{Y}_i^{\mathrm{T}}\boldsymbol{A}\boldsymbol{X}_i)} \tag{9-60}$$

结合式(9-50)，当只有阻尼阵中第$(I,J)$个元素扰动时，则

$$\frac{\partial\lambda_i}{\partial a_{IJ}} = -\frac{\lambda_i y_I x_J}{(\boldsymbol{Y}_i^{\mathrm{T}}\boldsymbol{A}\boldsymbol{X}_i)} \tag{9-61}$$

当扰动发生在刚度阵中时，有

$$\frac{\partial\lambda_i}{\partial b_{IJ}} = -\frac{y_I x_J}{(\boldsymbol{Y}_i^{\mathrm{T}}\boldsymbol{A}\boldsymbol{X}_i)} \tag{9-62}$$

记

$$\boldsymbol{Y}_i^{\mathrm{T}}\boldsymbol{A}\boldsymbol{X}_i = P + \mathrm{i}Q,\quad y_I = y_I^r + \mathrm{i}y_I^i,\quad x_J = x_J^r + \mathrm{i}x_J^i \tag{9-63}$$

将 $\lambda_i = -U + \mathrm{i}V$ 代入式(9-61)、式(9-62)，并将其虚、实部分开后得

$$\begin{cases}\dfrac{\partial U}{\partial a_{IJ}} = -\dfrac{[(UP-VQ)(y_I^r x_J^r - y_I^i x_J^i) + (VP+UQ)(y_I^r x_J^i + y_I^i x_J^r)]}{P^2+Q^2} \\ \dfrac{\partial V}{\partial a_{IJ}} = \dfrac{[(UP-VQ)(y_I^r x_J^i + y_I^i x_J^r) - (VP+UQ)(y_I^r x_J^r - y_I^i x_J^i)]}{P^2+Q^2} \\ \dfrac{\partial U}{\partial b_{IJ}} = \dfrac{[P(y_I^r x_J^r - y_I^i x_J^i) + Q(y_I^r x_J^i + y_I^i x_J^r)]}{P^2+Q^2} \\ \dfrac{\partial V}{\partial b_{IJ}} = -\dfrac{[P(y_I^r x_J^i + y_I^i x_J^r) - Q(y_I^r x_J^r - y_I^i x_J^i)]}{P^2+Q^2}\end{cases} \tag{9-64}$$

最终我们所关心的是对数衰减率的变化率大小，随着刚度、阻尼矩阵的扰动，有

$$\begin{cases}\dfrac{\partial\left(\dfrac{U}{V}\right)}{\partial a_{IJ}} = \dfrac{V\dfrac{\partial U}{\partial a_{IJ}} - U\dfrac{\partial V}{\partial a_{IJ}}}{V^2} \\ \dfrac{\partial\left(\dfrac{U}{V}\right)}{\partial b_{IJ}} = \dfrac{V\dfrac{\partial U}{\partial b_{IJ}} - U\dfrac{\partial V}{\partial b_{IJ}}}{V^2}\end{cases} \tag{9-65}$$

式(9-65)直接将扰动量与系统的稳定性度量指标联系起来,由此计算得到的变化率将有助于了解因参数扰动而引起的系统稳定性变化趋势。

## 9.3 转子系统强迫振动响应求解方法

就轴承转子系统而言,其外激振力一般均具有周期特性,最为典型的如因不平衡所引起的动态不平衡力。求解这类周期性激振力作用下的系统稳态响应是轴承转子系统动力学的重要研究内容之一。求解方法主要有两种,一种是在求得系统振型基础上的振型叠加法,另一种则是直接求解法,以下分别予以介绍。

### 9.3.1 振型叠加法

在激励频率为 $\omega_s$ 的周期激振力作用下的系统稳态响应为

$$[(\boldsymbol{K}-\boldsymbol{M}\omega_s^2)+\mathrm{i}\omega_s\boldsymbol{C}]\boldsymbol{X}=\boldsymbol{F} \tag{9-66}$$

式中,$\boldsymbol{F}$ 为激振力列向量,且 $\mathrm{i}\omega_s \neq \lambda_i(i=1,2,\cdots,2n)$。将方程(9-66)写成如下形式

$$(\mathrm{i}\omega_s\boldsymbol{A}+\boldsymbol{B})\begin{pmatrix}\mathrm{i}\omega_s\boldsymbol{X}\\ \boldsymbol{X}\end{pmatrix}=\begin{pmatrix}\boldsymbol{0}\\ \boldsymbol{F}\end{pmatrix} \tag{9-67}$$

当系统无重根且 $\mathrm{i}\omega_s$ 不是方程(9-1)的根时

$$\begin{pmatrix}\mathrm{i}\omega_s\boldsymbol{X}\\ \boldsymbol{X}\end{pmatrix}=(\mathrm{i}\omega_s\boldsymbol{A}+\boldsymbol{B})^{-1}\begin{pmatrix}\boldsymbol{0}\\ \boldsymbol{F}\end{pmatrix} \tag{9-68}$$

式中

$$(\mathrm{i}\omega_s\boldsymbol{A}+\boldsymbol{B})^{-1}=\boldsymbol{\Gamma}\mathrm{diag}\left[\frac{1}{a_i(\mathrm{i}\omega_s-\lambda_i)}\right]\boldsymbol{r}^{\mathrm{T}} \tag{9-69}$$

$$a_i=\boldsymbol{Y}_{0i}^{\mathrm{T}}(2\lambda_i\boldsymbol{M}+\boldsymbol{C})\boldsymbol{X}_{0i} \tag{9-70}$$

从而得到

$$\begin{pmatrix}\mathrm{i}\omega_s\boldsymbol{X}\\ \boldsymbol{X}\end{pmatrix}=(\Gamma_1,\Gamma_2,\cdots,\Gamma_{2n})\left\{\mathrm{diag}\left[\frac{1}{a_i(\mathrm{i}\omega_s-\lambda_i)}\right]\begin{pmatrix}\boldsymbol{r}_1^{\mathrm{T}}\\ \boldsymbol{r}_2^{\mathrm{T}}\\ \vdots\\ \boldsymbol{r}_{2N}^{\mathrm{T}}\end{pmatrix}\begin{pmatrix}\boldsymbol{0}\\ \boldsymbol{F}\end{pmatrix}\right\} \tag{9-71}$$

式(9-71){}中的乘积为$(2n\times 1)$列向量,记为

$$\begin{pmatrix}\beta_1\\ \beta_2\\ \vdots\\ \beta_{2n}\end{pmatrix}=\operatorname{diag}\left[\frac{1}{a_i(\mathrm{i}\omega_s-\lambda_i)}\right]\begin{pmatrix}\boldsymbol{r}_1^{\mathrm{T}}\\ \boldsymbol{r}_2^{\mathrm{T}}\\ \vdots\\ \boldsymbol{r}_{2N}^{\mathrm{T}}\end{pmatrix}\begin{pmatrix}\boldsymbol{0}\\ \boldsymbol{F}\end{pmatrix} \tag{9-72}$$

式中，$\beta_i(i=1,2,\cdots,2n)$为放大因子。因此，当$\boldsymbol{F}$为非$\boldsymbol{0}$列向量时，系统的响应将唯一地被确定。

$$\begin{cases}\mathrm{i}\omega_{\mathrm{s}}\boldsymbol{X}=\sum\limits_{k=1}^{2n}\beta_k\lambda_k\boldsymbol{X}_{0k}\\ \boldsymbol{X}=\sum\limits_{k=1}^{2n}\beta_k\boldsymbol{X}_{0k}\end{cases} \tag{9-73}$$

式(9-73)表明：对于一般二阶系统受迫振动的稳定响应，和实模态分析类似，可以表述为定义在状态空间内$2n$个复振型的叠加。

### 9.3.2 直接求解法

一般轴承转子系统强迫振动方程(9-2)中，广义外激振力$\boldsymbol{F}$通常为复数，并可统一表示为

$$\boldsymbol{F}=(\boldsymbol{F}_R+\mathrm{i}\boldsymbol{F}_I)\mathrm{e}^{\mathrm{i}\omega_{\mathrm{s}}t} \tag{9-74}$$

式中，$\boldsymbol{F}_R$为$\boldsymbol{F}$的实部；$\boldsymbol{F}_I$为$\boldsymbol{F}$的虚部；$\omega_{\mathrm{s}}$为激励频率。设方程(9-66)的解为

$$\boldsymbol{X}=\boldsymbol{X}_0\mathrm{e}^{\mathrm{i}\omega_{\mathrm{s}}t}=(\boldsymbol{X}_{R0}+\mathrm{i}\boldsymbol{X}_{I0})\mathrm{e}^{\mathrm{i}\omega_{\mathrm{s}}t} \tag{9-75}$$

代入方程(9-66)中，并按虚、实部展开后得

$$\begin{cases}(\boldsymbol{K}-\boldsymbol{M}\omega_{\mathrm{s}}^2)\boldsymbol{X}_{R0}-\omega_{\mathrm{s}}\boldsymbol{C}\boldsymbol{X}_{I0}=\boldsymbol{F}_R\\ \boldsymbol{C}\omega_{\mathrm{s}}\boldsymbol{X}_{R0}+(\boldsymbol{K}-\boldsymbol{M}\omega_{\mathrm{s}}^2)\boldsymbol{X}_{I0}=\boldsymbol{F}_I\end{cases} \tag{9-76}$$

写成矩阵形式

$$\begin{pmatrix}\boldsymbol{K}-\boldsymbol{M}\omega_{\mathrm{s}}^2 & -\omega_{\mathrm{s}}\boldsymbol{C}\\ \boldsymbol{C}\omega_{\mathrm{s}} & \boldsymbol{K}-\boldsymbol{M}\omega_{\mathrm{s}}^2\end{pmatrix}\begin{pmatrix}\boldsymbol{X}_{R0}\\ \boldsymbol{X}_{I0}\end{pmatrix}=\begin{pmatrix}\boldsymbol{F}_R\\ \boldsymbol{F}_I\end{pmatrix} \tag{9-77}$$

利用高斯消去法，可求得式(9-77)的解，亦即$\boldsymbol{X}_{R0}$，$\boldsymbol{X}_{I0}$。最后可根据响应的实部与虚部，求出整个系统的强迫振动响应，包括各点的运动轨迹、椭圆的长短轴及相位等。

### 9.3.3 传递矩阵法

在转子动力学发展历史上，传递矩阵法曾经占有过十分重要的地位。传

递矩阵法最早起源于霍尔兹(Holzer)用来解决圆盘转子扭振问题的初参数法[10],之后由梅克斯泰德和蒲尔将霍尔兹方法推广用于求解转子的弯曲振动问题[11-13]。

**1. 传递矩阵法基本原理**

传递矩阵法的基本思想就是首先按照前面所介绍的方法建立系统的集总参数模型并选取位移、转角、力矩和剪力作为各子轴段截面处的状态变量;然后按照连续条件,采用传递矩阵将转子在任一截面处的状态变量表示成初始状态变量的函数,从而得到包括转子起始端和终止端两截面上的状态变量在内的关系方程;最后再根据边界条件求出满足该方程的特征值、特征向量以及系统的强迫振动响应。

采用集总参数法将转子离散化后,对第 $j$ 个轴段的讨论可以直接从方程(7-48)、方程(7-49)开始。一个典型轴段通常由无质量弹性轴(连续长度单元)和惯性单元(点单元)组成。现引入场传递矩阵和点传递矩阵,以分别处理无质量弹性轴单元和惯性单元。

对于第 $j$ 个无质量轴,参照式(7-48),其右端状态变量可以表示为

$$\begin{Bmatrix} x \\ \varphi \\ M \\ S \end{Bmatrix}_j^{\mathrm{R}} = \begin{bmatrix} 1 & l & \dfrac{l^2}{2EJ} & \dfrac{-l^3}{6EJ} \\ 0 & 1 & \dfrac{l}{EJ} & \dfrac{l^2}{2EJ} \\ 0 & 1 & 1 & -l \\ 0 & 0 & 0 & 1 \end{bmatrix}_j \begin{Bmatrix} x \\ \varphi \\ M \\ S \end{Bmatrix}_{j-1}^{\mathrm{R}}$$

简记为

$$\boldsymbol{X}_j^{\mathrm{R}} = \boldsymbol{A}_j \boldsymbol{X}_{j-1}^{\mathrm{R}} \tag{9-78}$$

轴段 $j$ 被称为场单元;$\boldsymbol{A}_j$ 被称为场传递矩阵,它表达了连续长度单元两端面状态变量间的传递关系。一般说来,场传递矩阵中的元素与频率无关。

现在处理连接在轴段 $j$ 右端的惯性元件,亦即点单元。点单元的长度为零,但在点单元上通常作用有力和力矩。根据连续性条件,在点单元左、右两侧的广义位移符合以下条件:

$$\begin{aligned} x_j^{\mathrm{R}} &= x_{j+1}^{\mathrm{L}}, & y_j^{\mathrm{R}} &= y_{j+1}^{\mathrm{L}} \\ \varphi_j^{\mathrm{R}} &= \varphi_{j+1}^{\mathrm{L}}, & \psi_j^{\mathrm{R}} &= \psi_{j+1}^{\mathrm{L}} \end{aligned} \tag{9-79}$$

但在点单元两侧的力和力矩却可能产生突变。例如,在不考虑陀螺力矩,仅考虑点单元上的惯性力时,可以很方便地写出点单元上的状态变量的传递

关系：

$$\begin{Bmatrix} x \\ \varphi \\ M \\ S \end{Bmatrix}_{j+1}^{L} = \begin{bmatrix} 1 & 0 & 0 & 0 \\ 0 & 1 & 0 & 0 \\ 0 & -\theta_y\omega_s^2 & 1 & 0 \\ -m_j\omega_s^2 & 0 & 0 & 1 \end{bmatrix}_j \begin{Bmatrix} x \\ \varphi \\ M \\ S \end{Bmatrix}_j^{R}$$

记为

$$\boldsymbol{X}_{j+1}^{L} = \boldsymbol{B}_j \boldsymbol{X}_j^{R} \tag{9-80}$$

式中，$\omega_s$ 为转子的涡动频率；上标“L”，“R” 分别表示点单元分别在左、右截面上的端面参数；$\boldsymbol{B}_j$ 被称为点传递矩阵，除了表达被考察点上广义位移的唯一性之外，还着重体现了在质点 $m_j$ 上力和力矩的突变关系。因此，和场传递矩阵不同，点传递矩阵 $\boldsymbol{B}_j$ 和轴段 $j$ 的长度 $l_j$ 无关，但由于涉及到对惯性力的处理，所以点传递矩阵 $\boldsymbol{B}_j$ 通常与涡动频率有关。

对于滑动轴承支承的转子系统，由于陀螺力矩和轴承油膜力的耦合作用，在 $xz$ 平面内状态变量的传递关系不再像式(9-78)那样简明，而必须同时借助于 $yz$ 平面内的状态变量才能够表达清楚；加上阻尼的作用，使得传递矩阵和状态变量最终都只能定义在复数域范围内。为了使得对系统的自由振动和强迫振动的求解都能统一在同一数字模式下进行，可以将激励力也表达成复数形式：

$$\begin{cases} p_{exj} = P_{exj}\,\mathrm{e}^{\mathrm{i}\omega_s t} \\ p_{eyj} = P_{eyj}\,\mathrm{e}^{\mathrm{i}\omega_s t} \end{cases} \tag{9-81}$$

其中，$p_{exj}$，$p_{eyj}$ 分别为 $x$，$y$ 方向上的复激振力力幅。

当激振力被表示成式(9-81)时，则无论是对于系统自由振动还是强迫振动响应的解都可以设置为相同的形式，$\boldsymbol{Z} = \boldsymbol{Z}_0\mathrm{e}^{\lambda T}$，包括它们的无量纲一阶、二阶导数

$$\boldsymbol{Z}' = \lambda\boldsymbol{Z}_0\mathrm{e}^{\lambda T}, \quad \boldsymbol{Z}'' = \lambda^2\boldsymbol{Z}_0\mathrm{e}^{\lambda T}$$

等。以上，状态变量 $\boldsymbol{Z} = (x \quad \varphi \quad M \quad S \quad y \quad \cdots \quad Q \quad \cdots)^{\mathrm{T}}$，$\boldsymbol{Z}_0$ 为状态变量 $\boldsymbol{Z}$ 的复数模，$\lambda$ 为无量纲复频率。对于自由振动，应取

$$\lambda = -U + \mathrm{i}V = -\frac{u}{\omega} + \mathrm{i}\,\frac{v}{\omega} \tag{9-82a}$$

对于强迫振动

$$\lambda = \mathrm{i}V = \mathrm{i}\,\frac{\omega_s}{\omega} \tag{9-82b}$$

同样，状态变量也应表达成复数形式，$\boldsymbol{Z}_0 = \boldsymbol{Z}_R + \mathrm{i}\boldsymbol{Z}_I$。由此得到第 $j$ 个轴段的传递方程

$$\begin{pmatrix} x \\ y \\ \varphi \\ \psi \\ M \\ N \\ S \\ Q \end{pmatrix}_j^{\mathrm{R}} = \begin{pmatrix} 1 & 0 & l & 0 & \frac{l^2}{EJ} & 0 & \frac{-l^3}{6EJ} & 0 \\ 0 & 1 & 0 & l & 0 & \frac{l^2}{EJ} & 0 & \frac{-l^3}{6EJ} \\ 0 & 0 & 1 & 0 & \frac{l}{EJ} & 0 & \frac{-l^2}{EJ} & 0 \\ 0 & 0 & 0 & 1 & 0 & \frac{l}{EJ} & 0 & \frac{-l^2}{EJ} \\ 0 & 0 & 0 & 0 & 1 & 0 & -l & 0 \\ 0 & 0 & 0 & 0 & 0 & 1 & 0 & -l \\ 0 & 0 & 0 & 0 & 0 & 0 & 1 & 0 \\ 0 & 0 & 0 & 0 & 0 & 0 & 0 & 1 \end{pmatrix}_j \begin{pmatrix} x \\ y \\ \varphi \\ \psi \\ M \\ N \\ S \\ Q \end{pmatrix}_{j-1}^{\mathrm{R}} + \begin{pmatrix} 0 \\ 0 \\ 0 \\ 0 \\ -M_K \\ N_K \\ \sum p_x \\ \sum p_y \end{pmatrix}_j \tag{9-83}$$

式(9-83)等号右端第一项即为场传递矩阵与轴单元左截面上状态变量的乘积,这里场传递矩阵 $\widetilde{\boldsymbol{A}}$ 为 8×8 矩阵;右端第二项则为作用在质点 $m_j$ 上的力和力矩。记

$$\bar{\boldsymbol{X}} = \begin{pmatrix} x \\ y \end{pmatrix}, \quad \bar{\boldsymbol{\varphi}} = \begin{pmatrix} \varphi \\ \psi \end{pmatrix}, \quad \bar{\boldsymbol{M}} = \begin{pmatrix} M \\ N \end{pmatrix}, \quad \bar{\boldsymbol{S}} = \begin{pmatrix} S \\ Q \end{pmatrix}$$

以下处理力矩。当计入陀螺力矩时,有

$$\Delta\bar{\boldsymbol{M}}_j = \begin{pmatrix} -M_k \\ +N_k \end{pmatrix}_j = \begin{pmatrix} \theta_y\omega^2\lambda^2 & \theta_z\omega^2\lambda \\ -\theta_z\omega^2\lambda & \theta_x\omega^2\lambda^2 \end{pmatrix} \begin{pmatrix} \varphi \\ \psi \end{pmatrix}_j = (\boldsymbol{B}_\theta\bar{\boldsymbol{\varphi}})_j$$

或写成复数形式:

$$\Delta\bar{\boldsymbol{M}}_j = (\boldsymbol{B}_\theta\bar{\boldsymbol{\varphi}})_j = (\boldsymbol{B}_\theta^0 + \mathrm{i}\boldsymbol{B}_\theta^*)_j(\bar{\boldsymbol{\varphi}}^0 + \mathrm{i}\bar{\boldsymbol{\varphi}}^*)_j \tag{9-84}$$

作用在质点 $m_j$ 上的力包括惯性力、轴承力和外激励力。前两种力都与状态变量有关,而外激励力 $P_{exj}$,$P_{eyj}$ 则与状态变量无关,需要单独列出。这样,作用在质点上的全部力为

$$\Delta\bar{\boldsymbol{S}}_j = \begin{pmatrix} \sum p_x \\ \sum p_y \end{pmatrix}_j = \begin{pmatrix} P_{ex} \\ P_{ey} \end{pmatrix}_j - \begin{pmatrix} m_j\omega^2\lambda^2 & 0 \\ 0 & m_j\omega^2\lambda^2 \end{pmatrix} \begin{pmatrix} x \\ y \end{pmatrix} + \begin{pmatrix} G_{xx} & G_{xy} \\ G_{yx} & G_{yy} \end{pmatrix} \begin{pmatrix} x \\ y \end{pmatrix}_j$$

式中,$G_{ij} = (k_{ij} + d_{ij}\omega\lambda)(i,j = x,y)$。记

$$\boldsymbol{B}_{sj} = \begin{pmatrix} G_{xx} - m_j\omega^2\lambda^2 & G_{xy} \\ G_{yx} & G_{yy} - m_j\omega^2\lambda^2 \end{pmatrix}, \quad \bar{\boldsymbol{U}}_j = \begin{pmatrix} p_{ex} \\ p_{ey} \end{pmatrix}_j$$

则 $\Delta\bar{\boldsymbol{S}}_j = (\boldsymbol{B}_s\bar{\boldsymbol{X}} + \bar{\boldsymbol{U}})_j$。或写成复数形式:

$$\Delta\bar{\boldsymbol{S}}_j = \boldsymbol{B}_{sj}\bar{\boldsymbol{X}}_j + \bar{\boldsymbol{U}}_j = (\boldsymbol{B}_s^0 + \mathrm{i}\boldsymbol{B}_s^*)_j(\bar{\boldsymbol{X}}^0 + \mathrm{i}\bar{\boldsymbol{X}}^*)_j + (\bar{\boldsymbol{U}}^0 + \mathrm{i}\bar{\boldsymbol{U}}^*)_j \tag{9-85}$$

这样,第 $j$ 个轴段的传递方程可简记为

$$\begin{Bmatrix} \bar{\boldsymbol{X}} \\ \bar{\boldsymbol{\varphi}} \\ \bar{\boldsymbol{M}} \\ \bar{\boldsymbol{S}} \end{Bmatrix}_j^{\mathrm{R}} = \begin{bmatrix} \boldsymbol{A}_{11} & \cdots & \boldsymbol{A}_{14} \\ \vdots & & \vdots \\ \boldsymbol{A}_{41} & \cdots & \boldsymbol{A}_{44} \end{bmatrix}_j \begin{Bmatrix} \bar{\boldsymbol{X}} \\ \bar{\boldsymbol{\varphi}} \\ \bar{\boldsymbol{M}} \\ \bar{\boldsymbol{S}} \end{Bmatrix}_{j-1}^{\mathrm{R}} + \begin{Bmatrix} \boldsymbol{0} \\ \boldsymbol{0} \\ \Delta\bar{\boldsymbol{M}} \\ \Delta\bar{\boldsymbol{S}} \end{Bmatrix}_j \tag{9-86}$$

令 $\boldsymbol{Z}_j^{\mathrm{T}} = (\bar{\boldsymbol{X}}, \bar{\boldsymbol{\varphi}}, \bar{\boldsymbol{M}}, \bar{\boldsymbol{S}})_j$，$\Delta\boldsymbol{Z}_j^{\mathrm{T}} = (\boldsymbol{0}, \boldsymbol{0}, \Delta\bar{\boldsymbol{M}}, \Delta\bar{\boldsymbol{S}})_j$，则对于第 $j$ 个轴段，方程(9-86)可简记为

$$\boldsymbol{Z}_j^{\mathrm{R}} = \widetilde{\boldsymbol{A}}_j \boldsymbol{Z}_{j-1}^{\mathrm{R}} + \Delta\boldsymbol{Z}_j \tag{9-87}$$

对于如图 9-1 所示转子的各个轴段，可以依次得到

$$\boldsymbol{Z}_1^{\mathrm{L}} = \widetilde{\boldsymbol{A}}_1 \boldsymbol{Z}_0$$

$$\boldsymbol{Z}_2^{\mathrm{L}} = \widetilde{\boldsymbol{A}}_2 \boldsymbol{Z}_1^{\mathrm{R}} = \widetilde{\boldsymbol{A}}_2 \widetilde{\boldsymbol{A}}_1 \boldsymbol{Z}_0 + \widetilde{\boldsymbol{A}}_2 \Delta\boldsymbol{Z}_1$$

$$\boldsymbol{Z}_3^{\mathrm{L}} = \widetilde{\boldsymbol{A}}_3 \boldsymbol{Z}_2^{\mathrm{R}} = \widetilde{\boldsymbol{A}}_3 \widetilde{\boldsymbol{A}}_2 \widetilde{\boldsymbol{A}}_1 \boldsymbol{Z}_0 + \widetilde{\boldsymbol{A}}_3 \widetilde{\boldsymbol{A}}_2 \Delta\boldsymbol{Z}_1 + \widetilde{\boldsymbol{A}}_3 \Delta\boldsymbol{Z}_2$$

$$\cdots$$

对于第 $j$ 个轴段如图 9-1 所示，有

$$\boldsymbol{Z}_j^{\mathrm{L}} = (\widetilde{\boldsymbol{A}}_j \cdots \widetilde{\boldsymbol{A}}_1)\boldsymbol{Z}_0 + (\widetilde{\boldsymbol{A}}_j \cdots \widetilde{\boldsymbol{A}}_2)\Delta\boldsymbol{Z}_1 + (\widetilde{\boldsymbol{A}}_j \cdots \widetilde{\boldsymbol{A}}_3)\Delta\boldsymbol{Z}_2 + \cdots + \widetilde{\boldsymbol{A}}_j \Delta\boldsymbol{Z}_{j-1}$$

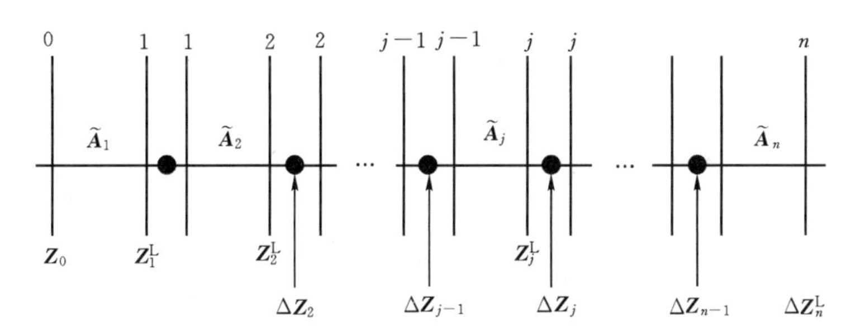


图 9-1　传递矩阵法中的场单元及点单元

当定义

$$\boldsymbol{B}_{km} = \begin{cases} \boldsymbol{0} & (k < m) \\ \widetilde{\boldsymbol{A}}_k \cdots \widetilde{\boldsymbol{A}}_m & (k > m) \\ \widetilde{\boldsymbol{A}}_k & (k = m) \end{cases}$$

时，则上述传递关系可简记为

$$\boldsymbol{Z}_k^{\mathrm{L}} = \boldsymbol{B}_{k1}\boldsymbol{Z}_0 + \sum_{m=2}^{k} \boldsymbol{B}_{km} \Delta\boldsymbol{Z}_{m-1} \qquad (k = 1, 2, \cdots, n) \tag{9-88}$$

而轴系最后第 $n$ 个轴段的状态变量则为

$$\boldsymbol{Z}_n^{\mathrm{L}} = \boldsymbol{B}_{n1}\boldsymbol{Z}_0 + \sum_{m=2}^{n} \boldsymbol{B}_{nm} \Delta\boldsymbol{Z}_{m-1}$$

**2. 系统边界条件**

在任何情况下，都可以通过对转子作必要处理，从而使转子两端($k = 0$，

$n$) 的受力状况为零。例如在转轴左、右端附加长度为零的辅助轴段，简化后的边界条件可以统一表示为

$$\begin{cases}\overline{\boldsymbol{M}}_{0,n}=\boldsymbol{0}\\ \overline{\boldsymbol{S}}_{0,n}=\boldsymbol{0}\end{cases}\tag{9-89}$$

依据方程(9-88)，上述传递方程可统一记为

$$\begin{cases}\boldsymbol{Z}_1^{\mathrm{L}}=\boldsymbol{B}_{11}\boldsymbol{Z}_0\\ \boldsymbol{Z}_2^{\mathrm{L}}=\boldsymbol{B}_{21}\boldsymbol{Z}_0+\boldsymbol{B}_{22}\Delta\boldsymbol{Z}_1\\ \boldsymbol{Z}_3^{\mathrm{L}}=\boldsymbol{B}_{31}\boldsymbol{Z}_0+\boldsymbol{B}_{32}\Delta\boldsymbol{Z}_1+\boldsymbol{B}_{33}\Delta\boldsymbol{Z}_2\\ \qquad\cdots\\ \boldsymbol{Z}_k^{\mathrm{L}}=\boldsymbol{B}_{k1}\boldsymbol{Z}_0+\sum\limits_{m=2}^{k}\boldsymbol{B}_{km}\Delta\boldsymbol{Z}_{m-1}\\ \qquad\cdots\\ \boldsymbol{Z}_n^{\mathrm{L}}=\boldsymbol{B}_{n1}\boldsymbol{Z}_0+\sum\limits_{m=2}^{n}\boldsymbol{B}_{nm}\Delta\boldsymbol{Z}_{m-1}\end{cases}\tag{9-90}$$

考虑滑动轴承支承的转子运动时，由于在 $\boldsymbol{Z}_0$ 中只含未知数 $\overline{\boldsymbol{X}}_0,\overline{\boldsymbol{\varphi}}_0$，而在各 $\Delta\boldsymbol{Z}_j(j=1,2,\cdots,n-1)$ 中均只含未知数 $\overline{\boldsymbol{X}}_j,\overline{\boldsymbol{\varphi}}_j$，所以包含在方程(9-90)中的未知数总共包括了 $\overline{\boldsymbol{X}}_0,\overline{\boldsymbol{\varphi}}_0,\overline{\boldsymbol{X}}_1,\overline{\boldsymbol{\varphi}}_1,\cdots,\overline{\boldsymbol{X}}_{n-1},\overline{\boldsymbol{\varphi}}_{n-1}$，一共有 $4n$ 个未知数。如果不考虑 $(\Delta\overline{M})_j$ 的作用而仅计入轴承力和外激励力，这时 $\Delta\boldsymbol{Z}_j$ 将只包含和状态变量 $\overline{\boldsymbol{X}}_j$ 有关的轴承力和外激励力，而与 $\overline{\boldsymbol{\varphi}}_j$ 无关。因此，只需由方程组(9-90)中选取一个维数较少的、新的传递方程组：

$$\begin{cases}\overline{\boldsymbol{X}}_1=\boldsymbol{D}_{11}^{11}\overline{\boldsymbol{X}}_0+\boldsymbol{D}_{12}^{11}\overline{\boldsymbol{\varphi}}_0\\ \overline{\boldsymbol{X}}_2=\boldsymbol{D}_{11}^{21}\overline{\boldsymbol{X}}_0+\boldsymbol{D}_{12}^{21}\overline{\boldsymbol{\varphi}}_0+\boldsymbol{D}_{14}^{22}(B_s\overline{\boldsymbol{X}}+\overline{\boldsymbol{U}})_1\\ \qquad\cdots\\ \overline{\boldsymbol{X}}_k=\boldsymbol{D}_{11}^{k1}\overline{\boldsymbol{X}}_0+\boldsymbol{D}_{12}^{k1}\overline{\boldsymbol{\varphi}}_0+\sum\limits_{m=2}^{k}\{\boldsymbol{D}_{14}^{km}(\boldsymbol{B}_s\overline{\boldsymbol{X}}+\overline{\boldsymbol{U}})_{m-1}\}\\ \qquad\cdots\\ \overline{\boldsymbol{X}}_{n-1}=\boldsymbol{D}_{11}^{n-1,1}\overline{\boldsymbol{X}}_0+D_{12}^{n-1,1}\overline{\boldsymbol{\varphi}}_0+\sum\limits_{m=2}^{n-1}\{D_{14}^{n-1,m}(B_s\overline{\boldsymbol{X}}+\overline{U})_{m-1}\}\\ \overline{\boldsymbol{M}}_n=\boldsymbol{D}_{31}^{n1}\overline{\boldsymbol{X}}_0+\boldsymbol{D}_{32}^{n1}\overline{\boldsymbol{\varphi}}_0+\sum\limits_{m=2}^{n}\{\boldsymbol{D}_{34}^{nm}(\boldsymbol{B}_s\overline{\boldsymbol{X}}+\overline{\boldsymbol{U}})_{m-1}\}=\boldsymbol{0}\\ \overline{\boldsymbol{S}}_n=\boldsymbol{D}_{41}^{n1}\overline{\boldsymbol{X}}_0+\boldsymbol{D}_{42}^{n1}\overline{\boldsymbol{\varphi}}_0+\sum\limits_{m=2}^{n}\{\boldsymbol{D}_{44}^{nm}(\boldsymbol{B}_s\overline{\boldsymbol{X}}+\overline{\boldsymbol{U}})_{m-1}\}=\boldsymbol{0}\end{cases}\tag{9-91}$$

式中，$\boldsymbol{D}_{ij}^{nm}$ 是矩阵 $\boldsymbol{B}_{nm}$ 中相应的子矩阵；未知变量为 $\overline{\boldsymbol{X}}_0,\overline{\boldsymbol{\varphi}}_0,\overline{\boldsymbol{X}}_1,\overline{\boldsymbol{X}}_2,\cdots,\overline{\boldsymbol{X}}_{n-1}$，共含有 $2(n+1)$ 个未知数。将方程(9-91)整理成矩阵形式 $\boldsymbol{MS}=\boldsymbol{P}$，令

$$\begin{cases} \boldsymbol{M} = \boldsymbol{M}^0 + \mathrm{i}\boldsymbol{M}^* \\ \boldsymbol{S} = \boldsymbol{S}^0 + \mathrm{i}\boldsymbol{S}^* \\ \boldsymbol{P} = \boldsymbol{P}_1 + \mathrm{i}\boldsymbol{P}_2 \end{cases}$$

则

$$\boldsymbol{MS} = (\boldsymbol{M}^0 + \mathrm{i}\boldsymbol{M}^*)(\boldsymbol{S}^0 + \mathrm{i}\boldsymbol{S}^*) = \begin{cases} \boldsymbol{0} \\ \boldsymbol{P}_1 + \mathrm{i}\boldsymbol{P}_2 \end{cases}$$

或

$$\begin{pmatrix} \boldsymbol{M}^0 & -\boldsymbol{M}^* \\ \boldsymbol{M}^* & \boldsymbol{M}^0 \end{pmatrix} \begin{pmatrix} \bar{\boldsymbol{S}}^0 \\ \bar{\boldsymbol{S}}^* \end{pmatrix} = \begin{cases} \begin{pmatrix} \boldsymbol{P}_1 \\ \boldsymbol{P}_2 \end{pmatrix} & \text{（对于强迫振动）} \\ \begin{pmatrix} \boldsymbol{0} \\ \boldsymbol{0} \end{pmatrix} & \text{（对于自由振动）} \end{cases} \tag{9-92}$$

其中列向量

$$\bar{\boldsymbol{S}}^0 = \begin{pmatrix} \bar{\boldsymbol{X}}_0^0 \\ \bar{\boldsymbol{\varphi}}_0^0 \\ \bar{\boldsymbol{X}}_1^0 \\ \bar{\boldsymbol{X}}_2^0 \\ \vdots \\ \bar{\boldsymbol{X}}_j^0 \\ \vdots \\ \bar{\boldsymbol{X}}_{n-1}^0 \end{pmatrix}, \qquad \bar{\boldsymbol{S}}^* = \begin{pmatrix} \bar{\boldsymbol{X}}_0^* \\ \bar{\boldsymbol{\varphi}}_0^* \\ \bar{\boldsymbol{X}}_1^* \\ \bar{\boldsymbol{X}}_2^* \\ \vdots \\ \bar{\boldsymbol{X}}_j^* \\ \vdots \\ \bar{\boldsymbol{X}}_{n-1}^* \end{pmatrix}$$

**3. 方程组求解**

对于强迫振动，可求解在激励力作用下的线性非齐次方程组(9-92)，从而得到系统的强迫振动响应①。而对于系统自由振动的求解，亦即寻找无量纲特征值$\lambda = -U + \mathrm{i}V$，使之恰好满足行列式

$$\begin{vmatrix} M^0 & -M^* \\ M^* & M^0 \end{vmatrix} = 0 \tag{9-93a}$$

或

$$\Delta\boldsymbol{S}(\lambda) = \Delta\boldsymbol{S}^0(U,V) + \mathrm{i}\Delta\boldsymbol{S}^*(U,V) = \boldsymbol{0}$$

简记为

$$\begin{cases} \Delta\boldsymbol{S}^0(U,V) = \boldsymbol{0} \\ \Delta\boldsymbol{S}^*(U,V) = \boldsymbol{0} \end{cases} \tag{9-93b}$$

寻找$\lambda = -U + \mathrm{i}V$需要在复左半平面内进行分区域搜索。工程中最关心

① 格林尼克(德国)．支承高速转子的滑动轴承．西安交通大学机械零件教研室．

的是低阶频率，对于那些六阶、七阶以上的高阶特征值的搜寻实际意义就很小了。即便如此，为找出在指定范围内的全部低阶特征值所需要耗费的计算时间仍然是相当可观的。传递矩阵法的另一个缺陷是在搜索过程中非常容易产生漏根现象[14]。

在需要同时考虑陀螺力矩、惯性力、轴承力以及外激振力作用时，状态变量的递推关系要更加复杂些，方程组维数也会相应增加，这时的递推方程组变为

$$\begin{cases}\bar{\boldsymbol{X}}_1 = \boldsymbol{D}_{11}^{11}\bar{\boldsymbol{X}}_0 + \boldsymbol{D}_{12}^{11}\bar{\boldsymbol{\varphi}}_0 \\ \bar{\boldsymbol{\varphi}}_1 = \boldsymbol{D}_{21}^{11}\bar{\boldsymbol{X}}_0 + \boldsymbol{D}_{22}^{11}\bar{\boldsymbol{\varphi}}_0 \\ \bar{\boldsymbol{X}}_2 = \boldsymbol{D}_{11}^{21}\bar{\boldsymbol{X}}_0 + \boldsymbol{D}_{12}^{21}\bar{\boldsymbol{\varphi}}_0 + \boldsymbol{D}_{13}^{22}(\boldsymbol{B}_\theta\bar{\boldsymbol{\varphi}})_1 + \boldsymbol{D}_{14}^{22}(\boldsymbol{B}_s\bar{\boldsymbol{X}} + \bar{\boldsymbol{U}})_1 \\ \bar{\boldsymbol{\varphi}}_2 = \boldsymbol{D}_{21}^{21}\bar{\boldsymbol{X}}_0 + \boldsymbol{D}_{22}^{21}\bar{\boldsymbol{\varphi}}_0 + \boldsymbol{D}_{23}^{22}(\boldsymbol{B}_\theta\bar{\boldsymbol{\varphi}})_1 + \boldsymbol{D}_{24}^{22}(\boldsymbol{B}_s\bar{\boldsymbol{X}} + \bar{\boldsymbol{U}})_1 \\ \qquad \cdots \\ \bar{\boldsymbol{X}}_k = \boldsymbol{D}_{11}^{k1}\bar{\boldsymbol{X}}_0 + \boldsymbol{D}_{12}^{k1}\bar{\boldsymbol{\varphi}}_0 + \sum_{m=2}^{k}\{\boldsymbol{D}_{13}^{km}(\boldsymbol{B}_\theta\bar{\boldsymbol{\varphi}})_{m-1} + \boldsymbol{D}_{14}^{km}(\boldsymbol{B}_s\bar{\boldsymbol{X}} + \bar{\boldsymbol{U}})_{m-1}\} \\ \bar{\boldsymbol{\varphi}}_k = \boldsymbol{D}_{21}^{k1}\bar{\boldsymbol{X}}_0 + \boldsymbol{D}_{22}^{k1}\bar{\boldsymbol{\varphi}}_0 + \sum_{m=2}^{k}\{\boldsymbol{D}_{23}^{km}(\boldsymbol{B}_\theta\bar{\boldsymbol{\varphi}})_{m-1} + \boldsymbol{D}_{24}^{km}(\boldsymbol{B}_s\bar{\boldsymbol{X}} + \bar{\boldsymbol{U}})_{m-1}\} \\ \qquad \cdots \\ \bar{\boldsymbol{X}}_{n-1} = \boldsymbol{D}_{11}^{n-1,1}\bar{\boldsymbol{X}}_0 + \boldsymbol{D}_{12}^{n-1,1}\bar{\boldsymbol{\varphi}}_0 + \sum_{m=2}^{n-1}\{\boldsymbol{D}_{13}^{n-1,m}(\boldsymbol{B}_\theta\bar{\boldsymbol{\varphi}})_{m-1} + \boldsymbol{D}_{14}^{n-1,m}(\boldsymbol{B}_s\bar{\boldsymbol{X}} + \bar{\boldsymbol{U}})_{m-1}\} \\ \bar{\boldsymbol{\varphi}}_{n-1} = \boldsymbol{D}_{21}^{n-1,1}\bar{\boldsymbol{X}}_0 + \boldsymbol{D}_{22}^{n-1,1}\bar{\boldsymbol{\varphi}}_0 + \sum_{m=2}^{n-1}\{\boldsymbol{D}_{23}^{n-1,m}(\boldsymbol{B}_\theta\bar{\boldsymbol{\varphi}})_{m-1} + \boldsymbol{D}_{24}^{n-1,m}(\boldsymbol{B}_s\bar{\boldsymbol{X}} + \bar{\boldsymbol{U}})_{m-1}\} \\ \bar{\boldsymbol{M}}_n = \boldsymbol{D}_{31}^{n1}\bar{\boldsymbol{X}}_0 + \boldsymbol{D}_{32}^{n1}\bar{\boldsymbol{\varphi}}_0 + \sum_{m=2}^{n}\{\boldsymbol{D}_{33}^{nm}(\boldsymbol{B}_\theta\bar{\boldsymbol{\varphi}})_{m-1} + \boldsymbol{D}_{34}^{nm}(\boldsymbol{B}_s\bar{\boldsymbol{X}} + \bar{\boldsymbol{U}})_{m-1}\} = \boldsymbol{0} \\ \bar{\boldsymbol{S}}_n = \boldsymbol{D}_{41}^{n1}\bar{\boldsymbol{X}}_0 + \boldsymbol{D}_{42}^{n1}\bar{\boldsymbol{\varphi}}_0 + \sum_{m=2}^{n}\{\boldsymbol{D}_{43}^{nm}(\boldsymbol{B}_\theta\bar{\boldsymbol{\varphi}})_{m-1} + \boldsymbol{D}_{44}^{nm}(\boldsymbol{B}_s\bar{\boldsymbol{X}} + \bar{\boldsymbol{U}})_{m-1}\} = \boldsymbol{0}\end{cases} \tag{9-94}$$

所得到的方程组(9-94)维数为 $4n$，计算方法及处理过程则与前同。

#### 4. 瑞考提传递矩阵法

在计算转子或轴系临界转速及相应振型时，由于舍入误差在递推过程中的不断积累，使得传递矩阵法在求解高阶频率及振型时，计算精度大为降低，为此人们进一步提出了瑞考提传递矩阵法。该方法在保持了传递矩阵法优点的同时，减少了传递积累误差，提高了计算精度，且在数值上也比较稳定[14]。

采用瑞考提传递矩阵法时，首先将轴段各截面上的状态变量分为两部

分，即令

$$\boldsymbol{Z}_j = \begin{pmatrix} \boldsymbol{Z}_d \\ \boldsymbol{Z}_f \end{pmatrix}_j \tag{9-95}$$

其中，$\boldsymbol{Z}_{dj}$ 为广义位移向量，$\boldsymbol{Z}_{dj} = \begin{pmatrix} \bar{\boldsymbol{X}} \\ \bar{\boldsymbol{\varphi}} \end{pmatrix}_j$；$\boldsymbol{Z}_{fj}$ 为广义力向量，$\boldsymbol{Z}_{fj} = \begin{pmatrix} \bar{\boldsymbol{M}} \\ \bar{\boldsymbol{S}} \end{pmatrix}_j$。

如前所述，转轴第 $j$ 个和第 $j+1$ 个截面上状态变量间的关系总可以通过传递矩阵表示成

$$\boldsymbol{Z}_{j+1} = \boldsymbol{T}_j \boldsymbol{Z}_j$$

或

$$\begin{pmatrix} \boldsymbol{Z}_d \\ \boldsymbol{Z}_f \end{pmatrix}_{j+1} = \begin{pmatrix} \boldsymbol{T}_{11} & \boldsymbol{T}_{12} \\ \boldsymbol{T}_{21} & \boldsymbol{T}_{22} \end{pmatrix}_j \begin{pmatrix} \boldsymbol{Z}_d \\ \boldsymbol{Z}_f \end{pmatrix}_j$$

展开后得

$$\begin{cases} \boldsymbol{Z}_{d,j+1} = (\boldsymbol{T}_{11}\boldsymbol{Z}_d + \boldsymbol{T}_{12}\boldsymbol{Z}_f)_j \\ \boldsymbol{Z}_{f,j+1} = (\boldsymbol{T}_{21}\boldsymbol{Z}_d + \boldsymbol{T}_{22}\boldsymbol{Z}_f)_j \end{cases} \tag{9-96}$$

设同一截面 $j$ 上的 $\boldsymbol{Z}_{fj}$ 和 $\boldsymbol{Z}_{dj}$ 间的关系为

$$\boldsymbol{Z}_{fj} = \boldsymbol{S}_j \boldsymbol{Z}_{dj} \tag{9-97}$$

其中，$\boldsymbol{S}_j$ 被称为第 $j$ 个截面上的瑞考提传递矩阵，方程(9-97)则被称为 $j$ 截面上的瑞考提变换。

将式(9-97)代入式(9-96)中，可求得

$$\begin{cases} \boldsymbol{Z}_{dj} = (\boldsymbol{T}_{11} + \boldsymbol{T}_{12}\boldsymbol{S})_j^{-1}\boldsymbol{Z}_{dj+1} \\ \boldsymbol{Z}_{fj+1} = [(\boldsymbol{T}_{21} + \boldsymbol{T}_{22}\boldsymbol{S})(\boldsymbol{T}_{11} + \boldsymbol{T}_{12}\boldsymbol{S})^{-1}]_j \boldsymbol{Z}_{dj+1} \end{cases} \tag{9-98}$$

式(9-98)即构成了在 $j+1$ 截面上的瑞考提变换，相应地，第 $j+1$ 个截面上的瑞考提传递矩阵的递推关系为

$$\boldsymbol{S}_{j+1} = [(\boldsymbol{T}_{21} + \boldsymbol{T}_{22}\boldsymbol{S})(\boldsymbol{T}_{11} + \boldsymbol{T}_{12}\boldsymbol{S})^{-1}]_j \tag{9-99}$$

采用瑞考提传递矩阵法计算转子系统固有频率和相应振型的步骤如下：

(1) 在左端的起始截面上，由 $\boldsymbol{Z}_{f0} = \boldsymbol{0}$ 知 $\boldsymbol{S}_0 = \boldsymbol{0}$；

(2) 利用递推公式(9-99)，解得 $\boldsymbol{S}_1, \boldsymbol{S}_2, \cdots, \boldsymbol{S}_{n-1}, \boldsymbol{S}_n$；

(3) 根据转子右端边界条件 $\boldsymbol{Z}_{fn} = \boldsymbol{0}$ 以及 $\boldsymbol{Z}_{fn} = \boldsymbol{S}_n \boldsymbol{Z}_{dn}$，给出 $\boldsymbol{Z}_{dn}$ 具有非平凡解的条件为

$$\det \boldsymbol{S}_n = 0 \tag{9-100}$$

满足方程(9-100)的频率 $\lambda$ 即为系统的特征值。为了找出这样的特征值，搜索和迭代过程同样是不可缺少的。一般说来，瑞考提传递矩阵法在数值稳定性和计算精度方面比传统的蒲尔法好。经过变化和改进了的广义瑞考提法还可以求解瞬态及不平衡响应，有关这方面的研究可参见参考文献[15,16]。

# 9.4 可倾瓦轴承支承的单跨多质量转子系统

本节主要讨论可倾瓦轴承支承的单跨多质量转子系统,这类系统常见于各种大型压缩机、电机、风机等。系统的复杂性主要源于转子本身,由于安装在转轴上各种惯性元件的增多,除计入转轴自身弹性变形外,还需要计及轴分布质量的影响和作用在转子上的激励力……但不管怎样,由于转子是单跨的,支承轴承只有两个,所以转子与轴承间的耦合关系相比之下比较简单,和第5章中讨论的简单轴承转子系统并没有本质上的不同。

## 9.4.1 系统稳定性分析

本节在前面关于可倾瓦轴承支承的简单转子系统讨论的基础上,进一步讨论可倾瓦轴承支承多质量转子的稳定性[19]。

图9-2所示为一个五质量弹性转子系统,相应的系统参数参见表9-1。系统原型取自一台 $N_2-H_2$ 离心式压缩机组轴承转子系统。该机组设计额定工作转速为11 230 r/min,转子两端支承为5瓦可倾瓦轴承,且轴承预负荷为0。

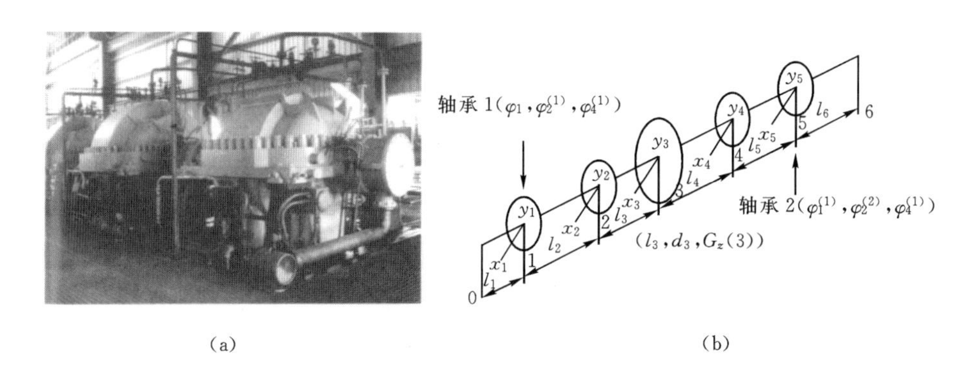


(a) (b)

图9-2 可倾瓦轴承支承的 $N_2-H_2$ 离心式压缩机组轴承转子系统

按第7章所述方法建立系统的运动方程,并将其化为广义特征值问题求解。经过凝聚后最终保留的系统广义坐标个数为26,其中包括:对应于5个质点的10个速度坐标($\dot{x}_1,\dot{y}_1,\dot{x}_2,\dot{y}_2,\cdots,\dot{x}_5,\dot{y}_5$);10个线位移坐标($x_1,y_1,x_2,y_2,\cdots,x_5,y_5$)以及两个轴承的实际承载瓦的6个角位移坐标($\varphi_1^{(1)},\varphi_2^{(1)},\varphi_4^{(1)}$,

$\varphi_1^{(2)}, \varphi_2^{(2)}, \varphi_4^{(2)}$)。广义坐标向量按顺序($\dot{x}_1, \dot{y}_1, \dot{x}_2, \dot{y}_2, \cdots, \dot{x}_5, \dot{y}_5, x_1, y_1, x_2, y_2, \cdots, x_5, y_5, \varphi_1^{(1)}, \varphi_2^{(1)}, \varphi_4^{(1)}, \varphi_1^{(2)}, \varphi_2^{(2)}, \varphi_4^{(2)}$) 排列。

**表 9-1　可倾瓦轴承多质量转子系统计算参数**

转子弹性模量 $E_1$ = 206 GPa

转子材料质量密度 $G_a$ = 7 800 kg/m$^3$

轴段参数(刚支转子固有频率 439.8 s$^{-1}$)

| No | 轴段长度 $l_j$/mm | 轴段直径 $d_j$/mm | 圆盘附加质量 $G_{zj}$/kg |
|---|---|---|---|
| 1 | 260 | 101 | 17.36 |
| 2 | 519 | 150 | 76.02 |
| 3 | 270 | 150 | 70.62 |
| 4 | 394 | 150 | 88.48 |
| 5 | 416 | 150 | 11.43 |
| 6 | 193 | 114 | 0.0 |

轴承参数(润滑油型号:20# 透平油)

| No | 轴承直径 /mm | 轴承间隙 /mm | 间隙比 | 负荷分配 /N | 宽颈比 |
|---|---|---|---|---|---|
| 1 | 101.75 | 0.075 | 0.00 147 | 2 600 | 0.403 |
| 2 | 114.46 | 0.080 | 0.00 140 | 2 590 | 0.411 |

计算范围由 $N$ = 3 000 r/min 开始,直至 15 000 r/min。计算结果包括系统的特征值,左、右特征向量。

在系统的全部 26 个特征根中,有 6 个是负实根,另外 10 对是共轭复根。表 9-2 是系统通过临界转速和失稳前后的特征值数值解。

对应于第 $i$ 阶特征值,其对数衰减率为 $\delta_i = 2\pi\left(\dfrac{u_i}{v_i}\right)$,图 9-3 是系统各复特征值所对应的对数衰减率曲线,系统的特征根轨迹见图 9-4。

**表 9-2　典型转速下系统的特征值数值解**($\lambda = (-u + \mathrm{i}v)/\omega$)

| $\lambda$ \ $\omega/\omega_k$ | 0.952 4 | 1.190 5 | 2.857 1 | 3.095 2 |
|---|---|---|---|---|
| 1 | −23.228 4 | −15.208 | −3.549 1 | −3.246 8 |
| 2 | −19.509 0 | −12.663 | −3.399 3 | −3.036 6 |
| 3 | −13.060 7 | −9.933 | −2.826 7 | −2.534 9 |
| 4 | −8.282 7 | −6.349 | −2.379 6 | −2.193 4 |

续表

| $\lambda$ \ $\omega/\omega_k$ | 0.952 4 | 1.190 5 | 2.857 1 | 3.095 2 |
|---|---|---|---|---|
| 5 | −0.826 9 | −0.788 | −0.598 7 | −0.578 9 |
| 6 | −0.770 6 | −0.723 | −0.507 7 | −0.485 2 |
| 7 | −0.301 4±i0.574 4 | −0.272 2±i0.565 9 | −0.132 1±i0.524 0 | −0.117 5±i0.518 0 |
| 9 | −0.210 3±i0.593 2 | −0.138 3±i0.573 4 | −0.000 2±i0.315 2 | 0.001 6±i0.295 1 |
| 11 | −0.627 3±i0.767 8 | −0.564 6±i0.738 7 | −0.247 4±i0.604 8 | −0.218 9±i0.589 0 |
| 13 | −0.696 8±i0.861 6 | −0.641 6±i0.857 0 | −0.342 4±i0.718 4 | −0.311 0±i0.699 3 |
| 15 | −0.105 6±i1.025 6 | −0.077 2±i0.792 2 | −0.008 4±i0.320 9 | −0.006 3±i0.297 2 |
| 17 | −0.270 5±i1.119 4 | −0.287 1±i0.914 2 | −0.215 2±i0.619 4 | −0.198 0±i0.605 3 |
| 19 | −0.210 5±i4.666 0 | −0.205 9±i3.751 5 | −0.142 2±i1.625 0 | −0.133 6±i1.504 2 |
| 21 | −0.347 5±i4.764 3 | −0.289 3±i3.824 3 | −0.156 0±i1.636 6 | −0.148 6±i1.520 5 |
| 23 | −0.093 1±i12.377 9 | −0.081 3±i9.917 0 | −0.033 7±i4.155 7 | −0.030 9±i3.836 5 |
| 25 | −0.106 1±i12.442 9 | −0.084 4±i9.958 0 | −0.033 8±i4.156 6 | −0.030 6±i3.838 4 |

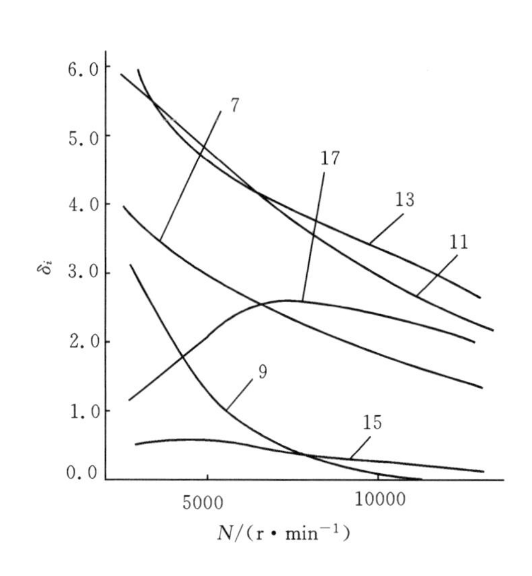


图 9-3　系统各复特征值对应的对数衰减率曲线

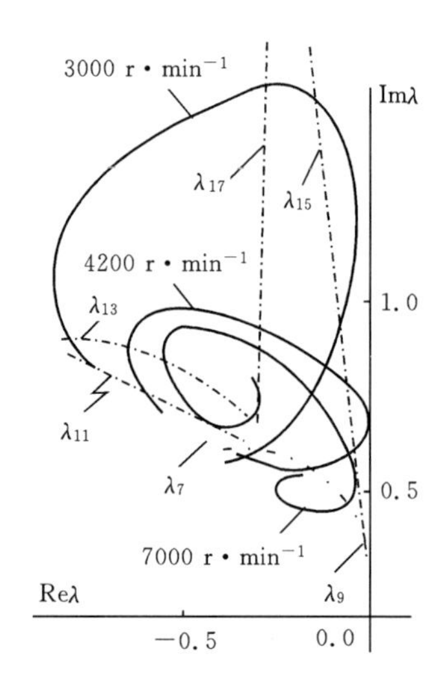


图 9-4　系统的特征根轨迹

由图9-3、图9-4可知，随着系统工作转速的上升，各特征根的虚、实部变化趋势不尽相同。系统在低速运行时，具有最小对数衰减率的是第15阶高阶特征值，但图9-3中所对应的第15阶特征值的实部对于转速的改变极不敏感；与之相反的是，第9阶特征值的实部及虚部却随着转速的上升而急剧下降，并最终导致系统的失稳。

当$\frac{\omega}{\omega_k}>2.6190$，亦即系统处于超临界转速2.6倍以上运行时，系统的稳定性转而由最低频的特征值所决定，最终在$\frac{\omega}{\omega_k}\approx 2.9\sim 3.0$(对应于工作转速12 000 r/min左右）系统宣告失稳，此时对应的涡动频率$\approx 0.9\omega_k$，接近于转子刚支时的一阶固有频率，所对应的涡动比$r_{st}\approx 0.3$。当转速再继续上升时，系统发散愈加严重，不再回复到稳定状态。

实际机组的失稳转速在12 000 r/min左右，理论计算结果与实际机组失稳事故发生的失稳转速在数值上存在有一定的偏差，但这种偏差甚小，而在失稳时系统所表现出来的主要特征和油膜振荡现象却是完全相同的(失稳转速在额定工作转速附近，涡动频率与系统固有频率相近……)。产生偏差的主要原因来自以下几个方面：

(1) 原始计算参数与实际机组参数不尽符合(刚支时系统固有频率、轴承间隙比……)；

(2) 因缺乏关于系统油封、气封的实际参数，计算中未计入上述流体耦合力等外扰因素以及陀螺力矩所带来的对系统稳定性的影响。

上述分析过程较之实际系统虽然略显简化，但并不妨碍以下结论：原机组的设计工作点处于稳定性边缘状态，潜在的不稳定因素依然来自于可倾瓦轴承，再一次证明了可倾瓦轴承并非是天然和本质稳定的——这种濒临界限状态的系统几乎经受不起其他外来干扰因素的影响与激励。一旦这种系统受到由于安装、检修或其他流体力效应所产生的干扰作用，机组的自激或油膜振荡势必不可避免[17-18]。

### 9.4.2　系统灵敏度分析

按式(9-64)、式(9-65)计算得到上述轴承转子系统各特征值对于部分系统参数的偏导数，所获得的部分结果列入表9-3、表9-4中。

**表 9-3　不同转速下系统复特征值灵敏度分析**

| 转速 | 4 000 r/min | | | 4 200 r/min | | | 4 400 r/min | | |
|---|---|---|---|---|---|---|---|---|---|
| 特征值 | $\lambda_{17}=-0.2705+i1.1195$ | | | $\lambda_{17}=-0.2721+i1.0682$ | | | $\lambda_{17}=-0.2748+i1.0224$ | | |
| 坐标 / 偏导数 | 11,11 | 15,15 | 19,19 | 11,11 | 15,15 | 19,19 | 11,11 | 15,15 | 19,19 |
| $\frac{\partial U}{\partial a_{ij}}$ | −2.840 | 12.60 | −1.916 | −2.797 | 11.090 | −1.878 | −2.734 | 9.679 | −1.832 |
| $\frac{\partial V}{\partial a_{ij}}$ | −1.324 | 4.660 | −0.711 | −1.477 | 4.721 | −0.801 | −1.660 | 4.752 | −0.914 |
| $\frac{\partial\left(\frac{U}{V}\right)}{\partial a_{ij}}$ | −2.251 | 10.250 | −1.558 | −2.266 | 9.258 | −1.568 | −2.238 | 8.218 | −1.552 |
| $\frac{\partial U}{\partial b_{ij}}$ | 1.696 | −6.502 | 0.991 | 1.925 | −6.635 | 1.124 | 2.185 | −6.708 | 1.283 |
| $\frac{\partial V}{\partial b_{ij}}$ | −2.127 | 9.682 | −1.472 | −2.128 | 8.694 | −1.472 | −2.087 | 7.664 | −1.447 |
| $\frac{\partial\left(\frac{U}{V}\right)}{\partial b_{ij}}$ | 1.974 | −7.897 | 1.202 | 2.309 | −8.285 | 1.404 | 2.686 | −8.576 | 1.636 |

**表 9-4　参数扰动对不同特征值的影响**

$N=4\ 200$ r/min

$\left(\frac{\omega}{\omega_k}=1.0,\quad \lambda_{11}=-0.6116+i0.7610,\quad \lambda_{13}=-0.6851+i0.8613\right)$

| $i,j$ | λ(No.) | $\frac{\partial U}{\partial a_{ij}}$ | $\frac{\partial V}{\partial a_{ij}}$ | $\frac{\partial\left(\frac{U}{V}\right)}{\partial a_{ij}}$ | $\frac{\partial U}{\partial b_{ij}}$ | $\frac{\partial V}{\partial b_{ij}}$ | $\frac{\partial\left(\frac{U}{V}\right)}{\partial b_{ij}}$ |
|---|---|---|---|---|---|---|---|
| 11,11 | 11 | 0.000 01 | 0.0 | 0.000 02 | 0.000 00 | 0.000 01 | −0.000 01 |
| | 13 | −0.000 01 | −0.000 02 | 0.000 02 | 0.000 02 | 0.0 | 0.000 02 |
| 11,12 | 11 | −0.003 3 | −0.002 5 | −0.001 7 | 0.004 2 | −0.001 0 | 0.006 6 |
| | 13 | −0.010 1 | −0.004 1 | −0.008 0 | 0.008 6 | −0.004 9 | 0.014 5 |
| 12,11 | 11 | −0.001 5 | 0.002 7 | −0.004 0 | −0.001 2 | −0.002 9 | 0.001 4 |
| | 13 | 0.009 7 | −0.008 7 | 0.019 3 | 0.000 7 | 0.011 8 | −0.010 2 |
| 12,12 | 11 | 0.864 7 | 0.272 7 | 0.848 3 | −0.772 5 | 0.515 4 | −1.559 0 |
| | 13 | −0.409 3 | −5.594 0 | 4.691 0 | 4.210 0 | 2.873 0 | 2.234 0 |
| 15,15 | 11<br>13 | $<10^{-4}$ | $<10^{-4}$ | $<10^{-4}$ | $<10^{-4}$ | $<10^{-4}$ | $<10^{-4}$ |
| 15,16 | 11 | −0.001 9 | −0.001 9 | −0.000 50 | 0.002 7 | −0.000 3 | 0.003 8 |
| | 13 | 0.001 7 | 0.002 5 | −0.000 34 | −0.002 75 | −0.000 2 | −0.003 0 |

续表

| $N = 4\ 200$ r/min<br>$\left(\frac{\omega}{\omega_k} = 1.0,\ \lambda_{11} = -0.611\ 6 + i0.761\ 0,\ \lambda_{13} = -0.685\ 1 + i0.861\ 3\right)$ | | | | | | | |
|---|---|---|---|---|---|---|---|
| $i,j$ | $\lambda$(No.) | $\frac{\partial U}{\partial a_{ij}}$ | $\frac{\partial V}{\partial a_{ij}}$ | $\frac{\partial\left(\frac{U}{V}\right)}{\partial a_{ij}}$ | $\frac{\partial U}{\partial b_{ij}}$ | $\frac{\partial V}{\partial b_{ij}}$ | $\frac{\partial\left(\frac{U}{V}\right)}{\partial b_{ij}}$ |
| 16,15 | 11 | −0.001 9 | 0.001 7 | −0.004 3 | −0.000 1 | −0.002 6 | 0.002 6 |
| | 13 | −0.004 2 | −0.001 7 | −0.003 3 | 0.003 6 | −0.002 0 | 0.006 0 |
| 16,16 | 11 | −0.145 0 | 0.700 1 | −0.929 9 | −0.466 0 | −0.565 0 | −0.015 7 |
| | 13 | −1.634 0 | 0.507 5 | −2.366 0 | 0.563 4 | −1.449 0 | 1.992 0 |
| 19,19 | 11<br>13 | $< 10^{-4}$ | $< 10^{-4}$ | $< 10^{-4}$ | $< 10^{-4}$ | $< 10^{-4}$ | $< 10^{-4}$ |
| 19,20 | 11 | 0.005 4 | 0.003 2 | 0.003 7 | −0.006 1 | 0.002 3 | −0.010 4 |
| | 13 | −0.003 1 | 0.000 5 | −0.004 0 | 0.001 4 | −0.002 5 | 0.003 9 |
| 20,19 | 11 | 0.004 6 | −0.008 4 | 0.014 8 | 0.003 8 | 0.009 0 | −0.004 6 |
| | 13 | 0.003 3 | −0.000 3 | 0.041 0 | −0.001 7 | 0.002 5 | −0.004 2 |
| 20,20 | 11 | −0.440 4 | −4.807 0 | 4.497 0 | 4.120 0 | 2.733 0 | 2.528 0 |
| | 13 | 1.012 0 | −0.288 5 | 1.441 0 | −0.367 2 | 0.882 7 | −1.241 0 |

由特征值灵敏度分析，可得到的主要结论如下：

(1) 与系统灵敏度相关的各偏导数值是工作转速的函数。

(2) 同一个扰动元素对某个特征值的影响在不同转速下并不总是一致的，这从表 9-5 中可以得到很好的说明：当 $N = 4\ 000$ r/min 时，对应于 $\lambda_{15}$，$\frac{\partial U}{\partial a_{12,12}} < 0$，$\frac{\partial\left(\frac{U}{V}\right)}{\partial a_{12,12}} < 0$；而当 $N$ 上升到 4 400 r/min 之后，则有 $\frac{\partial U}{\partial a_{12,12}} > 0$，$\frac{\partial\left(\frac{U}{V}\right)}{\partial a_{12,12}} > 0$—— 说明了即便是同一参数的扰动，但在不同工作转速下这种扰动对特征值影响的程度及效果却是不尽相同的。

(3) 当某一元素扰动时，该扰动对稳定性的影响程度因特征值而异。表 9-4 反映了这一特征：

$a_{11,11}$，$a_{15,15}$，$a_{19,19}$(对应于 $x_1$，$x_3$，$x_5$ 方向上的阻尼）的扰动几乎对 $\lambda_{11}$，$\lambda_{13}$ 不起作用；相反，却强烈地影响到了 $\lambda_7$，$\lambda_9$，$\lambda_{17}$，$\lambda_{21}$。

(4) 交叉项的影响。如 $a_{11,12}$，$a_{12,11}$，$b_{11,12}$，$b_{12,11}$，…，这些耦合项对稳定性的影响一般要比阻尼、刚度阵中位于对角线上的主元项的影响小得多。

(5) 参数扰动对于高阶根的影响比对低阶根的影响要小得多,因而可以解释该系统在转速上升过程中轴承参数变动并未导致高频失稳的原因。

(6) 系统在阻尼固有频率处的灵敏度分析。表 9-5、表 9-6 是在系统工作频率与阻尼固有频率非常接近时的数据,$\lambda_{15}$,$\lambda_{17}$ 为两个与刚支一阶固有频率相近的特征值。可以看到,$\lambda_{15}$ 及其稳定性变化率主要取决于与坐标 $y_1$,$y_3$,$y_5$(对应于表中的下标(12,12),(16,16),(20,20)) 相关的阻尼、刚度项的变化;相反,$\lambda_{17}$ 则主要取决于 $x_1$,$x_3$,$x_5$(对应于表中的下标(11,11),(15,15),(19,19) 方向上的刚度与阻尼。

**表 9-5 参数扰动对阻尼固有频率的影响**

| 转速 | 4 000 r/min | | | 4 200 r/min | | | 4 400 r/min | | |
|---|---|---|---|---|---|---|---|---|---|
| 特征值 | $\lambda_{17}=-0.1057+i1.0258$ | | | $\lambda_{17}=-0.1007+i0.9690$ | | | $\lambda_{17}=-0.0948+i0.9178$ | | |
| 坐标 / 偏导数 | 12,12 | 16,16 | 20,20 | 12,12 | 16,16 | 20,20 | 12,12 | 16,16 | 20,20 |
| $\frac{\partial U}{\partial a_{ij}}$ | −0.042 1 | 15.63 | −0.261 4 | 0.028 6 | 14.070 | −0.172 0 | 0.085 7 | 12.640 | −0.077 6 |
| $\frac{\partial V}{\partial a_{ij}}$ | 0.526 5 | −1.201 | 0.675 9 | 0.503 9 | −1.436 | 0.690 8 | 0.466 4 | −1.583 | 0.676 9 |
| $\frac{\partial\left(\frac{U}{V}\right)}{\partial a_{ij}}$ | −0.094 0 | 15.36 | −0.322 7 | −0.024 6 | 14.68 | −0.251 6 | 0.040 9 | 13.950 | −0.160 7 |
| $\frac{\partial U}{\partial b_{ij}}$ | −0.503 7 | −0.395 3 | −0.626 0 | −0.515 7 | −0.027 6 | −0.687 1 | −0.512 3 | 0.298 8 | −0.721 1 |
| $\frac{\partial V}{\partial b_{ij}}$ | −0.093 0 | 15.20 | −0.319 3 | −0.024 3 | 14.52 | −0.249 0 | 0.040 5 | 13.800 | −0.159 |
| $\frac{\partial\left(\frac{U}{V}\right)}{\partial b_{ij}}$ | −0.481 6 | −1.912 | −0.578 1 | −0.531 4 | −1.586 | −0.682 4 | −0.562 8 | −1.228 | −0.767 8 |

上述在阻尼固有频率附近的灵敏度分析可以作为工程中抑制转子通过临界转速时的不平衡响应,合理地选择控制策略和控制力的理论依据。

(7) 一般说来,如果刚度阵中某个元素 $b_{ij}^*$ 对某一特征值影响强烈,则对应的阻尼阵中的元素 $a_{ij}^*$ 的作用将和 $b_{ij}^*$ 相仿,其物理解释也是明显的。

(8) 对数衰减率相近(或相同) 的非重根的灵敏度分析。这里涉及到一个重要命题:具有相近甚至相同对数衰减率的两个(或多个) 非重根,在同一转速下它们在复平面上处于由原点引出的同一射线上(或附近)。因此,就对数衰减率而言,它们差不多是完全相同或相近的,而这些非重根间的区别又当如何?

**表 9-6 对数衰减率相近的特征值和特征向量**

| $N = 4\ 200$ r/min<br>特征向量 **X**,**Y** 值 | | |
|---|---|---|
| $\lambda_{11} = -0.611\ 6 + i0.761$ | $\lambda_{13} = -0.685\ 1 + i0.861$ | 坐标 |
| | **X** | |
| 0.18E−3−i0.47E−3 | −0.6E−3−i0.5E−3 | 11 |
| 0.128 6+i0.076 3 | 0.5E−2−i0.3129 | 12 |
| 0.31E−3−i0.35E−3 | 0.000 1−i0.000 4 | 15 |
| 0.129 3−i0.025 0 | 0.136 9−i0.105 3 | 16 |
| −0.4E−3−i0.5E−3 | −0.3E−3−i0.28E−3 | 19 |
| −0.014 5−i0.341 5 | −0.083 7−i0.106 4 | 20 |
| | **Y** | |
| 0.6E−4 —i0.47E−4 | −0.17E−4+i0.9E−4 | 11 |
| −0.015 9+i0.005 2 | 0.037 0+i0.027 1 | 12 |
| 0.6E−4−i0.4E−5 | −0.4E−4 —i0.1E−4 | 15 |
| 0.007 3+i0.012 9 | 0.001 0+i0.025 3 | 16 |
| 0.2E−5−0.5E−4 | −0.6E−4+i0.1E−4 | 19 |
| 0.030 4+i0.023 7 | 0.019 9−i0.001 1 | 20 |

在以上考察的案例中,系统工作转速在 $N = 4\ 000$ r/min 附近时,两个特征值 $\lambda_{11}$,$\lambda_{13}$ 就近似于上述情况。

图 9-5 为 $\lambda_{11}$,$\lambda_{13}$ 在复平面上的分布图,图 9-6 则为 $\lambda_{11}$,$\lambda_{13}$ 所对应的 $\dfrac{U}{V}$ 变化曲线。

可以看到,如果仅采用对数衰减率单个指标,尚不能全面地反映这里所讨论的稳定性的全部内涵。比如对数衰减率,只是反映了系统参数不变的“静态”状态,而系统参数的动态变化则必然和各变化率有关。为此计算了 $N = 4\ 200$ r/min 时 $\lambda_{11}$,$\lambda_{13}$ 所各自对应的变化率(见表 9-4)。尽管 $\lambda_{11}$,$\lambda_{13}$ 在系统参数无扰动时,其衰减率几乎相等,其动态差别却很大。两者之间数值上的差异自不待言,更重要的是两者变化趋势有时亦相反。

例如,$\left.\dfrac{\partial\left(\dfrac{U}{V}\right)}{\partial b_{20,20}}\right|_{\lambda_{11}} = 2.528$,但$\left.\dfrac{\partial\left(\dfrac{U}{V}\right)}{\partial b_{20,20}}\right|_{\lambda_{13}} = -1.241$。这样,当 $\Delta b_{20,20} > 0$ 时,$\lambda_{11}$ 所对应的稳定性大幅度上升,相反,该扰动对 $\lambda_{13}$ 的稳定性却是有害的。

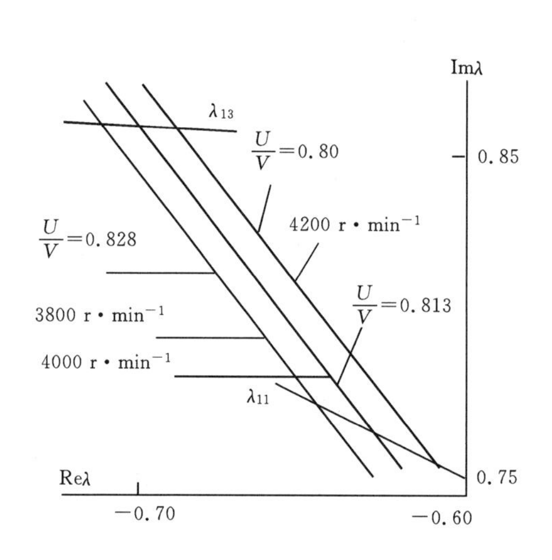


图 9-5 $\lambda_{11}$,$\lambda_{13}$ 在复平面上的分布图

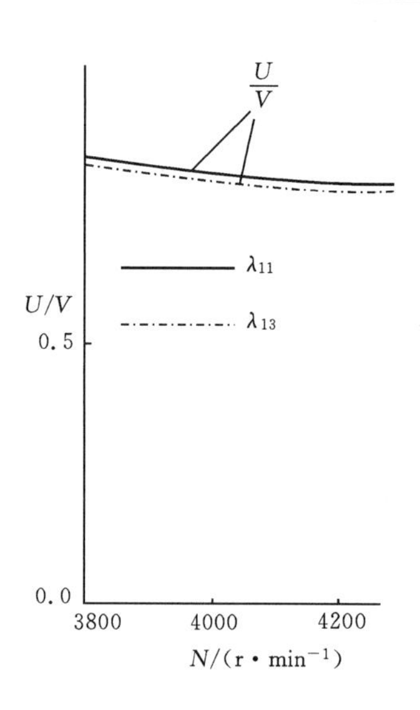


图 9-6 $\lambda_{11}$,$\lambda_{13}$ 所对应的$\frac{U}{V}$变化曲线

进一步探讨出现上述结果的原因,则涉及到相应的特征向量。表 9-6 列出了有关的特征向量值。由表 9-6 可以发现:上述同一系统参数扰动对于不同特征值所造成的影响及变化趋势截然相反,是因为各自对应振型的不同(幅值、相位差)而造成的。$y_{20}\mid_{\lambda_{11}}=0.0304+\mathrm{i}0.0237$;$y_{20}\mid_{\lambda_{13}}=0.0199-\mathrm{i}0.0011$;$y_{20}\mid_{\lambda_{11}}$ 与 $y_{20}\mid_{\lambda_{13}}$ 之间存在着近$\frac{\pi}{2}$的相位差,因而导致同一元素的扰动产生不同的稳定性效果。

因此,从某种意义上说,仅用对数衰减率来度量系统的稳定性只是在系统参数稳定时是适宜的,对于系统参数时变或受扰的情况,这种描述是不充分的。

当系统参数不断变化时,其稳定性的“动态”变化既和系统的特征量(如 $\lambda_{11}$,$\lambda_{13}$,$x_{11}$,$y_{11}$,$x_{13}$,$y_{13}$)有关,又和参数扰动量(如 $b_{20,20}$,…)以及受扰位置(如 $x_{20}$,$y_{20}$,…)有关。

从能量传递的角度来说,系统特征量决定系统可能的运动及能态形式;扰动量的大小则决定了系统在动态时能态的改变;扰动所对应的坐标或位置(与局部静态参数 $x_{20}$,$y_{20}$ 有关)则直接规定了能量传递的通道,因而也就决定了系统吸收或耗散能量的难易程度。

因此,对系统所作的灵敏度分析所包含的内容要远比对系统的“静态”分析深刻得多。

(9) 参数变化的系统由稳定向不稳定发散，通常并不一定总是由于原先最低阶的特征值失稳而造成的。

当前所讨论的案例中，在转子系统转速上升的初始阶段，最低阶的特征值为 $\lambda_7$，但最终导致系统失稳的特征值却是 $\lambda_9$，此时另一个次低频特征值则是由 $\lambda_{15}$ 演变而来的。因此，系统的失稳除了和初始状态有关外，很大程度上还取决于系统内、外部条件所间接规定了的发散路径和演变过程。

(10) 工程中应用的被动式振动抑制装置，如挤压膜阻尼器，它们最终施加给被控转子的力常常是多个参数的综合作用，这样得到的结果并不一定是最佳的。在对系统灵敏度分析的基础上，设计参数可调的控制器可望避免前者的缺陷。

(11) 局部与全局。对于整个系统而言，可能会出现下列情况：某个参数的变动在局部范围内看来也许是对稳定性不利的，但由于该参数的变动，不仅影响到特征值的变化，同时也将引起系统整个特征向量 $\boldsymbol{X}$,$\boldsymbol{Y}$ 的变化，这样从全局的观点来说，系统的稳定性整体上仍然得到了一定的改善。因此，整体设计思想的确立是十分必要的。

(12) 上述灵敏度分析的结果表明，使得系统全部 10 对复特征值在失稳转速附近稳定性得到一致改善的措施为：在 $x_3$，$y_3$ 方向上增大阻尼力以及在 $x_5$ 方向上增加刚度力，均有利于全局稳定性的好转。

表 9－7 中列出了几对主要参数对系统稳定性的影响趋势。在有约束条件下，当无法保证全局稳定性一致改善的情况下，这时仍然可以根据表 9－7 定出次优的改善稳定性方案。

**表 9-7 参数扰动对稳定性影响的趋势分析**

| 转速 $N/(\mathrm{r/min})$ | 稳定性 / 特征值 $\lambda_i$ | (11,11) | | (12,12) | | (15,15) | | (16,16) | | (19,19) | | (20,20) | |
|---|---|---|---|---|---|---|---|---|---|---|---|---|---|
| | | $\Delta a$ | $\Delta b$ | $\Delta a$ | $\Delta b$ | $\Delta a$ | $\Delta b$ | $\Delta a$ | $\Delta b$ | $\Delta a$ | $\Delta b$ | $\Delta a$ | $\Delta b$ |
| 10 000 | 9 | ↑ | ↓ | | | ↑ | ↑ | | | ↑ | ↑ | | |
| | 15 | | | ↑ | ↓ | | | ↑ | ↑ | | | ↑ | ↓ |
| | 7 | ↑ | ↑ | | | ↑ | ↑ | | | ↑ | ↑ | | |
| | 11 | | | ↑ | ↓ | | | ↑ | ↓ | | | ↑ | ↑ |
| | 17 | ↑ | ↑ | | | ↑ | ↓ | | | ↑ | ↑ | | |
| | 13 | | | ↑ | ↑ | | | ↑ | ↓ | | | ↑ | ↑ |
| | 19 | | | ↓ | ↑ | | | ↑ | ↓ | | | ↓ | ↑ |
| | 21 | ↓ | ↑ | | | ↑ | ↓ | | | ↓ | ↑ | | |
| | 23 | | | ↑ | ↑ | | | ↑ | ↓ | | | ↑ | ↑ |
| | 25 | ↑ | ↑ | | | ↑ | ↓ | | | ↑ | ↑ | | |
| 11 000 | 9 | ↑ | ↓ | | | ↑ | ↑ | | | ↑ | ↑ | | |
| | 15 | | | ↑ | ↓ | | | ↑ | ↑ | | | ↑ | ↓ |
| | 7 | ↑ | ↑ | | | ↑ | ↑ | | | ↑ | ↑ | | |
| | 11 | | | ↑ | ↓ | | | ↑ | ↓ | | | ↑ | ↑ |
| | 17 | ↑ | ↑ | | | ↑ | ↓ | | | ↑ | ↑ | | |
| | 13 | | | ↑ | ↑ | | | ↑ | ↓ | | | ↑ | ↑ |
| | 19 | | | ↓ | ↑ | | | ↑ | ↓ | | | ↓ | ↑ |
| | 21 | ↓ | ↑ | | | ↑ | ↓ | | | ↓ | ↑ | | |
| | 23 | | | ↑ | ↑ | | | ↑ | ↓ | | | ↑ | ↑ |
| | 25 | ↑ | ↑ | | | ↑ | ↓ | | | ↑ | ↑ | | |
| 12 000 | 9 | ↑ | ↓ | | | ↑ | ↑ | | | ↑ | ↑ | | |
| | 15 | | | ↑ | ↓ | | | ↑ | ↑ | | | ↑ | ↓ |
| | 7 | ↑ | ↑ | | | ↑ | ↑ | | | ↑ | ↑ | | |
| | 11 | | | ↑ | ↓ | | | ↑ | ↓ | | | ↑ | ↑ |
| | 17 | ↑ | ↑ | | | ↑ | ↓ | | | ↑ | ↑ | | |
| | 13 | | | ↑ | ↑ | | | ↑ | ↓ | | | ↑ | ↑ |
| | 19 | | | ↓ | ↑ | | | ↑ | ↓ | | | ↓ | ↑ |
| | 21 | ↓ | ↑ | | | ↑ | ↓ | | | ↓ | ↑ | | |
| | 23 | | | ↑ | ↑ | | | ↑ | ↓ | | | ↑ | ↑ |
| | 25 | ↑ | ↑ | | | ↑ | ↓ | | | ↑ | ↑ | | |

# 参考文献


[1] Dunkerley S. On the Whirlimg and Vibration of Shafts[J]. Phil. Trans. Roy. Soc.,1895,185:269-360.

[2] White C W, Maytum B D. Eigensolution Sensitivity to Parameter perturbations[J]. The Shock and Vibration, 1976,46.

[3] Palazzolo A B, Wang B P, Pilkey W D. Eigensolution Reanalysis of Rotor Dynamic System by the Generalized Receptance Method[J]. J of Engineering for Power,1983,105(7).

[4] Fahmy M M, Oreilly J. On Eigenstructure Assignment in Linear Multivarible Systems[C]. [S. l.]: IEEE,1982.

[5] 林家浩. 结构动力优化中的灵敏度分析[J]. 振动与冲击,1985(1).

[6] 钟万勰,程耿东. 多重特征值的二阶灵敏度分析及相应的优化算法[J]. 大连工学院学报, 1985(3).

[7] 郑兆昌. 多自由度系统的振动与稳定性[M]. 张文,译. 上海:上海科学技术文献出版社,1985.

[8] 侯赛因. 多参数系统的振动与稳定性[M]. 张文,译。上海:上海科学技术文献出版社,1985.

[9] Timoshenko S, et al. Vibration Problems in Engineering[M]. 4th ed. John Wiley&Sons, inc,1974.

[10] Holzer H. Die Berechnung der Drehschwingungen[M]. [S. l]: Julius Springer, 1921:25.

[11] Pestel E C, Leckie F A. Matrix Methods in Elasto Mechanics[M]. McGraw-Hill,1963:51-213.

[12] Prohl M A. A General Method for Calculation Critical Speed of Flexible Rotors[J]. J of Appl Mech, Trans ASME, 1945, 12(3): 142-148.

[13] Myklestead N O. A New Method for Calculating Natural Modes of Uncoupled Bending Vibration of Airplane Wings and Other Types of Beams[J]. J of Aero Sci,1994,11:153-162.

[14] 钟一锷,何衍宗,王正. 转子动力学[M]. 北京:清华大学出版社,1987.

[15] Horner G C, Pilkey W D. The Riccati Transfer Matrix Method[J]. J of

Mech Des, Trans ASME,1978,100(4):297 - 302.

[16] 何衍宗. 计算多跨轴的频率与振型中的传递矩阵法的改进[J]. 清华大学学报,1979,1(4): 77 - 90.

[17] Yu Lie, Xie You Bai,Zhu Zhen,et al. Self-Excited Vibration of Rotor System with Tilting-Pad Bearing[J]. 中国机械工程学报:英文版,1990,3(2).

[18] 徐龙祥,朱均,虞烈. 可倾瓦轴承支承的转子系统稳定性研究[J]. 应用力学学报,1987,4(3).

[19] 虞烈. 轴承转子系统的稳定性与振动控制研究[D]. 西安:西安交通大学, 1987.

# 第10章　齿轮传动的多平行轴转子系统

齿轮传动的多平行轴转子系统在旋转机械中有着广泛的应用，也是轴承转子系统动力学研究中最为复杂的一类。齿轮副在多平行轴转子系统中承担着运动传递、能量的传递及分流等多重任务，因而具有一些区别于串接式多跨轴系的特殊而复杂的动力学特征：

——在运动传递过程中，整个平行轴系统不再具有单一的工作转速。

——由于能量分配的需要，对于扭转振动的分析上升为系统动力学分析的主要任务，同时，在大多数情况下系统中单个传动轴的弯曲振动和扭转振动以及各传动轴之间的动力学行为都是彼此耦合的。

——多平行轴机组大都要求在较大范围的变工况条件下运行，从而导致系统静态工作点不断地因负荷变化而变化；同时，在全部运行范围内多平行轴转子系统也很难避开所有的共振区。

—— 因各传动轴工作转速不同，故而导致系统总是服役在由转子不平衡所造成的多频激励环境下……

基于上述原因，对于齿轮传动的多平行轴轴承转子系统的分析，需要以整个多平行轴轴承转子系统作为考察对象，本章主要讨论关于这类系统的分析方法以及齿轮传动的多平行轴系统的动力学特征与规律。

## 10.1　齿轮传动的平行轴系统的一般处理方法

### 10.1.1　齿轮耦合模型

齿轮耦合的多平行轴转子系统主要由转轴、叶轮、轴承和传动齿轮组成，如图10－1所示。由于齿轮的存在，造成在啮合点处耦合转子的位移、转角的不连续，它们之间的协调关系不再简单地由其中某个单一转子的运动和变形所决定，而同时受制于主、从动轴。同时，齿轮在传递扭矩过程中，也在各耦合转子之间传递弯曲及扭转振动能量。因此，这类系统在运行过程中除了产生弯曲、扭转振动外，还可能引发另一类复合振动——弯扭耦合振动，这一点业已被理论、实验和工业实践所证实。

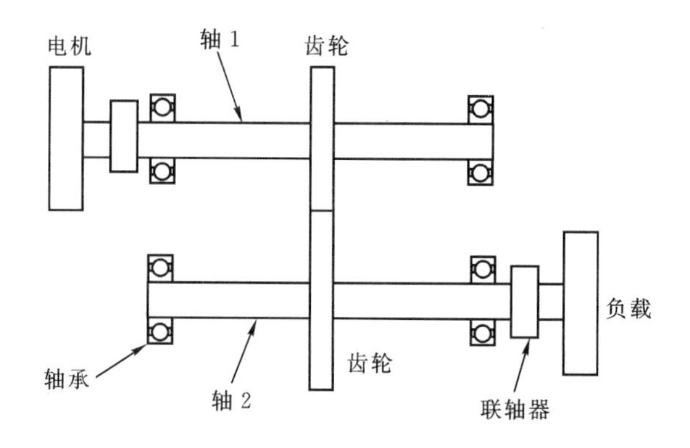


图 10-1 齿轮啮合的平行轴转子系统

早在1975年,米切尔(Mitchell)和梅隆(Mellon)在实验中就发现,因齿轮啮合所造成的转子横向振动和扭转振动之间的耦合是不可忽略的,尤其是柔性转子;并且指出,对齿轮啮合的平行轴转子系统而言,不考虑弯扭耦合的系统物理模型不能为这类带有齿轮传动的高性能旋转机械设计提供完备和必要的信息[1]。这一现象也引起了更多的转子动力学家对齿轮耦合转子动力学的关注:1978年,隆德通过引入影响系数以处理齿轮啮合问题,分别采用Holzer法计算扭转振动、梅克斯泰德-蒲尔法计算横向振动,最后再将两种结果汇合到一起以计算齿轮耦合的平行轴系的临界转速和强迫振动响应[2]。

参考文献[3]重点研究了动压滑动轴承在齿轮耦合平行轴转子系统中可能引发的涡动问题。类似的研究还包括李德(Lida)等针对齿轮啮合状态下系统高阶振动模态的计算以及齿轮具有偏心时系统的不平衡响应评估;同样的理论模型也被用来处理由两对齿轮啮合的三平行轴转子系统[4-6]。类似的研究还可参见参考文献[7-19]。

有关齿轮研究的另一个重要方面是对于齿轮动态载荷和啮合刚度的研究——重点讨论各种安装、相对运动以及制造和啮合误差对于动态载荷和啮合刚度的影响,相应的研究成果主要应用于齿轮的减振和降噪[20-24]。上世纪90年代以来,关于齿轮耦合转子动力学的研究开始进入非线性动力学范畴[25-27]。

以上所有这些研究都与齿轮的啮合建模有关。如果从轴承转子系统动力学角度进行分类,以往的研究方法大致不外乎以下两种。

**1. 力耦合模型**

将啮合齿轮对视为一对通过弹簧和阻尼器连接的刚性圆盘，其刚度和阻尼特性则采用相应的刚度系数 $k_m$ 和阻尼系数 $c_m$ 来表征，如图10-2所示。

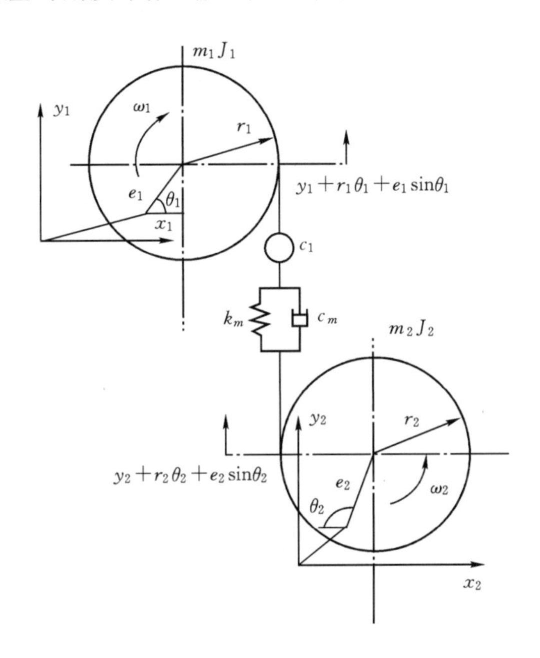


图10-2　齿轮的力耦合模型

设两齿轮在压力线方向上的相对位移和相对速度分别为 $s_{12}$ 和 $v_{12}$，则相应的齿轮传递力可表示为

$$\begin{cases} W_1 = k_m s_{12} + c_m v_{12} \\ W_2 = -W_1 \end{cases} \tag{10-1a}$$

当仅考虑 $y$ 方向上的位移时，有

$$\begin{cases} s_{12} = (y_1 + r_1\theta_1 + e_1\sin\theta_1) - (y_2 + r_2\theta_2 + e_2\sin\theta_2) - e_t\sin(N_1\theta_1) \\ v_{12} = \dot{s}_{12} = (\dot{y}_1 + r_1\dot{\theta}_1 + e_1\dot{\theta}_1\cos\theta_1) - (\dot{y}_2 + r_2\dot{\theta}_2 + e_2\dot{\theta}_2\cos\theta_2) - e_tN_1\dot{\theta}\cos(N_1\theta_1) \end{cases} \tag{10-1b}$$

式中，$y_1, y_2$ 为垂直方向上的位移扰动；$r_1, r_2$ 依次为齿轮基圆半径；$\theta_1, \theta_2$ 分别为在时间 $t$ 内的两齿轮盘转过的角度；$e_1, e_2$ 依次为两齿轮盘的偏心距；两齿轮的转动角频率分别为 $\omega_1, \omega_2$，$\dot{\theta}_1 = \dfrac{\mathrm{d}\theta_1}{\mathrm{d}t} = \omega_1, \dot{\theta}_2 = \dfrac{\mathrm{d}\theta_2}{\mathrm{d}t} = \omega_2$；$e_t$ 为因传动

误差所产生的位移,设主动轮齿数为 $N_1$,则任一时刻的传动误差可以表达为 $e_t\sin(N_1\theta_1)$[19] 。

两轮的转动角度可以表达为

$$\begin{cases}\theta_1=\theta_i^{(1)}+\omega_1 t\\ \theta_2=\theta_j^{(2)}+\omega_2 t\end{cases} \tag{10-1c}$$

式中,$\theta_i^{(1)}$ ,$\theta_j^{(2)}$ 分别对应于齿轮 1,2 的扰动角位移。

由啮合力所产生的力矩为

$$\begin{cases}M_1=W_1(r_1+e_1\cos\theta_1)\\ M_2=W_2(r_2+e_2\cos\theta_2)\end{cases} \tag{10-2}$$

记与齿轮耦合相关的系统广义坐标、广义力矢量分别为

$$\begin{cases}\boldsymbol{q}_{12}=(y_1\quad\theta_i^{(1)}\quad y_2\quad\theta_j^{(2)})^{\mathrm{T}}\\ \Delta\boldsymbol{F}_{12}=(W_1\quad M_1\quad W_2\quad M_2)^{\mathrm{T}}\end{cases} \tag{10-3}$$

则有

$$\Delta\boldsymbol{F}_{12}=\boldsymbol{K}_{12}\boldsymbol{q}_{12}+\boldsymbol{C}_{12}\dot{\boldsymbol{q}}_{12} \tag{10-4}$$

式中,耦合刚度矩阵

$$\boldsymbol{K}_{12}=\begin{bmatrix}k_m & k_m r_1 & -k_m & -k_m r_2\\ k_m r_1 & k_m r_1^2 & -k_m r_1 & -k_m r_1 r_2\\ -k_m & -k_m r_1 & k_m & k_m r_2\\ -k_m r_2 & -k_m r_1 r_2 & k_m r_2 & k_m r_2^2\end{bmatrix} \tag{10-5a}$$

耦合阻尼矩阵

$$\boldsymbol{C}_{12}=\begin{bmatrix}c_m & c_m r_1 & -c_m & -c_m r_2\\ c_m r_1 & c_m r_1^2 & -c_m r_1 & -c_m r_1 r_2\\ -c_m & -c_m r_1 & c_m & c_m r_2\\ -c_m r_2 & -c_m r_1 r_2 & c_m r_2 & c_m r_2^2\end{bmatrix} \tag{10-5b}$$

力耦合模型建立的依据或假设在于:齿轮副在压力作用线方向上所产生的相对位移完全转变为接触齿面处的弹性变形,从而始终保持齿面在啮合过程中的相互接触。类似的讨论还可以推广到在 $x$,$y$ 方向上同时发生位移扰动的更一般情况[28]。

### 2. 几何耦合模型

按照几何耦合模型,齿轮在啮合过程中,接触齿面在啮合点处的相对速度沿齿面公法线方向的投影为零,这时两齿面保持接触与啮合条件的满足依

赖于扰动量之间的相互约束[4]。如图 10-3 所示,设某一瞬间两轮的啮合点为 $k$,在啮合点 $k$ 处两轮的线速度依次为 $v_1, v_2$;转动角速度分别为 $\dot{\theta}_1, \dot{\theta}_2$;齿轮轴心的涡动速度分别为 $\dot{x}_1, \dot{y}_1, \dot{x}_2, \dot{y}_2$。

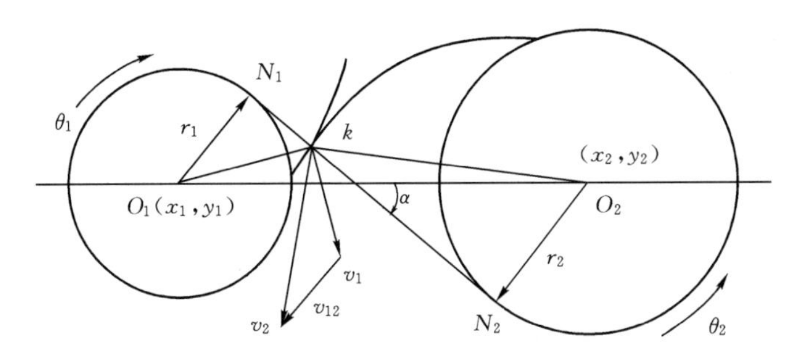


图 10-3　齿轮啮合的几何耦合模型

如不计啮合误差,则由啮合定理可得

$$\boldsymbol{v}_{12} \cdot \overrightarrow{N_1 N_2} = 0 \tag{10-6a}$$

或

$$\begin{cases} x_1 \cos\alpha + y_1 \sin\alpha + r_1 \theta_1 = x_2 \cos\alpha + y_2 \sin\alpha + r_2 \theta_2 \\ \dot{x}_1 \cos\alpha + \dot{y}_1 \sin\alpha + r_1 \dot{\theta}_1 = \dot{x}_2 \cos\alpha + \dot{y}_2 \sin\alpha + r_2 \dot{\theta}_2 \end{cases} \tag{10-6b}$$

由方程(10-6b)所描述的几何协调条件表明:为了保持两啮合齿面的不脱离,这时两齿轮间相应的线位移、角位移之间并不独立,传动比也发生了相应的变化。对于轮 2,其转动角度可以表示成

$$\theta_2 = \frac{r_1}{r_2}\theta_1 + \frac{\cos\alpha}{r_2}x_1 + \frac{\sin\alpha}{r_2}y_1 - \frac{\cos\alpha}{r_2}x_2 - \frac{\sin\alpha}{r_2}y_2 \tag{10-6c}$$

### 3. 力耦合模型、几何耦合模型之间的关系

上述两种耦合模型在以往的研究中都不同程度地为人们所采用。由于两者都建立在齿轮啮合过程中始终保持接触和不脱齿的假设基础上,因而原则上它们可以统一到同一几何耦合模型中。

设齿轮的啮合刚度为 $k_m$,暂且不考虑阻尼,则齿轮 1、齿轮 2 沿 $\overrightarrow{N_1 N_2}$ 方向所发生的变形位移分别为

$$\Delta s_1 = -\frac{\Delta F_{12}}{k_m},\ \Delta s_2 = \frac{\Delta F_{12}}{k_m} = -\Delta s_1 \tag{10-7}$$

这时与式(10-7)相对应的几何协调条件为

$$x_1\cos\alpha + y_1\sin\alpha + r_1\theta_1 = x_2\cos\alpha + y_2\sin\alpha + r_2\theta_2 + 2\Delta s_2$$

或
$$\dot{x}_1\cos\alpha + \dot{y}_1\sin\alpha + r_1\dot{\theta}_1 = \dot{x}_2\cos\alpha + \dot{y}_2\sin\alpha + r_2\dot{\theta}_2 + \frac{2\mathrm{d}s_2}{\mathrm{d}t} \tag{10-8}$$

当 $k_m \to \infty$时，式(10-8)即转化为几何协调条件式(10-6b)；当 $k_m$ 为有限值时，并用 $\frac{k_m}{2}$ 表示平均啮合刚度，式(10-8)即转化为与式(10-1a)相同的力增量表达形式。在一般情况下，由于 $k_m$ 都比较大，所以在计算中通常可略去齿变形位移 $\Delta s_1$ ，$\Delta s_2$，而不致产生很大的误差。

### 10.1.2 多圆盘转子的扭转振动

考察如图 10-4 所示的单轴多圆盘转子的扭转运动。参数 $\theta_{zj}$ 为第 $j$ 个圆盘的集总极转动惯量；$K_{\beta j}$ 为第 $j$ 个轴段的扭转刚度，对于圆截面转子，有

$$K_{\beta j} = \frac{\pi G}{32}\left(\frac{d^4}{l}\right)_j$$

其中，$G$ 为材料的剪切弹性模量，$d_j$ 和 $l_j$ 分别为第 $j$ 个轴段的直径和长度；$\beta_j$ 为第 $j$ 个圆盘的扭转位移。

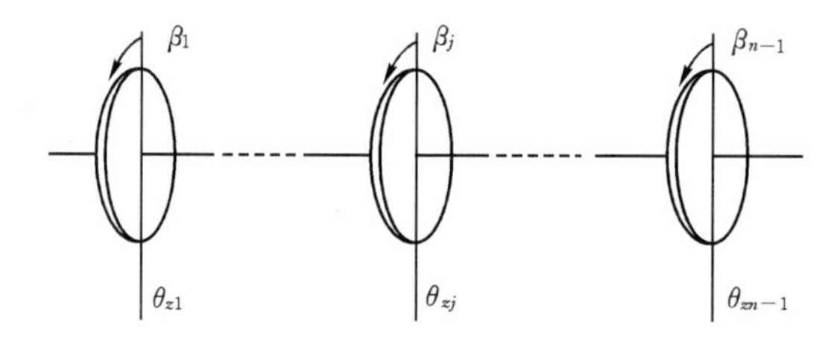


图 10-4 多圆盘转子的扭转振动模型

第 $j$ 个圆盘质点的扭转自由振动方程为

$$\theta_{zj}\ddot{\beta}_j + K_{\beta j+1}(\beta_j - \beta_{j+1}) + K_{\beta j}(\beta_j - \beta_{j-1}) = 0 \quad (j = 2,3,\cdots,n-2) \tag{10-9}$$

参照前面所规定的无量纲化规则，经无量纲化后的式(10-9)为

$$\bar{\theta}_{zj}\bar{\beta}''_j + \alpha_\beta^{j+1}(\bar{\beta}_j - \bar{\beta}_{j+1}) + \alpha_\beta^j(\bar{\beta}_j - \bar{\beta}_{j-1}) = 0 \quad (j = 2,3,\cdots,n-2) \tag{10-10}$$

其中
$$\alpha_\beta^j = \frac{2G}{E}\left(\frac{d^4}{l}\right)_j \quad (j = 2,3,\cdots,n-1) \tag{10-11}$$

当转子两端承受的扭矩为零时，对于第 1 个质点和最后一个质点，其扭转自由运动方程为

$$\begin{cases}\bar{\theta}_{z1}\bar{\beta}''_1 - \alpha_\beta^2\bar{\beta}_2 + \alpha_\beta^2\bar{\beta}_1 = 0\\ \bar{\theta}_{zn-1}\bar{\beta}''_{n-1} - \alpha_\beta^{n-1}\bar{\beta}_{n-2} + \alpha_\beta^{n-1}\bar{\beta}_{n-1} = 0\end{cases} \tag{10-12}$$

综合式(10-10)和式(10-12)，得到转子系统的扭转自由运动方程

$$\begin{pmatrix}\bar{\theta}_{z1} & & & \\ & \bar{\theta}_{z2} & & \\ & & \ddots & \\ & & & \bar{\theta}_{zn-1}\end{pmatrix}\begin{pmatrix}\bar{\beta}_1''\\ \bar{\beta}_2''\\ \vdots\\ \bar{\beta}_{n-1}''\end{pmatrix}+\begin{pmatrix}\alpha_\beta^2 & -\alpha_\beta^2 & & \\ -\alpha_\beta^2 & \alpha_\beta^2+\alpha_\beta^3 & \ddots & \\ & \ddots & \ddots & -\alpha_\beta^{n-1}\\ & & -\alpha_\beta^{n-1} & \alpha_\beta^{n-1}\end{pmatrix}\begin{pmatrix}\bar{\beta}_1\\ \bar{\beta}_2\\ \vdots\\ \bar{\beta}_{n-1}\end{pmatrix}=0 \tag{10-13}$$

或简记为

$$\bar{\boldsymbol{\theta}}_z\boldsymbol{\beta}'' + \boldsymbol{K}_\beta\boldsymbol{\beta} = \boldsymbol{0} \tag{10-14}$$

### 10.1.3 转子的弯扭复合振动

考虑单轴转子的弯曲及扭转振动时，第 $j$ 个质点的弯扭自由运动方程为

$$\begin{pmatrix}\boldsymbol{M}_j & \boldsymbol{0} & \boldsymbol{0}\\ \boldsymbol{0} & \boldsymbol{M}_{\theta j} & \boldsymbol{0}\\ \boldsymbol{0} & \boldsymbol{0} & \bar{\boldsymbol{\theta}}_{zj}\end{pmatrix}\begin{pmatrix}\overline{\boldsymbol{X}}''\\ \overline{\boldsymbol{\varphi}}''\\ \overline{\boldsymbol{\beta}}''\end{pmatrix}_j+\begin{pmatrix}\boldsymbol{C}_{dj} & \boldsymbol{0} & \boldsymbol{0}\\ \boldsymbol{0} & \boldsymbol{C}_{zj} & \boldsymbol{0}\\ \boldsymbol{0} & \boldsymbol{0} & \boldsymbol{0}\end{pmatrix}\begin{pmatrix}\overline{\boldsymbol{X}}'\\ \boldsymbol{\varphi}'\\ \boldsymbol{\beta}'\end{pmatrix}_j-\begin{pmatrix}\alpha_3^{j+1}\boldsymbol{I} & -\alpha_2^{j+1}\boldsymbol{I} & \boldsymbol{0}\\ \alpha_2^{j+1}\boldsymbol{I} & -2\alpha_1^{j+1}\boldsymbol{I} & \boldsymbol{0}\\ \boldsymbol{0} & \boldsymbol{0} & \boldsymbol{K}_\beta^{j+1}\end{pmatrix}\begin{pmatrix}\overline{\boldsymbol{X}}\\ \bar{\boldsymbol{\varphi}}\\ \bar{\boldsymbol{\beta}}\end{pmatrix}_{j+1}-$$

$$\begin{pmatrix}\alpha_3^j\boldsymbol{I} & \alpha_2^j\boldsymbol{I} & \boldsymbol{0}\\ -\alpha_2^j\boldsymbol{I} & -2\alpha_1^j I & \boldsymbol{0}\\ \boldsymbol{0} & \boldsymbol{0} & \alpha_\beta^j\boldsymbol{I}\end{pmatrix}\begin{pmatrix}\overline{\boldsymbol{X}}\\ \bar{\boldsymbol{\varphi}}\\ \bar{\boldsymbol{\beta}}\end{pmatrix}_{j-1}+\left\{\begin{pmatrix}\boldsymbol{K}_L^j & \boldsymbol{0} & \boldsymbol{0}\\ \boldsymbol{0} & \boldsymbol{0} & \boldsymbol{0}\\ \boldsymbol{0} & \boldsymbol{0} & \boldsymbol{0}\end{pmatrix}+\begin{pmatrix}\alpha_3^j\boldsymbol{I} & -\alpha_2^j\boldsymbol{I} & \boldsymbol{0}\\ -\alpha_2^j\boldsymbol{I} & 4\alpha_1^j\boldsymbol{I} & \boldsymbol{0}\\ \boldsymbol{0} & \boldsymbol{0} & \boldsymbol{K}_\beta^j\end{pmatrix}+\right.$$

$$\left.\begin{pmatrix}\alpha_3^{j+1}\boldsymbol{I} & \alpha_2^{j+1}\boldsymbol{I} & \boldsymbol{0}\\ \alpha_2^{j+1}\boldsymbol{I} & 4\alpha_1^{j+1}\boldsymbol{I} & \boldsymbol{0}\\ \boldsymbol{0} & \boldsymbol{0} & \alpha_\beta^{j+1}\boldsymbol{I}\end{pmatrix}\right\}\begin{pmatrix}\overline{\boldsymbol{X}}\\ \bar{\boldsymbol{\varphi}}\\ \bar{\boldsymbol{\beta}}\end{pmatrix}_j=\boldsymbol{0} \tag{10-15}$$

以及转子两端质点的弯扭自由运动方程为

$$\begin{bmatrix} \boldsymbol{M}_1 & \boldsymbol{0} & \boldsymbol{0} \\ \boldsymbol{0} & \boldsymbol{M}_{\theta 1} & \boldsymbol{0} \\ \boldsymbol{0} & \boldsymbol{0} & \bar{\boldsymbol{\theta}}_{z1} \end{bmatrix} \begin{bmatrix} \overline{\boldsymbol{X}}'' \\ \bar{\boldsymbol{\varphi}}'' \\ \bar{\boldsymbol{\beta}}'' \end{bmatrix}_1 + \begin{bmatrix} C_{d1} & \boldsymbol{0} & \boldsymbol{0} \\ \boldsymbol{0} & C_{z1} & \boldsymbol{0} \\ \boldsymbol{0} & \boldsymbol{0} & \boldsymbol{0} \end{bmatrix} \begin{bmatrix} \overline{\boldsymbol{X}}' \\ \bar{\boldsymbol{\varphi}}' \\ \bar{\boldsymbol{\beta}}' \end{bmatrix}_1 - \begin{bmatrix} \alpha_3^2 \boldsymbol{I} & -\alpha_2^2 \boldsymbol{I} & \boldsymbol{0} \\ \alpha_2^2 \boldsymbol{I} & -2\alpha_1^2 \boldsymbol{I} & \boldsymbol{0} \\ \boldsymbol{0} & \boldsymbol{0} & \boldsymbol{K}_\beta^2 \end{bmatrix} \begin{bmatrix} \overline{\boldsymbol{X}} \\ \bar{\boldsymbol{\varphi}} \\ \bar{\boldsymbol{\beta}} \end{bmatrix}_2 +$$

$$\begin{bmatrix} \boldsymbol{K}_L^1 + \alpha_3^2 \boldsymbol{I} & \alpha_2^2 \boldsymbol{I} & \boldsymbol{0} \\ \alpha_2^2 \boldsymbol{I} & 4\alpha_1^2 \boldsymbol{I} & \boldsymbol{0} \\ \boldsymbol{0} & \boldsymbol{0} & \boldsymbol{K}_\beta^2 \end{bmatrix} \begin{bmatrix} \overline{\boldsymbol{X}} \\ \bar{\boldsymbol{\varphi}} \\ \bar{\boldsymbol{\beta}} \end{bmatrix}_1 = \boldsymbol{0} \tag{10-16}$$

$$\begin{bmatrix} \boldsymbol{M}_{n-1} & \boldsymbol{0} & \boldsymbol{0} \\ \boldsymbol{0} & \boldsymbol{M}_{\theta n-1} & \boldsymbol{0} \\ \boldsymbol{0} & \boldsymbol{0} & \bar{\boldsymbol{\theta}}_{zn-1} \end{bmatrix} \begin{bmatrix} \overline{\boldsymbol{X}}'' \\ \bar{\boldsymbol{\varphi}}'' \\ \bar{\boldsymbol{\beta}}'' \end{bmatrix}_{n-1} + \begin{bmatrix} \boldsymbol{C}_{dn-1} & \boldsymbol{0} & \boldsymbol{0} \\ \boldsymbol{0} & \boldsymbol{C}_{zn-1} & \boldsymbol{0} \\ \boldsymbol{0} & \boldsymbol{0} & \boldsymbol{0} \end{bmatrix} \begin{bmatrix} \overline{\boldsymbol{X}}' \\ \bar{\boldsymbol{\varphi}}' \\ \bar{\boldsymbol{\beta}}' \end{bmatrix}_{n-1} -$$

$$\begin{bmatrix} \alpha_3^{n-1} \boldsymbol{I} & -\alpha_2^{n-1} \boldsymbol{I} & \boldsymbol{0} \\ \alpha_2^{n-1} \boldsymbol{I} & -2\alpha_1^{n-1} \boldsymbol{I} & \boldsymbol{0} \\ \boldsymbol{0} & \boldsymbol{0} & \boldsymbol{K}_\beta^{n-1} \end{bmatrix} \begin{bmatrix} \overline{\boldsymbol{X}} \\ \bar{\boldsymbol{\varphi}} \\ \bar{\boldsymbol{\beta}} \end{bmatrix}_{n-2} + \begin{bmatrix} \boldsymbol{K}_L^{n-1} + \alpha_3^{n-1} \boldsymbol{I} & -\alpha_2^{n-1} \boldsymbol{I} & \boldsymbol{0} \\ -\alpha_2^{n-1} \boldsymbol{I} & 4\alpha_1^{n-1} \boldsymbol{I} & \boldsymbol{0} \\ \boldsymbol{0} & \boldsymbol{0} & \boldsymbol{K}_\beta^{n-1} \end{bmatrix} \begin{bmatrix} \overline{\boldsymbol{X}} \\ \bar{\boldsymbol{\varphi}} \\ \bar{\boldsymbol{\beta}} \end{bmatrix}_{n-1} = \boldsymbol{0} \tag{10-17}$$

将式(10－15)、式(10－16)和式(10－17)统一装配后得到系统的总质量阵、总阻尼阵和总刚度阵，进而得到单轴轴承转子系统的弯扭自由振动方程

$$\boldsymbol{M}\overline{\boldsymbol{X}}'' + \boldsymbol{C}\overline{\boldsymbol{X}}' + \boldsymbol{K}\overline{\boldsymbol{X}} = \boldsymbol{0} \tag{10-18}$$

式中，$M$,$C$,$K$ 和 $\overline{X}$ 依次为单轴转子系统弯扭自由振动的总质量阵、总阻尼阵和刚度阵及位移向量。

由方程(10－18)可以看到，在单轴多圆盘转子系统中，其弯曲振动与扭转振动是彼此独立的，这也正是以往在轴承转子系统分析中可以独立考察弯曲或扭转振动的原因。但是，当两个或多个单轴转子通过齿轮耦合到一起时，情况则完全不同。以下分别给出带有齿轮耦合的两平行轴和三平行轴转子系统的弯扭耦合振动的系统动力学方程。

# 10.2　齿轮耦合的两平行轴转子系统

本节所给出的齿轮啮合修正模型部分采用了前人在齿轮啮合过程中关于齿轮刚性、啮合过程中不脱齿的基本假设，但与以往模型不同，修正模型在以下方面作了两点改进：

(1)允许齿轮沿啮合点切线方向可以有小位移发生；

(2)增加考虑的因素还包括啮合力在动态时因方向改变而产生的啮合力分量，当平行轴系统是由滑动轴承支承的情况下，修正模型应当更接近于系统实际运行工况①。

## 10.2.1　小扰动下的齿轮耦合几何关系

设主动齿轮1是主动轴上的第 $i$ 个质点，从动齿轮2是从动轴上的第 $j$ 个质点，两齿轮间的初始位置为 $O_1O_2$ 。在小扰动情况下，轮1中心运动到 $O_1'$ ，轮2中心运动到 $O_2'$ ，两轮的基圆半径分别为 $r_1$ , $r_2$ ，中心距为 $L_{12}$ ，如图10-5所示。

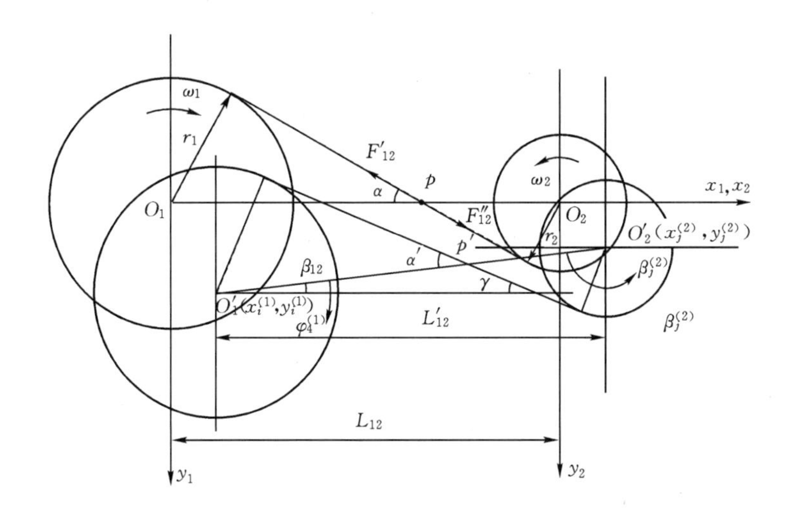


图10-5　两齿轮间的啮合模型

①虞烈等．齿轮耦合的多平行轴系统弯扭耦合振动．西安交通大学科技报告，1994(4)．

在实际啮合过程中,两齿轮圆盘中心的改变将导致三种效应:

(1)两轮间的中心距发生改变。

$$\overline{O'_1O'_2} = L'_{12} = [(L_{12} + x_j^{(2)} - x_i^{(1)})^2 + (y_i^{(1)} - y_j^{(2)})^2]^{1/2} \tag{10-19a}$$

$$\Delta L = L'_{12} - L_{12} \approx x_j^{(2)} - x_i^{(1)} \tag{10-19b}$$

(2)啮合角 $\alpha$ 发生改变,由 $\alpha \to \alpha'$。

由 $\sin\alpha = \dfrac{r_1 + r_2}{L_{12}}$ 可知,因中心距改变所引起的角增量

$$\Delta\alpha \approx \frac{-(r_1 + r_2)(L'_{12} - L_{12})}{L_{12}^2 \cos\alpha}$$

取一阶近似后可得

$$\Delta\alpha \approx \frac{-(r_1 + r_2)(x_j^{(2)} - x_i^{(1)})}{L_{12}^2 \cos\alpha} = \frac{(x_j^{(2)} - x_i^{(1)})\tan\alpha}{L_{12}^2} \tag{10-20}$$

(3)中心线 $O'_1O'_2$ 与坐标轴 $O_1x$ 之间发生偏斜,相应的偏斜角

$$\beta_{12} \approx \tan\beta_{12} \approx \frac{y_i^{(1)} - y_j^{(2)}}{L_{12}} \tag{10-21}$$

### 10.2.2 齿轮啮合过程中的力、力矩增量

由于上述三种作用,所以当两齿轮轴弯曲振动与扭转振动同时发生时,齿轮间啮合力的大小和方向都将发生改变,从而导致齿轮质点上受到附加力与力矩的作用,将这些附加力与附加力矩计入整个系统方程,也就构成了齿轮啮合修正模型的理论基础。以下给出推导过程。

当力的正方向规定与 $x$,$y$ 坐标方向相同时,两齿轮间的啮合力 $F_{12}$ 在 $x$,$y$ 方向上的分量分别为:

对于齿轮 1、2,分别有

$$\begin{cases} F_x^{(1)} = -F'_{12}\cos\gamma = -F''_{12}\cos\gamma \\ F_y^{(1)} = -F'_{12}\sin\gamma = -F''_{12}\sin\gamma \\ F_x^{(2)} = F''_{12}\cos\gamma \\ F_y^{(2)} = F''_{12}\sin\gamma \end{cases} \tag{10-22}$$

其中,$F'_{12}$ 为作用在齿轮 1 上的啮合力;$F''_{12}$ 为作用在齿轮 2 上的啮合力;$\gamma$ 为 $F''_{12}$ 与 $x$ 轴正方向间的夹角,静态时 $\gamma = \alpha$。

在动态时,$F''_{12} \approx F_{12} + \Delta F_{12}$,$\gamma = \alpha' - \beta_{12} = \alpha + (\Delta\alpha - \beta_{12})$,因此对于齿轮 1,有

$$\Delta F_x^{(1)} = -\Delta F_x^{(2)}$$
$$\Delta F_y^{(1)} = -\Delta F_y^{(2)}$$

对于齿轮2，有

$$\begin{aligned}\Delta F_x^{(2)} &= \Delta F_{12}\cos\gamma - F_{12}\Delta\gamma\sin\gamma \\ &\approx \Delta F_{12}\cos\alpha - F_{12}\sin\alpha(\Delta\alpha - \beta_{12}) \\ &= \Delta F_{12}\cos\alpha + F_{12}\sin\alpha\left[\frac{(r_1 + r_2)(x_j^{(2)} - x_i^{(1)})}{L_{12}^2\cos\alpha} + \frac{y_i^{(1)} - y_j^{(2)}}{L_{12}}\right] \\ &= \Delta F_{12}\cos\alpha + \frac{F_{12}\sin\alpha}{L_{12}}[(x_j^{(2)} - x_i^{(1)})\tan\alpha + (y_i^{(1)} - y_j^{(2)})]\end{aligned}$$

$$\Delta F_y^{(2)} = \Delta F_{12}\sin\alpha - \frac{F_{12}\cos\alpha}{L_{12}}[(x_j^{(2)} - x_i^{(1)})\tan\alpha + (y_i^{(1)} - y_j^{(2)})] \tag{10-23}$$

式中，$F_{12}$ 为稳态下的啮合力。

在式(10-23)中只有 $\Delta F_{12}$ 是未定义的，同时，除 $\Delta F_{12}$ 之外，式中等号右端各项均只与齿轮对1,2的广义位移相关。不失一般性，增量 $\Delta F_{12}$ 可以表示为弯曲振动扰动及扭转振动扰动的函数，即

$$\Delta F_{12} = f(x_i^{(1)} \quad y_i^{(1)} \quad x_j^{(2)} \quad y_j^{(2)} \quad \theta_i^{(1)} \quad \theta_j^{(2)})$$

在齿轮对纯转动情况下，设齿轮1在 $\boldsymbol{\omega}_1$ 方向上转过 $\varphi_i^{(1)}$，同样轮2绕 $O'_2$ 的转动角度为 $\varphi_j^{(2)}$，$\varphi_i^{(1)}$ 和 $\varphi_j^{(2)}$ 的关系为

$$\frac{\varphi_i^{(1)}}{\varphi_j^{(2)}} = \frac{r_2}{r_1} \tag{10-24}$$

式(10-24)实际上表达了纯转动情况下啮合点处法向速度应完全相等，亦即不脱齿的几何协调关系。

在两齿轮均具有小位移情况下，两轮微转动之间的关系将不再满足式(10-24)，但应仍然满足两齿轮接触表面法向速度(沿啮合线方向)相等的原则，亦即

$$r_1\dot{\theta}_i^{(1)} + \dot{x}_i^{(1)}\cos\alpha + \dot{y}_i^{(1)}\sin\alpha = r_2\dot{\theta}_j^{(2)} + \dot{x}_j^{(2)}\cos\alpha + \dot{y}_j^{(2)}\sin\alpha$$

所对应的位移扰动关系为

$$r_1\theta_i^{(1)} + x_i^{(1)}\cos\alpha + y_i^{(1)}\sin\alpha = r_2\theta_j^{(2)} + x_j^{(2)}\cos\alpha + y_j^{(2)}\sin\alpha \tag{10-25a}$$

该式的物理意义可由以下变换清楚地看到：

$$\theta_j^{(2)} = \frac{r_1}{r_2}\theta_i^{(1)} + \frac{(x_i^{(1)} - x_j^{(2)})\cos\alpha}{r_2} + \frac{(y_i^{(1)} - y_j^{(2)})\sin\alpha}{r_2} \tag{10-25b}$$

式(10-25b)表明，当存在位移扰动时，两齿轮间的传动比 $\theta_j^{(2)}/\theta_i^{(1)}$ 不再维持其原有值：其等号右端第1项 $r_1/r_2$ 相当于名义值；第2,3项则为修正值，

其中第 2 项是由于 $x$ 方向的扰动而使齿轮所发生的偏转角，亦即

$$\frac{(x_i^{(1)}-x_j^{(2)})\cos\alpha}{r_2}=\frac{L_{12}\cos^2\alpha}{r_2\sin\alpha}\Delta\alpha \tag{10-25c}$$

而第 3 项则是因垂直方向的扰动引起中心线偏斜所造成的：

$$\frac{(y_i^{(1)}-y_j^{(2)})\sin\alpha}{r_2}=(\frac{r_1}{r_2}+1)\beta_{12} \tag{10-25d}$$

方程(10－25)实际上就是略去齿变形之后，保证啮合接触的几何协调条件。

齿轮 1，2 的扭转振动方程分别为

$$I_i^{(1)}\ddot{\theta}_i^{(1)}-K_{i+1}^{(1)}(\theta_{i+1}^{(1)}-\theta_i^{(1)})+K_i^{(1)}(\theta_i^{(1)}-\theta_{i-1}^{(1)})-\Delta M_i^{(1)}=0 \tag{10-26}$$

$$I_j^{(2)}\ddot{\theta}_j^{(2)}-K_{j+1}^{(2)}(\theta_{j+1}^{(2)}-\theta_j^{(2)})+K_j^{(2)}(\theta_j^{(2)}-\theta_{j-1}^{(2)})-\Delta M_j^{(2)}=0 \tag{10-27}$$

其中，$K_m^{(n)}$ 为第 $n$ 根轴上第 $m$ 个轴段的扭转刚度；$I_k^{(n)}$ 则为第 $n$ 根轴上第 $k$ 个齿轮圆盘的极转动惯量。

以如图 10－6 所示的两平行轴系统为例，讨论有关动态力矩的数学表达问题。在图 10－6 中，对主动轴 1，$\boldsymbol{\omega}_1$ 及其角加速度 $\ddot{\boldsymbol{\theta}}_i^{(1)}$ 的正方向规定为与 $Z_1$ 轴的正方向相同；而对于从动轴 2，$\boldsymbol{\omega}_2$ ，$\boldsymbol{\theta}_j^{(2)}$ 的正方向则与 $_2$ 轴相反。作用在转轴上的力矩分别为

$$\begin{cases}M_i^{(1)}=-F'_{12}r_1=-F''_{12}r_1 & (\text{对于轴 }1)\\ M_j^{(2)}=F''_{12}r_2 & (\text{对于轴 }2)\end{cases} \tag{10-28}$$

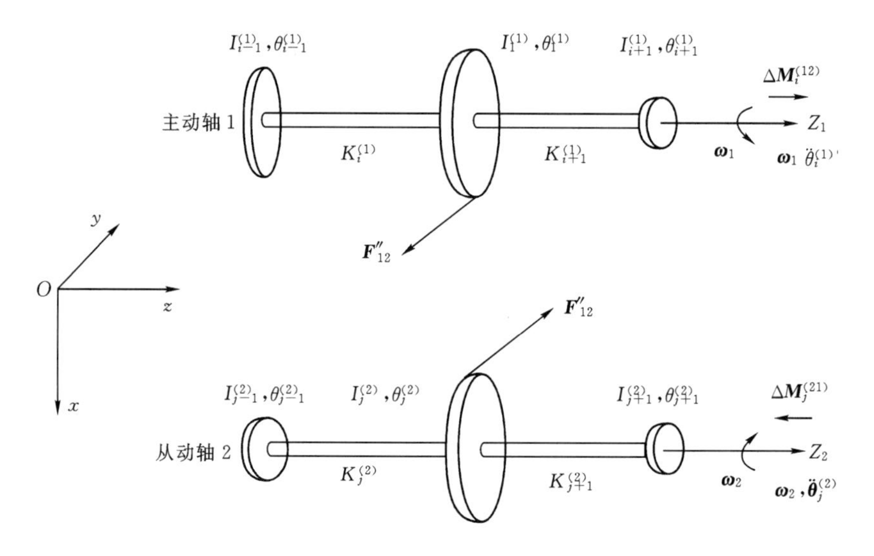


图 10－6　两平行轴齿轮耦合系统的扭转振动

相应的力矩增量

$$\begin{cases}\Delta M_i^{(1)}=-\Delta F_{12}r_1\\ \Delta M_j^{(2)}=\Delta F_{12}r_2\end{cases}\tag{10-29}$$

将式(10-25)、式(10-29)代入式(10-26)式(10-27)式，得

$$\begin{cases}I_i^{(1)}\ddot{\theta}_i^{(1)}-K_{i+1}^{(1)}(\theta_{i+1}^{(1)}-\theta_i^{(1)})+K_i^{(1)}(\theta_i^{(1)}-\theta_{i-1}^{(1)})+\Delta F_{12}r_1=0\\ I_j^{(2)}[\frac{r_1}{r_2}\ddot{\theta}_i^{(1)}+\frac{L_{12}\cos^2\alpha}{r_2\sin\alpha}\Delta\ddot{\alpha}+(\frac{r_1}{r_2}+1)\ddot{\beta}_{12}]-K_{j+1}^{(2)}[\theta_{j+1}^{(2)}-\frac{r_1}{r_2}\theta_i^{(1)}-\frac{L_{12}\cos^2\alpha}{r_2\sin\alpha}\Delta\alpha-\\ (\frac{r_1}{r_2}+1)\beta_{12}]+K_j^{(2)}[(\frac{r_1}{r_2}\theta_i^{(1)}+\frac{L_{12}\cos^2\alpha}{r_2\sin\alpha}\Delta\alpha+(\frac{r_1}{r_2}+1)\beta_{12}-\theta_{j-1}^{(2)})]-\Delta F_{12}r_2=0\end{cases}$$

$$(10-30)$$

在式(10-30)中消去 $\Delta F_{12}$ 后得到

$$[I_i^{(1)}+(\frac{r_1}{r_2})^2I_j^{(2)}]\ddot{\theta}_i^{(1)}+(\frac{r_1}{r_2})(\frac{r_1+r_2}{r_2})I_j^{(2)}\ddot{\beta}_{12}+I_j^{(2)}\frac{L_{12}r_1\cos^2\alpha}{r_2^2\sin\alpha}\Delta\ddot{\alpha}-$$

$$K_{i+1}^{(1)}(\theta_{i+1}^{(1)}-\theta_i^{(1)})+K_i^{(1)}(\theta_i^{(1)}-\theta_{i-1}^{(1)})-(\frac{r_1}{r_2})K_{j+1}^{(2)}\theta_{j+1}^{(2)}+(\frac{r_1}{r_2})^2K_{j+1}^{(2)}\theta_i^{(1)}+$$

$$K_{j+1}^{(2)}\frac{L_{12}r_1\cos^2\alpha}{r_2^2\sin\alpha}\Delta\alpha+(\frac{r_1}{r_2})(\frac{r_1+r_2}{r_2})K_{j+1}^{(2)}\beta_{12}+(\frac{r_1}{r_2})^2K_j^{(2)}\theta_i^{(1)}+$$

$$K_j^{(2)}\frac{L_{12}r_1\cos^2\alpha}{r_2^2\sin\alpha}\Delta\alpha+(\frac{r_1}{r_2})(\frac{r_1+r_2}{r_2})K_j^{(2)}\beta_{12}-(\frac{r_1}{r_2})K_j^{(2)}\theta_{j-1}^{(2)}=0\tag{10-31}$$

令传动比

$$n_{12}=\frac{r_1}{r_2}\tag{10-32}$$

式(10-31)可重新写成

$$(I_i^{(1)}+n_{12}^2I_j^{(2)})\ddot{\theta}_i^{(1)}-K_{i+1}^{(1)}\theta_{i+1}^{(1)}+[K_{i+1}^{(1)}+K_i^{(1)}+n_{12}^2(K_{j+1}^{(2)}+K_j^{(2)})]\theta_i^{(1)}-K_i^{(1)}\theta_{i-1}^{(1)}-$$

$$n_{12}K_{j+1}^{(2)}\theta_{j+1}^{(2)}-n_{12}K_j^{(2)}\theta_{j-1}^{(2)}+\frac{n_{12}\cos\alpha}{r_2}I_j^{(2)}(\ddot{x}_i^{(1)}-\ddot{x}_j^{(2)})+\frac{n_{12}(1+n_{12})}{L_{12}}I_j^{(2)}(\ddot{y}_i^{(1)}-\ddot{y}_j^{(2)})+$$

$$\frac{n_{12}\cos\alpha}{r_2}(K_{j+1}^{(2)}+K_j^{(2)})(x_i^{(1)}-x_j^{(2)})+\frac{n_{12}(1+n_{12})}{L_{12}}(K_{j+1}^{(2)}+K_j^{(2)})(y_i^{(1)}-y_j^{(2)})=0$$

$$(10-33)$$

相应地，将式(10-30)中的 $\Delta F_{12}$ 代入式(10-23)中，得到

$$
\begin{cases}
\Delta F_x^{(2)} = \dfrac{n_{12}^2}{r_1} I_j^{(2)} \cos\alpha \ddot{\theta}_i^{(1)} + \dfrac{n_{12}^2 I_j^{(2)} \cos^2\alpha}{r_2^2}(\ddot{x}_i^{(1)} - \ddot{x}_j^{(2)}) + \dfrac{n_{12}(1+n_{12}) I_j^{(2)} \cos\alpha}{r_1 L_{12}}(\ddot{y}_i^{(1)} - \ddot{y}_j^{(2)}) - \\
\dfrac{n_{12}\cos\alpha}{r_1} K_{j+1}^{(2)} \theta_{j+1}^{(2)} + \dfrac{n_{12}^2 \cos\alpha}{r_1}(K_{j+1}^{(2)} + K_j^{(2)})\theta_i^{(1)} + \dfrac{n_{12}^2 (K_{j+1}^{(2)} + K_j^{(2)}) \cos^2\alpha (x_i^{(1)} - x_j^{(2)})}{r_2^2} + \\
\dfrac{n_{12}(1+n_{12})\cos\alpha}{r_1 L_{12}}(K_{j+1}^{(2)} + K_j^{(2)})(y_i^{(1)} - y_j^{(2)}) - \dfrac{n_{12}\cos\alpha}{r_1} K_j^{(2)} \theta_{j-1}^{(2)} + \dfrac{F_{12}\sin\alpha\tan\alpha}{L_{12}}(x_j^{(2)} - \\
x_i^{(1)}) + \dfrac{F_{12}\sin\alpha}{L_{12}}(y_i^{(1)} - y_j^{(2)}) \\
\Delta F_y^{(2)} = \dfrac{n_{12}^2}{r_1} I_j^{(2)} \sin\alpha \ddot{\theta}_i^{(1)} + \dfrac{n_{12}^2 I_j^{(2)} \sin\alpha\cos\alpha}{r_1^2}(\ddot{x}_i^{(1)} - \ddot{x}_j^{(2)}) + \dfrac{n_{12}(1+n_{12}) I_j^{(2)} \sin\alpha}{r_1 L_{12}}(\ddot{y}_i^{(1)} - \ddot{y}_j^{(2)}) - \\
\dfrac{n_{12}\sin\alpha}{r_1} K_{j+1}^{(2)} \theta_{j+1}^{(2)} + \dfrac{n_{12}^2 \sin\alpha}{r_1}(K_{j+1}^{(2)} + K_j^{(2)})\theta_i^{(1)} + \dfrac{n_{12}^2 (K_{j+1}^{(2)} + K_j^{(2)}) \sin\alpha\cos\alpha (x_i^{(1)} - x_j^{(2)})}{r_1^2} + \\
\dfrac{n_{12}(1+n_{12})\sin\alpha}{r_1 L_{12}}(K_{j+1}^{(2)} + K_j^{(2)})(y_i^{(1)} - y_j^{(2)}) - \dfrac{n_{12}\sin\alpha}{r_1} K_j^{(2)} \theta_{j-1}^{(2)} - \dfrac{F_{12}\cos\alpha\tan\alpha}{L_{12}}(x_j^{(2)} - \\
x_i^{(1)}) - \dfrac{F_{12}\cos\alpha}{L_{12}}(y_i^{(1)} - y_j^{(2)})
\end{cases}
\tag{10-34}
$$

式(10-34)表明,由于齿轮啮合所产生的动态力增量是弯曲振动 $x$,$y$ 和扭转振动角 $\theta$ 的函数,其中既包含了刚度项,也包括了惯性项。

如令

$$
\begin{aligned}
& I_{ii}^{(1)} = I_i^{(1)} + n_{12}^2 I_j^{(2)} = I_i^{(1)} + I_{jj}^{(2)},\ I_{jj}^{(2)} = n_{12}^2 I_j^{(2)} \\
& g_{i+1}^{(1)} = -K_{i+1}^{(1)},\ g_i^{(1)} = K_{i+1}^{(1)} + K_i^{(1)} + n_{12}^2[K_{j+1}^{(2)} + K_j^{(2)}] \\
& h_i^{(1)} = \frac{n_{12}^2}{r_1}[K_{j+1}^{(2)} + K_j^{(2)}],\ g_{i-1}^{(1)} = -K_i^{(1)},\ g_{j+1}^{(2)} = -n_{12} K_{j+1}^{(2)} \\
& h_{j+1}^{(2)} = \frac{-n_{12} K_{j+1}^{(2)}}{r_1} = \frac{g_{j+1}^{(2)}}{r_1},\ g_{j-1}^{(2)} = -n_{12} K_j^{(2)},\ h_{j-1}^{(2)} = -n_{12}\frac{K_j^{(2)}}{r_1},\ I_{ji}^{(1)} = \frac{n_{12}\cos\alpha}{r_2} I_j^{(2)} \\
& I_{ji}^{(2)} = \frac{n_{12}(1+n_{12})}{L_{12}} I_j^{(2)},\ m_{ji}^{(2)} = \frac{I_{ji}^{(2)}}{r_1} = \frac{n_{12}(1+n_{12})}{r_1 L_{12}} I_j^{(2)},\ g_{ji}^{(1)} = \frac{n_{12}\cos\alpha}{r_2}[K_{j+1}^{(2)} + K_j^{(2)}] \\
& g_{ji}^{(2)} = \frac{n_{12}(1+n_{12})}{r_2 L_{12}}(K_j^{(2)} + K_j^{(2)}),\ h_{ji}^{(2)} = \frac{g_{ji}^{(2)}}{r_1},\ k_{12}^{(1)} = \frac{F_{12}\tan\alpha}{L_{12}},\ k_{12}^{(2)} = \frac{F_{12}}{L_{12}}
\end{aligned}
\tag{10-35}
$$

式(10-33)可简记为

$$
\begin{aligned}
& I_{ii}^{(1)} \ddot{\theta}_i^{(1)} + g_{i+1}^{(1)} \theta_{i+1}^{(1)} + g_i^{(1)} \theta_i^{(1)} + g_{i-1}^{(1)} \theta_{i-1}^{(1)} + g_{j+1}^{(2)} \theta_{j+1}^{(2)} + g_{j-1}^{(2)} \theta_{j-1}^{(2)} + I_{ji}^{(1)} (\ddot{x}_i^{(1)} - \ddot{x}_j^{(2)}) + \\
& I_{ji}^{(2)} (\ddot{y}_i^{(1)} - \ddot{y}_j^{(2)}) + g_{ji}^{(1)} (x_i^{(1)} - x_j^{(2)}) + g_{ji}^{(2)} (y_i^{(1)} - y_j^{(2)}) = 0
\end{aligned}
\tag{10-36}
$$

以及

$$\begin{cases}\Delta F_x^{(2)}=(\dfrac{I_{jj}^{(2)}}{r_1}\cos\alpha)\ddot{\theta}_i^{(1)}+\dfrac{I_{ji}^{(1)}\cos\alpha}{r_1}(\ddot{x}_i^{(1)}-\ddot{x}_j^{(2)})+m_{ji}^{(2)}\cos\alpha(\ddot{y}_i^{(1)}-\ddot{y}_j^{(2)})+\\ \quad h_{j+1}^{(2)}\cos\alpha\theta_{j+1}^{(2)}+h_i^{(1)}\cos\alpha\theta_i^{(1)}+\dfrac{g_{ji}^{(1)}\cos\alpha}{r_1}(x_i^{(1)}-x_j^{(2)})+h_{ji}^{(2)}\cos\alpha(y_i^{(1)}-y_j^{(2)})+\\ \quad h_{j-1}^{(2)}\cos\alpha\theta_{j-1}^{(2)}+k_{12}^{(1)}\sin\alpha(x_j^{(2)}-x_i^{(1)})+k_{12}^{(2)}\sin\alpha(y_i^{(1)}-y_j^{(2)})\\ \Delta F_y^{(2)}=(\dfrac{I_{jj}^{(2)}}{r_1}\sin\alpha)\ddot{\theta}_i^{(1)}+\dfrac{I_{ji}^{(1)}\sin\alpha}{r_1}(\ddot{x}_i^{(1)}-\ddot{x}_j^{(2)})+m_{ji}^{(2)}\sin\alpha(\ddot{y}_i^{(1)}-\ddot{y}_j^{(2)})+\\ \quad h_{j+1}^{2}\sin\alpha\theta_{j+1}^{(2)}+h_i^{(1)}\sin\alpha\theta_i^{(1)}+\dfrac{g_{ji}^{(1)}\sin\alpha}{r_1}(x_i^{(1)}-x_j^{(2)})+h_{ji}^{(2)}\sin\alpha(y_i^{(1)}-y_j^{(2)})+\\ \quad h_{j-1}^{(2)}\sin\alpha\theta_{j-1}^{(2)}-k_{12}^{(1)}\cos\alpha(x_j^{(2)}-x_i^{(1)})-k_{12}^{(2)}\cos\alpha(y_i^{(1)}-y_j^{(2)})\end{cases}\tag{10-37}$$

或将 $\Delta F_x^{(2)}$，$\Delta F_y^{(2)}$ 写成矩阵形式

$$\begin{pmatrix}\Delta F_x^{(2)}\\ \Delta F_y^{(2)}\end{pmatrix}=\boldsymbol{M}_i^{(1)}\ddot{\boldsymbol{X}}_i^{(1)}+\boldsymbol{K}_i^{(1)}\boldsymbol{X}_i^{(1)}+\boldsymbol{M}_j^{(2)}\ddot{\boldsymbol{X}}_j^{(2)}+\boldsymbol{K}_{ij}^{(12)}\boldsymbol{X}_{12}^{(2)}\tag{10-38}$$

其中

$$\begin{cases}\boldsymbol{M}_i^{(1)}=\begin{bmatrix}I_{ji}^{(1)}\cos\alpha/r_1 & m_{ji}^{(2)}\cos\alpha & 0 & 0 & I_{jj}^{(2)}\cos\alpha/r_1\\ I_{ji}^{(1)}\sin\alpha/r_1 & m_{ji}^{(2)}\sin\alpha & 0 & 0 & I_{jj}^{(2)}\sin\alpha/r_1\end{bmatrix}\\ \boldsymbol{K}_i^{(1)}=\begin{bmatrix}g_{ji}^{(1)}\cos\alpha/r_1-k_{12}^{(1)}\sin\alpha & h_{ji}^{(2)}\cos\alpha+k_{12}^{(2)}\sin\alpha & 0 & 0 & h_i^{(1)}\cos\alpha\\ g_{ji}^{(1)}\sin\alpha/r_1+k_{12}^{(1)}\cos\alpha & h_{ji}^{(2)}\sin\alpha-k_{12}^{(2)}\cos\alpha & 0 & 0 & h_i^{(1)}\sin\alpha\end{bmatrix}\\ \boldsymbol{M}_j^{(2)}=\begin{bmatrix}-I_{ji}^{(1)}\cos\alpha/r_1 & -m_{ji}^{(2)}\cos\alpha & 0 & 0 & 0\\ -I_{ji}^{(1)}\sin\alpha/r_1 & -m_{ji}^{(2)}\sin\alpha & 0 & 0 & 0\end{bmatrix}\\ \boldsymbol{K}_{ij}^{(2)}=\begin{bmatrix}-g_{ji}^{(1)}\cos\alpha/r_1+k_{12}^{(1)}\sin\alpha & -(h_{ji}^{(2)}\cos\alpha+k_{12}^{(2)}\sin\alpha) & h_{j-1}^{(2)}\cos\alpha & 0 & h_{j+1}^{(2)}\cos\alpha\\ -g_{ji}^{(1)}\sin\alpha/r_1-k_{12}^{(1)}\cos\alpha & -(h_{ji}^{(2)}\sin\alpha-k_{12}^{(2)}\cos\alpha) & h_{j-1}^{(2)}\sin\alpha & 0 & h_{j+1}^{(2)}\sin\alpha\end{bmatrix}\\ \boldsymbol{X}_i^{(1)}=(x_i^{(1)}\quad y_i^{(1)}\quad \varphi_i^{(1)}\quad \psi_i^{(1)}\quad \theta_i^{(1)})^{\mathrm{T}}\\ \boldsymbol{X}_j^{(2)}=(x_j^{(2)}\quad y_j^{(2)}\quad \varphi_j^{(2)}\quad \psi_j^{(2)}\quad \theta_j^{(2)})^{\mathrm{T}}\\ \boldsymbol{X}_{12}^{(2)}=(x_j^{(2)}\quad y_j^{(2)}\quad \theta_{j-1}^{(2)}\quad \theta_j^{(2)}\quad \theta_{j+1}^{(2)})^{\mathrm{T}}\end{cases}\tag{10-39}$$

以主动轴为例，计入 $\Delta F_x^{(2)}$，$\Delta F_y^{(2)}$ 影响后，轴段单元的弯曲振动方程可以写成

$$\begin{cases}\begin{pmatrix}x\\ \varphi\\ M\\ S\end{pmatrix}_i^r=\begin{pmatrix}1 & l & \dfrac{l^2}{2EI} & -\dfrac{l^3}{6EI}\\ 0 & 1 & \dfrac{l}{EI} & -\dfrac{l^2}{2EI}\\ 0 & 0 & 1 & -l\\ 0 & 0 & 0 & 1\end{pmatrix}_i\begin{pmatrix}x\\ \varphi\\ M\\ S\end{pmatrix}_{i-1}^r+\begin{pmatrix}0\\ 0\\ \sum M\\ \sum F_x-\Delta F_x^{(1)}\end{pmatrix}_i\\ \begin{pmatrix}y\\ \psi\\ N\\ Q\end{pmatrix}_i^r=\begin{pmatrix}1 & l & \dfrac{l^2}{2EI} & -\dfrac{l^3}{6EI}\\ 0 & 1 & \dfrac{l}{EI} & -\dfrac{l^2}{2EI}\\ 0 & 0 & 1 & -l\\ 0 & 0 & 0 & 1\end{pmatrix}_i\begin{pmatrix}y\\ \psi\\ N\\ Q\end{pmatrix}_{i-1}^r+\begin{pmatrix}0\\ 0\\ \sum N\\ \sum F_y-\Delta F_y^{(1)}\end{pmatrix}_i\end{cases} \tag{10-40a}$$

式中

$$\begin{pmatrix}\sum M\\ \sum N\end{pmatrix}_i=\begin{pmatrix}-M_g\\ N_g\end{pmatrix}_i+\begin{pmatrix}-\Delta M_y^p\\ \Delta N_x^p\end{pmatrix}_i \tag{10-40b}$$

陀螺力矩

$$\begin{pmatrix}-M_g\\ N_g\end{pmatrix}_i=\begin{pmatrix}\theta_y & 0\\ 0 & \theta_x\end{pmatrix}_i\begin{pmatrix}\ddot{\varphi}\\ \ddot{\psi}\end{pmatrix}_i^{(1)}+\begin{pmatrix}0 & \theta_z\omega\\ -\theta_z\omega & 0\end{pmatrix}_i\begin{pmatrix}\dot{\varphi}\\ \dot{\psi}\end{pmatrix}_i^{(1)} \tag{10-40c}$$

因推力轴承油膜力所引起的力矩增量

$$\begin{pmatrix}\Delta M_y^p\\ \Delta N_x^p\end{pmatrix}_i=\begin{pmatrix}k_{y\varphi}^m & k_{y\psi}^m\\ k_{x\varphi}^m & k_{x\psi}^m\end{pmatrix}_i\begin{pmatrix}\varphi\\ \psi\end{pmatrix}_i^{(1)}+\begin{pmatrix}d_{y\varphi}^m & d_{y\psi}^m\\ d_{x\varphi}^m & d_{x\psi}^m\end{pmatrix}_i\begin{pmatrix}\dot{\varphi}\\ \dot{\psi}\end{pmatrix}_i^{(1)} \tag{10-40d}$$

式(10－40a)中的力增量 $\Delta F_x$，$\Delta F_y$ 可表达为

$$\begin{pmatrix}\sum F_x\\ \sum F_y\end{pmatrix}_i=\begin{pmatrix}m & 0\\ 0 & m\end{pmatrix}_i\begin{pmatrix}\ddot{x}\\ \ddot{y}\end{pmatrix}_i^{(1)}+\begin{pmatrix}k_{xx} & k_{xy}\\ k_{yx} & k_{yy}\end{pmatrix}_i\begin{pmatrix}x\\ y\end{pmatrix}_i^{(1)}+\begin{pmatrix}d_{xx} & d_{xy}\\ d_{yx} & d_{yy}\end{pmatrix}_i\begin{pmatrix}\dot{x}\\ \dot{y}\end{pmatrix}_i^{(1)}-\begin{pmatrix}k_{x\varphi}^w & k_{x\psi}^w\\ k_{y\varphi}^w & k_{y\psi}^w\end{pmatrix}_i\begin{pmatrix}\varphi\\ \psi\end{pmatrix}_i^{(1)}-\begin{pmatrix}d_{x\varphi}^w & d_{x\psi}^w\\ d_{y\varphi}^w & d_{y\psi}^w\end{pmatrix}_i\begin{pmatrix}\dot{\varphi}\\ \dot{\psi}\end{pmatrix}_i^{(1)} \tag{10-40e}$$

综合式(10－35)～式(10－40)，可得到主动轴 1 上第 $i$ 个质点的运动方程

$$
\begin{pmatrix}
m+I_{ji}^{(1)}\dfrac{\cos\alpha}{r_1} & m_{ji}^{(2)}\cos\alpha & 0 & 0 & I_{jj}^{(2)}\dfrac{\cos\alpha}{r_1} \\
I_{ji}^{(1)}\dfrac{\sin\alpha}{r_1} & m+m_{ji}^{(2)}\sin\alpha & 0 & 0 & I_{jj}^{(2)}\dfrac{\sin\alpha}{r_1} \\
0 & 0 & \theta_y & 0 & 0 \\
0 & 0 & 0 & \theta_x & 0 \\
0 & I_{ji}^{(2)} & 0 & 0 & I_{ii}^{(1)}
\end{pmatrix}_i
\begin{pmatrix} \ddot{x} \\ \ddot{y} \\ \ddot{\varphi} \\ \ddot{\psi} \\ \ddot{\theta} \end{pmatrix}_i^{(1)} +
$$

$$
\begin{pmatrix}
d_{xx} & d_{xy} & -d_{x\varphi}^{w} & -d_{x\psi}^{w} & 0 \\
d_{yx} & d_{yy} & -d_{y\varphi}^{w} & -d_{y\psi}^{w} & 0 \\
0 & 0 & -d_{y\varphi}^{m} & -d_{y\psi}^{m}+\theta_z\omega & 0 \\
0 & 0 & -\theta_z\omega+d_{x\varphi}^{m} & d_{x\psi}^{m} & 0 \\
0 & 0 & 0 & 0 & 0
\end{pmatrix}_i
\begin{pmatrix} \dot{x} \\ \dot{y} \\ \dot{\varphi} \\ \dot{\psi} \\ \dot{\theta} \end{pmatrix}_i^{(1)} +
$$

$$
\begin{pmatrix}
k_{xx}+g_{ji}^{(1)}\dfrac{\cos\alpha}{r_1}-k_{12}^{(1)}\sin\alpha & k_{xy}+h_{ji}^{(2)}\cos\alpha+k_{12}^{(2)}\sin\alpha & -k_{x\varphi}^{w} & -k_{x\psi}^{w} & h_i^{(1)}\cos\alpha \\
k_{yx}+g_{ji}^{(1)}\dfrac{\sin\alpha}{r_1}+k_{12}^{(1)}\cos\alpha & k_{yy}+h_{ji}^{(2)}\sin\alpha-k_{12}^{(2)}\cos\alpha & -k_{y\varphi}^{w} & -k_{y\psi}^{w} & h_i^{(1)}\sin\alpha \\
0 & 0 & -k_{y\varphi}^{m} & -k_{y\psi}^{m} & 0 \\
0 & 0 & k_{x\varphi}^{m} & k_{x\psi}^{m} & 0 \\
0 & g_{ji}^{(2)} & 0 & 0 & 0
\end{pmatrix}_i \times
$$

$$
\begin{pmatrix} x \\ y \\ \varphi \\ \psi \\ \theta \end{pmatrix}_i^{(1)} -
\begin{pmatrix}
\dfrac{12EI}{l^3} & 0 & \dfrac{-6EI}{l^2} & 0 & 0 \\
0 & \dfrac{12EI}{l^3} & 0 & \dfrac{-6EI}{l^2} & 0 \\
\dfrac{6EI}{l^2} & 0 & \dfrac{-2EI}{l} & 0 & 0 \\
0 & \dfrac{6EI}{l^2} & 0 & \dfrac{-2EI}{l} & 0 \\
0 & 0 & 0 & 0 & -g_{i+1}^{(1)}
\end{pmatrix}_{i+1}
\begin{pmatrix} x \\ y \\ \varphi \\ \psi \\ \theta \end{pmatrix}_{i+1}^{(1)} -
$$

$$
\begin{pmatrix}
\dfrac{12EI}{l^3} & 0 & \dfrac{6EI}{l^2} & 0 & 0 \\
0 & \dfrac{12EI}{l^3} & 0 & \dfrac{6EI}{l^2} & 0 \\
\dfrac{-6EI}{l^2} & 0 & \dfrac{-2EI}{l} & 0 & 0 \\
0 & \dfrac{-6EI}{l^2} & 0 & \dfrac{-2EI}{l} & 0 \\
0 & 0 & 0 & 0 & -g_{i-1}^{(1)}
\end{pmatrix}_i
\begin{pmatrix} x \\ y \\ \varphi \\ \psi \\ \theta \end{pmatrix}_{i-1}^{(1)} +
$$

$$
\begin{bmatrix}
\frac{12EI}{l^3} & 0 & \frac{6EI}{l^2} & 0 & 0 \\
0 & \frac{12EI}{l^3} & 0 & \frac{6EI}{l^2} & 0 \\
\frac{6EI}{l^2} & 0 & \frac{4EI}{l} & 0 & 0 \\
0 & \frac{6EI}{l^2} & 0 & \frac{4EI}{l} & 0 \\
0 & 0 & 0 & 0 & 0
\end{bmatrix}_{i+1}
\begin{Bmatrix} x \\ y \\ \varphi \\ \psi \\ \theta \end{Bmatrix}_i^{(1)} +
$$

$$
\begin{bmatrix}
\frac{12EI}{l^3} & 0 & \frac{-6EI}{l^2} & 0 & 0 \\
0 & \frac{12EI}{l^3} & 0 & \frac{-6EI}{l^2} & 0 \\
\frac{-6EI}{l^2} & 0 & \frac{4EI}{l} & 0 & 0 \\
0 & \frac{-6EI}{l^2} & 0 & \frac{4EI}{l} & 0 \\
0 & 0 & 0 & 0 & g_i^{(1)}
\end{bmatrix}_{i}
\begin{Bmatrix} x \\ y \\ \varphi \\ \psi \\ \theta \end{Bmatrix}_i^{(1)} +
$$

$$
\begin{bmatrix}
I_{ji}^{(1)} \frac{\cos\alpha}{r_1} & -m_{ji}^{(2)}\cos\alpha & 0 & 0 & 0 \\
I_{ji}^{(1)} \frac{\sin\alpha}{r_1} & -m_{ji}^{(2)}\sin\alpha & 0 & 0 & 0 \\
0 & 0 & 0 & 0 & 0 \\
0 & 0 & 0 & 0 & 0 \\
0 & -I_{ji}^{(2)} & 0 & 0 & 0
\end{bmatrix}
\begin{Bmatrix} \ddot{x}_j^{(2)} \\ \ddot{y}_j^{(2)} \\ \ddot{\theta}_{j-1}^{(2)} \\ \ddot{\theta}_j^{(2)} \\ \ddot{\theta}_{j+1}^{(2)} \end{Bmatrix}^2 +
$$

$$
\begin{bmatrix}
-g_{ji}^{(1)} \frac{\cos\alpha}{r_1} + k_{12}^{(1)}\sin\alpha & -(h_{ji}^{(2)}\cos\alpha + k_{12}^{(2)}\sin\alpha) & h_{j-1}^{(2)}\cos\alpha & 0 & h_{j+1}^{(2)}\cos\alpha \\
-g_{ji}^{(1)} \frac{\sin\alpha}{r_1} - k_{12}^{(1)}\cos\alpha & -(h_{ji}^{(2)}\sin\alpha - k_{12}^{(2)}\cos\alpha) & h_{j-1}^{(2)}\sin\alpha & 0 & h_{j+1}^{(2)}\sin\alpha \\
0 & 0 & 0 & 0 & 0 \\
0 & 0 & 0 & 0 & 0 \\
0 & -g_{ji}^{(2)} & g_{j-1}^{(2)} & 0 & g_{j+1}^{(2)}
\end{bmatrix}
\begin{Bmatrix} x_j^{(2)} \\ y_j^{(2)} \\ \theta_{j-1}^{(2)} \\ \theta_j^{(2)} \\ \theta_{j+1}^{(2)} \end{Bmatrix}^{(2)}
$$

$$
= \mathbf{0} \tag{10-41}
$$

在方程(10-41)中，$m$ 为主动轴上第 $i$ 个质点的主参振质量；$\theta_x$，$\theta_y$ 为圆盘的赤道惯性矩；$I_{ii}^{(1)}$ 为第 $i$ 个质点的集总极转动惯量；$k_{ij}$，$d_{ij}$ $(i,j=x,y)$ 分

别为作用在该质点上的轴承油膜刚度和阻尼系数；$k_{x\varphi}^{w}, k_{x\psi}^{w}, k_{y\varphi}^{w}, k_{y\psi}^{w}, k_{x\varphi}^{m}, k_{x\psi}^{m}, k_{y\varphi}^{m}, k_{y\psi}^{m}, d_{x\varphi}^{w}, d_{x\psi}^{w}, d_{y\varphi}^{w}, d_{y\psi}^{w}, d_{x\varphi}^{m}, d_{x\psi}^{m}, d_{y\varphi}^{m}, d_{y\psi}^{m}$ 为作用在该质点上推力轴承的油膜力、力矩刚度与阻尼系数。

由以上的推导可知：

(1)主动轴 1 和从动轴 2 之间的扭转振动耦合主要来源于两个方面：

①在纯扭转的情况下，由于齿轮啮合关系而必须满足 $\varphi_i^{(1)}$ 和 $\varphi_j^{(2)}$ 间的协调关系

$$\frac{\varphi_i^{(1)}}{\varphi_j^{(2)}} = \frac{r_2}{r_1} = \frac{1}{n_{12}}$$

这时的齿轮啮合效应相当于增大了主动轴 1 的转动惯量 $I_{ii}^{(1)} = I_i^{(1)} + I_j^{(2)} n_{12}^2$。

② 当扭转和横向振动同时发生时，原有的传动比关系不再满足：由于横向位移的小扰动，啮合角 $\alpha$ 也随之而改变，增量 $\Delta\alpha$ 取决于 $x$ 方向的位移；同时，垂直方向弯曲振动导致啮合齿轮连心线的偏转，当取一阶近似时，相应的偏转 $\beta_{12} \approx \dfrac{(y_i^{(1)} - y_j^{(2)})}{L_{12}}$，$\beta_{12}$ 与齿轮传动比 $n_{12}$ 无关。$\Delta\alpha$ 和 $\beta_{12}$ 的计入造成了系统扭转振动和弯曲振动的相互耦合。

(2)弯扭耦合时的动态力和动态力矩。

由于弯曲扭转耦合振动所产生的动态力和力矩都是状态变量( $x,y,\theta$ )的函数[29]，因位移扰动所产生的动态力可以分为两部分：

①由于啮合角 $\alpha$ 和两齿轮圆盘连心线的偏转所产生的动态啮合力增量 $\Delta F_{12}$ 与位移扰动 $x_i^{(1)}, x_j^{(2)}, y_i^{(1)}, y_j^{(2)}$ 相关。

②由于动态偏转角 $\Delta\alpha$ 和 $\beta_{12}$ 的存在，两轮间的扭转角不再严格遵守传动比关系，而形成了从动轮 2 超前、主动轮 1 滞后 $\beta_{12}$ 的状况，由此产生了附加的动态力矩增量 $\Delta M_i^{(1)}, \Delta M_j^{(2)}$ 以及动态力增量 $\Delta F_{12}$，均与扭转角加速度有关。

(3)在综合考虑以上因素后所得到的主动轴 1 第 $i$ 个质点的动力学方程中，质量阵不再对称，这在一般的动力学问题中是极为少见的。弯扭复合运动的耦合效应除体现在对于质量阵的修正方面，也包含了对于刚度阵的一系列修正。

对于主动轴弯曲及扭转振动响应的求解需要和从动轮一并考察，才能得到正确的结果，同样，对从动轴的研究一样涉及到对主动轴的分析。列出从动轴 2 上相对应的第 $j$ 个质点的运动方程

$$
\begin{pmatrix}
m+I_{ji}^{(1)}\dfrac{\cos\alpha}{r_1} & m_{ji}^{(2)}\cos\alpha & 0 & 0 & 0\\
0 & m+m_{ji}^{(2)}\sin\alpha & 0 & 0 & 0\\
I_{ji}^{(1)}\dfrac{\sin\alpha}{r_1} & 0 & \theta_y & 0 & 0\\
0 & 0 & 0 & \theta_x & 0\\
0 & I_{ji}^{(2)} & 0 & 0 & 0
\end{pmatrix}_j
\begin{pmatrix}\ddot{x}\\ \ddot{y}\\ \ddot{\varphi}\\ \ddot{\psi}\\ \ddot{\theta}\end{pmatrix}_j^{(2)}+
$$

$$
\begin{pmatrix}
d_{xx} & d_{xy} & -d_{x\varphi}^{w} & -d_{x\psi}^{w} & 0\\
d_{yx} & d_{yy} & -d_{y\varphi}^{w} & -d_{y\psi}^{w} & 0\\
0 & 0 & -d_{y\varphi}^{m} & -d_{y\psi}^{m}-\theta_z\omega & 0\\
0 & 0 & \theta_z\omega+d_{x\varphi}^{m} & d_{x\psi}^{m} & 0\\
0 & 0 & 0 & 0 & 0
\end{pmatrix}_j
\begin{pmatrix}\dot{x}\\ \dot{y}\\ \dot{\varphi}\\ \dot{\psi}\\ \dot{\theta}\end{pmatrix}_j^{(2)}+
$$

$$
\begin{pmatrix}
k_{xx}-g_{ji}^{(1)}\dfrac{\cos\alpha}{r_1}+k_{12}^{(1)}\sin\alpha & k_{xy}-h_{ji}^{(2)}\cos\alpha-k_{12}^{(2)}\sin\alpha & -k_{x\varphi}^{w} & -k_{x\psi}^{w} & 0\\
k_{yx}-g_{ji}^{(1)}\dfrac{\sin\alpha}{r_1}-k_{12}^{(1)}\cos\alpha & k_{yy}-h_{ji}^{(2)}\sin\alpha+k_{12}^{(2)}\cos\alpha & -k_{y\varphi}^{w} & -k_{y\psi}^{w} & 0\\
0 & 0 & -k_{y\varphi}^{m} & -k_{y\psi}^{m} & 0\\
0 & 0 & k_{x\varphi}^{m} & k_{x\psi}^{m} & 0\\
0 & 0 & 0 & 0 & 0
\end{pmatrix}_j
\begin{pmatrix}x\\ y\\ \varphi\\ \psi\\ \theta\end{pmatrix}_j^{(2)}-
$$

$$
\begin{pmatrix}
\dfrac{12EI}{l^3} & 0 & \dfrac{-6EI}{l^2} & 0 & h_{j+1}^{(2)}\cos\alpha\\
0 & \dfrac{12EI}{l^3} & 0 & \dfrac{-6EI}{l^2} & h_{j+1}^{(2)}\sin\alpha\\
\dfrac{6EI}{l^2} & 0 & \dfrac{-2EI}{l} & 0 & 0\\
0 & \dfrac{6EI}{l^2} & 0 & \dfrac{-2EI}{l} & 0\\
0 & 0 & 0 & 0 & 0
\end{pmatrix}_{j+1}
\begin{pmatrix}x\\ y\\ \varphi\\ \psi\\ \theta\end{pmatrix}_{j+1}^{(2)}-
$$

$$\begin{bmatrix} \frac{12EI}{l^3} & 0 & \frac{6EI}{l^2} & 0 & h_{j-1}^{(2)}\cos\alpha \\ 0 & \frac{12EI}{l^3} & 0 & \frac{6EI}{l^2} & h_{j-1}^{(2)}\sin\alpha \\ \frac{-6EI}{l^2} & 0 & \frac{-2EI}{l} & 0 & 0 \\ 0 & \frac{-6EI}{l^2} & 0 & \frac{-2EI}{l} & 0 \\ 0 & 0 & 0 & 0 & 0 \end{bmatrix}_j \begin{Bmatrix} x \\ y \\ \varphi \\ \psi \\ \theta \end{Bmatrix}_{j-1}^{(2)} +$$

$$\begin{bmatrix} \frac{12EI}{l^3} & 0 & \frac{6EI}{l^2} & 0 & 0 \\ 0 & \frac{12EI}{l^3} & 0 & \frac{6EI}{l^2} & 0 \\ \frac{6EI}{l^2} & 0 & \frac{4EI}{l} & 0 & 0 \\ 0 & \frac{6EI}{l^2} & 0 & \frac{4EI}{l} & 0 \\ 0 & 0 & 0 & 0 & 0 \end{bmatrix}_{j+1} \begin{Bmatrix} x \\ y \\ \varphi \\ \psi \\ \theta \end{Bmatrix}_j^{(2)} +$$

$$\begin{bmatrix} \frac{12EI}{l^3} & 0 & \frac{-6EI}{l^2} & 0 & 0 \\ 0 & \frac{12EI}{l^3} & 0 & \frac{-6EI}{l^2} & 0 \\ \frac{-6EI}{l^2} & 0 & \frac{4EI}{l} & 0 & 0 \\ 0 & \frac{-6EI}{l^2} & 0 & \frac{4EI}{l} & 0 \\ 0 & 0 & 0 & 0 & g_i^{(1)} \end{bmatrix}_j \begin{Bmatrix} x \\ y \\ \varphi \\ \psi \\ \theta \end{Bmatrix}_j^{(2)} +$$

$$\begin{bmatrix} I_{ji}^{(1)}\frac{\cos\alpha}{r_1} & -m_{ji}^{(2)}\cos\alpha & 0 & 0 & -I_{jj}^{(2)}\frac{\cos\alpha}{r_1} \\ I_{ji}^{(1)}\frac{\sin\alpha}{r_1} & -m_{ji}^{(2)}\sin\alpha & 0 & 0 & -I_{jj}^{(2)}\frac{\sin\alpha}{r_1} \\ 0 & 0 & 0 & 0 & 0 \\ 0 & 0 & 0 & 0 & 0 \\ 0 & 0 & 0 & 0 & 0 \end{bmatrix}_i \begin{Bmatrix} \ddot{x} \\ \ddot{y} \\ \ddot{\varphi} \\ \ddot{\psi} \\ \ddot{\theta} \end{Bmatrix}_i^{(1)} +$$

$$
\begin{bmatrix}
-g_{ji}^{(1)}\dfrac{\cos\alpha}{r_1}+k_{12}^{(1)}\sin\alpha & -(h_{ji}^{(2)}\cos\alpha+k_{12}^{(2)}\sin\alpha) & 0 & 0 & -h_i^{(1)}\cos\alpha \\
-g_{ji}^{(1)}\dfrac{\sin\alpha}{r_1}-k_{12}^{(1)}\cos\alpha & -(h_{ji}^{(2)}\sin\alpha-k_{12}^{(2)}\cos\alpha) & 0 & 0 & -h_i^{(1)}\sin\alpha \\
0 & 0 & 0 & 0 & 0 \\
0 & 0 & 0 & 0 & 0 \\
0 & 0 & 0 & 0 & 0
\end{bmatrix}_i
\begin{Bmatrix} x \\ y \\ \varphi \\ \psi \\ \theta \end{Bmatrix}_i^{(1)} = \mathbf{0}
\tag{10-42}
$$

耦合还影响到从动轴上第 $(j-1)$,$(j+1)$ 个质点的扭转振动方程:

$$
I_{j-1}^{(2)}\ddot{\theta}_{j-1}^{(2)}-K_j^{(2)}(\theta_j^{(2)}-\theta_{j-1}^{(2)})+K_{j-1}^{(2)}(\theta_{j-1}^{(2)}-\theta_{j-2}^{(2)})=0 \quad (\text{第 } j-1 \text{ 个质点})
$$

$$
I_{j+1}^{(2)}\ddot{\theta}_{j+1}^{(2)}-K_{j+2}^{(2)}(\theta_{j+2}^{(2)}-\theta_{j+1}^{(2)})+K_{j+1}^{(2)}(\theta_{j+1}^{(2)}-\theta_j^{(2)})=0 \quad (\text{第 } j+1 \text{ 个质点})
\tag{10-43}
$$

方程中所包含的

$$
\theta_j^{(2)}=n_{12}\theta_i^{(1)}+\frac{(x_i^{(1)}-x_j^{(2)})\cos\alpha}{r_2}+\frac{(y_i^{(1)}-y_j^{(2)})\sin\alpha}{r_2}
$$

消去 $\theta_j^{(2)}$ 后的扭转振动方程为

$$
\begin{cases}
I_{j-1}^{(2)}\ddot{\theta}_{j-1}^{(2)}+K_j^{(2)}\theta_{j-1}^{(2)}+K_{j-1}^{(2)}\theta_{j-1}^{(2)}-K_{j-1}^{(2)}\theta_{j-2}^{(2)}-n_{12}K_j^{(2)}\theta_i^{(1)}- \\
\quad \dfrac{K_j^{(2)}\cos\alpha}{r_2}x_i^{(1)}+\dfrac{K_j^{(2)}\cos\alpha}{r_2}x_j^{(2)}-\dfrac{K_j^{(2)}\sin\alpha}{r_2}y_i^{(1)}+\dfrac{K_j^{(2)}\sin\alpha}{r_2}y_j^{(2)}=0 \\
I_{j+1}^{(2)}\ddot{\theta}_{j+1}^{(2)}+K_{j+2}^{(2)}\theta_{j+1}^{(2)}+K_{j+1}^{(2)}\theta_{j+1}^{(2)}-K_{j+2}^{(2)}\theta_{j+2}^{(2)}-n_{12}K_{j+1}^{(2)}\theta_i^{(1)}- \\
\quad \dfrac{K_{j+1}^{(2)}\cos\alpha}{r_2}x_i^{(1)}+\dfrac{K_{j+1}^{(2)}\cos\alpha}{r_2}x_j^{(2)}-\dfrac{K_{j+1}^{(2)}\sin\alpha}{r_2}y_i^{(1)}+\dfrac{K_{j+1}^{(2)}\sin\alpha}{r_2}y_j^{(2)}=0
\end{cases}
\tag{10-44}
$$

最后利用式(10-41)、式(10-42)和式(10-44),将两传动轴的弯扭复合振动方程总装后可得到整个系统的弯扭振动方程的一般矩阵形式

$$
\boldsymbol{M}\ddot{\boldsymbol{X}}+\boldsymbol{C}\dot{\boldsymbol{X}}+\boldsymbol{K}\boldsymbol{X}=\mathbf{0} \tag{10-45}
$$

### 10.2.3 两平行轴转子系统的动力学方程

对于图 10-7 所示的由齿轮耦合的四质量双平行轴轴承转子系统,不计轴分布质量,考察其弯扭耦合振动。

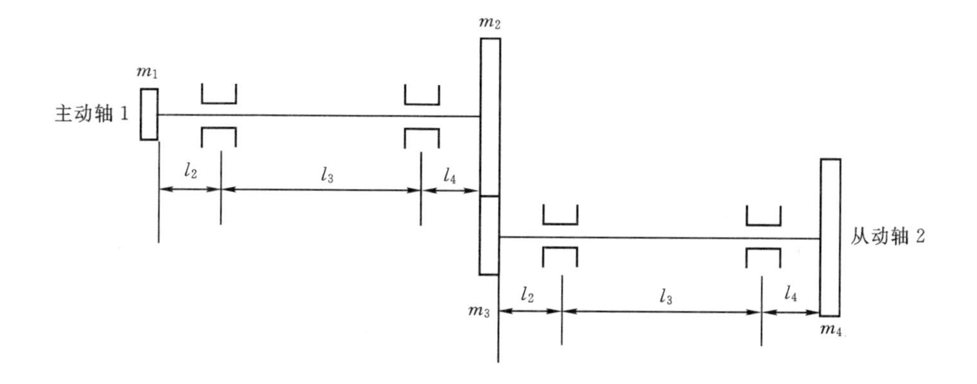


图 10-7　齿轮耦合的两平行轴转子系统

按前述，分别列出各质量和无质量轴段的力平衡方程。对于主动轴 1 上的质点 $m_1$：

$$\begin{cases} m_1\ddot{x}_1 - \dfrac{12EI}{l_2^3}(x_2 - x_1) + \dfrac{6EI}{l_2^2}(\varphi_2 + \varphi_1) = 0 \\ m_1\ddot{y}_1 - \dfrac{12EI}{l_2^3}(y_2 - y_1) + \dfrac{6EI}{l_2^2}(\psi_2 + \psi_1) = 0 \\ \theta_{y1}\ddot{\varphi}_1 + \theta_{z1}\omega_1\dot{\psi}_1 - \dfrac{6EI}{l_2^2}(x_2 - x_1) + \dfrac{2EI}{l_2}(\varphi_2 + 2\varphi_1) = 0 \\ \theta_{x1}\ddot{\psi}_1 - \theta_{z1}\omega_1\dot{\varphi}_1 - \dfrac{6EI}{l_2^2}(y_2 - y_1) + \dfrac{2EI}{l_2}(\psi_2 + 2\psi_1) = 0 \\ I_{11}\ddot{\theta}_1 - K_2^{(1)}(\theta_2 - \theta_1) = 0 \end{cases} \tag{10-46}$$

对于轴段 2：

$$(d_{xx}^{11}\dot{x}_2 + d_{xy}^{11}\dot{y}_2 + k_{xx}^{11}x_2 + k_{xy}^{11}y_2) - \frac{12EI}{l_3^3}(x_3 - x_2) + \frac{6EI}{l_3^2}(\varphi_3 + \varphi_2) +$$

$$\frac{12EI}{l_2^3}(x_2 - x_1) - \frac{6EI}{l_2^2}(\varphi_2 + \varphi_1) = 0$$

$$(d_{yx}^{11}\dot{x}_2 + d_{yy}^{11}\dot{y}_2 + k_{yx}^{11}x_2 + k_{yy}^{11}y_2) - \frac{12EI}{l_3^3}(y_3 - y_2) + \frac{6EI}{l_3^2}(\psi_3 + \psi_2) +$$

$$\frac{12EI}{l_2^3}(y_2 - y_1) - \frac{6EI}{l_2^2}(\psi_2 + \psi_1) = 0$$

$$\frac{-6EI}{l_3^2}(x_3 - x_2) + \frac{2EI}{l_3}(\varphi_3 + 2\varphi_2) - \frac{6EI}{l_2^2}(x_2 - x_1) + \frac{2EI}{l_2}(\varphi_1 + 2\varphi_2) = 0$$

$$\frac{-6EI}{l_3^2}(y_3 - y_2) + \frac{2EI}{l_3}(\psi_3 + 2\psi_2) - \frac{6EI}{l_2^2}(y_2 - y_1) + \frac{2EI}{l_2}(\psi_1 + 2\psi_2) = 0$$

$$-K_3^{(1)}(\theta_3-\theta_2)+K_2^{(1)}(\theta_2-\theta_1)=0 \tag{10-47}$$

对于轴段 3：

$$(d_{xx}^{12}\dot{x}_3+d_{xy}^{12}\dot{y}_3+k_{xx}^{12}x_3+k_{xy}^{12}y_3)-\frac{12EI}{l_4^3}(x_4-x_3)+\frac{6EI}{l_4^2}(\varphi_4+\varphi_3)+\frac{12EI}{l_3^3}(x_3-x_2)-\frac{6EI}{l_3^2}(\varphi_3+\varphi_2)=0$$

$$(d_{yx}^{12}\dot{x}_3+d_{yy}^{12}\dot{y}_3+k_{yx}^{12}x_3+k_{yy}^{12}y_3)-\frac{12EI}{l_4^3}(y_4-y_3)+\frac{6EI}{l_4^2}(\psi_4+\psi_3)+\frac{12EI}{l_3^3}(y_3-y_2)-\frac{6EI}{l_3^2}(\psi_3+\psi_2)=0$$

$$\frac{-6EI}{l_4^2}(x_4-x_3)+\frac{2EI}{l_4}(\varphi_4+2\varphi_3)-\frac{6EI}{l_3^2}(x_3-x_2)+\frac{2EI}{l_3}(\varphi_2+2\varphi_3)=0$$

$$\frac{-6EI}{l_4^2}(y_4-y_3)+\frac{2EI}{l_4}(\psi_4+2\psi_3)-\frac{6EI}{l_3^2}(y_3-y_2)+\frac{2EI}{l_3}(\psi_2+2\psi_3)=0$$

$$-K_4^{(1)}(\theta_4-\theta_3)+K_3^{(1)}(\theta_3-\theta_2)=0 \tag{10-48}$$

对于轴段 4，在考虑质点 $m_2$ 的运动时需要计入齿轮啮合力的作用：

$$\begin{bmatrix} m_2+I_{14}^{(1)}\dfrac{\cos\alpha}{r_1} & m_{14}^{(2)}\cos\alpha & 0 & 0 & I_{11}^{(2)}\dfrac{\cos\alpha}{r_1} \\ I_{14}^{(1)}\dfrac{\sin\alpha}{r_1} & m_2+m_{14}^{(2)}\sin\alpha & 0 & 0 & I_{11}^{(2)}\dfrac{\sin\alpha}{r_1} \\ 0 & 0 & \theta_y & 0 & 0 \\ 0 & 0 & 0 & \theta_x & 0 \\ 0 & I_{14}^{(2)} & 0 & 0 & I_{44}^{(1)} \end{bmatrix}_4 \begin{Bmatrix} \ddot{x} \\ \ddot{y} \\ \ddot{\varphi} \\ \ddot{\psi} \\ \ddot{\theta} \end{Bmatrix}_4^{(1)} +$$

$$\begin{bmatrix} 0 & 0 & 0 & 0 & 0 \\ 0 & 0 & 0 & 0 & 0 \\ 0 & 0 & 0 & \theta_z\omega & 0 \\ 0 & 0 & -\theta_z\omega & 0 & 0 \\ 0 & 0 & 0 & 0 & 0 \end{bmatrix}_4 \begin{Bmatrix} \dot{x} \\ \dot{y} \\ \dot{\varphi} \\ \dot{\psi} \\ \dot{\theta} \end{Bmatrix}_4^{(1)} +$$

$$\begin{bmatrix} g_{14}^{(1)}\dfrac{\cos\alpha}{r_1}-k_{12}^{(1)}\sin\alpha & h_{14}^{(2)}\cos\alpha+k_{12}^{(2)}\sin\alpha & 0 & 0 & h_4^{(1)}\cos\alpha \\ g_{14}^{(1)}\dfrac{\sin\alpha}{r_1}+k_{12}^{(1)}\cos\alpha & h_{14}^{(2)}\sin\alpha-k_{12}^{(2)}\cos\alpha & 0 & 0 & h_4^{(1)}\sin\alpha \\ 0 & 0 & 0 & 0 & 0 \\ 0 & 0 & 0 & 0 & 0 \\ 0 & g_{14}^{(2)} & 0 & 0 & 0 \end{bmatrix}_4 \begin{Bmatrix} x \\ y \\ \varphi \\ \psi \\ \theta \end{Bmatrix}_4^{(1)} -$$

$$\begin{bmatrix} 12EI/l^3 & 0 & 6EI/l^2 & 0 & 0 \\ 0 & 12EI/l^3 & 0 & 6EI/l^2 & 0 \\ -6EI/l^2 & 0 & -2EI/l & 0 & 0 \\ 0 & -6EI/l^2 & 0 & -2EI/l & 0 \\ 0 & 0 & 0 & 0 & -g_3^{(1)} \end{bmatrix}_4^{(1)} \begin{Bmatrix} x \\ y \\ \varphi \\ \psi \\ \theta \end{Bmatrix}_3^{(1)} +$$

$$\begin{bmatrix} 12EI/l^3 & 0 & -6EI/l^2 & 0 & 0 \\ 0 & 12EI/l^3 & 0 & -6EI/l^2 & 0 \\ -6EI/l^2 & 0 & 4EI/l & 0 & 0 \\ 0 & -6EI/l^2 & 0 & 4EI/l & 0 \\ 0 & 0 & 0 & 0 & g_4^{(1)} \end{bmatrix}_4^{(1)} \begin{Bmatrix} x \\ y \\ \varphi \\ \psi \\ \theta \end{Bmatrix}_4^{(1)} +$$

$$\begin{bmatrix} I_{14}^{(1)} \dfrac{\cos\alpha}{r_1} & -m_{14}^{(2)}\cos\alpha & 0 & 0 & 0 \\ I_{14}^{(1)} \dfrac{\sin\alpha}{r_1} & -m_{14}^{(2)}\sin\alpha & 0 & 0 & 0 \\ 0 & 0 & 0 & 0 & 0 \\ 0 & 0 & 0 & 0 & 0 \\ 0 & -I_{14}^{(2)} & 0 & 0 & 0 \end{bmatrix} \begin{Bmatrix} \ddot{x}_1^{(2)} \\ \ddot{y}_1^{(2)} \\ \ddot{\theta}_0^{(2)} \\ \ddot{\theta}_1^{(2)} \\ \ddot{\theta}_2^{(2)} \end{Bmatrix}^{(2)} +$$

$$\begin{bmatrix} -g_{14}^{(1)} \dfrac{\cos\alpha}{r_1} + k_{12}^{(1)}\sin\alpha & -(h_{14}^{(2)}\cos\alpha + k_{12}^{(2)}\sin\alpha) & h_0^{(2)}\cos\alpha & 0 & h_2^{(2)}\cos\alpha \\ -g_{14}^{(1)} \dfrac{\sin\alpha}{r_1} - k_{12}^{(1)}\cos\alpha & -(h_{14}^{(2)}\sin\alpha - k_{12}^{(2)}\cos\alpha) & h_0^{(2)}\sin\alpha & 0 & h_2^{(2)}\sin\alpha \\ 0 & 0 & 0 & 0 & 0 \\ 0 & 0 & 0 & 0 & 0 \\ 0 & -g_{14}^{(2)} & g_0^{(2)} & 0 & g_2^{(2)} \end{bmatrix} \begin{Bmatrix} x_1^{(2)} \\ y_1^{(2)} \\ \theta_0^{(2)} \\ \theta_1^{(2)} \\ \theta_2^{(2)} \end{Bmatrix}^{(2)}$$

$$= \mathbf{0} \tag{10-49}$$

类似地,对应于从动轴 2 上第 1 个质点 $m_3$ :

$$\begin{bmatrix} m_3 + I_{14}^{(1)} \dfrac{\cos\alpha}{r_1} & m_{14}^{(2)}\cos\alpha & 0 & 0 & 0 \\ I_{14}^{(1)} \dfrac{\sin\alpha}{r_1} & m_3 + m_{14}^{(2)}\sin\alpha & 0 & 0 & 0 \\ 0 & 0 & \theta_y & 0 & 0 \\ 0 & 0 & 0 & \theta_x & 0 \\ 0 & 0 & 0 & 0 & 0 \end{bmatrix}_1 \begin{Bmatrix} \ddot{x} \\ \ddot{y} \\ \ddot{\varphi} \\ \ddot{\psi} \\ \ddot{\theta} \end{Bmatrix}_1^{(2)} +$$

$$\begin{bmatrix} 0 & 0 & 0 & 0 & 0 \\ 0 & 0 & 0 & 0 & 0 \\ 0 & 0 & 0 & -\theta_z\omega_2 & 0 \\ 0 & 0 & \theta_z\omega_2 & 0 & 0 \\ 0 & 0 & 0 & 0 & 0 \end{bmatrix}_1 \begin{Bmatrix} \dot{x} \\ \dot{y} \\ \dot{\varphi} \\ \dot{\psi} \\ \dot{\theta} \end{Bmatrix}_1^{(2)} +$$

$$\begin{bmatrix} g_{14}^{(1)}\dfrac{\cos\alpha}{r_1} - k_{12}^{(1)}\sin\alpha & h_{14}^{(2)}\cos\alpha + k_{12}^{(2)}\sin\alpha & 0 & 0 & 0 \\ g_{14}^{(1)}\dfrac{\sin\alpha}{r_1} + k_{12}^{(1)}\cos\alpha & h_{14}^{(2)}\sin\alpha - k_{12}^{(2)}\cos\alpha & 0 & 0 & 0 \\ 0 & 0 & 0 & 0 & 0 \\ 0 & 0 & 0 & 0 & 0 \\ 0 & 0 & 0 & 0 & 0 \end{bmatrix}_1 \begin{Bmatrix} x \\ y \\ \varphi \\ \psi \\ \theta \end{Bmatrix}_1^{(2)} -$$

$$\begin{bmatrix} 12EI/l^3 & 0 & -6EI/l^2 & 0 & h_2^{(2)}\cos\alpha \\ 0 & 12EI/l^3 & 0 & -6EI/l^2 & h_2^{(2)}\sin\alpha \\ 6EI/l^2 & 0 & -2EI/l & 0 & 0 \\ 0 & 6EI/l^2 & 0 & -2EI/l & 0 \\ 0 & 0 & 0 & 0 & 0 \end{bmatrix}_2 \begin{Bmatrix} x \\ y \\ \varphi \\ \psi \\ \theta \end{Bmatrix}_2^{(2)} +$$

$$\begin{bmatrix} 12EI/l^3 & 0 & 6EI/l^2 & 0 & 0 \\ 0 & 12EI/l^3 & 0 & 6EI/l^2 & 0 \\ 6EI/l^2 & 0 & 4EI/l & 0 & 0 \\ 0 & 6EI/l^2 & 0 & 4EI/l & 0 \\ 0 & 0 & 0 & 0 & 0 \end{bmatrix}_2 \begin{Bmatrix} x \\ y \\ \varphi \\ \psi \\ \theta \end{Bmatrix}_1^{(2)} +$$

$$\begin{bmatrix} I_{14}^{(1)}\dfrac{\cos\alpha}{r_1} & -m_{14}^{(2)}\cos\alpha & 0 & 0 & -I_{11}^{(2)}\dfrac{\cos\alpha}{r_1} \\ I_{14}^{(1)}\dfrac{\sin\alpha}{r_1} & -m_{14}^{(2)}\sin\alpha & 0 & 0 & -I_{11}^{(2)}\dfrac{\sin\alpha}{r_1} \\ 0 & 0 & 0 & 0 & 0 \\ 0 & 0 & 0 & 0 & 0 \\ 0 & 0 & 0 & 0 & 0 \end{bmatrix}_4 \begin{Bmatrix} \ddot{x} \\ \ddot{y} \\ \ddot{\varphi} \\ \ddot{\psi} \\ \ddot{\theta} \end{Bmatrix}_4^{(1)} +$$

$$\begin{bmatrix} -g_{14}^{(1)}\dfrac{\cos\alpha}{r_1}+k_{12}^{(1)}\sin\alpha & -(h_{14}^{(2)}\cos\alpha+k_{12}^{(2)}\sin\alpha) & 0 & 0 & -h_4^{(1)}\cos\alpha \\ -g_{14}^{(1)}\dfrac{\sin\alpha}{r_1}-k_{12}^{(1)}\cos\alpha & -(h_{14}^{(2)}\sin\alpha-k_{12}^{(2)}\cos\alpha) & 0 & 0 & -h_4^{(1)}\sin\alpha \\ 0 & 0 & 0 & 0 & 0 \\ 0 & 0 & 0 & 0 & 0 \\ 0 & 0 & 0 & 0 & 0 \end{bmatrix}_4 \begin{Bmatrix} x \\ y \\ \varphi \\ \psi \\ \theta \end{Bmatrix}_4^{(1)} = \mathbf{0} \tag{10-50}$$

对于从动轴第 2 个轴段( $j=2$)：

$$\begin{aligned} &(d_{xx}^{21}\dot{x}_2+d_{xy}^{21}\dot{y}_2+k_{xx}^{21}x_2+k_{xy}^{21}y_2)-\frac{12EI}{l_3^3}(x_3-x_2)+\frac{6EI}{l_3^2}(\varphi_3+\varphi_2)+\\ &\quad\frac{12EI}{l_2^3}(x_2-x_1)-\frac{6EI}{l_2^2}(\varphi_2+\varphi_1)=0 \\ &(d_{yx}^{21}\dot{x}_2+d_{yy}^{21}\dot{y}_2+k_{yx}^{21}x_2+k_{yy}^{21}y_2)-\frac{12EI}{l_3^3}(y_3-y_2)+\frac{6EI}{l_3^2}(\psi_3+\psi_2)+\\ &\quad\frac{12EI}{l_2^3}(y_2-y_1)-\frac{6EI}{l_2^2}(\psi_2+\psi_1)=0 \\ &\frac{-6EI}{l_3^2}(x_3-x_2)+\frac{2EI}{l_3}(\varphi_3+2\varphi_2)-\frac{6EI}{l_2^2}(x_2-x_1)+\frac{2EI}{l_2}(\varphi_1+2\varphi_2)=0 \\ &\frac{-6EI}{l_3^2}(y_3-y_2)+\frac{2EI}{l_3}(\psi_3+2\psi_2)-\frac{6EI}{l_2^2}(y_2-y_1)+\frac{2EI}{l_2}(\psi_1+2\psi_2)=0 \end{aligned} \tag{10-51}$$

以及相应的扭转振动方程

$$\begin{aligned} &K_3^{(2)}\theta_2^{(2)}+K_2^{(2)}\theta_2^{(2)}-K_3^{(2)}\theta_3^{(2)}-n_{12}K_2^{(2)}\theta_4^{(1)}-\frac{K_2^{(2)}(1+n_{12})}{L_{12}}y_4^{(1)}+\\ &\quad\frac{K_2^{(2)}(1+n_{12})}{L_{12}}y_1^{(2)}=0 \end{aligned} \tag{10-52}$$

对于从动轴第 3 个轴段( $j=3$)：

$$\begin{aligned} &(d_{xx}^{22}\dot{x}_3+d_{xy}^{22}\dot{y}_3+k_{xx}^{22}x_3+k_{xy}^{22}y_3)-\frac{12EI}{l_4^3}(x_4-x_3)+\frac{6EI}{l_4^2}(\varphi_4+\varphi_3)+\\ &\quad\frac{12EI}{l_3^3}(x_3-x_2)-\frac{6EI}{l_3^2}(\varphi_3+\varphi_2)=0 \\ &(d_{yx}^{22}\dot{x}_3+d_{yy}^{22}\dot{y}_3+k_{yx}^{22}x_3+k_{yy}^{22}y_3)-\frac{12EI}{l_4^3}(y_4-y_3)+\frac{6EI}{l_4^2}(\psi_4+\psi_3)+\\ &\quad\frac{12EI}{l_3^3}(y_3-y_2)-\frac{6EI}{l_3^2}(\psi_3+\psi_2)=0 \end{aligned}$$

$$-\frac{6EI}{l_4^2}(x_4-x_3)+\frac{2EI}{l_4}(\varphi_4+2\varphi_3)-\frac{6EI}{l_3^2}(x_3-x_2)+\frac{2EI}{l_3}(\varphi_2+2\varphi_3)=0$$

$$-\frac{6EI}{l_4^2}(y_4-y_3)+\frac{2EI}{l_4}(\psi_4+2\psi_3)-\frac{6EI}{l_3^2}(y_3-y_2)+\frac{2EI}{l_3}(\psi_2+2\psi_3)=0$$

$$-K_4^{(2)}(\theta_4-\theta_3)+K_3^{(2)}(\theta_3-\theta_2)=0 \tag{10-53}$$

对于从动轴质点 4( $j=4$ ):

$$\begin{bmatrix} m_4 & & & & \\ & m_4 & & 0 & \\ & & \theta_y & & \\ & 0 & & \theta_x & \\ & & & & I_{44}^{(2)} \end{bmatrix}_4 \begin{Bmatrix} \ddot{x} \\ \ddot{y} \\ \ddot{\varphi} \\ \ddot{\psi} \\ \ddot{\theta} \end{Bmatrix}_4^{(2)} + \begin{bmatrix} 0 & 0 & 0 & 0 & 0 \\ 0 & 0 & 0 & 0 & 0 \\ 0 & 0 & 0 & -\theta_z\omega_2 & 0 \\ 0 & 0 & \theta_z\omega_2 & 0 & 0 \\ 0 & 0 & 0 & 0 & 0 \end{bmatrix}_1 \begin{Bmatrix} \dot{x} \\ \dot{y} \\ \dot{\varphi} \\ \dot{\psi} \\ \dot{\theta} \end{Bmatrix}_4^{(2)} -$$

$$\begin{bmatrix} 12EI/l^3 & 0 & 6EI/l^2 & 0 & 0 \\ 0 & 12EI/l^3 & 0 & 6EI/l^2 & 0 \\ -6EI/l^2 & 0 & -2EI/l & 0 & 0 \\ 0 & -6EI/l^2 & 0 & -2EI/l & 0 \\ 0 & 0 & 0 & 0 & K_4^{(2)} \end{bmatrix}_4^{(2)} \begin{Bmatrix} x \\ y \\ \varphi \\ \psi \\ \theta \end{Bmatrix}_3^{(2)} +$$

$$\begin{bmatrix} 12EI/l^3 & 0 & -6EI/l^2 & 0 & 0 \\ 0 & 12EI/l^3 & 0 & -6EI/l^2 & 0 \\ -6EI/l^2 & 0 & 4EI/l & 0 & 0 \\ 0 & -6EI/l^2 & 0 & 4EI/l & 0 \\ 0 & 0 & 0 & 0 & K_4^{(2)} \end{bmatrix}_4^{(2)} \begin{Bmatrix} x \\ y \\ \varphi \\ \psi \\ \theta \end{Bmatrix}_4^{(2)} = \mathbf{0} \tag{10-54}$$

求解方程(10-46)～方程(10-54),即可得两平行轴系统的稳定性解。

## 10.3 齿轮耦合的多平行轴系统动力学分析

在通常服役工况下,齿轮耦合的多平行轴系统所受到的激励总是多频的。对于齿轮耦合三平行轴转子系统,由于转速的不同,整个系统将同时受到三个不同频率的激励力作用,在线性范围内,整个系统的响应将是这三种不同频率响应的叠加。

对于系统振动方程

$$M\ddot{X}+C\dot{X}+KX=F$$

外激励力

$$F = F_1 e^{i\omega_{s1} t} + F_2 e^{i\omega_{s2} t} + F_3 e^{i\omega_{s3} t} = \sum_{j=1}^{3} F_j e^{i\omega_{sj} t} \tag{10-55}$$

式中，$\omega_{sj}(j=1\sim3)$ 为激励频率，激励力幅 $F_j = F_{Rj} + iF_{Ij}(j=1,2,3)$ 。

整个系统的强迫振动响应可写成

$$X = \sum_{j=1}^{3} X_{0j} e^{i w_{sj} t} \tag{10-56}$$

## 10.3.1　多平行轴系统的模态分析

讨论如图 10 - 8 所示的某 DH 型压缩机组的动力学问题，该机组由高速轴（简称 H 轴）、低速轴（简称 L 轴）和主传动齿轮轴（简称 G 轴）轴组成了三平行轴齿轮耦合系统。三转轴的主要参数依次为：

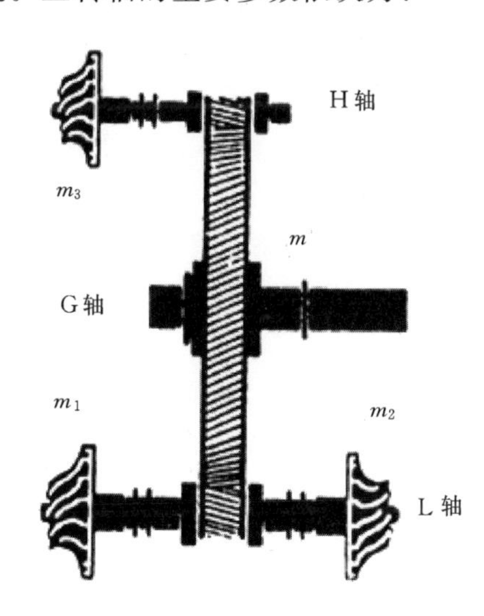


图 10 - 8　某 DH 型机组三平行轴齿轮啮合系统

H 轴：工作转速 $n=17\ 298$ r/min，功率 $N_W=596$ kW；采用 2 个五瓦均布可倾瓦轴承支承，载荷作用在瓦间。轴承处轴颈直径 $D=80$ mm，支承跨距 $L=440$ mm；叶轮 3 质量 $m_3=13.6$ kg，极转动惯量 $J_p=0.170\ 8\times10^4$ kg · cm$^2$，轴转动惯量 $J_d=0.092\ 3\times10^4$kg · cm$^2$；

L 轴：工作转速 $n=15\ 689$ r/min，功率 $N_W=1\ 604$ kW；轴承型式和承载方式同 H 轴。轴承处轴颈直径 $D=85$ mm，支撑跨距 $L=440$ mm；叶轮 1 质

量 $m_1$ =29.4 kg,极转动惯量 $J_p$ = 0.330 3×$10^4$kg·$cm^2$,轴转动惯量 $J_d$ = 0.238 1×$10^4$kg·$cm^2$;叶轮 2 质量 $m_2$ =19.1 kg,极惯性矩 $J_p$ = 0.345 4×$10^4$ kg·$cm^2$,轴转动惯量 $J_d$ = 0.197 4×$10^4$kg·$cm^2$;

G 轴:工作转速 $n$ =2 985 r/min,功率 $N_W$ = 2 200 kW;采用两圆轴承支承,轴承处轴颈直径 $D$ =125 mm;齿轮中心到两轴承的距离不对称:中心到联轴节端轴承中心距离为 160 mm,到另一轴承中心距离 $L$ =180 mm;齿轮质量 $m$ =326.1 kg,极转动惯 $J_p$ = 50.27×$10^4$kg·$cm^2$,轴转动惯量 $J_d$ = 26.4×$10^4$kg·$cm^2$。

该三平行轴系统在结构上具有以下特点:

(1)主传动齿轮轴上的大齿轮质量远大于其他两轴。

(2)高速轴(H 轴)呈不对称结构,仅在轴的左端装有叶轮;而在 L 轴的两端均配有叶轮,基本为对称结构。

上述结构特点将对整个系统的动力学行为起到重要的作用。齿轮耦合的三平行轴系统的运动方程推导与二平行轴系统类似,在此略去。以下主要介绍对该系统的模态及振型分析结果。

由于本系统是由三平行轴耦合而成,在静态工作点上,各轴的转速各不相同,分析时采用主传动齿轮轴的工作转速为基准。对这一系统从 2 000 r/min 到4 000 r/min,以间隔 100 r/min 共 21 组转速进行了模态分析,所对应的高速轴计算范围为 11 589.7~23 179.5 r/min,低速轴计算范围是 10 511.6~21 023.3 r/min。

以主传动轴工作转速为 3 000 r/min(对应于高速轴转速:17 384.6 r/min;低速轴转速:15 767.4 r/min)时所获得的数值计算结果为例进行关于振型和模态分析的讨论——为简明起见,以下所讨论的模态范围仅限于 0.15~3.0 倍工作转速区间内。

1)耦合前的各轴振型

①高速轴:在 0.15~3.0 倍工作转速区间内,未耦合时,高速轴出现了 3 阶振型,如图 10-9 所示;其中第一、二阶为锥形涡动振型,第三阶则为扭转振型。

②低速轴:在这一范围内低速轴将出现 5 阶振型,如图 10-10 所示,其中图 10-10(a)~10-10(d)为锥形涡动振型,图 10-10(e)则为该轴的扭转振型。

③主传动齿轮轴:对主传动轴而言,有 4 阶振型落在在 0.15~3.0 倍工作转速范围内,如图 10-11 所示。

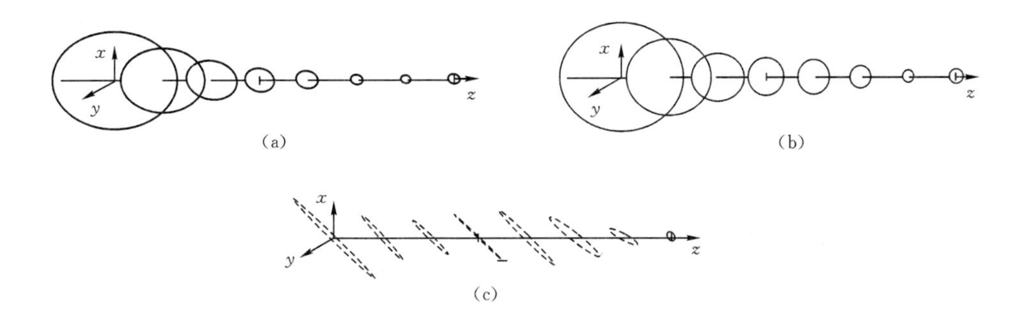


图 10-9　无耦合时高速轴在工作转速 17 384.6 r/min(3 000 r/min)下的振动模态

(a)一阶锥形涡动:对应转速 14 245.2 r/min(2 458.2 r/min)* ; 对数衰减率:1.0

(b) 二阶锥形涡动:对应转速 20 133.7 r/min(3 474.4 r/min)* ; 对数衰减率:1.5

(c)三阶扭转振动:对应转速 44 384.7 r/min(7 659.3 r/min)* ; 对数衰减率:$1.1\times10^{-13}$

(*:括号内的转速是以主传动齿轮轴转速为基准所对应的折合转速,下同)

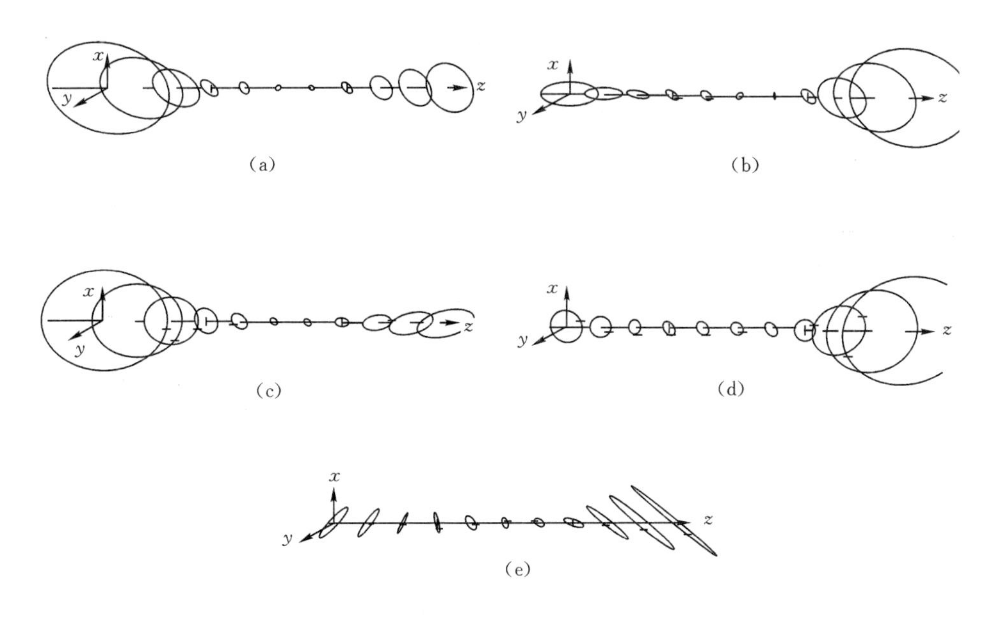


图 10-10　无耦合时低速轴在工作转速 15 767.4 r/min(3 000 r/min)下的复模态

(a) 一阶锥形涡动:对应转速 8 988.8 r/min(2 458.2 r/min);对数衰减率:0.5

(b) 二阶锥形涡动:对应转速 10 206.2 r/min(1 941.8 r/min);对数衰减率:0.41

(c) 三阶锥形涡动:对应转速 12 487.5 r/min(2 375.9 r/min);对数衰减率:0.89

(d) 四阶锥形涡动:对应转速 16 086.7 r/min(3 060.7 r/min);对数衰减率:0.76

(e) 五阶扭转振动:对应转速 17 434.7 r/min(3 317.2 r/min); 对数衰减率:$5.7\times10^{-12}$

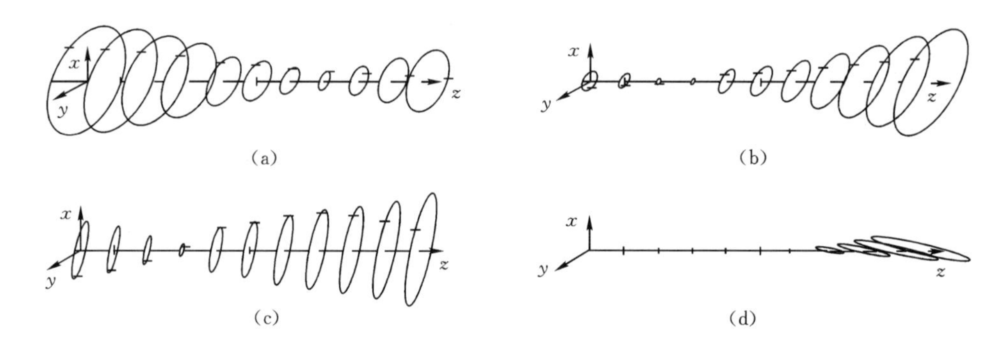


图 10-11 无耦合时主传动齿轮轴在工作转速 3 000 r/min(3 000 r/min)下的复模态
(a)一阶锥形涡动:对应转速 2 490.0 r/min;对数衰减率:4.8
(b)二阶锥形涡动:对应转速 2 904.0 r/min;对数衰减率:2.8
(c)三阶锥形涡动:对应转速 5 938.6 r/min;对数衰减率:6.4
(d)四阶锥形涡动:对应转速 7 053.4 r/min;对数衰减率:0.53

计算结果表明,上述各轴的自由振动模态都是稳定的。

2)各种耦合状态下的振型

①H-G 轴耦合。当高速轴、齿轮两轴耦合时,耦合后的系统有 6 阶振型,如图 10-12 所示。这 6 阶振型均与高速轴、齿轮轴的未耦合时的振型严格对应,如图 10-12(a)对应图 10-9(a),图 10-12(b)对应图 10-ll(a),图 10-12(c)对应图 10-11(b),图 10-12(d)对应图 10-9(b),图 10-12(e)对应图 10-11(c),图 10-12(f)对应图 10-11(d);同时,单个转轴振型在耦合前后所对应的涡动频率以及振动型态变化都很小。这可能来自两方面的原因:一方面由于齿轮轴质量很大,因而高速轴对主传动齿轮轴的影响较小;另一方面高速轴仅一端装有叶轮且远离齿轮啮合处,所以齿轮轴对于高速轴的影响亦较小。

②L-G 轴耦合。当低速轴与主传动齿轮轴相互耦合时,在所讨论的工作区间内总共有 9 阶模态,如图 10-13 所示。这 9 阶振型与 L 轴、G 轴耦合前各自的振型同样呈一一对应关系,如图 10-13(a)对应图 10-10(a),图 10-13(b)对应图 10-10(b),图 10-13(c)对应图 10-10(c),图 10-13(d)对应图 10-11(a),图 10-13(e)对应图 10-11(b),图 10-13(f)对应图 10-10(d),图 10-13(g)对应图 10-10(e),图 10-13(h)对应图 10-11(c),图 10-13(i)对应图 10-11(d)。计算结果表明,主传动齿轮轴振型在耦合前后的涡动频率及振动型态变化极小,而低速轴在耦合后的涡动频率及振动型态均产生了不同程度的变化——可以这样来理解:因齿轮轴质量要比低速轴大得多,故而低速轴对它影响甚小;而低速轴两端均装有叶轮,与高速轴相比,所

承受的来自主传动齿轮轴的耦合力相对较大，因此齿轮轴对于低速轴振动的影响也较为明显。

③H－L－G 轴耦合。考虑高速轴、低速轴和主传动齿轮轴耦合在一起，真实系统运行时的振动状况。总共有 13 阶模态出现在分析范围内，如图 10－14 所示。这 13 阶振型大体可区分为三类：

(i)单轴振型。如系统的第一、二、七、八、十、十一、十三阶振型，它们均保留了耦合前各轴振动的全部特征与独立振动形态，且对其他轴的影响也甚微小，因而基本上保持了原先单轴的独立振动形态。这种对应关系可由图 10－14(a)(对应图 10－10(a))、图 10－14(b)(对应图 10－10(b))、图 10－14(g)(对应图 10－11(b))、图 10－14(h)(对应图 10－10(d))、图 10－14(i)(对应图 10－9(b))、图 10－14(k)(对应图 10－11(c))、图 10－14(m)(对应图 10－11(d))等看到。

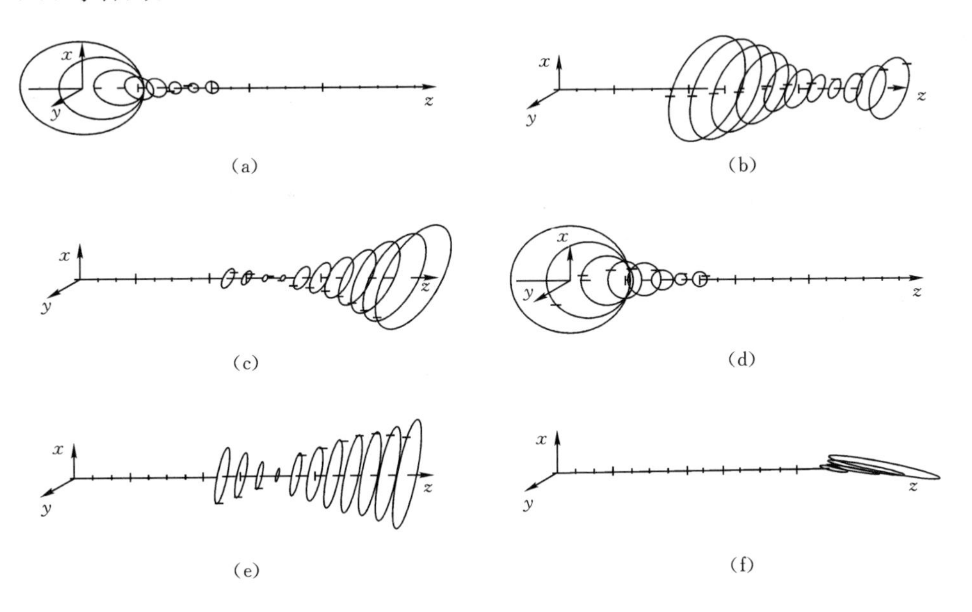


图 10－12　H－G 轴耦合系统在额定工作转速 3 000 r/min 下的复模态

(a)一阶振动模态：对应转速 2 458.6 r/min；对数衰减率：1.0

(b)二阶振动模态：对应转速 2 496.1 r/min；对数衰减率：4.8

(c)三阶振动模态：对应转速 2 904.2 r/min；对数衰减率：2.8

(d)四阶振动模态：对应转速 3 477.0 r/min；对数衰减率：1.5

(e)五阶振动模态：对应转速 5 938.2 r/min；对数衰减率：6.4

(f)六阶振动模态：对应转速 7 053.0 r/min；对数衰减率：0.53

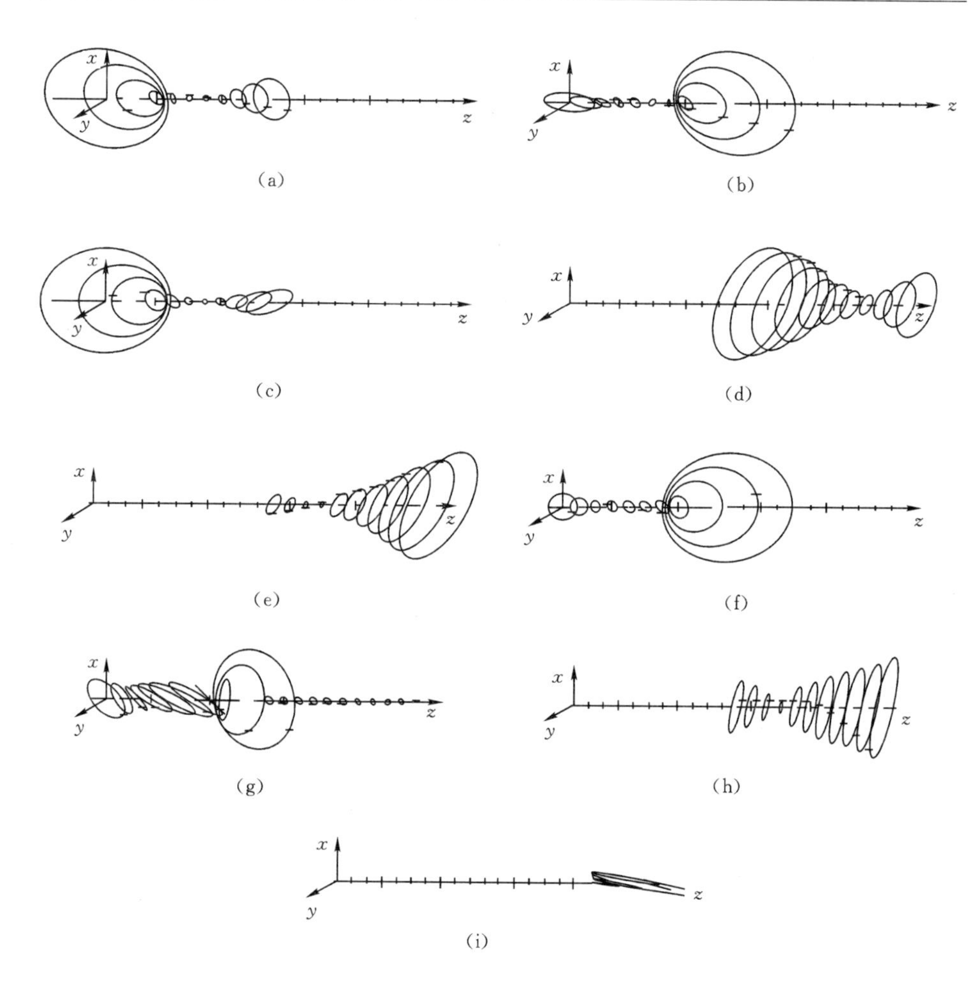


图 10-13 L-G 轴耦合系统在额定工作转速 3 000 r/min 下的复模态

(a)一阶振动模态:对应转速 1 726.1 r/min;对数衰减率:0.34

(b)二阶振动模态:对应转速 1 976.5 r/min;对数衰减率:0.40

(c)三阶振动模态:对应转速 2 431.9 r/min;对数衰减率:0.67

(d)四阶振动模态:对应转速 2 495.9 r/min;对数衰减率:4.8

(e)五阶振动模态:对应转速 2 904.2 r/min;对数衰减率:2.8

(f)六阶振动模态:对应转速 3112.6 r/min;对数衰减率:0.70

(g)七阶振动模态:对应转速 3 317.2 r/min;对数衰减率:$2.7\times10^{-7}$

(h)八阶振动模态:对应转速 5 938.0 r/min;对数衰减率:6.4

(i)九阶振动模态:对应转速 7 053.0 r/min;对数衰减率:0.53

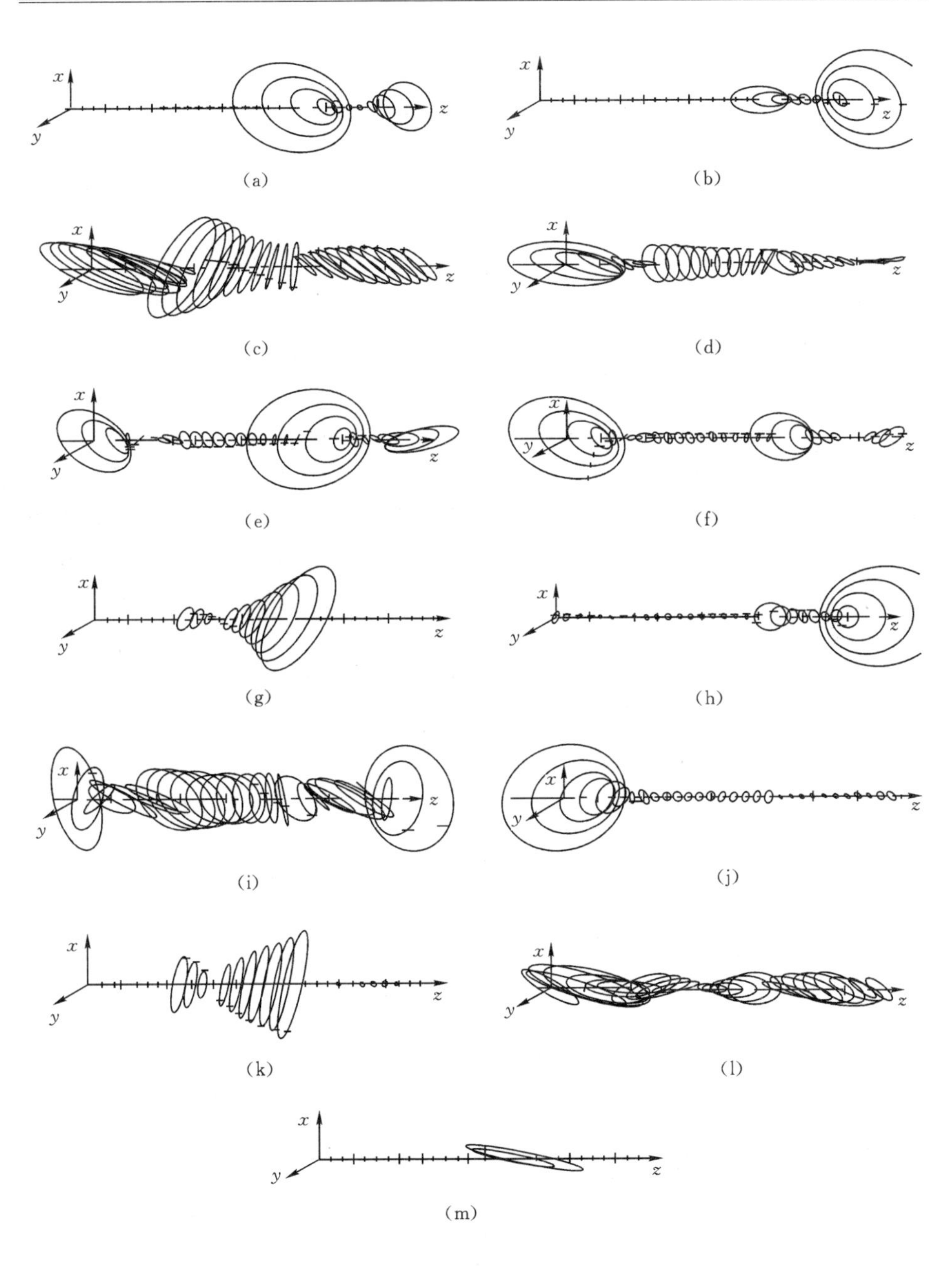


图10-14　H-G-L三平行轴耦合系统的复模态(额定工作转速:3 000 r/min)

(a)一阶振动模态:对应转速1 712.1 r/min;对数衰减率:0.49

(b)二阶振动模态:对应转速1 933.7 r/min;对数衰减率:0.41

(c)三阶振动模态:对应转速2 084.7 r/min;对数衰减率:7.9

(d)四阶振动模态:对应转速 2 330.2 r/min;对数衰减率:1.6
(e)五阶振动模态:对应转速 2 382.1 r/min;对数衰减率:0.78
(f)六阶振动模态:对应转速 2 399.5 r/min;对数衰减率:1.0
(g)七阶振动模态:对应转速 2 881.2 r/min;对数衰减率:2.9
(h)八阶振动模态:对应转速 3 037.3 r/min;对数衰减率:0.80
(i)九阶振动模态:对应转速 3 317.2 r/min;对数衰减率:$1.3\times10^{-4}$
(j)十阶振动模态:对应转速 3 399.5 r/min;对数衰减率:1.6
(k)十一阶振动模态:对应转速 5 924.9 r/min;对数衰减率:6.5
(l)十二阶振动模态:对应转速 6 061.9 r/min;对数衰减率:3.9
(m)十三阶振动模态:对应转速 7 059.1 r/min;对数衰减率:0.54

(ii)耦合振型。在这类振型中,虽然由于耦合而导致三轴同时被激发,但仍然可以从单轴振动中查找到这类振型的出处与演变由来。如第九阶振型,在 2 000～4 000 r/min 范围内无变化,该振型应当是源自低速轴中以扭转振动为主的弯扭耦合复合振型(见图 10-14(i));同样,系统的第五、六阶振型(见图 10-14(e)、图 10-14(f))也属于这种情况,它们分别由原高速轴一阶振型和低速轴三阶振型演变而来。

(iii)耦合系统派生振型。这类模态不易在原单轴振型中找到相对应的参照振型,因而可以认为是系统耦合后新产生的。如系统的第三、四、十二阶振型(见图 10-14(c)、图 10-14(d)、图 10-14(l)),这类振型如果只依赖简单的单轴转子分析是无法得到的,因此在系统分析中占有特殊的地位。

上述计算结果虽是在工作转速为 3 000 r/min 时得到的,但对于主传动轴在2 000～4 000 r/min 工作范围内总共 21 组模态的计算结果及分析表明,以下这些规律是带有普遍性的:

(1)对于系统的稳定性计算表明,系统各阶本征值及相对应的振型在考察范围内都是稳定的。即便是扭转振型,由于系统的弯扭耦合效应,也由于油膜阻尼的作用而得到了一定程度的抑制,因此整个耦合系统是稳定的。

(2)在本例中,仅两平行轴耦合并不产生新的振型,所有振动形态都可以由单轴振动模态中找到。

(3)三平行轴耦合时,耦合效应及系统间的约束均比两轴耦合时增强,振动形态除了那些有源可溯的单轴模态、耦合模态外,系统还将派生出新的模态。

(4)耦合对振型的影响与耦合点位置、耦合力大小及振型阶次相关。如主传动齿轮轴的一阶振型(见图 10-11(a)),振幅在耦合点处较大,三轴耦合后,来自高、低速轴的约束作用也更有效,于是不再表现为单轴振型。与此相反,齿轮轴其余 3 阶振型在耦合点处振幅较小,这时在耦合点处的约束或能量传输作用并不十分显著,所以系统在耦合后的振型仍主要表现为单轴振型。

(5)三平行轴耦合系统由于附加了耦合振型和派生振型，振型分布密集，因此应当小心地选择额定工作转速区，以利于避开系统的共振区。

### 10.3.2　多平行轴系统的强迫振动响应

系统的不平衡激励：通过在叶轮上施加不平衡量以获得不平衡激励力。不平衡量的施加方式：

——高速轴叶轮3：不平衡量为0.2kg·mm；

——低速轴叶轮1：不平衡量为0.2 kg·mm；叶轮2：不平衡量为0.1 kg·mm。

——主传动轴齿轮：不平衡量为20 kg·mm。

对于单轴、双轴耦合及三轴耦合系统的强迫响应，数值计算结果可参见图10－15～图10－21。

对于上述三平行轴耦合系统，分别按以下四种工况进行对比和讨论：

工况1：仅高速轴叶轮3作用有不平衡激励。

按单轴计算得到的高速轴强迫振动响应如图10－15(a)所示，位于高速轴齿轮处的同期振动响应伯德图参见图10－15(c)。考虑耦合时整个三平行轴系统的响应如图10－15(b)所示，位于系统高速轴齿轮处、主传动齿轮轴齿轮处以及低速轴齿轮处响应的伯德图依次如图10－15(d)、图10－15(e)、图10－15(f)所示。对照单轴(高速轴)强迫振动响应与伯德图((图10－15(a)、图10－15(c))可以看到：由高速轴叶轮产生的不平衡激励对于耦合系统强迫振动响应的影响都较小——不仅对高速轴自身如此，而且在整个耦合系统中所能激起的低速轴与主传动齿轮轴的响应也都很小。

工况2：仅低速轴叶轮1、2作用有不平衡激励。

图10－16(a)、图10－16(c)给出了按单轴计算得到的低速轴的强迫振动响应和位于低速轴啮合齿轮处的振动响应伯德图。考虑三轴耦合时，整个系统的强迫振动响应见图10－16(b)，其中低、高速轴以及主传动轴齿轮啮合点处的伯德图如图10－16(d)、图10－16(e)、图10－16(f)所示。和工况1不同的是：当低速轴两叶轮上均作用有不平衡激励时，首先是低速轴本身在耦合前后的不平衡响应发生了很大的变化。一方面，低速轴的共振响应峰由耦合前的2 500 r/min(折合转速)前移到1 400 r/min，而耦合后的振动幅值则大幅度下降；另一方面，作用在低速轴上的不平衡激励力同时在高速轴与主传动轴之间也激起了响应峰，尽管主传动轴上的响应峰甚小，但高速轴上被激发的响应峰却相当大。因此，可以断定和耦合前相比，低速轴上的振动能量，其中相当一部分经过主传动轴传给了高速轴——这时的主齿轮轴相当于起了某种中介作用。

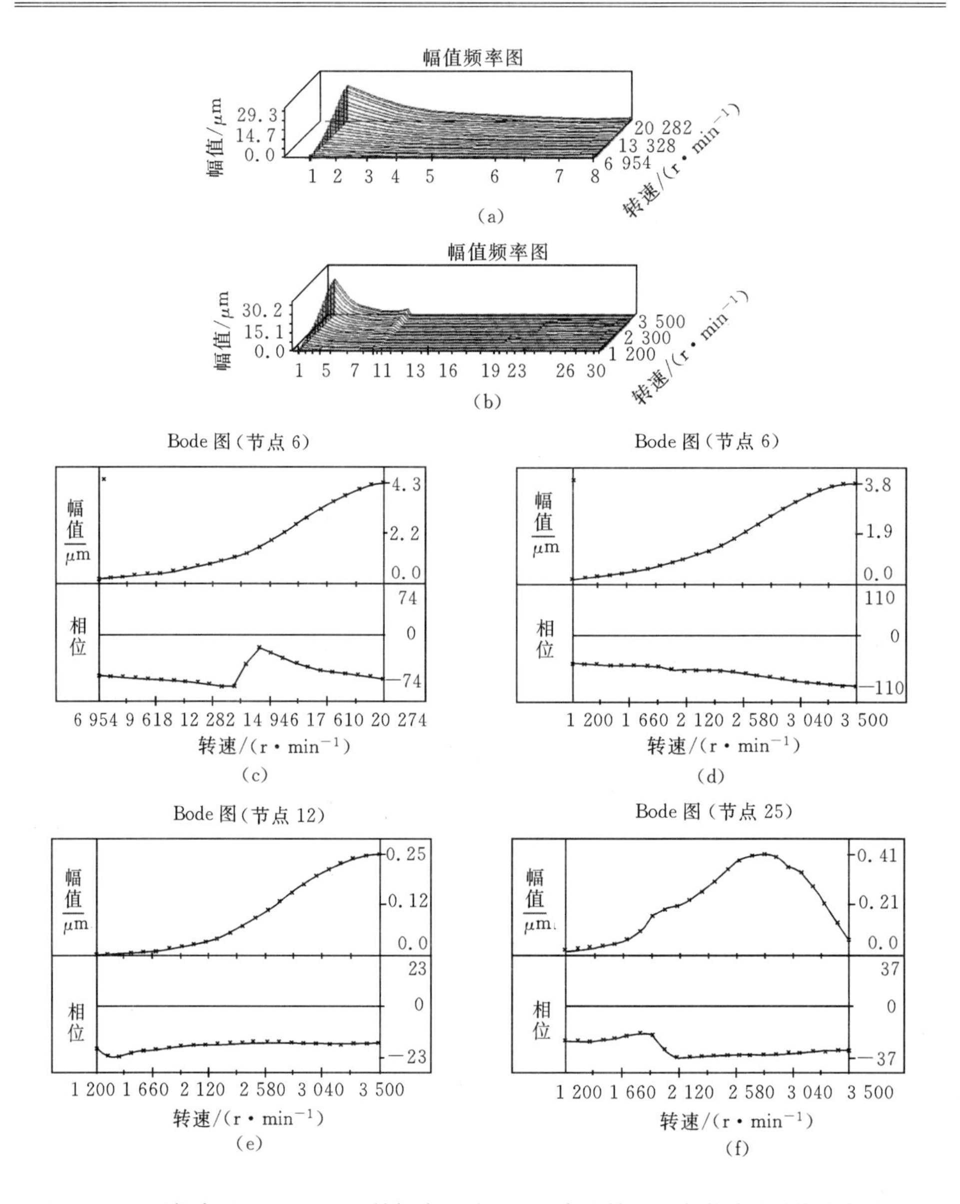


图 10-15　无耦合及 H-G-L 三轴耦合两种工况下高速轴不平衡激励对系统响应的影响
(G 轴工作转速:1 200～3 500 r/min)
(a)无耦合时 H 轴上的不平衡激励幅值响应;
(b)三轴耦合系统的不平衡激励幅值响应;
(c)无耦合时 H 轴齿轮啮合点处的响应伯德图;
(d)三轴耦合时 H 轴齿轮啮合点处的响应伯德图;
(e)三轴耦合时 G 轴齿轮啮合点处的响应伯德图;
(f) 三轴耦合时 L 轴齿轮啮合点处的响应伯德图

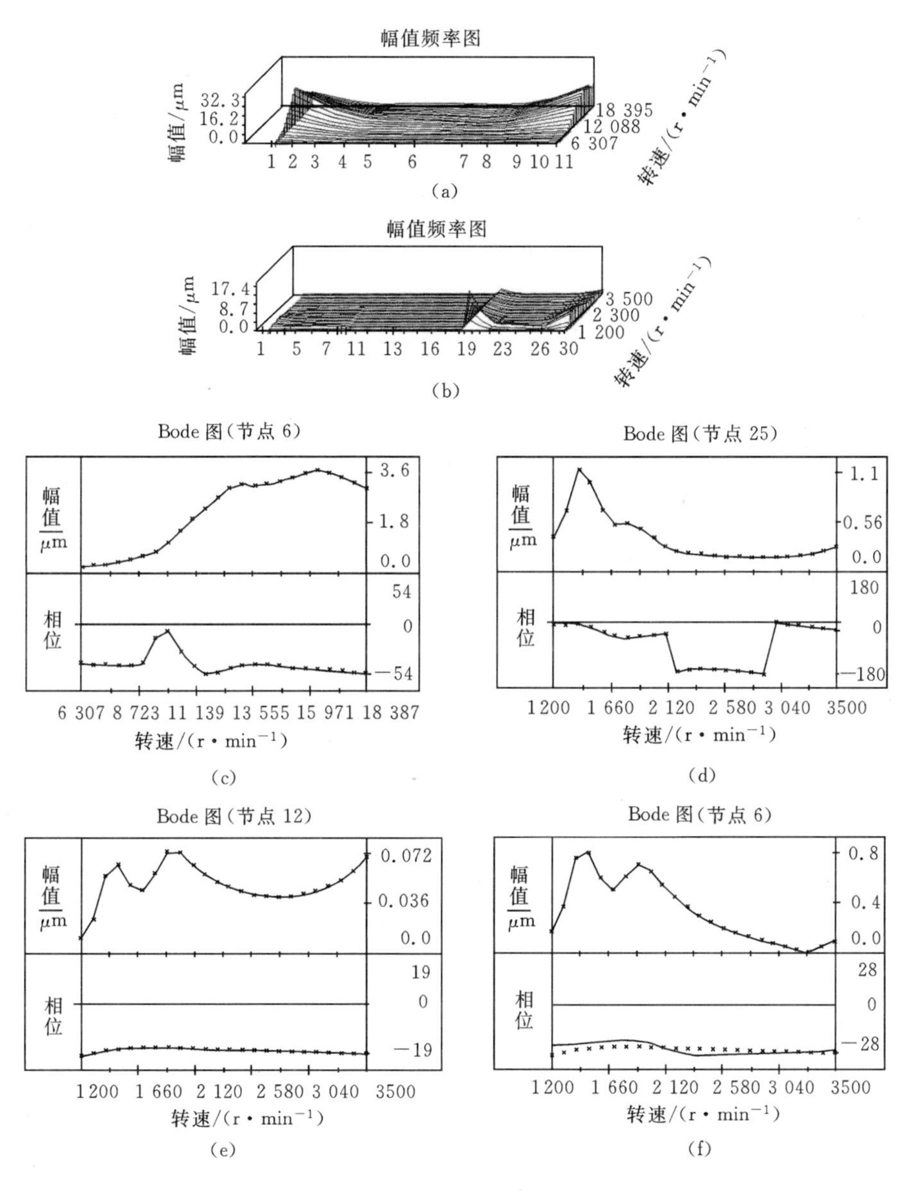


图 10-16　无耦合及 H-G-L 耦合两种工况下低速轴不平衡激励对系统响应的影响
(G 轴工作转速:1 200～3 500 r/min)
(a)无耦合时 L 轴上的不平衡激励幅值响应;
(b)三轴耦合系统的不平衡激励幅值响应;
(c)无耦合时 L 轴齿轮啮合点处的响应伯德图;
(d)三轴耦合时 L 轴齿轮啮合点处的响应伯德图;
(e)三轴耦合时 G 轴齿轮啮合点处的响应伯德图;
(f)三轴耦合时 H 轴齿轮啮合点处的响应伯德图

工况 3:仅主传动轴齿轮作用有不平衡激励。

由于不平衡所致的主传动齿轮轴的强迫响应、齿轮啮合点处的伯德图如图 10－17(a)、图 10－17(c)所示。三平行轴耦合系统的响应见图 10－17(b),其中耦合后齿轮轴、高速轴和低速轴在齿轮啮合点处的伯德图可参见图 10－17(d)、图 10－17(e)、图 10－17(f)。计算结果表明:主传动齿轮轴在耦合后自身的振动响应很小,而将自身振动能量中的很大一部分传给了高、低速轴;同时,随着主传动轴转速的逐渐增大,H 轴和 L 轴在低速区经过一定的调整阶段后,逐渐在高速区凸显出主要由主传动齿轮轴所激发出来的振动模态,并在工作转速达到 3 500 r/min 左右时出现响应峰。

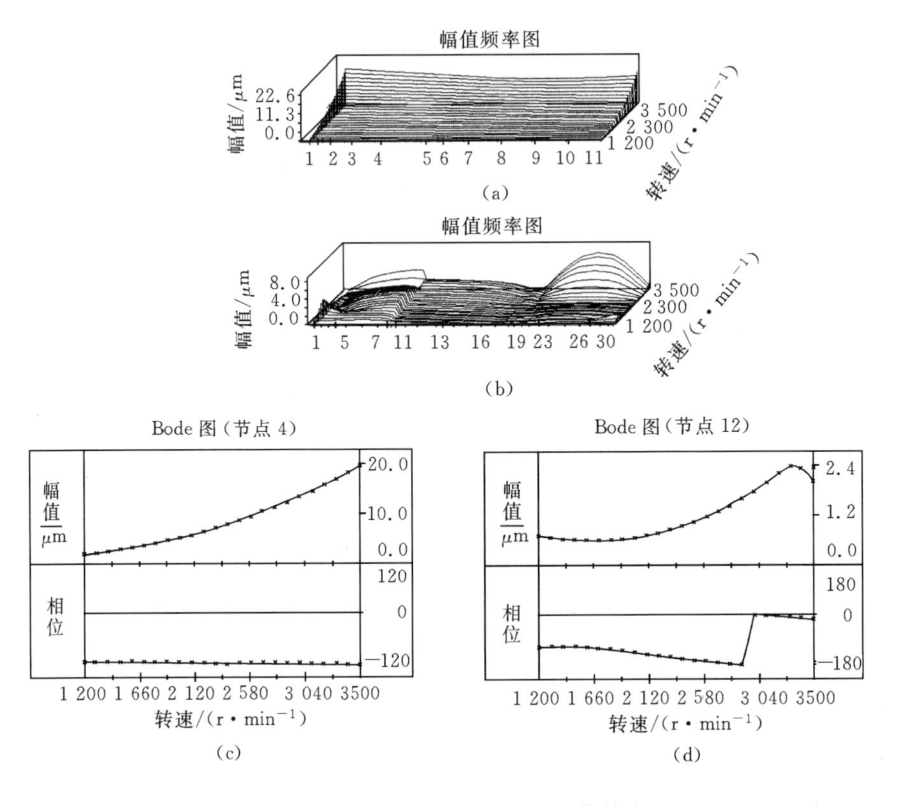


图 10－17　G 轴残余不平衡量对系统响应的影响(工作转速:1 200～3 500 r/min)

(a)无耦合时,G 轴的幅值响应;

(b)H－G－L 耦合系统的幅值响应;

(c)无耦合时,G 轴上齿轮点的伯德图;

(d)H－G－L 耦合系统 G 轴上齿轮点的伯德图;

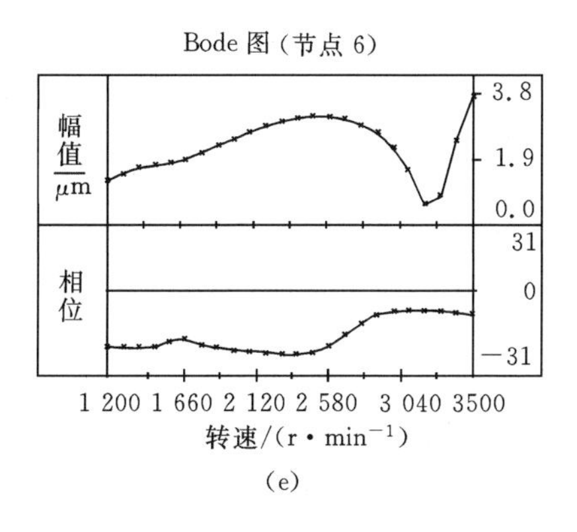


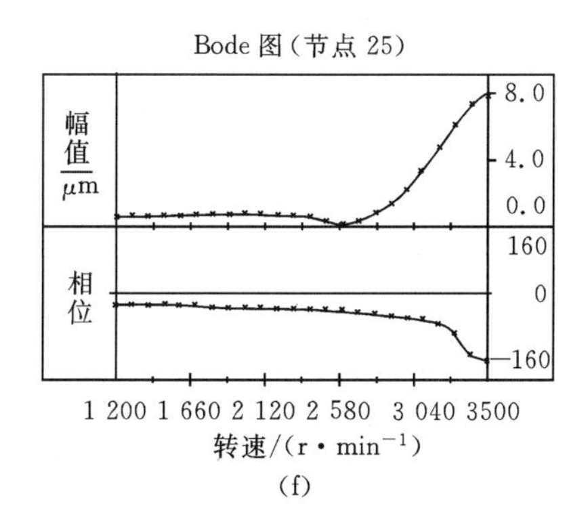


续图 10-17　G 轴残余不平衡量对系统响应的影响(工作转速:1 200～3 500 r/min)
(e)H-G-L 耦合系统 H 轴上齿轮点的伯德图;
(f)H-G-L 耦合系统 L 轴上齿轮点的伯德图

为了进一步深入了解多平行轴耦合系统振动响应的内在规律,将主传动轴的最高工作转速延伸至 5 000 r/min。延伸搜索的数值计算结果表明:对于工况 1 和工况 2,系统的强迫振动响应均无本质性变化;而对于当前所讨论的工况 3,发现在 3 400～3 700 r/min 区间内三平行轴同时存在共振峰的现象,系统的强迫振动振幅仍然保留了齿轮轴较小,而高、低速轴较大的特征。图 10-18(a)、图 10-18(c)是单个主传动齿轮轴强迫振动响应及伯德图;耦合后的系统强迫振动响应如图 10-18(b)所示,耦合后位于齿轮啮合点处的主传动轴、高速和低速轴的伯德图见图 10-18(d)、图 10-18(e)、图 10-18(f)。

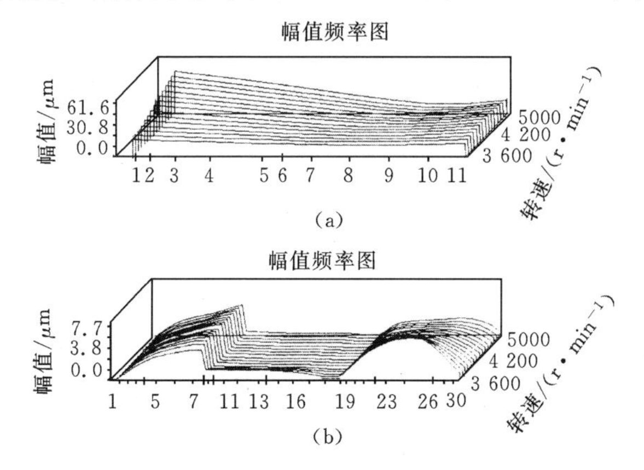


图 10-18　无耦合及三轴耦合情况下,G 轴残余不平衡量对系统响应的影响
(工作转速:3 600～5 000 r/min)
(a)无耦合时,G 轴的幅值响应;
(b)H-G-L 耦合系统的幅值响应;

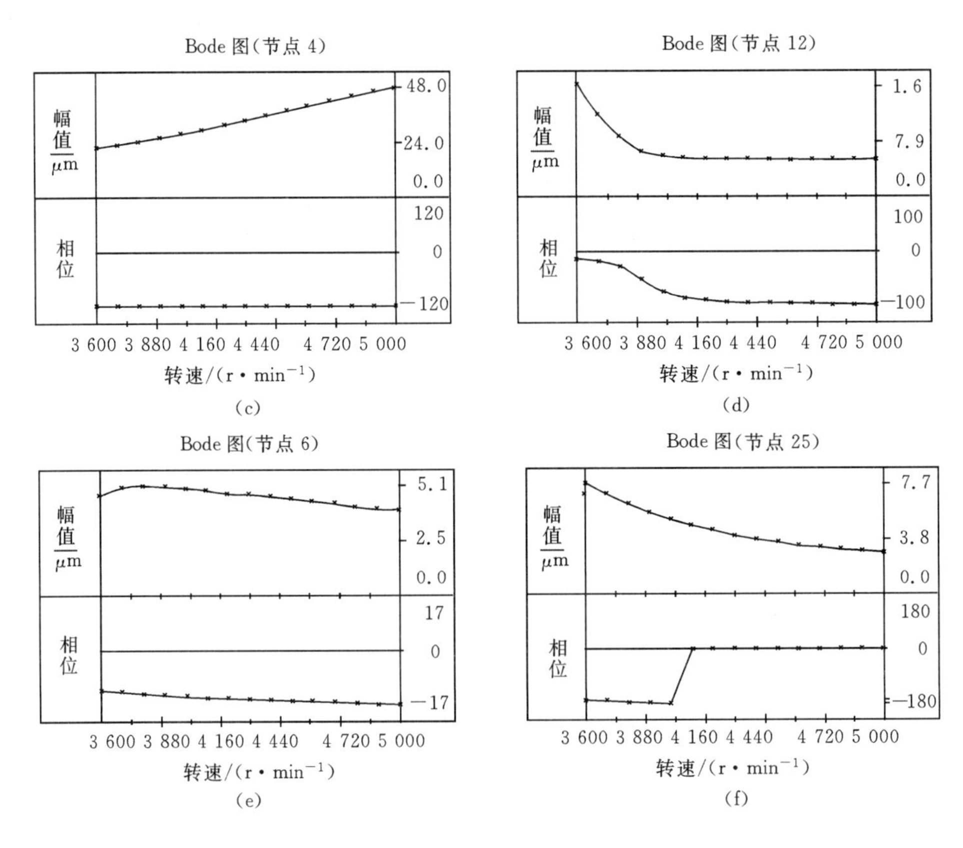


续图 10-18　无耦合及三轴耦合情况下,G 轴残余不平衡量对系统响应的影响

(工作转速:3 600～5 000 r/min)

(c)无耦合时,G 轴上齿轮点的伯德图;

(d)H-G-L 耦合系统 G 轴上齿轮点的伯德图;

(e)H-G-L 耦合系统 H 轴上齿轮点的伯德图;

(f)H-G-L 耦合系统 L 轴上齿轮点的伯德图

工况 4:三轴均存在不平衡时系统的综合响应。

当三轴同时存在残余不平衡时,三平行轴齿轮耦合系统的响应在线性范围内可视为前三种工况振动响应的叠加,如图 10-19 所示。

上述分析最重要的结论是:主传动齿轮轴在整个耦合系统中的作用是至关重要的——由于主传动齿轮轴的残余不平衡而产生的不平衡激励非常容易激起高速、低速轴的高振幅振动,从而直接关系到系统运行的安全和可靠性,因此应该特别注意齿轮轴的动平衡精度,这是提高系统运行的动态品质的根本性措施之一[28-34]。

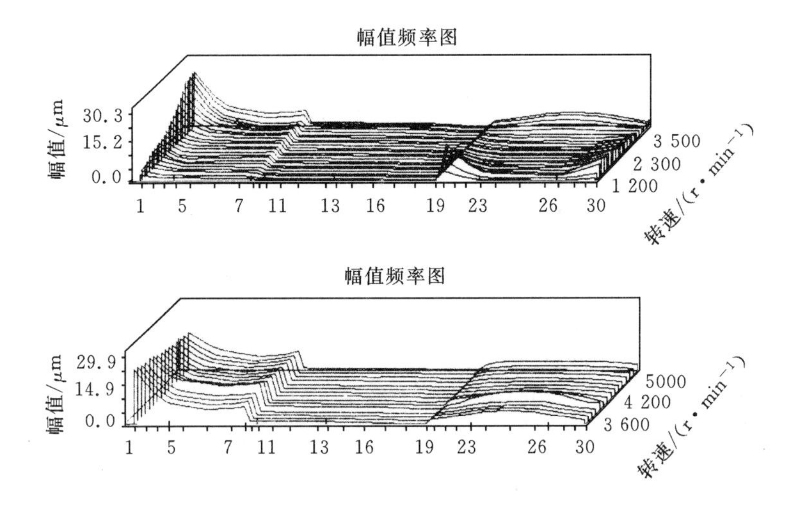


图10-19 H,G,L上均存在残余不平衡量情况下整个耦合系统的振动响应

(a) H-G-L耦合系统的幅值响应(工作转速:1 200~3 500 r/min);

(b) H-G-L耦合系统的幅值响应(工作转速:3 600~5 000 r/min)

# 参考文献

[1] Mitchell L D, Mellen D M. Torsional-Lateral Coupling in A Geared High Speed Rotor System[J]. ASME,75-DET-75,1975.

[2] Lund J W. Critical Speeds, Stability and Response of A Geared Train of Rotors[J]. Journal of Mechanical Design,1978,100:535-539.

[3] Hamad B M, Seirey A. Simulation of Whirl Interaction in Pinion-Gear System Supported on Oil Film Bearings[J]. Journal of Engineering for Power, ASME, 1980,102:508-510.

[4] Lida H, et al. Coupled Torional-Flexural Vibration of A Shaft in A Geared System of Rotors[J]. Bulletion of JSME, 1980,23:2111-2117.

[5] Lida H, et al. Coupled Dynamic Characteristics of A Center Shaft in a Gear Train System[J]. Bulletion of JSME, 1985,28:2694-2698.

[6] Lida H, et al. Dynamic Characteristics of A Gear Train System with Softly Supported Shafts[J]. Bulletion of JSME, 1986,29:1811-1816.

[7] Yamada T, Mitsui J. A Study on Unstable Vibration Phenomena of A Reduction Gear System, Including the Lightly Loaded Journal Bear-

ings, for A Marine Steam Turbine[J]. Bulletion of JSME, 1979,22: 98 -105.

[8] Wachel J D, Szenasi F R. Field Verification of Lateral-Torional Coupling Effects on Rotor Instabilities in Centrifugal Compressors[C]. NASA Conference Publication, No2147, 1980.

[9] Iannuzzeui R J, Elward M R. Torsional-Lateral Coupling Geared Rotors[C]. ASME 84-GT-71, 1984.

[10] Nreiya S V, Bhat R B, Sankar T S. Effect of Coupled Torsional-Flexural Vibration of A Geared Shaft System on the Dynamic Tooth Load [C]. Shock and Vibration Bulletion. 54th, 1984:67 - 75.

[11] Kishor B, Gupta S K. On the dynamic Analysis of a Rigid Rotor Geared PairHydrodynamic Bearing System[J]. Journal of Vibration and Acoustics, Stress and Reliability in Design, 1989,111:234 - 540.

[12] Kahraman A. Dynamic Analysis of a Multi-Mesh Helical Gear Train [J]. Journal of Mechanical Design, 1994,116:706 - 711.

[13] Schwibinger P, Nordmann R. The influence of Torsional-Lateral Coupling on the Stability Behavior of Geared Rotor System[J]. Journal of Engineering for Gas Turbines and Power, 1988,110:563 - 571.

[14] 王跃社,郑铁生,许庆余．DH 型透平压缩机转子弯扭耦合振动计算[J]. 风机技术,1992(2).

[15] 何青,张和豪．齿轮系统动力学模型分析与简化[J]. 齿轮,1989,13(2):16 -20.

[16] 鄂中凯等．轮系振动基本方程[J]. 振动与冲击,1990(1):43 - 44.

[17] 鄂中凯等．带有分支机构的轮系振动[J]. 振动与冲击,1990(4):47 - 49.

[18] 孙景惠．行星轮机构及轴系的扭转振动试验研究[J]. 机械工程学报,1991,27(1):8 - 14.

[19] Kahraman A, et al. Dynamic Analysis of Geared Rotors by Finite Elements[J]. Journal of Mechanical Design, ASME, 1992, 114(9): 507 -514.

[20] Umezawa K, Sato T. Influence of Gear Error on Rotational Vibration of Power Transmission Spur Gear[J]. Bulletion of JSME, 1985,28: 3018 - 3024.

[21] Kumar A S, Sankar T S. On Statistical Analysis of Gear Dynamic Loads[J]. Journal of Vibration, Acoustics Stress and Reliability in

Design, 1986,108:362-368.

[22] Kahraman A, Singh R. Interactions Between Time-Varing Mesh Stiffness and Clearance Non-linearities in A Geared System[J]. Journal of Sound and Vibration, 1991,146(1):135-156.

[23] Kishor B, Gupta S K. On Dynamic Gear Tooth Loading Due to Coupled Torsional-Lateral Vibrations in A Geared Rotor-Hydrodynamic Bearing System[J]. Jorunal of Tribology,1989,111:418-425.

[24] Ozguven H N, Houser D R. Dynamic Analysis of High Speed Gears by Using Loaded Static Transmission Error[J]. Journal of Sound and Vibration, 1988,25(1):71-83.

[25] Kahraman A, Singh R. Non-Linear Dynamics of A Geared-Bearing System with Multiple Clearances[J]. Journal of Sound and Vibration, 1991,144(3):469-506.

[26] Kahraman A, Singh R. Non-Linear Dynamics of A Spur Gear Pair [J]. Journal of Sound and Vibration, 1990,142(1):49-75.

[27] Ozguven H N. A Non-Linear Mathematical Model for Dynamic Analysis of Spur Gears Including Shaft and Bearing Dynamics[J]. Journal of Sound and Vibration, 1991,145(2):239-260.

[28] 朱勤．齿轮—滑动轴承—转子系统耦合振动及轴向瞬态冲击过程的研究[D]. 西安:西安交通大学,1993.

[29] 夏侯乾,虞烈,谢友柏．齿轮－转子－轴承系统弯扭耦合模型研究[J]. 西安交通大学学报,1997,31(10).

[30] 李明,虞烈．齿轮联轴器的轮齿变形分析[J]. 机械传动,1998,22(1):13-15.

[31] 李明,姜培林,虞烈．轴承—转子—齿轮联轴器系统的振动研究[J]. 机械工程学报,1998, 34(3):39-45.

[31] 李明,虞烈．转子/齿轮联轴器系统的弯扭耦合振动研究[J]. 航空动力学报,1999,14(1):60-64.

[33] 李明,虞烈．沈润杰,DH 型压缩机组齿轮联轴器耦合轴承—转子系统的动力学研究[J]. 机械强度,1999,21(2).

[34] Li Min,Yu L. Analysis of the Coupled Lateral Torsional Vibration of A Rotor-Bearing System with A Misaligned Gear Coupling[J]. Journal of Sound and Vibration,2001,243(2):283-300.

# 第11章　大型汽轮发电机组轴系动力学分析

大型汽轮发电机组轴系通常由多跨转子、多个滑动轴承，通过刚性或挠性联轴器连接组成。

对于多支承汽轮发电机组轴系的动力学分析，所涉及到的重要问题包括：

(1)多支承所引起的轴系静不定负荷分配。对于轴承负荷分配的计算往往要涉及到轴系的冷、热态标高变化和轴颈在油膜中的静态浮起量等多种因素。在通常情况下，滑动轴承所提供的静态油膜力除平衡转子重力之外，还需要平衡由于轴系空间位置的偏移所引起的水平附加力。

(2)整个轴系中各跨转子间的耦合效应。各跨转子经刚性或挠性联轴器连接后，使得整个轴系的负荷分配、固有频率、轴系稳定性以及系统强迫振动响应等均将发生不同程度的改变，有关耦合前后的系统动力学行为间的内在联系和区别以及联轴器连接刚度的作用，都需要予以重点关注。

(3)系统的稳定性分析。

(4)在多支承系统中，各支承轴承对系统的稳定性作用如何进行正确的评估。

(5)当系统其他参数(例如转子)无法变更时，如何利用对原系统灵敏度分析的结果进行有选择的轴承改型？

……

对于上述大型轴系动力学行为的预测和相关规律的寻找，只能依赖于数值计算。

本章较为全面地分析了大型汽轮发电机组多支承轴系的动力学问题。尽管随着机组日趋大型化的发展趋势，这类机组正在逐渐被600 MW，1 000 MW甚至更大功率的机组所取代，而不再作为主力机组，但结合实际机组，通过轴系动力学数值分析从中得出的结论与规律对于指导工程实践却有着不可或缺的普遍意义。

# 11.1　大型汽轮发电机组轴系结构

大型汽轮发电机组的轴系组成可以有多种形式，其典型结构形式如下：

**1.** 200 MW **汽轮发电机组**

图 11－1 为常见的 200 MW 机组的轴系示意图。机组中各跨转子的刚支临界转速列于表 11－1 中。

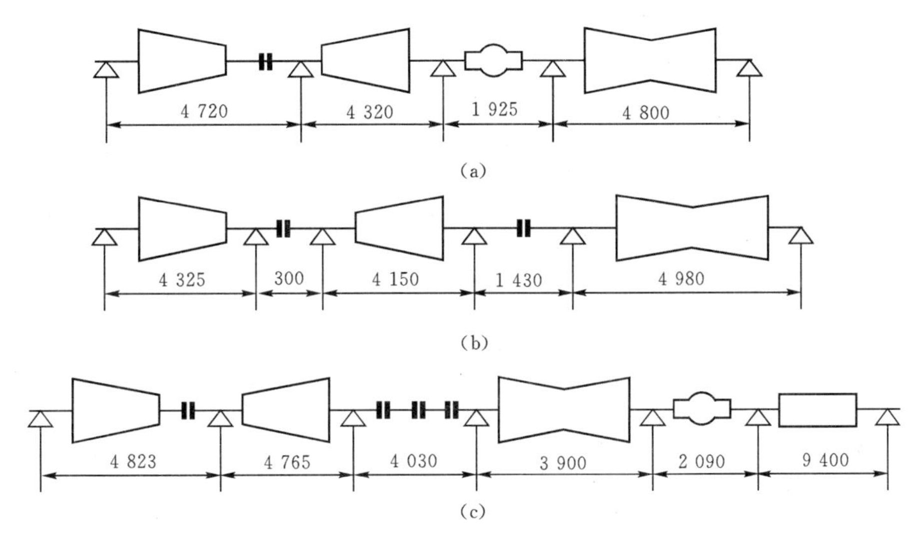


图 11－1　200 MW 汽轮发电机组轴系[①]

(a)前苏联 K—200—130—3 型；(b)前捷克 K—200—165—P 型；

(c)国产 N—200—130—535/535 型

轴承支承型式：椭圆轴承(前苏联 K—200—130—3 型)；圆柱轴承(前捷克 K—200—165—P 型)；对于国产 N—200—130—535 型机组来说，其早期支承结构均采用三油楔轴承，而在之后的改进型机组中，由于考虑到稳定性因素，也有一些机组将其中部分支承结构改为椭圆、可倾瓦，甚至固定瓦-可倾瓦混合轴承的。

①黄秀珠，引进机组与国产机组转子——轴承系统结构的分析比较．水电部西安热工研究所研究报告，西安(87254) 1987(2).

**表 11-1 200 MW 汽轮发电机组各跨转子的临界转速[1]**

单位:r/min

| 转子 | K—200—130—3 型 | N—200—130—535 型 |
|---|---|---|
| 高压转子 | 1 750 | 2 150 |
| 中压转子 | 2 200 | 1 680 |
| 低压转子 | 1 900 | 2 240 |
| 发电机转子 | 1 400 | 1 180 |

**2.** 250 MW **汽轮发电机组**

图 11-2 为日本日立公司制造的 250 MW 机组轴系示意图。该机组采用高、中压合缸结构方式,各跨转子间均采用刚性连接,从而简化了轴系结构。表 11-2 和表 11-3 列出了各跨转子的临界转速和轴系扭振频率。

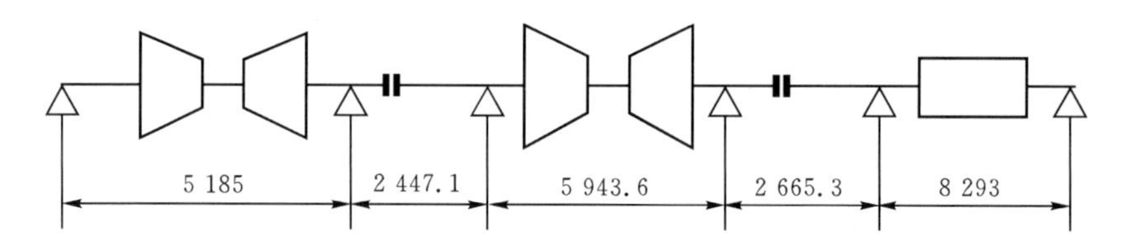


图 11-2 日立 250 MW 机组轴系示意图[1]

**表 11-2 日立 250 MW 汽轮发电机组各跨转子的临界转速[1]**

单位:r/min

<table>
<tr><th rowspan="2">高中压转子</th><th rowspan="2">低压转子</th><th colspan="2">发电机</th></tr>
<tr><th>一阶</th><th>二阶</th></tr>
<tr><td>2 234</td><td>1 895</td><td>1 256</td><td>3 484</td></tr>
</table>

**表 11-3 日立 250 MW 机组轴系扭振频率[1]**

单位:Hz

| 一阶 | 二阶 | 三阶 | 四阶 |
|---|---|---|---|
| 23.3 | 28.5 | 118.7 | 140.2 |

日立公司的 250 MW 机组中的 1# ~4# 径向轴承均采用了球面压紧的可调轴承,相应的轴承参数见表 11-4。

表 11－4　日立 250 MW 机组 1# ～4# 径向轴承参数①

| 参数 | 轴承号 | | | |
|---|---|---|---|---|
| | 1 | 2 | 3 | 4 |
| 轴颈 $d$/mm | 304.800 | 355.600 | 431.800 | 508.400 |
| 宽度 $B$/mm | 203.200 | 228.000 | 330.200 | 330.200 |
| $B/d$ | 0.667 | 0.643 | 0.765 | 0.650 |
| 正常比压/MPa | 1.360 | 1.520 | 1.630 | 1.660 |
| 油量/($l\cdot min^{-1}$) | 92.600 | 149.200 | 270.100 | 596.900 |
| 功耗/(kW·h) | 24.600 | 39.600 | 153.000 | 293.000 |
| 回油温度/℃ | 54.200 | 54.200 | 58.400 | 55.900 |
| 最小油膜厚度/mm | 0.102 | 0.111 | 0.138 | 0.175 |
| 最大比压/MPa | 2.360 | 2.990 | 4.310 | 5.290 |
| 温升/℃ | 9.200 | 9.200 | 19.700 | 17.100 |

整个轴系中的推力轴承则采用了斜面扇形瓦推力轴承，相应的轴承参数见表 11－5。

表 11－5　日立 250 MW 机组推力轴承①

| 外径/mm | 656.2 | 间隙/mm | 0.46 |
|---|---|---|---|
| 内径/mm | 400.0 | 油膜厚度/mm | +0.081 |
| 面积/$mm^2$ | 1752.0 | 温升/℃ | +16.8 |
| 孔径/mm | 30.0 | 功耗/(kW·h) | 367.5 |
| 推力/N | 541165.8 | 油量/($l\cdot min^{-1}$) | 759.6 |

**3.** 300 MW **汽轮发电机组**

(1) CEM300MW 汽轮发电机组。法国电气机械公司(CEM)生产的 300MW 汽轮发电机组轴系见图 11－3(a)，整个轴系全长 28.67m，由 5 跨转子(包括滑环)串接而成，各跨转子间均采用刚性连接。轴系由 6 个滑动轴承支承——其中机组的 1#，2# 和 3# 轴承均为落地式轴承，4#，5# 轴承则设置在发电机端盖上；1#，2# 轴承均为椭圆轴承，且 2# 轴承为径向-轴向双面止推组合轴承，而轴系的 3# ～5# 轴承则采用了三瓦可倾瓦轴承。

机组轴系中各跨转子的临界转速见表 11－6(a)。表 11－7(a)则为 CEM 机组径向轴承的大致负荷分配数据。

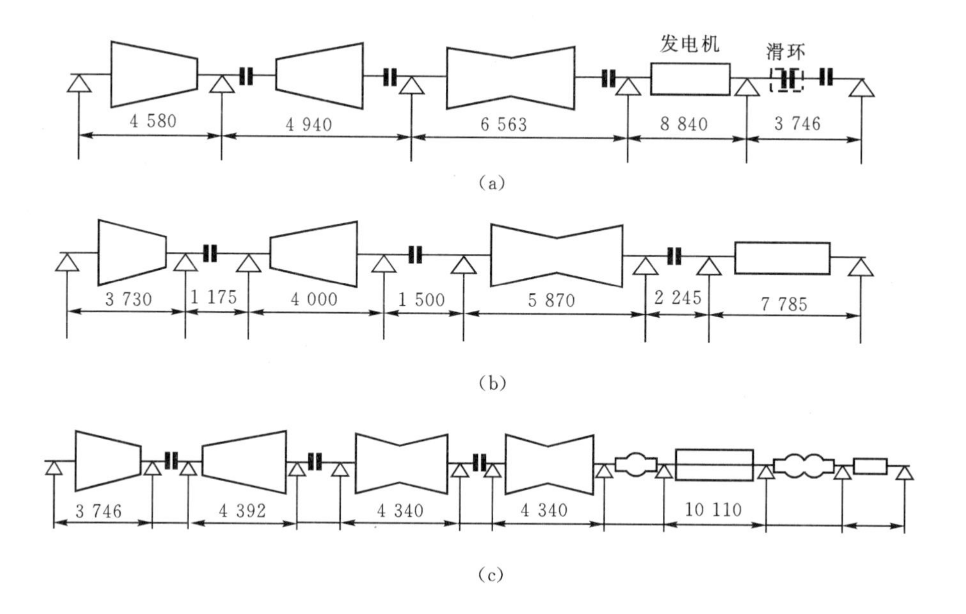


图 11－3　300 MW 机组轴系结构示意图①
(a)CEM；(b)法国 ALSTHOM－ATLANTIQUE；(c)国产 300MW 机组轴系

(2)ALSTHOM-ATLANTIQUE 300 MW 机组。法国 ALSTHOM-ATLANTIQUE 公司生产的 300 MW 机组轴系如图 11－3(b)所示，各跨转子的临界转速列于表 11－6(b)。

该机组所采用的径向轴承均为球面支承的椭圆轴承。其中 1#～4# 轴承安装在相应的轴承座内以支承高、中压转子；支承低压缸转子的 5#，6# 轴承的轴承座则采用了和低压缸两侧排汽室焊接在一起的结构形式；支承发电机转子的 7#，8# 轴承则安装在电机端盖上以求结构紧凑。机组的推力轴承为扇形固定瓦推力轴承，虽然和 1# 径向轴承同置于一轴承箱内并位于 1# 轴承之前，但采用独立工作方式。上述轴承的结构参数和工作参数见表 11－7(b)。

**表 11－6　300 MW 汽轮发电机组轴系临界转速①**

(a) CEM　　单位：r/min

| 临界转速 | 高压 | 中压 | 低压 | 滑环 | 发电机 |
|---|---|---|---|---|---|
| 计算值 | 2 021 | 1 670 | 1 122 | 2 542 | 930 (一阶)　2 593 (二阶) |
| 实测值 | 2 030 | 1 700 | 1 180 | 2 650 | 960 2 690 |

(b) 法国 ALSTHOM-ATLANTIQUE　　单位:r/min

| 高压转子 | 中压转子 | 低压转子 | 发电机 |
| --- | --- | --- | --- |
| 2 460 | 2 410 | 1 822 | 893　2 376<br>(一阶)(二阶) |

(c) 国产 300 MW　　单位:r/min

| 临界转速 | 高压转子 | 中压转子 | 低压Ⅰ | 低压Ⅱ | 发 电 机 |
| --- | --- | --- | --- | --- | --- |
| 计算值 | 3 150～3 300 | 2 450～2 600 | 3 300～3 400 | 3 300～3 400 | 900～950(一阶)<br>2 650～2 750(二阶) |
| 实测值 | — | 2 457 | 3 300 |  | 880～890(一阶)<br>2 400～2 600(二阶) |

(3) N—300—165—550/550 国产机组。国产 N—300—165—550/550 型亚临界中间再热凝汽式汽轮发电机组轴系见图 11-3(c)。机组高、中压,中、低压和低压转子各跨间均为刚性连接;低压转子和发电机转子间、发电机转子和励磁机转子间则采用了半挠性连接。各跨转子的临界转速见表 11-6(c)。整个轴系总共由 10 个轴承支承,全部轴承均采用了三油楔轴承,相应的轴承结构参数和工作参数见表 11-7(c)。

**表 11-7　300 MW 汽轮发电机组径向轴承负荷分配**[①]

(a) CEM

| 轴承号 | 直径/mm | 面积/$cm^2$ | 载荷/N | 比压/MPa |
| --- | --- | --- | --- | --- |
| 1 | 225 | 335 | 36 083.6 | 1.08 |
| 2 | 315 | 788 | 116 130.0 | 1.47 |
| 3 | 355 | 1 120 | 330 760.0 | 2.95 |
| 4 | 450 | 1 800 | 517 244.0 | 2.87 |
| 5 | 400 | 1 420 | 256 074.0 | 1.80 |
| 6 | 225 | 405 | 11 074.0 | 0.27 |

(b) 法国 ALSTHOM-ATLANTIQUE

| 瓦序 | 轴瓦型式 | 直径 $D$ mm | 瓦宽 $B$ mm | $D\times B$ $cm^2$ | 轴瓦承重 N | 比压 MPa | 进油温度 ℃ | 温升 ℃ | 耗油量 $l\cdot s^{-1}$ | 损耗功率 kW·h |
|---|---|---|---|---|---|---|---|---|---|---|
| 1 | 椭圆瓦 | 200 | 125 | 250.0 | $2.94\times10^4$ | $1.18\times9.8\times10^4$ | 40 | 7.2 | 0.71 | 8.5 |
| 2 | 椭圆瓦 | 250 | 155 | 387.5 | $3.43\times10^4$ | $0.88\times9.8\times10^4$ | 40 | 8.3 | 1.27 | 17.6 |
| 3 | 椭圆瓦 | 250 | 155 | 387.5 | $5.32\times10^4$ | $1.37\times9.8\times10^4$ | 40 | 8.3 | 1.36 | 18.8 |
| 4 | 椭圆瓦 | 360 | 220 | 792.0 | $7.14\times10^4$ | $0.90\times9.8\times10^4$ | 40 | 11.6 | 3.40 | 66.1 |
| 5 | 椭圆瓦 | 400 | 345 | 1 380.0 | $29.40\times10^4$ | $2.13\times9.8\times10^4$ | 40 | 13.7 | 6.26 | 143.2 |
| 6 | 椭圆瓦 | 400 | 245 | 1 380.0 | $29.40\times10^4$ | $2.13\times9.8\times10^4$ | 40 | 13.7 | 6.26 | 143.2 |
| 7 | 椭圆瓦 | 400 | 348 | 1 392.0 | $20.58\times10^4$ | $1.48\times9.8\times10^4$ | 40 | 11.2 | 4.17 | 78.0 |
| 8 | 椭圆瓦 | 400 | 348 | 1 392.0 | $20.58\times10^4$ | $1.48\times9.8\times10^4$ | 40 | 11.2 | 4.17 | 78.0 |
| 9 | 椭圆瓦 | 230 | 180 | 414.0 | $2.06\times10^4$ | $0.50\times9.8\times10^4$ | 40 | 16.0 | 0.30 | 78.0 |

(c) N—300—165—550

| 序号 | 直径 $D$ mm | 瓦宽 $B$ mm | 宽径比 | 负荷 N | 比压 MPa | 顶隙 mm | 间隙比 | 油楔深度 mm |
|---|---|---|---|---|---|---|---|---|
| 1 | 300 | 210 | 0.70 | 39 200.0 | $0.65\times9.8\times10^4$ | 0.32 | 1.06 | 0.35 |
| 2 | 360 | 230 | 0.640 | 29 200.0 | $0.49\times9.8\times10^4$ | 0.50 | 1.39 | 0.35 |
| 3 | 400 | 300 | 0.750 | 75 460.0 | $0.88\times9.8\times10^4$ | 0.55 | 1.38 | 0.35 |
| 4 | 400 | 300 | 0.750 | 75 460.0 | $0.88\times9.8\times10^4$ | 0.57 | 1.42 | 0.40 |
| 5 | 400 | 300 | 0.750 | 93 100.0 | $1.08\times9.8\times10^4$ | 0.60 | 1.50 | 0.40 |
| 6 | 420 | 320 | 0.762 | 95 060.0 | $0.73\times9.8\times10^4$ | 0.50 | 1.26 | 0.45 |
| 7 | 420 | 320 | 0.762 | 95 060.0 | $0.73\times9.8\times10^4$ | 0.57 | 1.36 | 0.50 |
| 8 | 450 | 340 | 0.756 | 95 060.0 | $0.64\times9.8\times10^4$ | 0.63 | 1.40 | 0.45 |
| 9 | 450 | 320 | 0.710 | 294 000.0 | $2.04\times9.8\times10^4$ | 0.64 | 1.42 | 0.45 |
| 10 | 450 | 320 | 0.710 | 294 000.0 | $2.04\times9.8\times10^4$ | 0.60 | 1.33 | 0.45 |

#### 4. 600～1 000 MW 超超临界汽轮发电机组轴系结构

600～1 000 MW 汽轮发动机组轴系均采用多转子刚性连接方式,而不再采用挠性联轴器;支承轴承也多采用落地式(轴承座直接安装在基础上)布置,以减小机组负荷及工况变化对轴系中心的影响,提高机组运行的安全可靠性。

(1)超超临界 600 MW 汽轮发电机组轴系。整个轴系共由四根转子组成，如图 11－4 所示。各转子相关数据参见表 11－8。

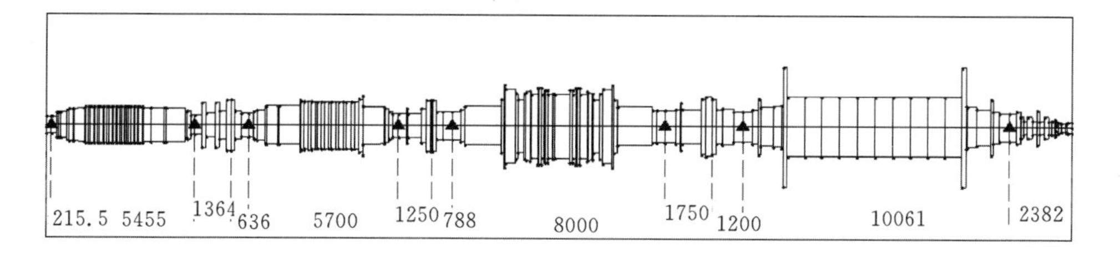


图 11－4　超超临界 600 MW 机组轴系结构示意图

**表 11－8　超超临界 600 MW 汽轮发电机组转子数据**

| 转子类别 | 高压转子 | 中压转子 | 低压转子 | 发电机转子 |
| --- | --- | --- | --- | --- |
| 转子长度/mm | 7 034.5 | 7 586 | 10 538 | 13 843 |
| 跨距/mm | 5 455 | 5 700 | 8 000 | 10 061 |
| 质量/kg | 16 672.25 | 30 113.51 | 81 756.74 | 69 521.41 |

(2)超超临界 1 000 MW 汽轮发电机组轴系。整个轴系共由五根转子组成，如图 11－5 所示。各转子相关数据参见表 11－9。

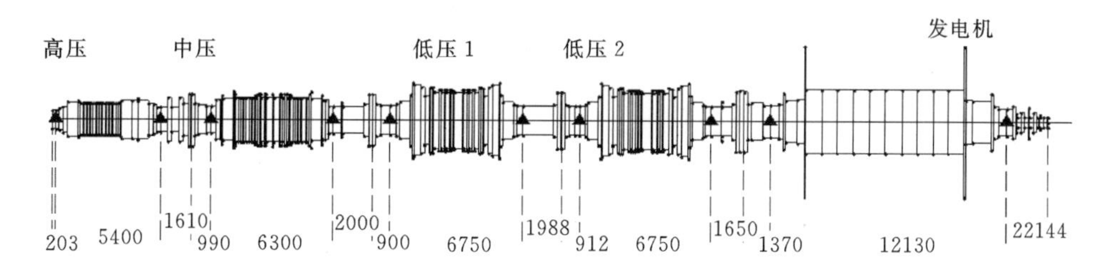


图 11－5　超超临界 1 000 MW 机组轴系结构示意图

**表 11－9　超超临界 1 000 MW 汽轮发电机组转子数据**

| | 高压 | 中压 | A 低压 | B 低压 | 发电机 |
| --- | --- | --- | --- | --- | --- |
| 转子长度/mm | 7 213 | 9 290 | 9 638 | 9 312 | 15 714.4 |
| 跨距/mm | 5 400 | 6 300 | 6 750 | 6 750 | 12 130 |
| 质量/kg | 21 808.33 | 45 571.68 | 79 555.4 | 80 964.05 | 106 090.95 |

# 11.2　多支承轴系动力学分析

图 11 - 6 为某大型汽轮发电机组轴系示意图。机组由高、中压转子,低压转子,发电机转子和励磁机转子通过刚性联轴节连接而成,轴系总长为 31.19 m,总共由 8 个不同参数的径向滑动轴承支承,所涉及到的轴承结构有椭圆、圆柱、四瓦可倾瓦和上瓦固定的可倾瓦轴承等多种形式。

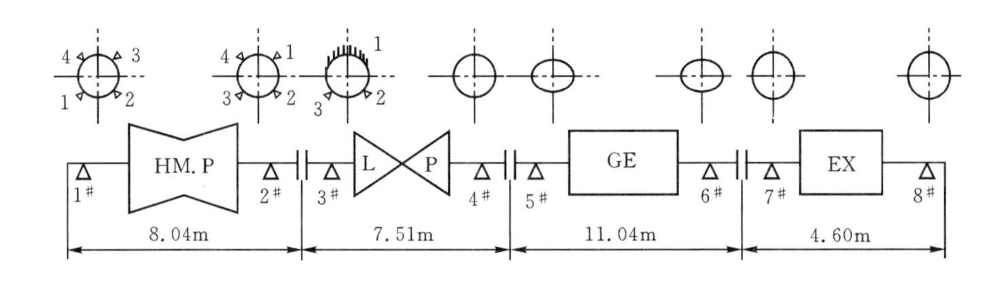


图 11 - 6　某大型汽轮发电机组轴系示意图

该机组各跨转子的参数见表 11 - 10。

**表 11 - 10　某大型汽轮发电机组轴系转子参数**

| 参数 | 高中压转子 | 低压转子 | 电机转子 | 励磁机转子 |
|---|---|---|---|---|
| 长度/m | 8.043 | 7.508 | 11.039 | 460.3 |
| 质量/$10^3$kg | 24.98 | 58.53 | 54.05 | 4.07 |
| 转子划分的质点个数 | 36 | 31 | 37 | 24 |

各支承径向轴承的设计参数列于表 11 - 11。

以下重点讨论大型汽轮发电机组轴系中的负荷分配、动压滑动轴承对于单跨转子临界转速的影响、多跨转子间的耦合效应以及整个轴系的稳定性分析与不平衡响应评估等动力学问题,以掌握从局部到整体、由特殊到一般的普遍性认知规律,进而提出改善大型轴系动力学性能及机组轴系的优化设计方法。

在以下的数值分析中,针对如图 11 - 6 所示的某大型汽轮发电机组,将整个轴系划分为 129 个轴段和 128 个集总质量单元,数值计算中未考虑基础、汽隙激振、密封和陀螺力矩的影响。相应的转子及轴承数据来源可参见参考文献[2 - 4]。

表 11-11　机组径向轴承参数

| 轴承号 | 1 | 2 | 3 | 4 | 5,6 | 7,8 |
|---|---|---|---|---|---|---|
| 轴承型式 | 四瓦可倾瓦轴承 | 四瓦可倾瓦轴承 | 两瓦可倾、一瓦固定轴承 | 带沟槽圆轴承 | 上瓦开槽椭圆轴承 | 上瓦开槽圆轴承 |
| 轴承直径/mm | 304.8 | 355.6 | 482.6 | 482.6 | 451.35 | 200.1 |
| 宽径比 | 0.708 | 0.703 | 0.841 | 0.581 | 0.733 | 0.85 |
| 间隙比 | 2.16‰ | 2.14‰ | 2.11‰ | 2.12‰ | 3.11‰ | 1.03‰ |
| 椭圆度 | — | — | — | — | 0.536 | — |
| 轴承预负载 | 0.152 | 0.132 | 0.0 | — | — | — |
| 进油压力/MPa | 0.098 | 0.098 | 0.098 | 0.098 | 0.098 | 0.098 |
| 进油温度/℃ | 45～50 | 45～50 | 45～50 | 45～50 | 45～50 | 45～50 |
| 设计温升/℃ | 15～20 | 15～20 | 15～20 | 15～20 | 15～20 | 15～20 |
| 轴承标高设计值/mm | 2.86 | 0.38 | 0.30 | 0.30 | 0.53<br>4.74 | 6.59<br>9.92 |
| 轴承支承质点所处位置号 | 5 | 31 | 39 | 64 | 75<br>99 | 110<br>123 |
| 许用最小油膜厚度值/μm | 35 | 42 | 60 | 60 | 54 | 26 |

## 11.2.1　多支承轴系的负荷分配

在多支承轴承的转子系统中，各轴承承受的载荷成为静不定问题：多支承、轴系安装标高以及转子轴颈在油膜中的浮起量等多种因素的影响，使得负荷分配的求解更加复杂；而在另一类静不定问题中，推力轴承的耦合作用，导致即使在两支承单质量转子系统中，对于径向轴承负荷分配的求解也不再是静定问题。上述这两类问题都归入本章统一处理。

方程(7-54)仍然可以用于求解轴系的负荷分配——令各子段的动力平衡方程中所有含速度、加速度的相关项为零，即可得到相应的静力平衡方程

$$\begin{pmatrix} x \\ \varphi \\ M \\ S \end{pmatrix}_k^r = \begin{pmatrix} 1 & l & \dfrac{l^2}{2EI} & \dfrac{-l^3}{6EI} \\ 0 & 1 & \dfrac{l}{EI} & -\dfrac{l^2}{2EI} \\ 0 & 0 & 1 & -l \\ 0 & 0 & 0 & 1 \end{pmatrix}_k \begin{pmatrix} x \\ \varphi \\ M \\ S \end{pmatrix}_{k-1}^r + \begin{pmatrix} 0 \\ 0 \\ -M_{y0}^p \\ F_{x0}^j - W_{x0} \end{pmatrix}_k \tag{11-1a}$$

$$\begin{pmatrix} y \\ \psi \\ N \\ Q \end{pmatrix}_k^r = \begin{pmatrix} 1 & l & \dfrac{l^2}{2EI} & \dfrac{-l^3}{6EI} \\ 0 & 1 & \dfrac{l}{EI} & -\dfrac{l^2}{2EI} \\ 0 & 0 & 1 & -l \\ 0 & 0 & 0 & 1 \end{pmatrix}_k \begin{pmatrix} y \\ \psi \\ N \\ Q \end{pmatrix}_{k-1}^r + \begin{pmatrix} 0 \\ 0 \\ M_{x0}^p \\ F_{y0}^j - P_g - W_{y0} \end{pmatrix}_k \tag{11-1b}$$

以上 $M_{x0}^p$,$M_{y0}^p$ 代表作用在第 $k$ 个轴段上的推力轴承在 $xz$ 和 $yz$ 平面内由正压力 $P$ 所引起的力矩分量;$W_{x0}$ 和 $W_{y0}$ 表示推力轴承在 $x$ 和 $y$ 方向上的油膜力分量;$F_{x0}^j$ 和 $F_{y0}^j$ 表示由径向轴承所提供的油膜反力;$P_g$ 为转子及圆盘重力。方程(11-1)描述了上述复杂支承最一般情况。

现在的困难在于:无论是推力轴承还是径向轴承,其静态性能都与转子本身的变形参数(位移、转角)密切耦合在一起。$W_{x0}$,$W_{y0}$,$M_{x0}^p$,$M_{y0}^p$ 均为转轴的静态倾斜角 $\varphi_0$,$\psi_0$ 的非线性函数;类似地,径向轴承的油膜反力 $F_{x0}^j$,$F_{y0}^j$ 均为位移 $x$,$y$ 的函数。因此,要求解轴承的负荷分配,迭代过程是不可缺少的。

上述问题的求解可借助于三弯矩方程法。这里另外介绍一种负荷分配的快速解法:对轴系全部质点的静态力、力矩平衡关系按方程(11-1)列出并写成矩阵形式:

$$\boldsymbol{SX} = \boldsymbol{F} - \boldsymbol{P}^j \tag{11-2}$$

式中,$\boldsymbol{S}$ 为系统的刚度矩阵;$\boldsymbol{F}$ 为包括由重力、推力轴承所引起的力及力矩在内的广义力向量;$\boldsymbol{P}^j$ 为径向轴承所提供的油膜反力;$\boldsymbol{X}$ 为包含$(x,y,\varphi,\psi)$在内的位移向量。

令 $\boldsymbol{X}_2$ 代表径向轴承作用点处的线位移,$\boldsymbol{X}_1$ 为其余点上的线位移和全部角位移,方程(11-2)可重写成

$$\begin{pmatrix} \boldsymbol{S}_{11} & \boldsymbol{S}_{12} \\ \boldsymbol{S}_{21} & \boldsymbol{S}_{22} \end{pmatrix} \begin{pmatrix} \boldsymbol{X}_1 \\ \boldsymbol{X}_2 \end{pmatrix} = \begin{pmatrix} \boldsymbol{F}_1 \\ \boldsymbol{F}_2 \end{pmatrix} - \begin{pmatrix} \boldsymbol{0} \\ \boldsymbol{P}_2^j \end{pmatrix} \tag{11-3}$$

在方程(11-3)中,$\boldsymbol{F}_1$,$\boldsymbol{F}_2$ 为对应于位移 $\boldsymbol{X}_1$,$\boldsymbol{X}_2$ 的广义力向量,其中也包括了推力轴承所引起的力和力矩;$\boldsymbol{P}_2^j$ 则仅由径向轴承所提供的油膜反力组成。当 $\boldsymbol{F}_1$,$\boldsymbol{F}_2$ 和 $\boldsymbol{X}_2$ 已知时,亦即除了径向轴承的反力未知,而其余力及径向轴

承的静平衡位置均为已知量时，可解得 $\boldsymbol{X}_1$ 和 $\boldsymbol{P}_2^j$。

$$\begin{pmatrix} \boldsymbol{X}_1 \\ \boldsymbol{P}_2^j \end{pmatrix} = \begin{pmatrix} \boldsymbol{S}_{11}^{-1} & -\boldsymbol{S}_{11}^{-1}\boldsymbol{S}_{12} \\ -\boldsymbol{S}_{21}\boldsymbol{S}_{11}^{-1} & -\boldsymbol{S}_{22}+\boldsymbol{S}_{21}\boldsymbol{S}_{11}^{-1}\boldsymbol{S}_{12} \end{pmatrix} \begin{pmatrix} \boldsymbol{F}_1 \\ \boldsymbol{X}_2 \end{pmatrix} + \begin{pmatrix} \boldsymbol{0} \\ \boldsymbol{F}_2 \end{pmatrix} \tag{11-4}$$

为加速迭代过程，可利用径向轴承和推力轴承的刚度系数对轴承力进行预估，记

$$\boldsymbol{B} = \begin{pmatrix} \boldsymbol{S}_{11}^{-1} & -\boldsymbol{S}_{11}^{-1}\boldsymbol{S}_{12} \\ -\boldsymbol{S}_{21}\boldsymbol{S}_{11}^{-1} & -\boldsymbol{S}_{22}+\boldsymbol{S}_{21}\boldsymbol{S}_{11}^{-1}\boldsymbol{S}_{12} \end{pmatrix} = \begin{pmatrix} \boldsymbol{b}_{11} & \boldsymbol{b}_{12} \\ \boldsymbol{b}_{21} & \boldsymbol{b}_{22} \end{pmatrix} \tag{11-5}$$

运用方程(11－4)构造迭代公式如下：

$$\begin{pmatrix} \boldsymbol{X}_1 \\ \boldsymbol{P}_2^j \end{pmatrix}^{(k)} = \begin{pmatrix} \boldsymbol{b}_{11} & \boldsymbol{b}_{12} \\ \boldsymbol{b}_{21} & \boldsymbol{b}_{22} \end{pmatrix} \begin{pmatrix} \boldsymbol{F}_1 \\ \boldsymbol{X}_2 \end{pmatrix}^{(k-1)} + \begin{pmatrix} \boldsymbol{0} \\ \boldsymbol{F}_2 \end{pmatrix}^{(k-1)} \tag{11-6}$$

对于第$(k+1)$次迭代有

$$\begin{pmatrix} \boldsymbol{X}_1 \\ \boldsymbol{P}_2^j \end{pmatrix}^{(k+1)} = \begin{pmatrix} \boldsymbol{b}_{11} & \boldsymbol{b}_{12} \\ \boldsymbol{b}_{21} & \boldsymbol{b}_{22} \end{pmatrix} \begin{pmatrix} \boldsymbol{F}_1 \\ \boldsymbol{X}_2 \end{pmatrix}^{(k)} + \begin{pmatrix} \boldsymbol{0} \\ \boldsymbol{F}_2 \end{pmatrix}^{(k)} \tag{11-7}$$

设方程(11－4)的解具有如下形式：

$$\begin{cases} \boldsymbol{X}_1 = \boldsymbol{X}_1^{(k)} + \Delta\boldsymbol{X}_1 \\ \boldsymbol{X}_2 = \boldsymbol{X}_2^{(k)} + \Delta\boldsymbol{X}_2 \\ \boldsymbol{F}_1 = \boldsymbol{F}_1^{(k)} + \Delta\boldsymbol{F}_1 \\ \boldsymbol{F}_2 = \boldsymbol{F}_2^{(k)} + \Delta\boldsymbol{F}_2 \\ \boldsymbol{P}_2^j = \boldsymbol{P}_2^{j\,(k)} + \Delta\boldsymbol{P}_2^j \end{cases} \tag{11-8}$$

方程(11－8)代入方程(11－4)后可得

$$\begin{pmatrix} \boldsymbol{X}_1 \\ \boldsymbol{P}_2^j \end{pmatrix}^{(k)} + \begin{pmatrix} \Delta\boldsymbol{X}_1 \\ \Delta\boldsymbol{P}_2^j \end{pmatrix} = \boldsymbol{B}\left\{ \begin{pmatrix} \boldsymbol{F}_1 \\ \boldsymbol{X}_2 \end{pmatrix}^{(k)} + \begin{pmatrix} \Delta\boldsymbol{F}_1 \\ \Delta\boldsymbol{X}_2 \end{pmatrix} \right\} + \begin{pmatrix} \boldsymbol{0} \\ \boldsymbol{F}_2 \end{pmatrix}^{(k)} + \begin{pmatrix} \boldsymbol{0} \\ \Delta\boldsymbol{F}_2 \end{pmatrix} \tag{11-9}$$

需要选择适当的 $\Delta\boldsymbol{X}_1$ 和 $\Delta\boldsymbol{X}_2$ 以满足方程(11-9)，这时可以用推力轴承和径向轴承的转子动力学系数来获得关于 $\boldsymbol{F}_1$，$\boldsymbol{F}_2$ 和 $\boldsymbol{P}_2^j$ 的一阶近似。当位移 $\boldsymbol{X}_1$ 获得增量 $\Delta\boldsymbol{X}_1$ 时，力 $\boldsymbol{F}_1$，$\boldsymbol{F}_2$ 的增量可以表示成

$$\begin{pmatrix} \Delta\boldsymbol{F}_1 \\ \Delta\boldsymbol{F}_2 \end{pmatrix} = \begin{pmatrix} \boldsymbol{S}_\varphi^1 & \boldsymbol{0} \\ \boldsymbol{S}_\varphi^2 & \boldsymbol{0} \end{pmatrix} \begin{pmatrix} \Delta\boldsymbol{X}_1 \\ \Delta\boldsymbol{X}_2 \end{pmatrix} \tag{11-10}$$

式中，$\boldsymbol{S}_\varphi^1$ 和 $\boldsymbol{S}_\varphi^2$ 由推力轴承的刚度系数 $k_{is}^W$ 和 $k_{is}^m$ $(i=x,y;s=\varphi,\psi)$ 所组成，有关这些刚度系数的定义可参见第 2 章。

类似地，写出 $\Delta\boldsymbol{P}_2^j$ 和 $\Delta\boldsymbol{X}_2$ 之间的关系：

$$\Delta\boldsymbol{P}_2^j = \boldsymbol{S}_j\Delta\boldsymbol{X}_2 \tag{11-11}$$

式中，$\boldsymbol{S}_j$ 为由径向轴承刚度系数 $k_{ij}$ 组成的刚度阵$(i,j=x,y)$。

运用式(11-9)、式(11-10)和式(11-11),得到

$$\begin{pmatrix} \boldsymbol{I}_1 - \boldsymbol{b}_{11}\boldsymbol{S}_\varphi^1 & -\boldsymbol{b}_{12} \\ -\boldsymbol{b}_{21}\boldsymbol{S}_\varphi^1 - \boldsymbol{S}_\varphi^2 & \boldsymbol{S}_j - \boldsymbol{b}_{22} \end{pmatrix} \begin{pmatrix} \Delta\boldsymbol{X}_1 \\ \Delta\boldsymbol{X}_2 \end{pmatrix} = \begin{pmatrix} \boldsymbol{b}_{11} & \boldsymbol{b}_{12} \\ \boldsymbol{b}_{21} & \boldsymbol{b}_{22} \end{pmatrix} \begin{pmatrix} \boldsymbol{F}_1 \\ \boldsymbol{X}_2 \end{pmatrix}^{(k)} + \begin{pmatrix} \boldsymbol{0} \\ \boldsymbol{F}_2 \end{pmatrix}^{(k)} - \begin{pmatrix} \boldsymbol{X}_1 \\ \boldsymbol{P}_2^j \end{pmatrix}^{(k)} \tag{11-12}$$

由方程(11-12)解得的 $\Delta\boldsymbol{X}_1$ 和 $\Delta\boldsymbol{X}_2$ 可以作为修正后的 $\boldsymbol{X}_1$ 和 $\boldsymbol{X}_2$,因此第$(k+1)$次迭代公式可以写成

$$\begin{cases} \boldsymbol{X}_2^{(k+1)} = \boldsymbol{X}_2^{(k)} + \Delta\boldsymbol{X}_2 \\ \boldsymbol{F}_1^{(k+1)} = \boldsymbol{F}_1^{(k)} + \boldsymbol{S}_\varphi^1\,\Delta\boldsymbol{X}_1 \\ \boldsymbol{F}_2^{(k+1)} = \boldsymbol{F}_2^{(k)} + \boldsymbol{S}_\varphi^2\,\Delta\boldsymbol{X}_2 \\ \quad\cdots \end{cases} \tag{11-13}$$

采用上述方法的最大优越之处在于避免了迭代过程的盲目性,同时由于刚度系数给出了轴承力和力矩的一阶增量的很好近似,从而加快了计算和迭代过程。从上述计算过程也可以看出,滑动轴承中的轴颈浮起量和轴承标高可以方便地一起加以考虑,这也是本方法的优越之处[7]。表 11-12 为按上述方法求得的图 11-4 所示的轴系在额定工作转速下的各轴承的静态工作点。

**表 11-12 机组轴承的静态工作点参数(3 000 r/min)**

| No | 承载瓦块号 | 负荷 /N | 偏心率 | 偏位角 | 最小油膜厚度 /μm | 比压 /MPa | 备注 |
|---|---|---|---|---|---|---|---|
| 1# | 1,2,3,4 | 108 862 | 0.814 4 | 0° | 70.3 | 1.66 | 高、中压转子 |
| 2# | 2,3 | 103 309 | 0.806 8 | 0° | 89.6 | 1.53 | 高、中压转子 |
| 3# | 2,3 | 285 844 | 0.891 0 | −1.40° | 149.1 | 1.46 | 低压转子 |
| 4# | 圆轴承 | 288 375 | 0.721 2 | 46.86° | 142.6 | 2.13 | 低压转子 |
| 5# | 椭圆轴承 | 278 359 | 0.456 4 | 71.30° | 135.1 | 1.86 | 电机转子 |
| 6# | 椭圆轴承 | 251 862 | 0.453 6 | 74.10° | 146.8 | 1.69 | 电机转子 |
| 7# | 圆轴承 | 19 898 | 0.283 2 | 61.31° | 73.9 | 0.58 | 励磁机转子 |
| 8# | 圆轴承 | 19 991 | 0.284 3 | 61.21° | 73.8 | 0.59 | 励磁机转子 |

### 11.2.2 油膜刚度和阻尼对转子临界转速的影响

由于油膜刚度和阻尼的作用,转子的阻尼临界转速均低于原来的刚支临界转速,且由于油膜轴承的各向异性,原来转子的第一临界转速将分离为两

个阻尼临界转速 $N_{k1}^{*}$，$N_{k2}^{*}$。表 11-13 中列出了这种分离情况，而在图 11-7 中则给出了各跨转子的刚支振型曲线。这里，阻尼临界转速的定义为：如在某一工作转速 $N$ 下系统复特征值($\gamma_i = -u + \mathrm{i}v_i$)中的虚部 $v_i$(阻尼固有频率)所对应的涡动速度 $N_{si}$ 恰好和 $N$ 相等，则称此时的 $N_{si}$ 为阻尼临界转速，亦即

$$N_{si} = \frac{30v_i}{\pi} \qquad (\mathrm{r/min})$$

$$N_{k1}^{*} = N_{si}\,|_{N} = N$$

**表 11-13 分跨转子的刚支临界转速和阻尼临界转速** 单位：r/min

| 临界转速 | 转子 | | | |
|---|---|---|---|---|
| | 高、中压 | 低压 | 电机 | 励磁机 |
| 刚支 $N_{k1}$ | 2 113 | 2 783 | 1 624 | 1 659 |
| 阻尼 $N_{k1,2}^{*}$ | 1 950，2 027 | 1 560，2 280 | 923，1 471 | 1 590，1655 |

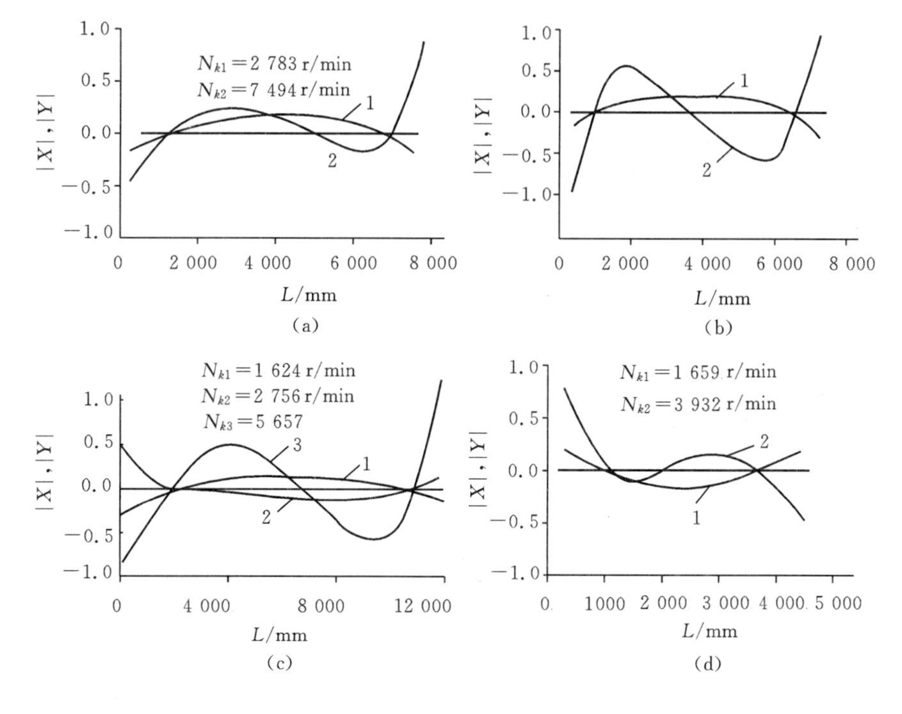


图 11-7 分跨转子的刚支振型曲线

(a) 高、中压转子；(b) 低压转子；(c) 电机转子；(d) 励磁机转子

这种分离出来的阻尼临界转速与刚支临界转速的偏差幅度对于不同的转子差异很大。如高、中压转子和励磁机转子,阻尼临界转速与刚支临界转速相差甚微;相反的例证是低压缸转子和电机转子,其派生出来的阻尼临界转速与刚支临界转速相比则呈大幅度下降趋势。表 11-12 和表 11-14 给出的有关额定工作状况下各轴承的工作状态和各轴承主刚度系数、主阻尼系数对系统特征值的偏导数值,可以对上述现象作出相应的物理解释:对于高中压转子和励磁机转子,其最小油膜厚度均比电机转子和低压缸转子的油膜厚度减小了 50% 左右,因而从某种意义上来说,这种支承相对显得更为“刚性”,油膜刚度的引入并不导致其低阶振型频率的剧烈改变,所以其阻尼临界转速的变化也不大;而低压转子和电机转子则代表了相反的情况。

轴承对系统的阻尼固有频率或阻尼临界转速的影响还取决于轴承的支承位置,当轴承位于低阶振型的节点附近时,油膜刚度对低阶阻尼固有频率所产生的影响将大为降低,或者说所对应的特征值对油膜刚度的变化显得极不敏感。表 11-14 中 $\dfrac{\partial\left(\dfrac{U}{V}\right)}{\partial K_{\text{ij}}}$ 值的大小就大致地反映了这种敏感程度。可以看到:高中压转子和励磁机转子的灵敏度系数均比低压缸转子、电机转子的灵敏度低一个数量级左右,这种灵敏度关系当推演到阻尼临界转速的变化时,就明显地表现为前者所偏离的幅度甚小,而后两种转子的阻尼临界转速则呈大幅度降低趋势。

由灵敏度分析还可以看出:同一转子在不变的支承条件下,各阶特征值对于油膜刚度和阻尼的依赖作用并不相同。例如对于励磁机轴承,支承轴承的刚度和阻尼变化对于一阶、二阶及五阶阻尼固有频率的影响甚小,其灵敏度值在 $O(10^{-1} \sim 10^{-5})$,而对三阶、四阶阻尼固有频率的影响则在 $O(10^{1})$ 左右。这是一个比较普遍的规律,即轴承刚度和阻尼的影响随特征值而异。

### 11.2.3 单跨转子系统的稳定性

系统在耦合前,各跨转子的涡动速度图和各子系统中各阶特征值随工作转速变化的趋势如图 11-8 所示。图中横坐标为工作转速 $N$(r/min)。纵坐标取为各阶特征值的阻尼固有频率所对应的涡动速度 $N_{si}$(r/min)。图中曲线对应点处在括号内的值为相应特征值所对应的对数衰减率。

实际算得的各跨转子在额定工作转速 $N=3\ 000$ r/min 时一阶特征值所对应的对数衰减率和失稳转速为:

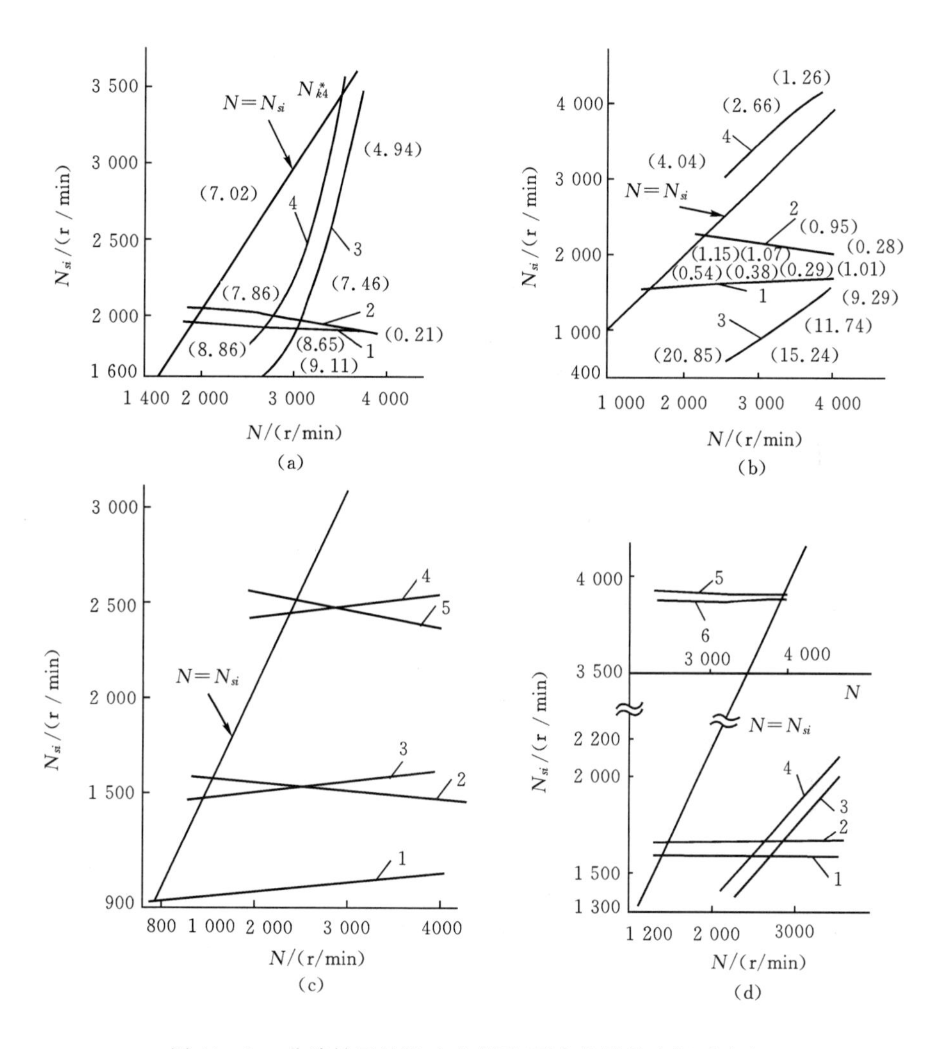


图 11-8　分跨转子的涡动速度图(图中曲线号为振型阶次)

(a) 高、中压转子；(b) 低压转子；(c) 电机转子；(d) 励磁机转子

高、中压转子:对数衰减率为 0.26,失稳转速大于 4 000 r/min;

低压转子:对数衰减率为 0.38,失稳转速大于 4 000 r/min;

电机转子:对数衰减率为 0.11,失稳转速为 3 740 r/min;

励磁机转子:对数衰减率为 0.04,失稳转速为 3 240 r/min。

对各跨转子的一阶阻尼固有频率而言,高中压转子和低压转子的对数衰减率都很大,处于失稳边缘的主要是励磁机转子,其次是电机转子,但其对数衰减率比励磁机稍高些。

低压缸转子系统具有较大的对数衰减率是由于转子重载、3# 和 4# 轴承的工作偏心率都很大的缘故,因而该子系统具有较好的稳定性(参见表 11-12)。

高、中压转子的支承均为四瓦可倾瓦轴承,同样工作在大偏心状态下。由可倾瓦轴承支承的高、中压转子系统的一阶特征值具有较大的对数衰减率,可以解释为主要是由于可倾瓦轴承在系统中的作用。可倾瓦轴承在水平、垂直方向上主刚度、主阻尼近似相等的各向同性性质,在宏观上表现为转子在水平及垂直方向振动幅值基本相同的现象(见图 11-9)。至于各轴承的每一块瓦的动态作用,由表 11-14 中的灵敏度分析就可以很好地得到说明。例如对于第三、四阶模态,相应的由于瓦块摆动效应所引起的对数衰减率偏导数值比其他各阶的值增大 1 ~ 2 个数量级,可以推断,瓦块的摆动对于第三、四阶振型的影响是很大的。

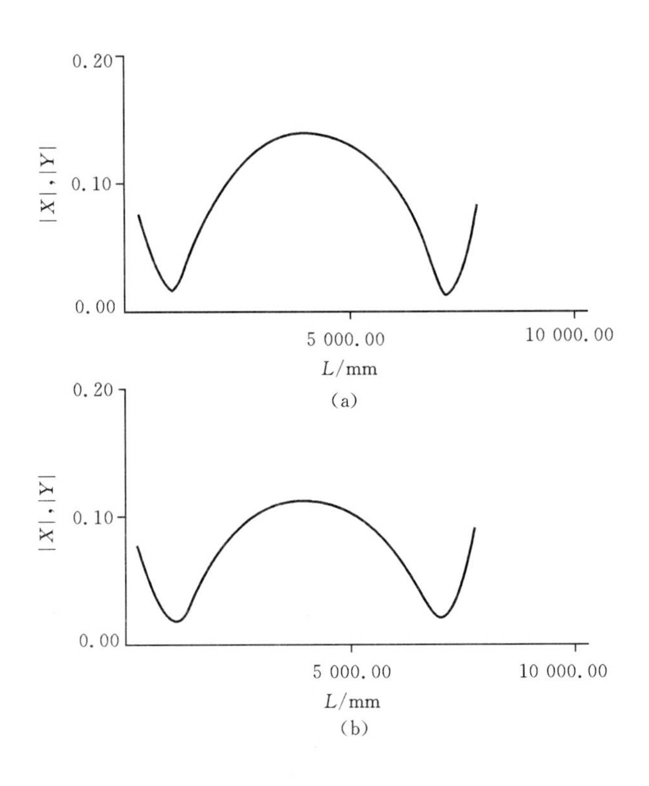


图 11-9 高、中压转子的复振型曲线

(a) 额定工作转速下,高中压转子一阶复振型图;

(b) 额定工作转速下,高、中压转子二阶复振型图

表 11-14　额定工作转速下，轴承主刚度、主阻尼系数扰动对各阶对数衰减率的偏导数

| $\frac{\partial(\frac{U}{V})}{\partial D_{ij}}$ / $\frac{\partial(\frac{U}{V})}{\partial K_{ij}}$ | 1# 轴承 | | | | | | 2# 轴承 | | | | 3# 轴承 | | | |
|---|---|---|---|---|---|---|---|---|---|---|---|---|---|---|
| | 水平 | 垂直 | 瓦块1 | 瓦块2 | 瓦块3 | 瓦块4 | 水平 | 垂直 | 瓦块2 | 瓦块3 | 水平 | 垂直 | 瓦块2 | 瓦块3 |
| 一阶 | $0.6\times10^{-1}$ | $0.6\times10^{-1}$ | $0.2\times10^{2}$ | $0.2\times10^{1}$ | $0.7\times10^{1}$ | $0.2\times10^{1}$ | $0.5\times10^{-1}$ | $0.5\times10^{-1}$ | $0.1\times10^{1}$ | $0.5\times10^{1}$ | $0.8\times10^{-2}$ | $-0.1\times10^{-1}$ | $-0.6\times10^{-1}$ | $-0.2\times10^{1}$ |
| | $-0.6\times10^{-1}$ | $-0.6\times10^{-1}$ | $-0.5\times10^{1}$ | $-0.2\times10^{1}$ | $0.6\times10^{1}$ | $-0.2\times10^{1}$ | $-0.7\times10^{-1}$ | $-0.7\times10^{-1}$ | $-0.2\times10^{1}$ | $0.2\times10^{1}$ | $-0.1\times10^{0}$ | $0.2\times10^{-2}$ | $-0.6\times10^{1}$ | $-0.6\times10^{1}$ |
| 二阶 | $0.3\times10^{-1}$ | $0.3\times10^{-1}$ | $0.8\times10^{0}$ | $0.7\times10^{1}$ | $0.8\times10^{0}$ | $0.5\times10^{1}$ | $-0.1\times10^{-2}$ | $-0.1\times10^{-2}$ | $0.3\times10^{1}$ | $-0.2\times10^{-1}$ | $0.2\times10^{0}$ | $0.4\times10^{0}$ | $0.3\times10^{2}$ | $0.5\times10^{2}$ |
| | $-0.9\times10^{-1}$ | $-0.9\times10^{-1}$ | $-0.3\times10^{1}$ | $-0.1\times10^{1}$ | $-0.3\times10^{1}$ | $-0.1\times10^{2}$ | $-0.7\times10^{-1}$ | $-0.7\times10^{-1}$ | $-0.3\times10^{1}$ | $-0.1\times10^{1}$ | $-0.2\times10^{0}$ | $-0.5\times10^{0}$ | $-0.2\times10^{2}$ | $0.3\times10^{2}$ |
| 三阶 | $0.9\times10^{0}$ | $0.9\times10^{0}$ | $0.2\times10^{2}$ | $-0.2\times10^{2}$ | $0.2\times10^{2}$ | $0.3\times10^{3}$ | $0.2\times10^{1}$ | $0.2\times10^{1}$ | $-0.4\times10^{3}$ | $0.6\times10^{2}$ | $0.1\times10^{2}$ | $0.1\times10^{2}$ | $-0.4\times10^{4}$ | $0.5\times10^{3}$ |
| | $-0.4\times10^{0}$ | $-0.4\times10^{0}$ | $-0.1\times10^{2}$ | $0.1\times10^{3}$ | $-0.1\times10^{2}$ | $-0.1\times10^{3}$ | $-0.9\times10^{0}$ | $-0.9\times10^{0}$ | $0.7\times10^{3}$ | $-0.2\times10^{2}$ | $-0.1\times10^{2}$ | $-0.1\times10^{2}$ | $0.6\times10^{4}$ | $-0.6\times10^{3}$ |
| 四阶 | $0.2\times10^{1}$ | $0.2\times10^{1}$ | $0.5\times10^{2}$ | $-0.6\times10^{3}$ | $0.5\times10^{2}$ | $0.9\times10^{3}$ | $0.5\times10^{0}$ | $0.5\times10^{0}$ | $-0.2\times10^{2}$ | $0.1\times10^{2}$ | $0.1\times10^{1}$ | $0.1\times10^{1}$ | $0.1\times10^{2}$ | $0.8\times10^{2}$ |
| | $-0.2\times10^{1}$ | $-0.2\times10^{-1}$ | $0.5\times10^{-1}$ | $0.8\times10^{3}$ | $0.3\times10^{0}$ | $-0.1\times10^{3}$ | $-0.2\times10^{0}$ | $-0.2\times10^{0}$ | $0.1\times10^{1}$ | $-0.4\times10^{1}$ | $0.6\times10^{-1}$ | $0.5\times10^{0}$ | $0.4\times10^{2}$ | $0.3\times10^{3}$ |
| 五阶 | $0.8\times10^{-1}$ | $0.8\times10^{-1}$ | $0.4\times10^{2}$ | $0.3\times10^{1}$ | $0.6\times10^{1}$ | $0.3\times10^{1}$ | $0.3\times10^{-1}$ | $0.3\times10^{-1}$ | $0.6\times10^{0}$ | $0.5\times10^{2}$ | $-0.3\times10^{0}$ | $-0.2\times10^{-1}$ | $-0.6\times10^{1}$ | $-0.2\times10^{2}$ |
| | $0.2\times10^{-1}$ | $0.2\times10^{-1}$ | $0.7\times10^{1}$ | $0.6\times10^{0}$ | $0.1\times10^{2}$ | $0.6\times10^{0}$ | $-0.5\times10^{0}$ | $-0.5\times10^{0}$ | $-0.1\times10^{2}$ | $-0.5\times10^{2}$ | $0.9\times10^{-1}$ | $0.5\times10^{-2}$ | $0.2\times10^{1}$ | $0.3\times10^{1}$ |

**续表 11-14**

| $\frac{\partial\left(\frac{U}{V}\right)}{\partial D_{ij}}$ | 4# 轴承 | | 5# 轴承 | | 6# 轴承 | | 7# 轴承 | | 8# 轴承 | |
|---|---|---|---|---|---|---|---|---|---|---|
| $\frac{\partial\left(\frac{U}{V}\right)}{\partial K_{ij}}$ | 水平 | 垂直 | 水平 | 垂直 | 水平 | 垂直 | 水平 | 垂直 | 水平 | 垂直 |
| 一阶 | $0.2\times10^{1}$ | $0.6\times10^{0}$ | $0.1\times10^{1}$ | $0.8\times10^{-1}$ | $0.1\times10^{1}$ | $0.9\times10^{-1}$ | $0.6\times10^{-1}$ | $0.2\times10^{-1}$ | $0.2\times10^{0}$ | $0.6\times10^{-1}$ |
| | $0.3\times10^{0}$ | $0.5\times10^{-1}$ | $-0.2\times10^{0}$ | $0.5\times10^{-1}$ | $-0.1\times10^{0}$ | $0.8\times10^{-1}$ | $-0.1\times10^{-1}$ | $-0.9\times10^{-2}$ | $-0.4\times10^{-1}$ | $-0.3\times10^{-1}$ |
| 二阶 | $-0.2\times10^{-1}$ | $0.9\times10^{-1}$ | $0.4\times10^{-1}$ | $0.1\times10^{-2}$ | $0.2\times10^{-2}$ | $0.5\times10^{-1}$ | $-0.3\times10^{-3}$ | $-0.8\times10^{-3}$ | $-0.1\times10^{-2}$ | $-0.3\times10^{-2}$ |
| | $0.4\times10^{-1}$ | $-0.2\times10^{0}$ | $0.5\times10^{-2}$ | $-0.5\times10^{-1}$ | $-0.5\times10^{-2}$ | $-0.2\times10^{0}$ | $-0.3\times10^{-3}$ | $-0.1\times10^{-2}$ | $-0.1\times10^{-2}$ | $-0.5\times10^{-2}$ |
| 三阶 | $0.6\times10^{-1}$ | $0.5\times10^{0}$ | $0.2\times10^{1}$ | $0.2\times10^{0}$ | $0.1\times10^{1}$ | $0.9\times10^{-1}$ | $-0.2\times10^{1}$ | $-0.3\times10^{0}$ | $0.2\times10^{1}$ | $0.0\times10^{0}$ |
| | $0.5\times10^{0}$ | $-0.4\times10^{0}$ | $-0.2\times10^{0}$ | $0.4\times10^{-1}$ | $-0.5\times10^{0}$ | $-0.6\times10^{-2}$ | $0.3\times10^{1}$ | $0.1\times10^{1}$ | $0.2\times10^{1}$ | $-0.1\times10^{0}$ |
| 四阶 | $-0.6\times10^{-1}$ | $-0.4\times10^{0}$ | $0.3\times10^{0}$ | $0.2\times10^{-1}$ | $0.2\times10^{1}$ | $0.3\times10^{0}$ | $0.3\times10^{1}$ | $0.1\times10^{1}$ | $-0.2\times10^{1}$ | $-0.3\times10^{0}$ |
| | $0.1\times10^{0}$ | $0.1\times10^{0}$ | $0.2\times10^{0}$ | $0.3\times10^{-1}$ | $0.2\times10^{0}$ | $0.9\times10^{-2}$ | $0.2\times10^{1}$ | $-0.4\times10^{0}$ | $0.2\times10^{1}$ | $0.9\times10^{0}$ |
| 五阶 | $0.2\times10^{1}$ | $0.7\times10^{0}$ | $0.6\times10^{-3}$ | $0.4\times10^{-1}$ | $0.3\times10^{-2}$ | $0.2\times10^{-1}$ | $-0.4\times10^{-2}$ | $-0.3\times10^{-1}$ | $0.9\times10^{-6}$ | $0.1\times10^{-4}$ |
| | $-0.3\times10^{0}$ | $-0.2\times10^{0}$ | $-0.2\times10^{-1}$ | $-0.2\times10^{0}$ | $-0.2\times10^{-1}$ | $-0.2\times10^{-1}$ | $0.4\times10^{-3}$ | $-0.8\times10^{-2}$ | $-0.2\times10^{-5}$ | $-0.9\times10^{-5}$ |

以下分析电机和励磁机转子系统。

电机转子的轴承型式为椭圆型，其稳定性固然较圆轴承为优，但其缺点在于其水平方向上刚度、阻尼甚小。当椭圆比较大时，水平方向上的刚度、阻尼通常只有垂直方向的几分之一。这种缺陷导致两种不利结果：

(1) 水平方向振动过大；

(2) 稳定性提高幅度受到限制。

第一种影响由图 11-10 即可看出。上述两种影响的消除一般只能求助于轴承型式的改变，但改变支承型式并非在一切情况下都有效。仍然回到表 11-14，5#，6# 轴承水平方向的刚度、阻尼对系统一阶特征值的影响比垂直方向的刚度、阻尼的影响要大 $O(10^1 \sim 10^2)$ 量级。这说明继续增加垂直方向上的刚度、阻尼(如增加椭圆比)，远没有改变水平刚度和水平阻尼有效。因此，最好的做法是着重提高水平刚度和阻尼，如选择多油叶轴承或调整轴承的安装角，都可以达到改善稳定性的目的。

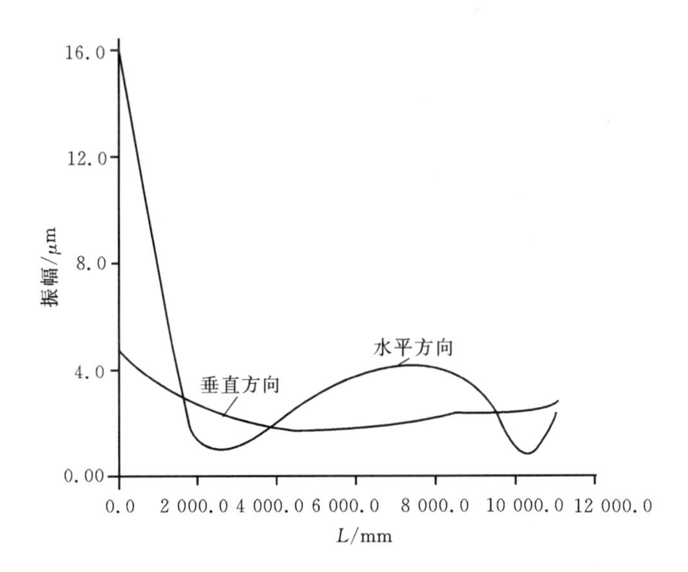


图 11-10　额定工作转速下，电机转子不平衡响应振幅图

至于励磁机转子系统，造成该系统在工作转速下对数衰减率和失稳转速均最低的原因在于：圆轴承本身的稳定性就很差，并且系统处于小偏心工况。这两个不利因素导致该跨转子稳定性状况恶化。从某种意义上来说，这是由于原始设计的考虑不周所致。

对励磁机系统的计算结果再一次表明：系统的稳定性依据单个指标(如对数衰减率)是不充分、不完备的。图 11－11 为励磁机转子的对数衰减率曲线随转速变化图。在低速区，一阶特征值所对应的对数衰减率甚至比二阶特征值所对应的高，但一阶对数衰减率随工作转速的升高急剧下降，而二阶对数衰减率却几乎保持不变。这一点从表 11－14 中的灵敏度分析结果也可以看到：轴承刚度、阻尼对第二阶对数衰减率的影响要比对其他一、三、四阶的影响将近小 2 ～ 4 个量级。所以，尽管二阶对数衰减率从很低转速时起就非常小(0.05)，但却并不是最危险的。

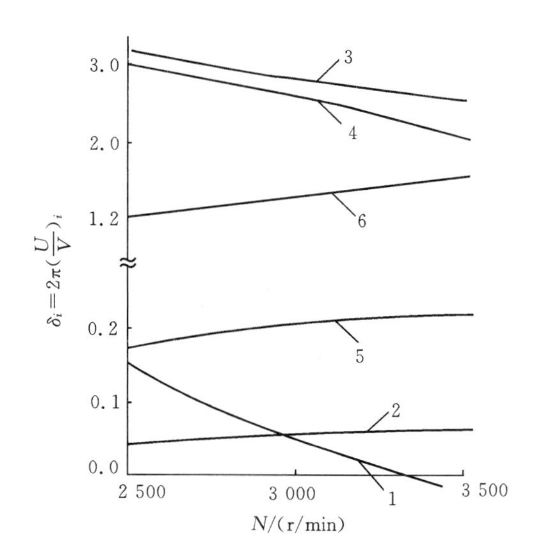


图 11－11　励磁机转子对数衰减率图

(图中曲线号为振型阶次)

在图 11－12(a) 及图 11－12(d) 中给出了第二、五阶振型图。

第二、第五两阶振型在轴承支承处的振幅都趋近于零，而在图 11－12(b)、图 11－12(c) 所示的复振型图中轴承支承处的幅值则较大，对应于表 11－14 中 7#，8# 轴承的刚度、阻尼扰动对于所对应的复特征值影响较大的灵敏度值。这一规律在对高中压、低压和励磁机转子的分析中也得到了同样的验证。可以得出如下结论：

当系统某阶振型在轴承处的幅值越小时，则该轴承的刚度、阻尼对该阶特征值的影响也越小，亦即该阶振型所对应的对数衰减率和涡动频率变化幅度也越小，其逆亦真。

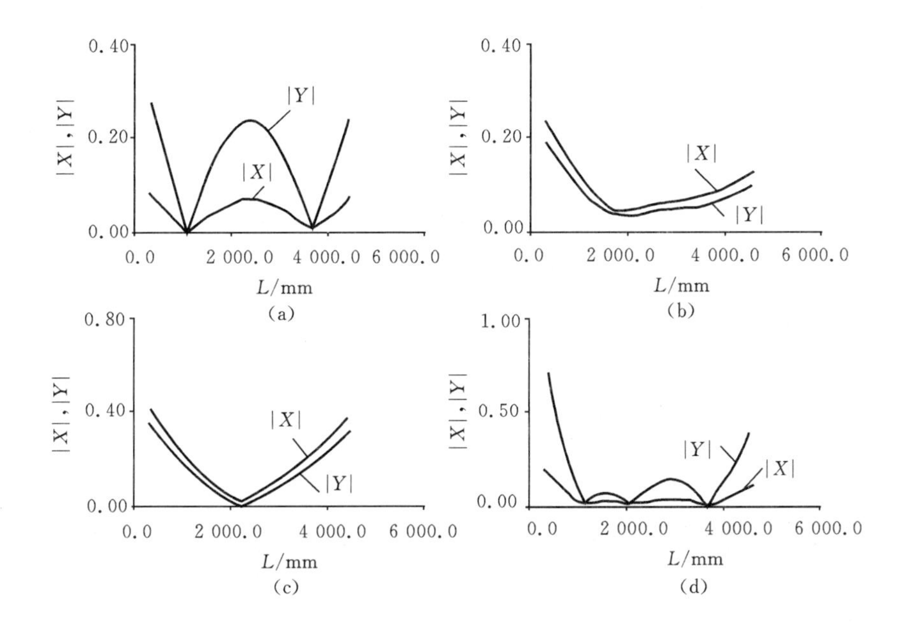


图 11-12　励磁机转子复振型曲线($N = 3\ 000$ r/min)

(a) 二阶复振型；(b) 三阶复振型；(c) 四阶复振型；(d) 五阶复振型

## 11.2.4　多跨转子间的耦合效应

### 1. 耦合后的刚支临界转速

一般说来，由于耦合相当于增加了约束，因此导致轴系刚支临界转速的提高，如高中压转子和低压转子耦合后一阶临界转速上升为 $N_{k1} = 2\ 333$ r/min，$N_{k2} = 2\ 850$ r/min。分别对应于耦合前高中压转子和低压转子的一阶临界转速，其耦合振型图见图 11-13。当全部四跨转子对接、耦合成轴系后，轴系的前 4 阶临界转速依次为 $N_{k1} = 1\ 916$ r/min，$N_{k2} = 2\ 149$ r/min，$N_{k3} = 2\ 436$ r/min，$N_{k4} = 3\ 333$ r/min，且分别对应于电机转子、励磁机转子、高中压转子和低压转子的一阶刚支临界转速(见图 11-14)。

### 2. 耦合后的轴系稳定性

以高、中压转子和低压转子为例，两跨转子通过刚性联轴器对接后，使得 $1^{\#} \sim 4^{\#}$ 轴承间的负荷重新分配，进而引起了轴承静态工作点的改变，其中相邻两轴承工况变化最大,这种改变甚至使得 1#,2# 可倾瓦轴承的实际承载瓦号都发生了改变(见表 11-15)。

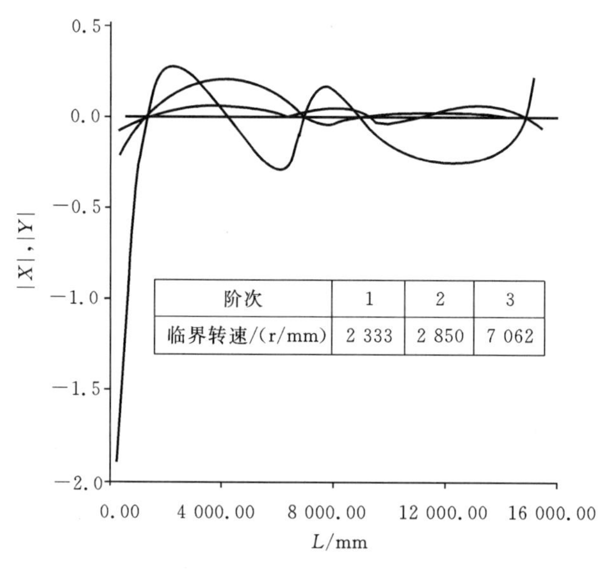


图 11-13 高、中压转子和低压转子耦合后的刚支振型

**表 11-15 额定工作转速下高、中压转子与低压转子耦合前后的轴承静态工作点**

| No | 承载瓦块号 | 负荷 /N | 偏心率 | 偏位角 | 最小油膜厚度 /μm | 比压 /MPa |
|---|---|---|---|---|---|---|
| 1# | 2,3<br>(1,2,3,4) | 114 356.2<br>(108 750.6) | 0.823 8<br>(0.814 4) | 0°<br>(0°) | 68.5<br>(70.3) | 1.73<br>(1.66) |
| 2# | 1,2,3,4<br>(1,3) | 117 296.2<br>(136 171.0) | 0.775 1<br>(0.806 8) | 0°<br>(0°) | 97.3<br>(89.6) | 1.32<br>(1.53) |
| 3# | 2,3<br>(2,3) | 301 448.0<br>(285 552.4) | 0.907 3<br>(0.891 0) | −1.49°<br>(−1.40°) | 144.0<br>(149.1) | 1.54<br>(1.46) |
| 4# | —— | 285 454.4<br>(288 080.8) | 0.719 4<br>(0.721 2) | 47.04°<br>(46.86°) | 143.8<br>(142.6) | 2.11<br>(2.13) |

注:括号中所标为两跨转子未耦合时的轴承工作参数。

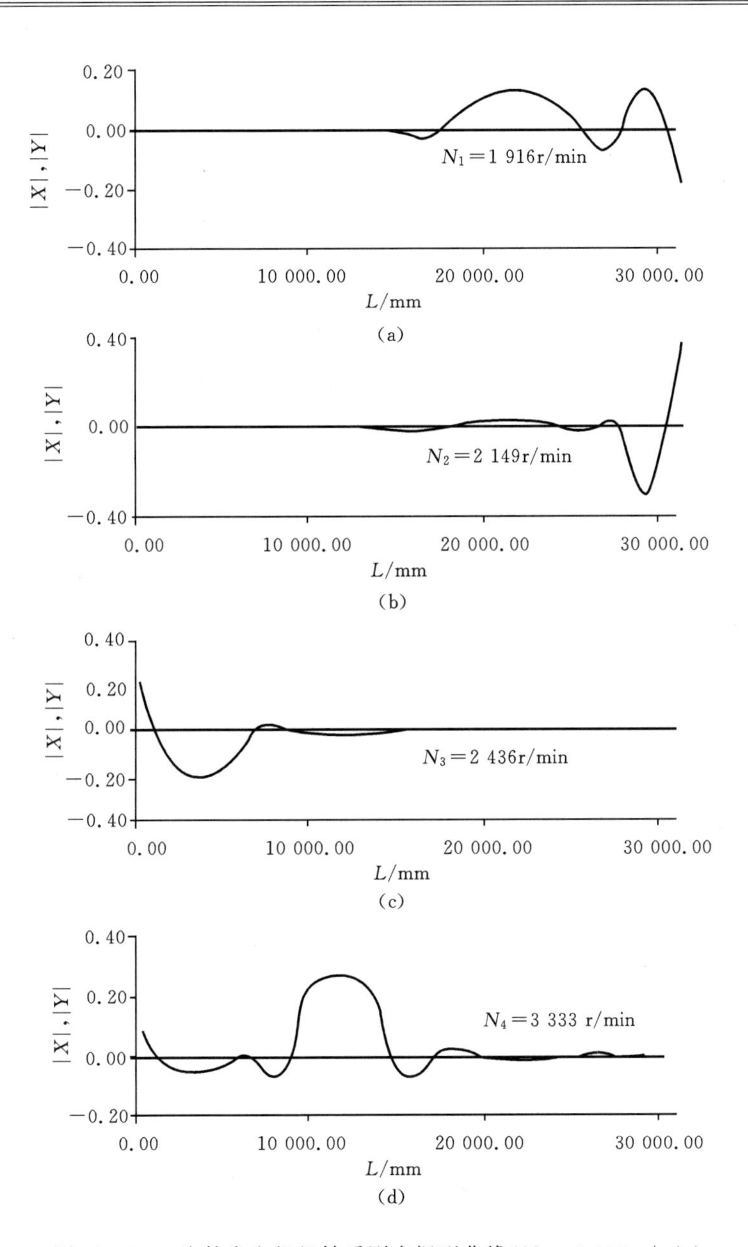


图 11-14　汽轮发电机组轴系刚支振型曲线($N$ = 3 000 r/min)

(a) 轴系一阶刚支振型图；(b) 轴系二阶刚支振型图

(c) 轴系三阶刚支振型图；(d) 轴系四阶刚支振型图

可以得到下列结论：

(1) 多跨转子在耦合后，轴系的刚支临界转速均大于所对应的各单跨转子耦合前的刚支临界转速。

(2) 一般而言，各单跨转子的低阶模态均可在耦合后的系统中找到相对应的模态，只是各阶模态受耦合影响的程度不同而已。

(3) 通过刚性联轴器耦合后的机组轴系在额定工作转速下的稳定性裕度不高，其一阶模态(对应于电机转子)所对应的对数衰减率仅为0.08。该阶模态当工作转速上升至3 490 r/min时宣告失稳(见图11-15)，此时轴系的阻尼临界转速见表11-16。

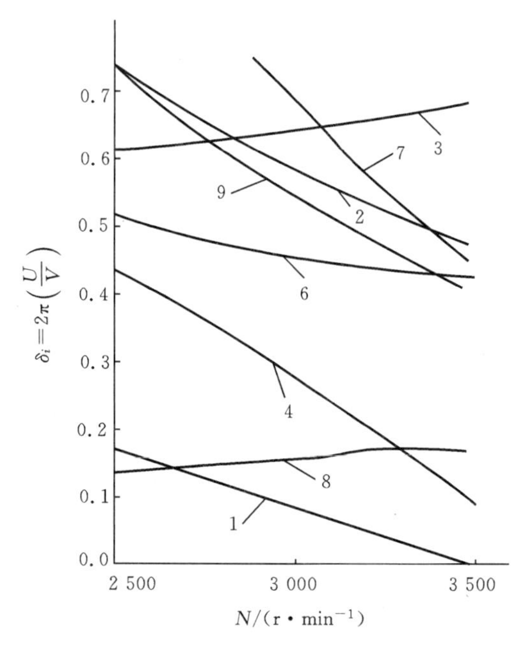


图11-15　轴系各阶振型所对应的对数衰减率
(图中曲线号为振型阶次)

**表11-16　耦合轴系的阻尼临界转速 $N_{ki}^{*}$**

单位：r/min

| 阶次 | 一 | 二 | 三 | 四 | 五 | 六 | 七 | 八 | 九 | 十 |
|---|---|---|---|---|---|---|---|---|---|---|
| 阻尼临界转速 | 924 | 1 460 | 1 720 | 1 945 | 2 033 | 2 070 | 2 112 | 2 190 | 2 222 | 3 360 |

同时值得注意的是，计算表明轴系的第四阶复模态当转速升至3 750 r/min时也开始发散（对应于励磁机转子），表现为轴系的次失稳。这里所带来的理论问题是：对于一个由多跨转子耦合的轴系来说，如果同时存在有两个或多个模态，其对数衰减率均接近零，系统的失稳是否一定从最低阶频率开始？中间存在着什么样的联系和转移条件？各跨转子间的耦合松紧程度（表现为联轴器的耦合形式）在这种转移过程中起着怎样的作用，为了更清楚地阐述这一问题，需要从联轴器的耦合效应着手进行进一步分析，这一点在稍后还将专门论及。

（4）四跨转子通过刚性联轴器连接耦合后，轴系各轴承负荷分配发生变化，从而引起轴承工作状态的改变，进而影响到整个轴系的稳定性（见表 11－17）。其中，电机端 5# 轴承负荷分配减小了近 5 t，使得轴承工作偏心率减小，因此对应的系统电机型模态稳定性减弱，失稳转速下降。与 11.2.3 节中关于单跨转子系统稳定性的研究结果比较不难发现：采用刚性联轴器将汽机端与电机相联，使得电机端 5# 轴承负荷和工作偏心率减小，进一步导致轴系所对应的系统电机型模态稳定性减弱。可见，汽轮机与电机转子间的联轴器连接刚度对整个轴系稳定性影响是很大的。

**表 11－17　额定工作转速下，耦合后的轴系各轴承静态工作点**

| No | 承载瓦块号 | 负荷 /N | 偏心率 | 偏位角 | 最小油膜厚度 /μm | 比压 /MPa |
|---|---|---|---|---|---|---|
| 1# | 2,3 | 114 395.4 | 0.823 8 | 0° | 68.6 | 1.73 |
| | (1,2,3,4) | (108 750.6) | (0.814 4) | (0°) | (70.3) | (1.66) |
| 2# | 1,2,3,4 | 117 012.0 | 0.774 6 | 0° | 97.4 | 1.31 |
| | (2,3) | (136 171.0) | (0.806 8) | (0°) | (89.6) | (1.53) |
| 3# | 2,3 | 296 528.4 | 0.902 2 | −1.46° | 145.5 | 1.51 |
| | (2,3) | (285 552.4) | (0.891 0) | (−1.40°) | (149.1) | (1.46) |
| 4# | — | 330 495.2 | 0.745 7 | 44.31° | 130.1 | 2.44 |
| | | (288 080.8) | (0.721 2) | (46.86°) | (142.6) | (2.13) |
| 5# | — | 231 760.2 | 0.451 6 | 76.11° | 155.2 | 1.55 |
| | | (278 075.0) | (0.456 4) | (71.30°) | (135.1) | (1.86) |
| 6# | — | 250 115.6 | 0.453 5 | 74.22° | 147.3 | 1.68 |
| | | (222 205.2) | (0.453 6) | (74.10°) | (146.8) | (1.69) |
| 7# | — | 30 536.8 | 0.380 3 | 53.32° | 63.9 | 0.90 |
| | | (19 874.4) | (0.283 2) | (61.31°) | (73.9) | (0.58) |
| 8# | — | 18 698.4 | 0.269 6 | 62.54° | 75.3 | 0.55 |
| | | (19 972.4) | (0.284 3) | (61.21°) | (73.8) | (0.59) |

注：括号中所标为各跨转子未耦合时的轴承静态工作点参数。

## 11.3 联轴器的耦合效应

以往人们在对轴系作动力稳定性分析过程中，对于构成轴系的诸多零、部件，如转子、轴承、密封乃至基础都曾经做过深入的研究，但关于联轴器耦合效应的讨论却不多见。大多数情况下只是将联轴器的作用视为刚性连接，对于大型轴系来说，这样的处理显然是不够的。以 200 MW，300 MW 汽轮发电机组为例，在其中、低压缸转子间，低压缸、发电机转子间以及发电机、励磁机转子间均采用了刚性或半挠性联轴器结构。这些联轴器除了传递扭矩外，在整个轴系的参振过程中，其作用大致和转子或轴段相当，而且从某种意义上来说，这种因联轴器而施加于各跨转子间的耦合作用远比轴承对系统所产生的影响来得更为直接。以下仍以图 11-6 所示的大型汽轮发电机组轴系为例，着重讨论在由电机转子 — 联轴器 — 励磁机转子与支承滑动轴承所构成的系统中，关于联轴器耦合效应以及联轴器连接刚度对轴系动力稳定性的影响。

### 11.3.1 联轴器结构与力学模型

由于这里主要关注的是联轴器对整个轴系的宏观耦合效应，而将联轴器本身各处的真实变形和受力状态、扭转及连接螺柱变形等细节均暂且略去，因而可以对联轴器作如下简化处理(见图 11-16)：

(1) 其受力及弯曲变形均视为与弹性转子轴段相同。

(2) 联轴器被简单地模化成一当量轴段，其弯曲刚度变化依靠当量外径 $D_0$ 及当量内径 $d_0$ 的改变来描述(见图 11-16(d))。

经过上述简化处理后，联轴器当量轴段的位移、剪力及力矩平衡方程与普通轴段单元相同，联轴器当量轴段的运动方程与第 7 章同。

以下首先讨论刚性联轴器引入轴系后所产生的影响。

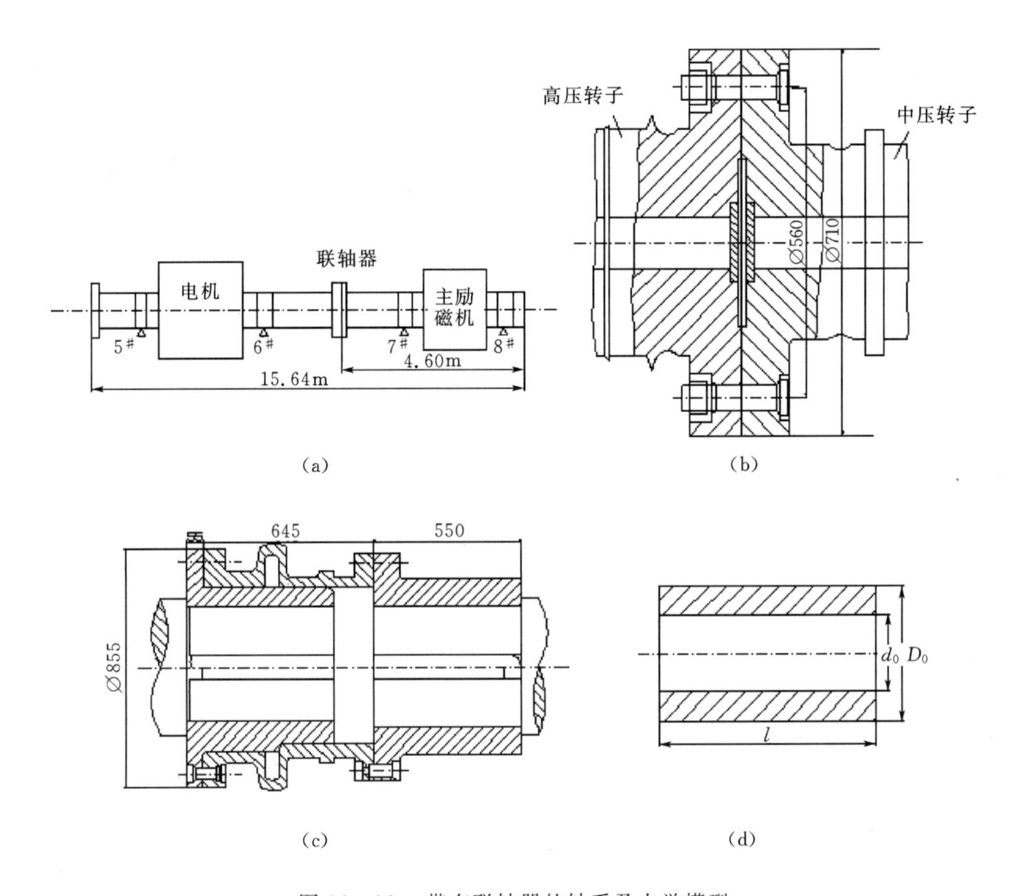


图 11-16　带有联轴器的轴系及力学模型

(a) 轴系简图；(b) 刚性联轴器；(c) 半挠性联轴器；(d) 联轴器的力学模型

## 11.3.2　刚性联轴器的耦合效应

下列计算结果是在联轴器当量外径 $D_0 = 288$ mm，$d_0 = 0$ 时得到的，其耦合效应主要表现为：

(1) 提高了刚支临界转速。由于联轴器的引入增加了系统轴系的约束，其一阶临界转速增加到 1 673 r/min，刚支振型见图 11-17。

(2) 改变了支承轴承的负荷分配，特别是位于联轴器两侧的相邻 6#，7# 轴承的变化幅度更大。以 7# 轴承(励磁机端)为例，其负荷由原来的 $2.028\,3\times10^4$ N 增加到 $3.143\times10^4$ N，增加幅度约 55%。

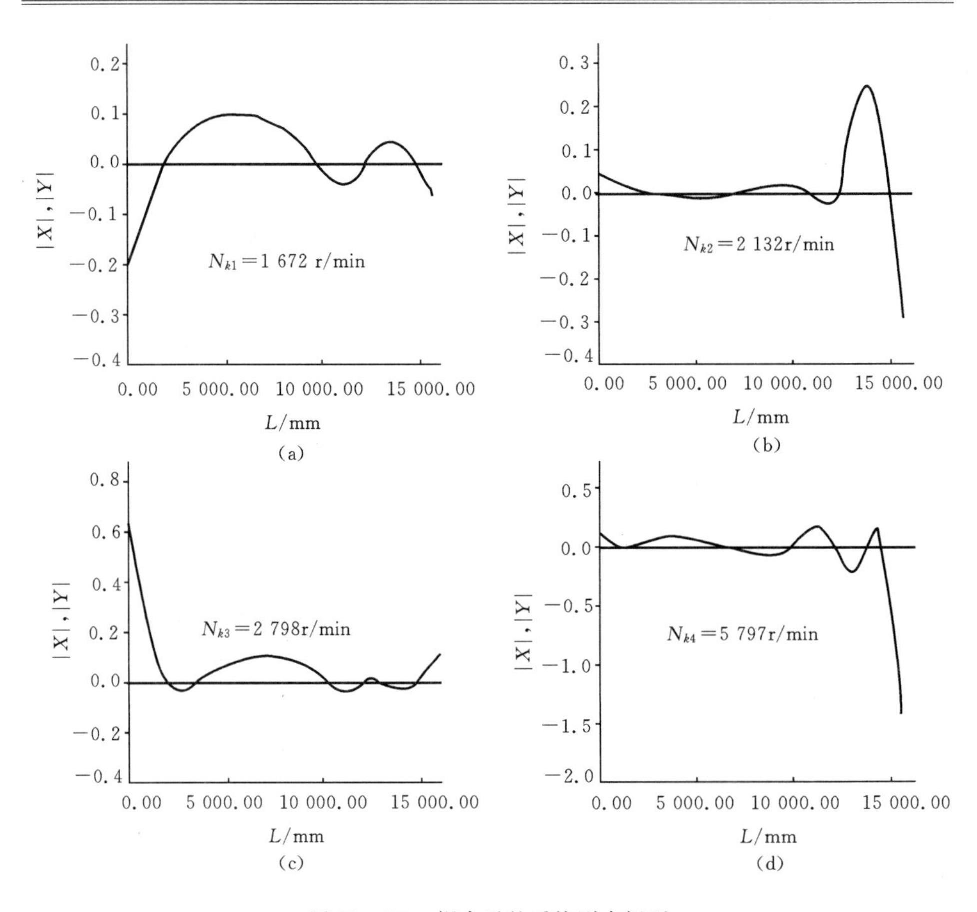


图 11-17 耦合后的系统刚支振型

(3) 改变了系统稳定性。耦合后系统各阶对数衰减率曲线如图 11-18 所示。当轴系在额定工作转速 $N = 3\ 000$ r/min 下运行时，一阶特征值所对应的对数衰减率 $\delta_1 = 0.10$，相应的阻尼临界转速为 920 r/min；而当工作转速升至 3 680 r/min 时，该特征值发散，系统失稳。需要着重指出的是，比较耦合前后轴系稳定性可以发现：耦合前系统的失稳表现为励磁机首先失稳，耦合后系统的失稳却首先表现为电机失稳。可见，联轴器的耦合对系统稳定性影响是极大的。

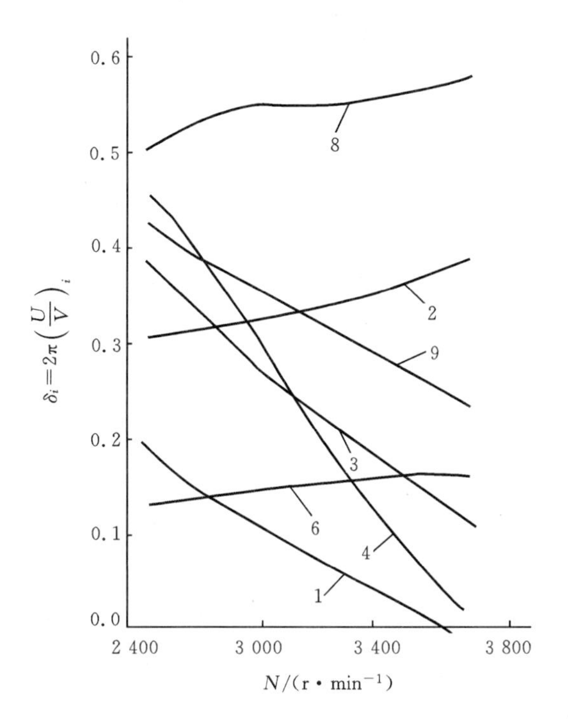


图 11-18 耦合后的系统对数衰减率曲线
（图中曲线号为振型阶次）

## 11.3.3 联轴器连接刚度的影响

现在进一步讨论联轴器刚度因当量外径 $D_0$ 发生变化而改变的情况。当 $D_0$ 由 0 变化到 288 mm 时，相当于模拟了从无弯曲振动耦合（联轴器仅传递扭矩）到刚性联轴器的全部过程。(1) 联轴器连接刚度对系统刚支临界转速的影响。如图 11-19(a) 所示。耦合后轴系的第一、三阶刚支临界转速对应于电机转子的第一、二阶临界转速；第二、四阶则对应于励磁机转子的第一、二阶刚支临界转速。显然，联轴器连接刚度对电机型刚支临界转速影响较小，而对励磁机型的刚支临界转速影响甚大。随着连接刚度的增大，各阶临界转速均呈增加趋势。

(2) 系统稳定性。在额定工作转速下，各轴承负荷分配、工作偏心率随联轴器连接刚度变化曲线如图 11-19(b)，(c)，(d) 所示，其中 7# 轴承的静态工作点参数变化最为剧烈。

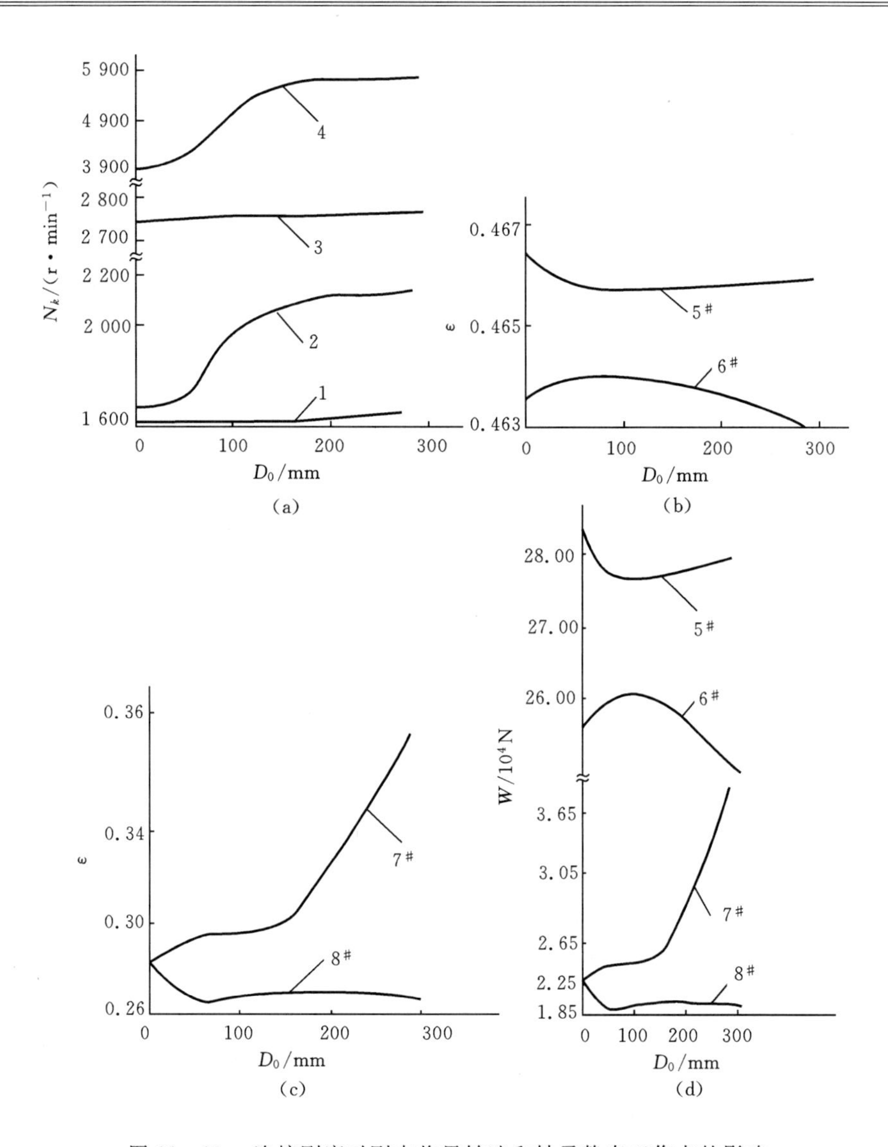


图 11-19 连接刚度对刚支临界转速和轴承静态工作点的影响

(a) 系统刚支临界转速随连接刚度的变化; (b) 电机轴承工作偏心率随连接刚度的变化;
(c) 励磁机轴承工作偏心率随连接刚度的变化; (d) 轴承负荷随连接刚度的变化

关于稳定性。如前所述,耦合后系统第一、四阶复模态分别对应于电机转子和励磁机转子的第一阶模态,系统的失稳转速 $N_{st}$ 曲线参见图 11-20。系统的电机型模态涡动转速随着连接刚度的增大缓慢下降,而励磁机型模态的涡动转速则由于连接刚度增大而急剧上升。当联轴器当量外径 $D_0 < 190$ mm

时，系统的失稳将表现为第四阶模态首先发散，即励磁机转子的失稳；当 $D_0>190$ mm 时，系统的失稳将由第一阶复频率所致，即表现为电机转子的失稳。由此可见，对于一个由联轴器耦合、多跨转子所组成的轴系来说，失稳并不一定表现为系统最低阶特征值的发散，在一定条件下，也可能由于整个系统中某一高阶特征值的发散所致。如本例情况，当耦合效应较弱时，系统呈励磁机型，亦即第四阶系统振型的发散；而当耦合效应较强时，系统则呈电机型，亦即表现为系统第一阶振型的发散。

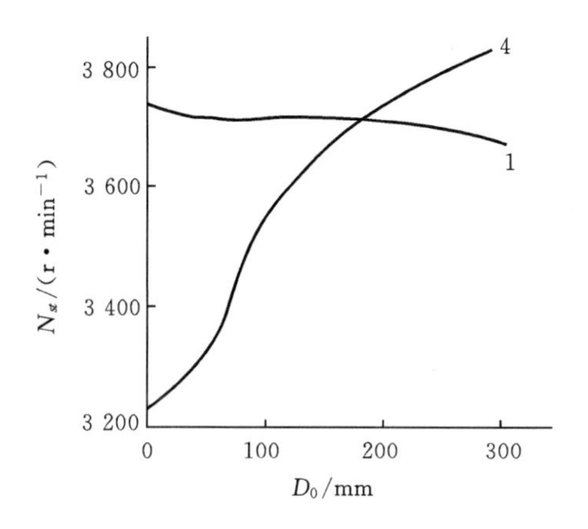


图 11-20　系统第一、四阶振型的失稳转速

上述计算结果还表明：由于系统的第一阶振型（电机型）所对应的对数衰减率随连接刚度变化极小，而第四阶振型（励磁机型）所对应的的对数衰减率则随着连接刚度的增大而增大，因而存在一个联轴器当量外径 $D_0$ 的最佳值：$D_0^* \approx 200$ mm。在此 $D_0^*$ 下，系统的对数衰减率最大，失稳转速也最高（见图 11-21）。

如上所述，通过联轴器耦合多跨转子而构成的轴系，其负荷分配、轴承静态工作点参数和动特性参数、系统的各阶刚支临界转速、系统稳定性和复振型都会发生不同程度的改变。联轴器连接刚度发生变化时，耦合效应亦将产生不同的效果，在一定的转子、轴承结构参数下，存在联轴器连接刚度的最佳值，并对应于此时系统的最大对数衰减率。

对于大型轴系，系统失稳不一定总是由系统最低阶频率开始，在一定工况下，也可能发生系统高阶频率首先失稳的情况，这和单跨轴承转子系统的结论有明显的不同。因此，联轴器的耦合作用对轴系的动力学行为是至关重要的。

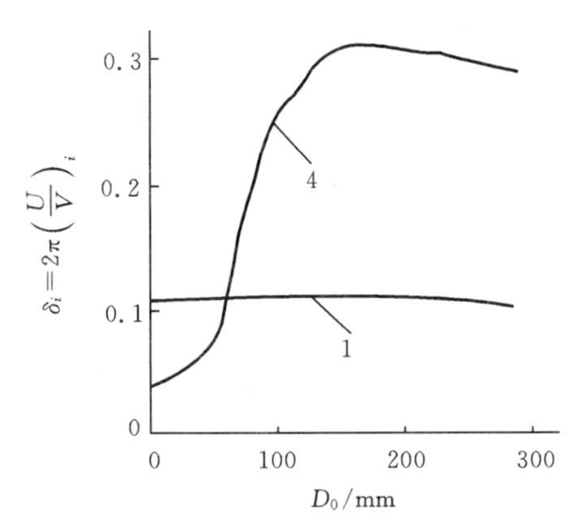


图 11-21 系统第一、四阶复频率的对数衰减率随连接刚度的变化随连接刚度的变化($N = 3\ 000$ r/min)

## 11.4 径向滑动轴承对于轴系稳定性的贡献评估

就动压滑动轴承支承的转子系统而言,影响轴系稳定性的因素可能是多方面的。一般说来,起主要作用的还是滑动轴承的动态油膜力,除了提供油膜刚度以支承转子外,转子振动的能量主要依靠油膜的阻尼作用被耗散掉,这是其有利的一面;另一方面,油膜力的交叉耦合刚度所包含的反对称分量则对系统起着激励作用,这种激励作用是导致系统自激振荡的主要原因。从能量的观点来说,最终系统的失稳与否取决于各种作用力做功的综合效应。在没有其他激励因素作用的多支承轴系中,系统的稳定性将纯粹取决于所有滑动轴承油膜力的做功之和。如果问题再深入一些,还应当就各支承轴承对于轴系稳定性的贡献作进一步的考量。对于两支承单质量转子,系统的稳定性可以直接采用增加径向轴承的偏心率,以达到增加系统稳定性的目的。在这种简单情况下,偏心率与系统稳定性之间的关系是单调递增的,因此偏心率的大小在某种意义上就代表了轴承对系统稳定性所作的贡献。上述原则对于复杂多支承轴系并不一定适用:在多支承轴系中,转子的几何中心线是一条扭曲了的空间曲线;动态油膜力对稳定性的影响不仅与轴承偏心率有关,而且与轴系的振型相关,后者则主要取决于系统的特征向量。论及这方面工作的文献很少。沙亚克(Sasaki)和特米塔(Tomita)曾经将这种油膜力的功划分为两部分,即 $E_1$ 和 $E_s$,前者代表由油膜阻尼所引起的能量损失,后者代表由油膜交叉刚度所引起的对系统的能量输入,$E_s$ 正比于轴心轨迹所包围的面积,并且定义在众多的支承轴承中，具有最大公因子 $S$ 的轴承为最临界的轴承[5-8]。这里有几个问题需要讨论：

理论上来说，由主阻尼力所做的功恒为负值，总是表现为耗散系统能量；但对于交叉阻尼来说，$D_{xy}$ 和 $D_{yx}$ 所起的作用则不可以同样看待，其做功的正负不仅取决于其本身的大小，同时也取决于轴系的振型。当 $D_{xy}$ 和 $D_{yx}$ 所做的功小于零时将耗散系统的能量，反之则输入能量。对于交叉刚度来说，同样存在类似的情况。因此原则上讲，$E_l$ 和 $E_s$ 都不能单独地被用作衡量单个轴承对系统稳定性作用的指标。

界限状态下动态油膜力所做功的计算如下：对于自由振动下的转子系统，有

$$(\lambda^2 \boldsymbol{M} + \lambda \boldsymbol{D} + \boldsymbol{K})\boldsymbol{Z} = \boldsymbol{0} \tag{11-14}$$

当系统处于界限状态时，有

$$\lambda = \pm \mathrm{i}\omega_s$$

设 $\boldsymbol{\Phi}$ 和 $\overline{\boldsymbol{\Phi}}$ 为其共轭特征向量，系统自由振动的响应可以写作

$$\boldsymbol{Z} = C\boldsymbol{\Phi}\mathrm{e}^{\mathrm{i}\omega_s t} + \overline{C}\overline{\boldsymbol{\Phi}}\mathrm{e}^{-\mathrm{i}\omega_s t} \tag{11-15}$$

这里，$C$ 和 $\overline{C}$ 为共轭复数，取决于系统的边界条件。

令 $x_l$ 和 $y_l$ 为第 $l$ 个单元上 $x$，$y$ 方向上的位移，则

$$x_l = C\phi_{xl}\mathrm{e}^{\mathrm{i}\omega_s t} + \overline{C}\overline{\phi}_{xl}\mathrm{e}^{-\mathrm{i}\omega_s t} = A_{xl}\sin(\omega_s t + \varphi_{xl})$$

以及

$$y_l = A_{yl}\sin(\omega_s t + \varphi_{yl}) \tag{11-16}$$

以上 $A_{xl}$ 和 $A_{yl}$ 为振幅，$\varphi_{xl}$ 和 $\varphi_{yl}$ 为幅角，可统一记为

$$\begin{cases} A_{kl} = 2 \mid C \mid \mid \phi_{kl} \mid & (k = x, y) \\ \sin\varphi_{kl} = -(C^0 \phi_{kl}^* + C^* \phi_{kl}^0)/A_{kl} \\ \cos\varphi_{kl} = (C^0 \phi_{kl}^0 - C^* \phi_{kl}^*)/A_{kl} & (k = x, y) \end{cases} \tag{11-17}$$

以上，$C = C^0 + \mathrm{i}C^*$，$\phi_{kl} = \phi_{kl}^0 + \mathrm{i}\phi_{kl}^*$。

界限状态下的轴心涡动轨迹是一个椭圆，各油膜力分量所做的功分别为

$$\begin{cases} W_{k_{xx}}^{(l)} = W_{k_{yy}}^{(l)} = 0 \\ W_{k_{xy}}^{(l)} = -k_{xy}^{(l)} A_{xl} A_{yl} \sin(\varphi_{yl} - \varphi_{xl}) = -\pi \mid C \mid k_{xy}^{(l)} (\phi_{xl}^0 \phi_{yl}^* - \phi_{xl}^* \phi_{yl}^0) \end{cases}$$

类似地

$$\begin{cases} W_{k_{yx}}^{(l)} = -\pi \mid C \mid k_{yx}^{(l)} (\phi_{yl}^0 \phi_{xl}^* - \phi_{yl}^* \phi_{xl}^0) \\ W_{d_{xx}}^{(l)} = -\pi \mid C \mid d_{xx}^{(l)} (\phi_{xl}^{02} + \phi_{xl}^{*2}) \\ W_{d_{yy}}^{(l)} = -\pi \mid C \mid d_{yy}^{(l)} (\phi_{yl}^{02} + \phi_{yl}^{*2}) \\ W_{d_{xy}}^{(l)} = -\pi \mid C \mid d_{xy}^{(l)} (\phi_{xl}^0 \phi_{yl}^0 + \phi_{xl}^* \phi_{yl}^*) \\ W_{d_{yx}}^{(l)} = -\pi \mid C \mid d_{yx}^{(l)} (\phi_{xl}^0 \phi_{yl}^0 + \phi_{xl}^* \phi_{yl}^*) \end{cases} \tag{11-18}$$

这样，由全部阻尼力和全部刚度力所做的功

$$\begin{cases} W_d^{(l)} = W_{d_{xx}}^{(l)} + W_{d_{xy}}^{(l)} + W_{d_{yx}}^{(l)} + W_{d_{yy}}^{(l)} \\ W_k^{(l)} = W_{k_{xy}}^{(l)} + W_{k_{yx}}^{(l)} \\ W^{(l)} = W_d^{(l)} + W_k^{(l)} \end{cases} \tag{11-19}$$

以上功的表达式中均含有常数因子$|C|$,这是由于复特征向量只确定到一个复常数因子的缘故。以上各式中同除以$\pi|C|$并不影响各种功之间的比例关系:

$$\begin{cases} \widetilde{W}_{k_{xy}}^{(l)} = -k_{xy}^l(\phi_{xl}^0\phi_{yl}^* + \phi_{xl}^*\phi_{yl}^0) \\ \widetilde{W}_{k_{yx}}^{(l)} = -k_{yx}^l(\phi_{yl}^0\phi_{xl}^* - \phi_{yl}^*\phi_{xl}^0) \\ \widetilde{W}_{d_{xx}}^{(l)} = -\omega d_{xx}^l(\phi_{xl}^{0^2} + \phi_{xl}^{*^2}) \\ \widetilde{W}_{d_{yy}}^{(l)} = -\omega d_{yy}^l(\phi_{yl}^{0^2} + \phi_{yl}^{*^2}) \\ \widetilde{W}_{d_{xy}}^{(l)} = -\omega d_{xy}^l(\phi_{xl}^0\phi_{yl}^0 + \phi_{xl}^*\phi_{yl}^*) \\ \widetilde{W}_{d_{yx}}^{(l)} = -\omega d_{yx}^{(l)}(\phi_{xl}^0\phi_{yl}^0 + \phi_{xl}^*\phi_{yl}^*) \\ \widetilde{W}_d^{(l)} = \widetilde{W}_{d_{xx}}^{(l)} + \widetilde{W}_{d_{xy}}^{(l)} + \widetilde{W}_{d_{yx}}^{(l)} + \widetilde{W}_{d_{yy}}^{(l)} \\ \widetilde{W}_k^{(l)} = \widetilde{W}_{k_{xy}}^{(l)} + \widetilde{W}_{k_{yx}}^{(l)} \\ \widetilde{W}^{(l)} = \widetilde{W}_d^{(l)} + \widetilde{W}_k^{(l)} \end{cases} \tag{11-20}$$

当仅有油膜力做功时,应有

$$\sum_{l=1}^{n} \widetilde{W}^{(l)} = 0 \tag{11-21}$$

式中,$n$为轴承个数。

参考文献[8]中采用了贡献系数来定义某一个特定轴承对系统稳定性的作用,定义第$l$个轴承对系统稳定性的贡献系数$A_l$:

$$A_l = -\frac{\widetilde{W}^{(l)}}{\sum_{k=1}^{n_b} |\widetilde{W}^{(k)}|} \quad (k = 1,2,\cdots,n_b) \tag{11-22}$$

其中,$n_b$为油膜力总功小于零的轴承个数。

在界限状态下,有

$$\sum_{l=1}^{n} A_l = 0 \tag{11-23}$$

由此可以得到单个轴承对系统稳定性贡献的判别准则:对于多轴承系统来说,当只需考虑轴承对系统的稳定性影响时,单个轴承对系统稳定性的贡献系数定义如式(11-22)。即所有具有正贡献系数的轴承对系统起着增稳作用;相反,具有负贡献系数的轴承对系统起减稳作用。同时,某个轴承的贡献系数越大，该轴承对系统的稳定性贡献越大；而贡献系数最小的轴承则标志该轴承在系统中处于最危险状态。

对于一个由 7 个三油楔轴承支承的大型汽轮发电机组轴系，在界限状态下，对于各轴承所计算的功和贡献系数如表 11－18 所示。

**表 11－18　轴承油膜力所做的功及贡献系数[8]**

| No | $\widetilde{W}_k$ | $\widetilde{W}_d$ | $A_l$ | $A_e$ | $\varepsilon_0$ |
|---|---|---|---|---|---|
| 1 | 0.101 3E－05 | －0.918 6E－06 | －0.940 3E－07 | 1.102 4 | 0.242 2 |
| 2 | 0.127 0E－04 | －0.114 9E－05 | －0.120 9E－05 | 1.105 3 | 0.399 7 |
| 3 | 0.928 4E－02 | －0.922 0E－02 | －0.646 1E－04 | 1.007 0 | 0.360 6 |
| 4 | 0.120 6E＋01 | －0.116 2E＋01 | －0.437 5E－01 | 1.037 6 | 0.301 2 |
| 5 | 0.108 2E＋02 | －0.107 5E＋02 | －0.747 3E－01 | 1.007 0 | 0.321 4 |
| 6 | 0.818 8E＋03 | －0.817 9E＋03 | －0.878 2E＋00 | 1.001 1 | 0.399 3 |
| 7 | 0.524 1E＋03 | －0.525 1E＋03 | 1.000 0E＋00 | 0.998 1 | 0.416 7 |

表中 $A_e$ 为 $\widetilde{W}_k$ 与 $\widetilde{W}_d$ 之比，$\varepsilon_0$ 为各轴承的偏心率。在表 11－18 中，仅 7# 轴承具有正的贡献系数，而其余 6 个轴承的贡献系数均小于零。在 1# 轴承到 6# 轴承中，根据上述判别准则，6# 轴承处于最危险的工作状态，其在一周期内给系统所输送的能量占近 90%，而这些能量主要被 7# 轴承的阻尼所耗散，因而系统中促使系统增稳的主要是 7# 轴承。从另一方面也可以看到，轴承的偏心率在复杂多支承条件下和系统稳定性并没有直接的联系，一个很有力的例证是对 6#，7# 轴承的比较：$\varepsilon_{06} \approx 0.399$，$\varepsilon_{07} \approx 0.417$——就轴承偏心率而言，两者相差甚微，但从稳定性来说，6# 轴承是促使系统发散的主要因素，而 7# 轴承则为系统耗散能量的唯一通道，两者所起作用迥然不同，这是始料未及的。

## 11.5　不同轴承对于轴系稳定性的影响

由前面关于汽轮发电机组轴系的分析实例可以看到，机组稳定性或稳定性裕度很大程度上取决于轴承型式的选择——在许多情况下，电机和励磁机这两跨轴承转子子系统对于整个轴系的影响尤为显著。

提高轴系稳定性的有效方法之一是改变轴承的结构型式。这不仅是出于改变轴承结构型式可以有效增强系统中阻尼作用的考虑，而且就工程角度而言，轴承改型也比较容易实现。轴承型式选取的依据主要来源于轴系动力学分析。以电机转子为例，当支承轴承为椭圆轴承时，虽然其稳定性比圆轴承来得好,但椭圆轴承在水平方向上所能提供的刚度和阻尼都很小,这一缺点在椭圆比较大时尤为明显。至于励磁机转子,相应的轴承负荷和工作偏心均偏小,选择圆轴承未必就是上佳方案。

就多支承轴系而言,对于轴承型式的选取,一方面固然需要考察不同型式的轴承对于各子系统的影响,更为重要的是还必须从系统层面加以综合的考量。

### 1. 电机转子的轴承选型

对于电机转子,可供选择的轴承型式很多,包括四油叶轴承、四瓦可倾瓦轴承等,这些轴承都具有很好的各向同性性能,从而有助于克服椭圆轴承各向异性的缺点,同时还可以通过调节轴承的预负荷以满足刚度、阻尼匹配的需要。

表 11-19 为一组四油叶轴承初选参数数据,各瓦张角均为70°,轴承进油压力为0.098 MPa,进油温度为45℃,平均温升 $\Delta t$ 为15℃。

**表 11-19　四油叶轴承初选参数**

| 方案 | 直径/mm | 宽度/mm | 宽径比 | 椭圆比 | 间隙比 |
|---|---|---|---|---|---|
| 1 | 451.35 | 330.84 | 0.733 | 0.5 | 3.11‰ |
| 2 | 451.35 | 315.95 | 0.7 | 0.6 | 3‰ |
| 3 | 451.35 | 315.95 | 0.7 | 0.5 | 3‰ |

按照上述数据计算得到的结果包括子系统的复特征值和对数衰减率 $\delta_i$。三种方案所求得的电机转子系统在额定工作转速下的对数衰减率分别为

$$\delta_1 = 0.32$$
$$\delta_2 = 0.31$$
$$\delta_3 = 0.27$$

在上述三种方案中,单跨电机转子系统的失稳转速均大于4 000 r/min,相应的电机阻尼临界转速列于表 11-20。

**表 11-20　各种改型方案所对应的系统阻尼临界转速 $N_{ki}^*$**

单位:r/min

| 阶次 | 一 | 二 | 三 | 四 | 五 | 六 |
|---|---|---|---|---|---|---|
| 方案 1 | 808 | 1 468 | 1 590 | 2 566 | 2 608 | >5 000 |
| 方案 2 | 1 237 | 1 590 | 1 995 | 2 620 | 3 289 | >5 000 |
| 方案 3 | 960 | 1 515 | 1 580 | 2 580 | 2 615 | >5 000 |

就稳定性来说，三种方案应当都是可行的。而方案 2 则因其第五阶阻尼临界转速（$N_{k5}^{*}=3\ 289$ r/min）所能避开的工作转速（$N=3\ 000$ r/min）范围明显不足而舍去。方案 1 和方案 3 均属可取方案，两者的区别在于：采用方案 1 时系统的一阶阻尼临界转速比采取原设计或方案 3 时的一阶阻尼临界转速降低很多。综合权衡的结果还是以方案 3 为好——尽管对数衰减率相对稍低：$\delta_3=0.27$。此时，四油叶轴承的静态工作点如表 11－21 所示。

**表 11－21　四油叶轴承静态工作点参数（方案 3）[3]**

| No | 负荷/N | 偏心率 | 偏位角 | 最小油膜厚度/μm | 比压/MPa |
| --- | --- | --- | --- | --- | --- |
| 5# | 278 075.0 | 0.451 2 | 40.88° | 73.5 | 1.95 |
| 6# | 251 605.2 | 0.444 2 | 41.78° | 79.6 | 1.76 |

采用方案 3 后，电机转子在额定工作转速下运行，稳定性裕度得到了很大的提高，低阶频率的对数衰减率由原先的 0.11 提高到 0.27，失稳转速在 4 000 r/min以上，在额定工作转速±300 r/min 范围内未发现有阻尼临界转速（见图 11－22）。系统的一阶复振型曲线如图 11－23 所示。

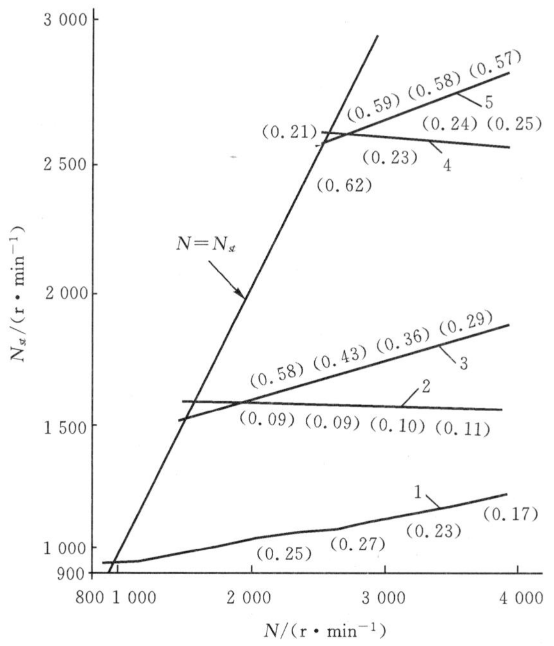


图 11－22　电机转子系统的涡动速度图

（曲线号 1,2,3,4,5 为振型阶次）

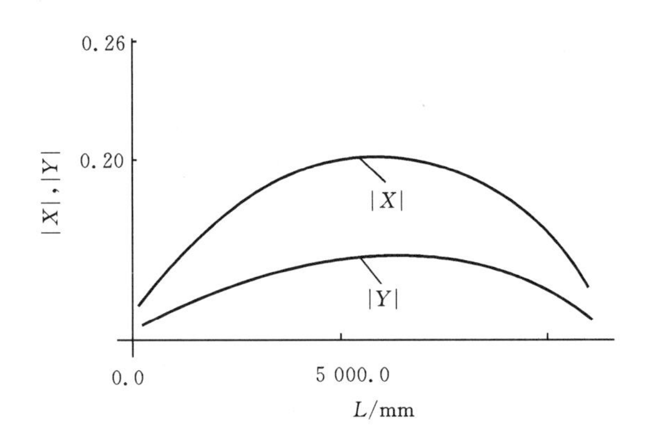


图 11-23 额定工作转速下,转子第一阶复振型(方案 3)

从额定工作转速下轴承工作状态看,采用方案 3 轴承的最小油膜厚度大于其许用最小油膜厚度(54 μm),且轴承比压也符合通行的设计原则,因此方案 3 是可行的。

计算电机转子在选取四油叶轴承后系统的不平衡响应(见表 11-22),并和椭圆轴承方案相比较,以便进一步校核。由于转子的不平衡量分布一般是未知的,通常按虚拟转子不平衡量施加,这样,在同样的不平衡分布力作用下,采用椭圆轴承方案与四油叶轴承方案 3 相比,采用方案 3 后在轴承处的轴颈不平衡响应振幅也略有下降,其他各质点振幅曲线与原先大致相同。图 11-24 为采用方案 3 后电机转子系统在额定工作转速下转子不平衡响应振幅曲线。

**表 11-22 额定工作转速下电机转子的不平衡响应幅值(方案 3)**

| 方向 | 最大振幅/μm | 最大振幅所处质点位置 | 5# 轴承 | 6# 轴承 |
|---|---|---|---|---|
| 水平 | 6.27(4.64) | 1 | 2.39(2.59) | 2.34(2.33) |
| 垂直 | 21.27(15.27) | 1 | 1.34(1.64) | 0.80(1.17) |

注:括号中所标为采用椭圆轴承方案时电机转子的不平衡响应幅值。

## 2. 支承励磁机转子的轴承选型

拟采用的励磁机转子的轴承参数见表 11-23。由特征值灵敏度分析的结果表明:改用椭圆轴承对改善系统一阶模态的对数衰减率,效果甚为显著。

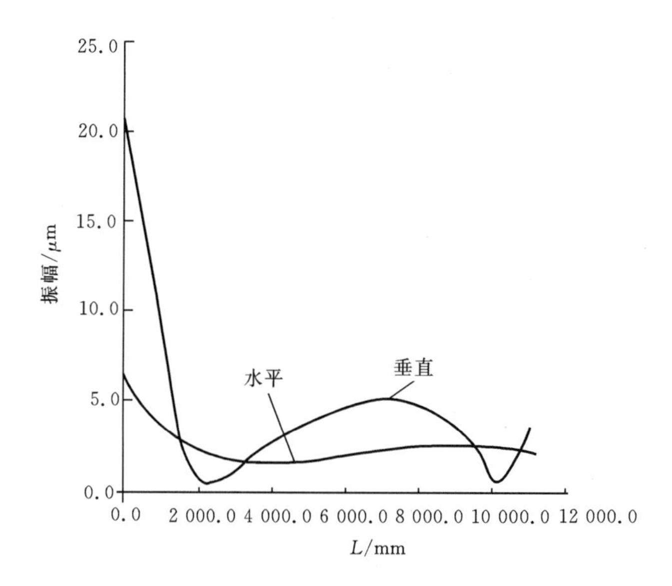


图 11－24　额定工作转速下电机转子不平衡响应图(方案 3)

**表 11－23　椭圆轴承参数选择①**

| 方案 | 直径/mm | 宽度/mm | 宽径比 | 椭圆比 | 间隙比 |
|---|---|---|---|---|---|
| 1 | 200.3 | 170.26 | 0.85 | 0.5 | 2‰ |
| 2 | 200.3 | 140.21 | 0.7 | 0.5 | 2‰ |
| 3 | 200.3 | 120.18 | 0.6 | 0.6 | 2‰ |
| 4 | 200.3 | 120.18 | 0.6 | 0.5 | 2‰ |

①瓦张角：2×150°；$p_{in}$＝0.098 MPa；$t_{in}$＝45℃，$\Delta t$＝15℃)。

对表 11－23 中四种方案分别计算在不同工作转速情况下的系统特征值。表 11－24 所列为各方案在额定工作转速下励磁机转子系统第一阶模态的涡动速度和对数衰减率及转子失稳转速。由表 11－24、表 11－25 知，显然方案 4 较好，稳定性裕度也较高，且在额定工作转速±700 r/min 范围内无阻尼临界转速。图 11－25 为对应于方案 4 的励磁机转子涡动速度图。

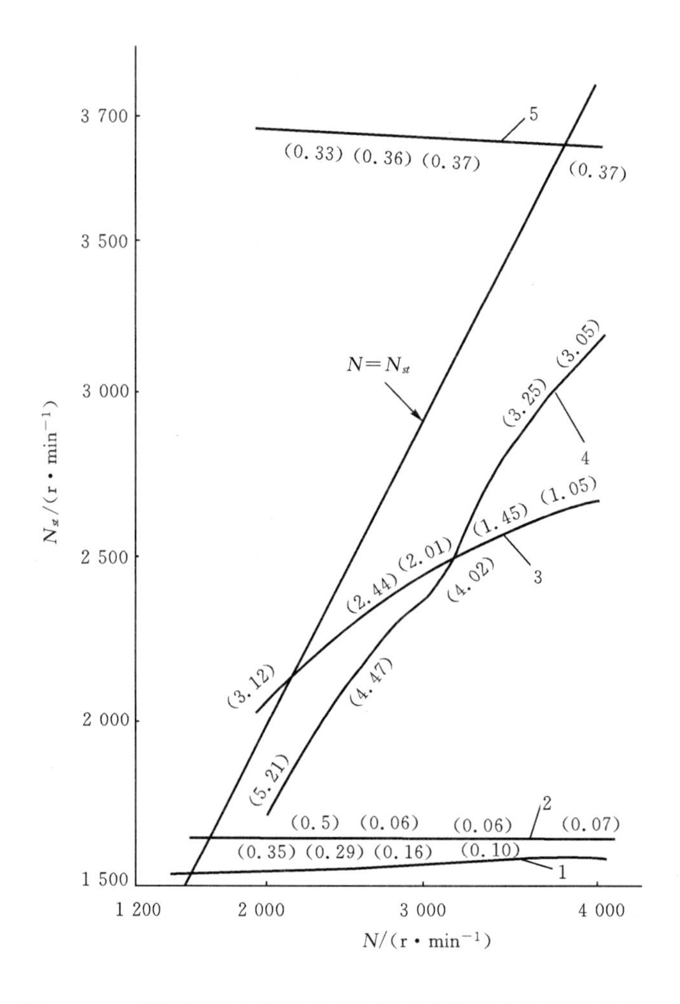


图 11-25 椭圆轴承支承的励磁机转子系统涡动速度图(方案 4)
(图中曲线号 1,2,3,4,5 为振型阶次)

**表 11-24 椭圆轴承支承的励磁机转子系统的稳定性**

| 项 目 | 方案 | | | |
|---|---|---|---|---|
| | 1 | 2 | 3 | 4 |
| 涡动速度/(r·min$^{-1}$) | 1 572 | 1 569 | 1 580 | 1 559 |
| 对数衰减率 | 0.09 | 0.11 | 0.11 | 0.16 |
| 失稳转速/(r·min$^{-1}$) | 3 750 | 4 100 | >4 000 | >4 000 |

**表 11－25　椭圆轴承支承的励磁机转子阻尼临界转速(方案 4)**

单位:r/min

| 阶次 | 1 | 2 | 3 | 4 |
| --- | --- | --- | --- | --- |
| 临界转速 $N_{ki}^{*}$ | 1 535 | 1 648 | 2 100 | 3 797 |

由表 11－26 可知，采用方案 4 后，额定工作转速下轴承的最小油膜厚度大于其许用油膜厚度值(26 μm)，其轴承比压也符合通行设计准则，因此采用方案 4 较为可行。

**表 11－26　励磁机转子系统中的椭圆轴承静态工作点参数(方案 4)[3]**

| No | 负荷/N | 偏心率 | 偏位角 | 最小油膜厚度/μm | 比压/MPa |
| --- | --- | --- | --- | --- | --- |
| 7# | 19 877.3 | 0.373 3 | 80.67° | 65.9 | 0.82 |
| 8# | 19 970.4 | 0.374 0 | 80.60° | 65.8 | 0.83 |

采用方案 4 后，对应于系统第二阶模态的对数衰减率虽然偏低，但随着转速的提高它基本保持恒定，因而该阶模态是安全的。与圆柱轴承相比，采用椭圆轴承方案后系统的第二阶模态涡动频率与对数衰减率基本保持不变，相应的复振型图 11－26 与图 11－12 也基本相同，这与前面表 11－14 中的灵敏度分析结果是完全吻合的——对于第五阶模态，表 11－14 的灵敏度分析结果显示，7# 轴承垂直方向刚度和阻尼对其有一定影响，除此之外，其它轴承的刚度和阻尼对其影响均较小。采用椭圆轴承后，较大地增加了垂直方向的刚度和阻尼，因而使得系统该阶模态的对数衰减率由原先的 0.20 增加到 0.37。随着工作转速的提高，轴承刚度、阻尼变化不大，因此该阶模态的对数衰减率基本保持在 0.37 左右不变。

椭圆轴承支承的励磁机转子不平衡响应计算结果可参见表 11－27 和图 11－27，转子不平衡量施加方法同前。与圆轴承方案相比，虽然采用椭圆轴承后在轴承处的轴颈振幅值略有上升，尤其 8# 轴承处轴颈幅值增加幅度较大，但仍然在许可范围之内，并不影响转子的安全运行。

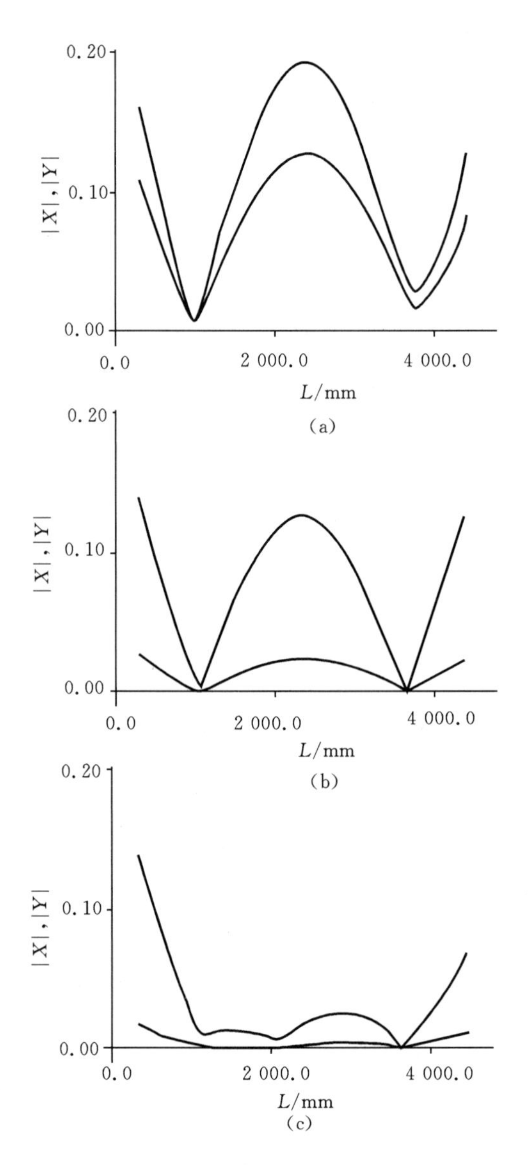


图 11-26 额定工作转速下椭圆轴承支承的励磁机转子系统的复振型(方案 4)

(a)一阶振型;(b)二阶振型;(c)五阶振型

**表 11－27　额定工作转速下椭圆轴承支承的励磁机转子不平衡响应幅值(方案 4)**

| 方向 | 最大振幅/μm | 最大振幅所处质点位置 | 7# 轴承 | 8# 轴承 |
| --- | --- | --- | --- | --- |
| 水平 | 122.69<br>(101.00) | 1 | 28.17<br>(23.14) | 25.50<br>(7.60) |
| 垂直 | 142.65<br>(118.21) | 1 | 21.63<br>(16.00) | 12.02<br>(5.19) |

注:括号中所标为未换轴承时转子的不平衡响应。

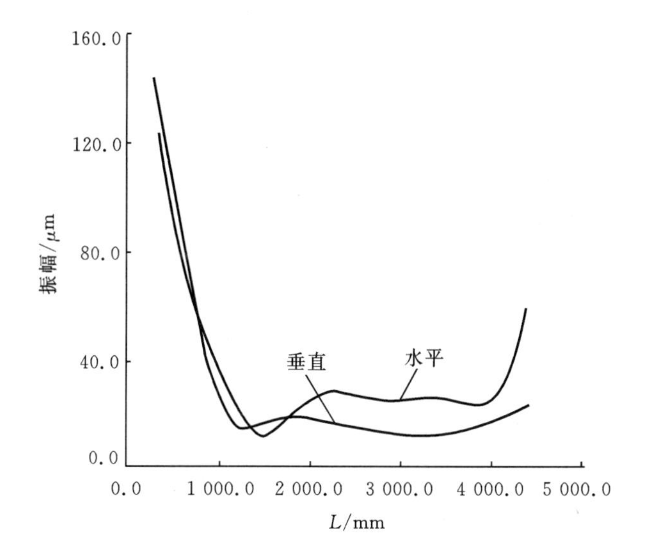


图 11－27　额定工作转速下椭圆轴承支承的励磁机转子的不平衡响应(方案 4)

### 3. 不同轴承对于电机转子与励磁机转子耦合效应的影响

当电机转子采用四油叶轴承、励磁机转子采用椭圆轴承后,两跨转子通过刚性联轴器联结耦合,系统的稳定性裕度有了很大的提高,低阶频率的对数衰减率由 0.10 提高到 0.27,失稳转速也由 3 680 r/min 提高到 4 000 r/min 以上,且在额定工作转速±300 r/min 范围内不存在阻尼临界转速(见表 11－28),轴承静态工作点参数见表 11－29。同样,系统的第一和第四阶模态分别对应于电机转子和励磁机转子的第一阶模态,参见图 11－28 和图 11－29。

**表 11-28 耦合后的电机/励磁机转子系统阻尼临界转速**

单位:r/min

| 阶次 | 一 | 二 | 三 | 四 | 五 | 六 | 七 | 八 |
|---|---|---|---|---|---|---|---|---|
| 阻尼临界转速 $N_{ki}^{*}$ | 930 | 1 530 | 1 625 | 1 790 | 2 094 | 2 630 | 2 643 | >4 800 |

**表 11-29 额定工作转速下电机/励磁机轴承的静态工作点参数**

| No | 负荷/N | 偏心率 | 偏位角 | 最小油膜厚度/μm | 比压/MPa |
|---|---|---|---|---|---|
| 5# | 275 919.0 | 0.450 8 | 40.9° | 73.8 | 1.93 |
| 6# | 237 620.6 | 0.440 1 | 42.3° | 83.3 | 1.67 |
| 7# | 38 141.6 | 0.431 3 | 69.6° | 46.9 | 1.59 |
| 8# | 17 836.0 | 0.359 3 | 82.1° | 69.1 | 0.74 |

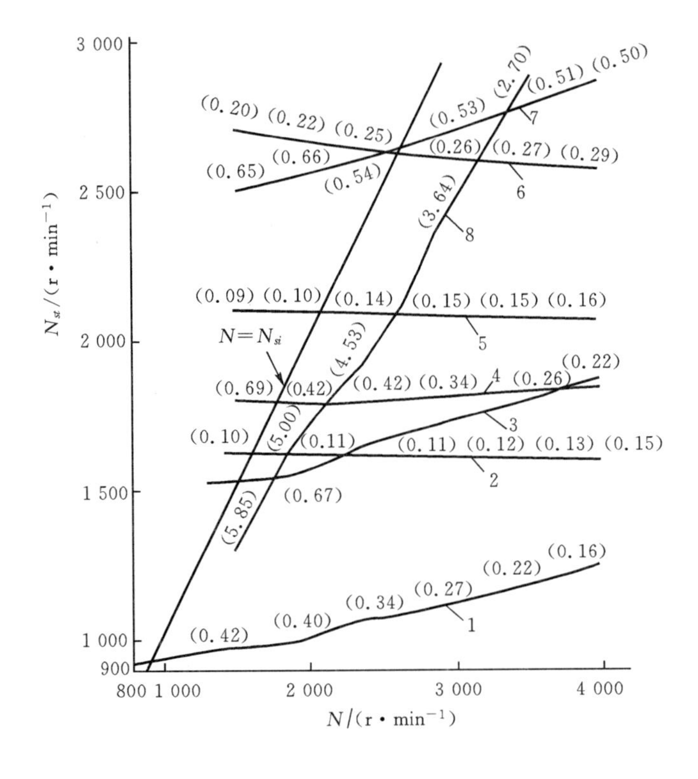


图 11-28 耦合后的电机(四油叶轴承)/励磁机转子(椭圆轴承)系统涡动速度图

(图中曲线 1,2,3,4,5,6,7,8 为振型阶次)

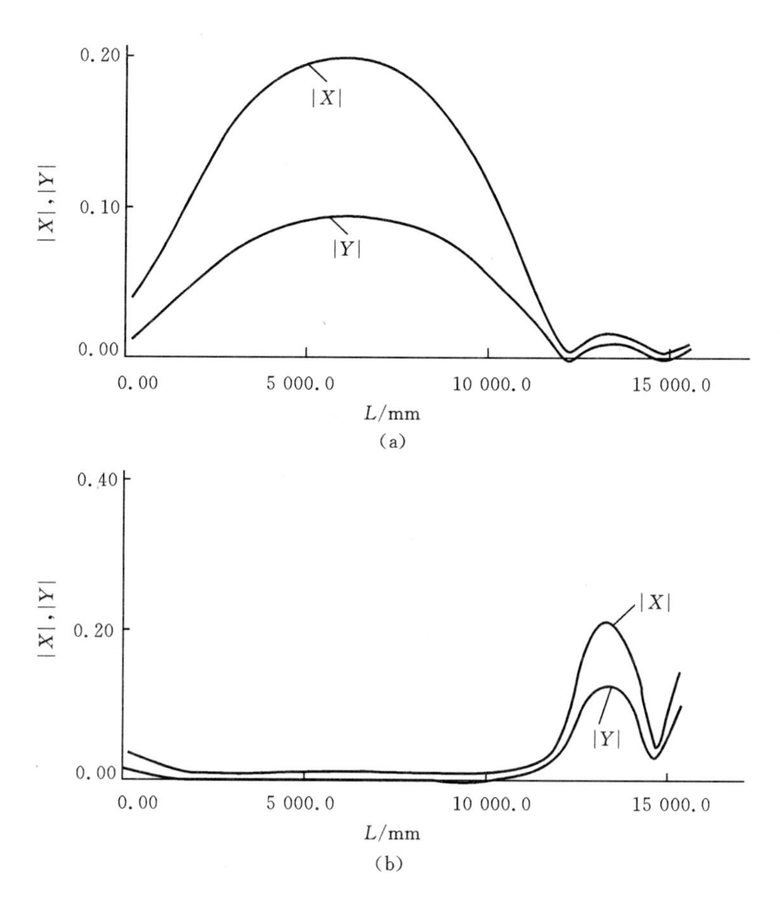


图 11－29　额定工作转速下的系统复振型图

(a)第一阶复振型图；　(b)第四阶复振型图

采用四油叶轴承支承的电机转子和椭圆轴承支承的励磁机转子耦合后的系统不平衡响应见图 11－30 和表 11－30，不平衡量施加方法同前。显然，电机端 5#，6# 轴承处轴颈振幅略有下降，而励磁机 7#，8# 轴承处轴颈振幅略有上升，总体上各质点振幅值与原先基本保持一致。

**表 11-30　额定工作转速下电机(四油叶轴承)/励磁机转子(椭圆轴承)系统的不平衡响应**

单位:μm

| 方向 | 最大振幅 | 最大振幅所处质点位置 | 5[#] 轴承 | 6[#] 轴承 | 7[#] 轴承 | 8[#] 轴承 |
|---|---|---|---|---|---|---|
| 水平 | 6.09<br>(5.19) | 1 | 2.14<br>(2.33) | 1.91<br>(2.01) | 0.71<br>(0.54) | 0.29<br>(0.12) |
| 垂直 | 22.23<br>(15.60) | 1 | 1.48<br>(1.83) | 0.92<br>(1.33) | 0.31<br>(0.22) | 0.21<br>(0.10) |

注:括号中所标为更换轴承前的系统不平衡响应值。

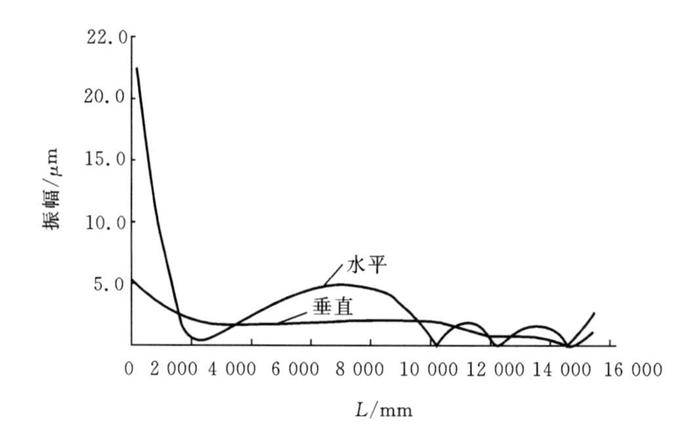


图 11-30　额定工作转速下电机(四油叶轴承)/励磁机转子(椭圆轴承)系统不平衡响应振幅

## 4. 不同轴承对机组轴系动力学性能的影响

以下讨论当电机转子采用四油叶轴承、励磁机转子采用椭圆轴承而其余支承轴承型式保持不变情况下,整个汽轮发电机组轴系的动力学性能。

1) 轴系稳定性

整个机组轴系在不同转速下的系统特征值($N$=2 500～4 000 r/min)以及各阶涡动速度 $N_{si}$ 和对数衰减率 $\delta_i$ 的计算结果见图 11-31 和图 11-32。机组轴系阻尼临界转速以及各轴承的静态工作状况可参见表 11-31 和表 11-32。

表 11 - 31　机组轴系阻尼临界转速

单位：r/min

| 阶次 | 一 | 二 | 三 | 四 | 五 | 六 | 七 | 八 | 九 | 十 |
|---|---|---|---|---|---|---|---|---|---|---|
| 阻尼临界转速 $N_{ki}^{*}$ | 890 | 1 490 | 1 784 | 1 800 | 2 032 | 2 104 | 2 150 | 2 204 | 2 230 | 3 380 |

表 11 - 32　机组轴系在额定工作转速下的轴承静态工作点参数

| No | 承载瓦块号 | 负荷/N | 偏心率 | 偏位角 | 最小油膜厚度/μm | 比压/MPa |
|---|---|---|---|---|---|---|
| 1# | 2,3 | 114 424.8 | 0.823 9 | 0.0° | 68.6 | 1.74 |
| 2# | 1,2,3,4 | 117 178.6 | 0.774 9 | 0.0° | 97.3 | 1.31 |
| 3# | 2,3 | 291 824.4 | 0.897 4 | −1.43° | 147.0 | 1.49 |
| 4# | —— | 351 604.4 | 0.754 0 | 43.41° | 125.8 | 2.60 |
| 5# | —— | 214 110.4 | 0.433 2 | 43.19° | 89.4 | 1.50 |
| 6# | —— | 245 186.2 | 0.442 3 | 42.02° | 81.3 | 1.72 |
| 7# | —— | 37 338.0 | 0.430 3 | 69.91° | 47.4 | 1.55 |
| 8# | —— | 17 894.8 | 0.359 7 | 82.03° | 69.0 | 0.74 |

由图 11 - 31、图 11 - 32 和表 11 - 31 可知，在电机转子采用四油叶轴承、励磁机转子采用椭圆轴承后，整个轴系的稳定性有了很大提高，低阶模态对数衰减率由 0.08 提高到 0.27，失稳转速由 3 490 r/min 提高到 4 000 r/min 以上，且整个轴系在额定工作转速±300 r/min 范围内未发现有阻尼临界转速，机组轴系最薄弱环节仍然对应于电机转子的第一阶模态，其次为与励磁机转子一阶模态相对应于的第四阶模态（见图 11 - 33）。

2）不平衡响应计算

在电机转子采用四油叶轴承、励磁机转子采用椭圆轴承而其余支承轴承型式保持不变情况下，整个轴系在额定工作转速下的不平衡响应计算结果见图 11 - 34 和表 11 - 33，不平衡量施加方法同前。可以看到，轴系各点振幅与原先相比，基本相似、无重大变动。

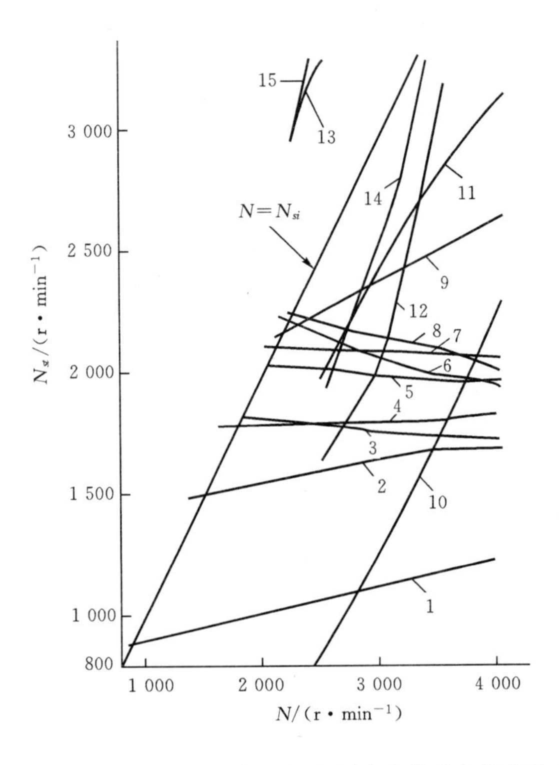


图 11-31 机组轴系涡动速度图(图中曲线号为振型阶次)

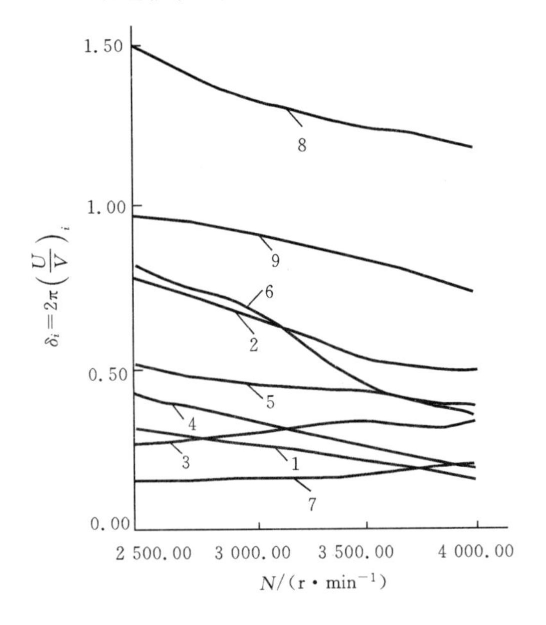


图 11-32 机组轴系各阶模态所对应的对数衰减率(图中曲线号为模态阶次)

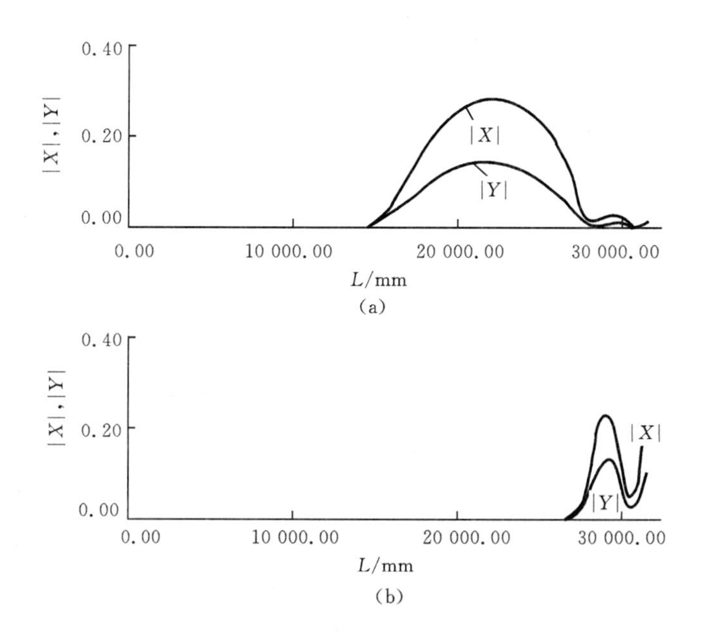


图 11-33　机组轴系振型

(a) 额定工作转速的轴系第一阶复振型；(b) 额定工作转速的轴系第四阶复振型

**表 11-33　额定工作转速下机组轴系的不平衡响应幅值**

单位：μm

| 方向 | 最大振幅 | 1# 轴承 | 2# 轴承 | 3# 轴承 | 4# 轴承 | 5# 轴承 | 6# 轴承 | 7# 轴承 | 8# 轴承 |
|---|---|---|---|---|---|---|---|---|---|
| 水平 | 6.74 | 0.02 | 0.03 | 0.09 | 0.18 | 1.34 | 1.83 | 1.18 | 0.98 |
| | (6.98) | (0.01) | (0.03) | (0.11) | (0.19) | (1.39) | (1.89) | (0.74) | (0.32) |
| 垂直 | 6.16 | 0.02 | 0.05 | 0.06 | 0.06 | 0.59 | 0.70 | 0.50 | 0.55 |
| | (6.06) | (0.05) | (0.03) | (0.07) | (0.11) | (0.81) | (1.02) | (0.42) | (0.24) |

注：括号中所标为轴承改型前轴系的不平衡响应幅值。

通过对电机转子和励磁机转子的轴承改型计算，得到如下结论：

(1)电机转子 5#，6# 轴承更换为宽径比为 0.7，预负荷系数为 0.5，间隙比为 3‰，直径为 451.35 mm，4×70°且载荷作用于瓦上的四油叶轴承后，转子在额定工作转速下低阶模态对数衰减率由 0.11 提高到 0.27，失稳转速由 3 740 r/min提高到 4 000 r/min 以上，稳定性裕度有了很大改善，且额定工作转速±300 r/min 范围内无阻尼临界转速。

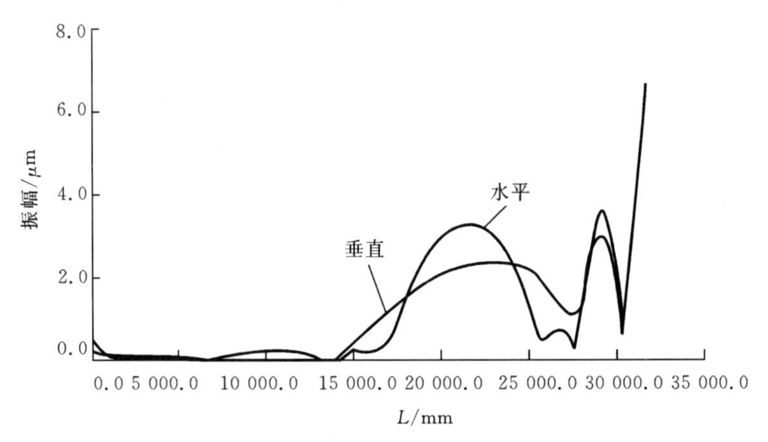


图 11-34 机组轴系在额定工作转速下的不平衡响应振幅

(2)励磁机转子 7#,8# 轴承更换为长径比为 0.6,椭圆比为 0.5,间隙比为 2‰,直径为 200 mm,2×150°的椭圆轴承后,转子在额定工作转速下低阶模态对数衰减率由 0.04 提高到 0.16,失稳转速亦由 3 240 r/min 提高到 4 000 r/min 以上,极大地提高了转子的稳定性裕度,且额定工作转速±700 r/min 范围内无阻尼临界转速。

(3)更换轴承后,电机转子与励磁机转子耦合系统的稳定性也比原先有了很大提高,对应于电机型的一阶模态对数衰减率由 0.10 提高到 0.27,对应励磁机型的第四阶模态对数衰减率由 0.29 提高到 0.34,系统失稳转速也在 4 000 r/min以上,且额定工作转速±300 r/min 范围内无阻尼临界转速。

(4)机组轴系经轴承改型后,额定工作转速下对应于电机型的一阶模态的对数衰减率由 0.08 提高到 0.27,对应于励磁机型的第四阶模态的对数衰减率由 0.28 提高到 0.34,失稳转速均在 4 000 r/min 以上,极大地提高了轴系的稳定性。

(5)在系统的薄弱环节处着手,增加系统的稳定性,比在其他环节处更为直接和有效。最后要指出的是,对于电机、励磁机轴承的选型并不一定非要采取上述方案不可,也可以选择其他轴承型式,比如对电机、励磁机轴承均采用预负荷系数不为零的四瓦可倾瓦轴承,同样可以得到增加系统各向同性性能、增强刚度和阻尼(特别是水平方向上)的效果,从而达到极大地改善系统稳定性的目的。

# 参考文献

[1] 吴季兰．汽轮机设备及系统[M]. 北京：中国电力出版社，1998.

[2] 张晓英．200 MW，300MW 汽轮发电机组轴系稳定性研究[D]. 西安：西安交通大学，1993.

[3] 崔峥. 复模态分析在大型汽轮发电机组动力学分析中的应用[D]. 西安：西安交通大学，1993.

[4] 汽轮机径向滑动轴承性能计算方法(JB/Z209－84)[S]. 机械工业委员会部颁标准，北京，1984.

[5] Yu Lie, Xie You Bai, Zhu Zhen, et al. Self-Excited Vibration of Rotor System with Tilting-Pad Bearing[J]. 中国机械工程学报：英文版，1990，3(2).

[6] 徐龙祥，朱均，虞烈．可倾瓦轴承支承的转子系统稳定性研究[J]. 应用力学学报，1987，4(3).

[7] 李建国，朱均，虞烈．多个滑动轴承支承的转子系统稳定性研究[J]. 应用力学学报，1990，7(3).

[8] Xu L, Zhu J, Yu L. Contribution Factor of Bearings for Rotor-Bearing System Stability[J]. Journal of Vibration and Acaustics, 1993, 115(1).

# 第12章 重型燃气轮机组合转子中接触界面的力传递机制

## 12.1 引 言

### 12.1.1 重型燃气轮机发展概况

燃气轮机循环在热力学上称为“布雷登循环”。燃气轮机由压气机、燃烧室及透平三大部件组成,如图12-1所示。

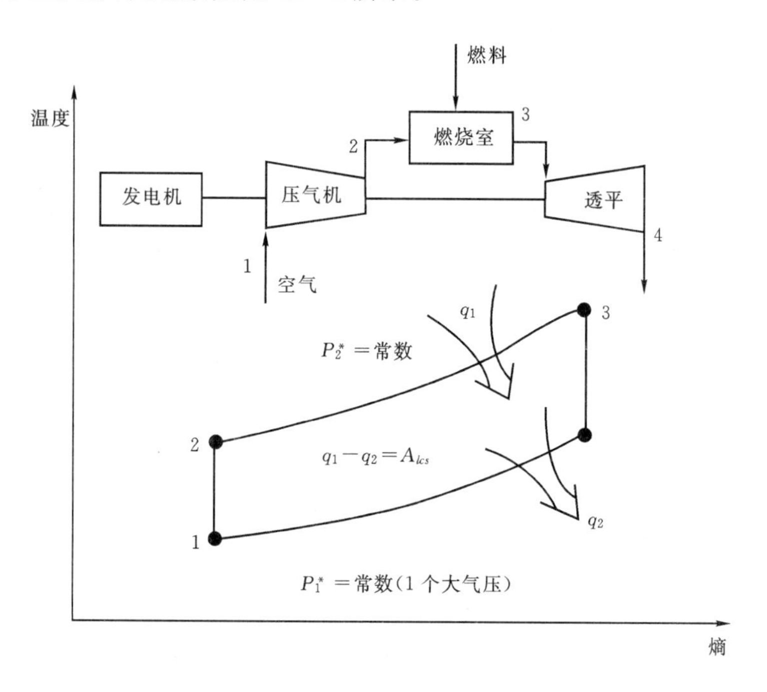

图12-1 理想的布雷登循环

空气在压气机中从状态1被压缩到状态2,然后在燃烧室中吸收热量 $q_1$,被等压加热至状态3;高温燃气在透平中膨胀做功后至状态4。膨胀做功量大于压缩空气的耗功量,于是就产生了有效输出功率来驱动发电机及其它负载。从状态4到状态1为等压放热过程，即将做功后的余热 $q_2$ 排往大气。显然对于理想循环，有效输出功率 $A_{lcs}=q_1-q_2$。

燃气轮机问世70余年来，因其在航空、舰船驱动、火力发电等领域的广泛应用而获得巨大发展，特别是作为战舰、战机及战车等武器装备的动力装置而备受各国政府重视，成为国家战略性重大装备[1,2]。

燃气轮机因涉及众多学科领域及工业基础领域，昂贵的研发、试验及制造费用而具有很高的技术门槛，被誉为机械制造工业皇冠上的宝石。至今，世界上能独立开发设计及制造燃气轮机的国家屈指可数，燃气轮机的研发技术被少数国际大公司高度垄断，成为不可能转让的核心技术。

**1. 燃气轮机发展历程**

1791年，英国人巴贝尔(J. Barber)首次提出了燃气轮机(Gas Turbine)的概念并描述了其工作过程，在之后长达140多年的时间内，人们提出了多种燃气轮机设计方案，经过许多试验，均因原材料的耐高温性能差、效率低等原因而告失败。然而，研发燃气轮机的努力始终没有停止。

1939年，瑞士BBC公司制造成功第一台4 MW发电用燃气轮机，机组效率为18%，装于地下电站作为备用电源使用，这是世界上第1台工业用燃气轮机。

德国由奥海因(V. Ohai)设计的推力为4 900 N的发动机，在通过地面试车后，于1939年装在飞机上试飞成功，成为第1台用于航空的燃气轮机。1939年以后，燃气轮机技术得到迅速发展，其应用领域逐渐扩大。1941年，由瑞士生产的第1辆燃气轮机机车通过试验；英国制造的第1艘装备燃气轮机的舰艇于1947年下水；1950年英国制成第1辆燃气轮机汽车[4,5]。

燃气轮机的主要优点是重量轻、体积小，单位重量功率密度大，达到1～5 $kg\cdot kW^{-1}$ (蒸汽轮机加锅炉功率密度为29 $kg\cdot kW^{-1}$左右)，启动加速快，设备简单，布置紧凑。

从20世纪60年代到现今50多年来，燃气轮机发展迅猛，工业燃气轮机向高效率、长寿命、低排放及大型化方面发展。最具代表性的是发电用重型燃气轮机，其简单循环效率已达40%，使用寿命达10万小时以上，排气NOx含量小于25 ppm，单机功率高达340 MW。航空用燃气轮机(简称航机)的发展亦向高初温、高压气机压比、重量轻、功率大(即大推重比)方向发展，目前先进航机初温已达1930℃，压比达40，推重比达到10以上(见图12-2)。

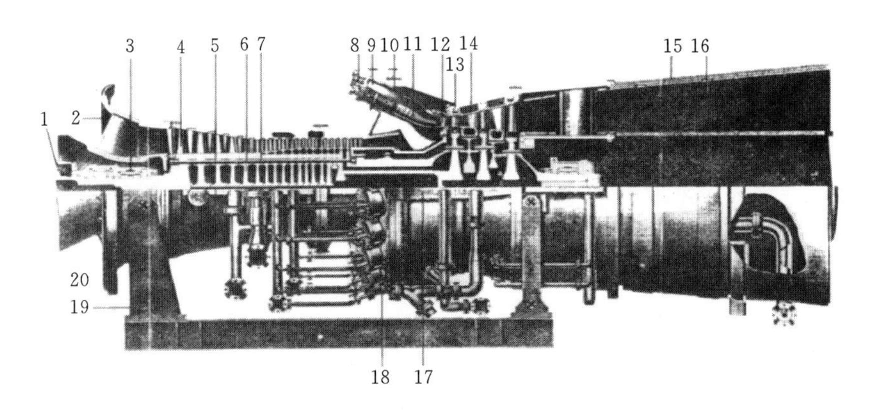


图 12-2 MS9001FA 机组的纵剖面图

1—负载联轴器接出处;2—轴向/径向进气机匣;3—轴颈轴承;4—压气机叶片;5—压气机;6—压气机转轮;7—拉杆结构;8—燃料喷嘴;9—燃烧室火焰管;10—逆流式燃烧室;11—燃烧室过渡段;12—透平的喷嘴组件;13—第一级静叶环;14—透平动叶片;15—排气扩压器;16—排气热电偶;17—水平中分面;18—燃烧室的安装面;19—刚性前支撑;20—进气口定位

**2. 现代重型燃气轮机技术**

燃气轮机自 1939 年研制成功以来,经过 40 年代的初步发展,生产了第一代工业上实用的燃气轮机,并积累了运行经验。这期间工业燃气轮机主要用于航机和舰船。20 世纪 50 年代,航空用燃气轮机基本取代了活塞式发动机,并且大量的航机结构设计经验被应用到了陆海用燃气轮机上,使陆海用燃气轮机的结构由传统的重型向轻型转变。60 年代,轻型结构燃气轮机的经济性和可靠性经受了考验,被成批改造为陆用装置,单机功率达到 100 MW,传统重型结构燃气轮机被逐渐淘汰,调峰发电用燃机及舰船驱动用燃机(主要用于海军舰艇驱动)迅猛发展。70 年代,受石油价格提高和西方国家因空气污染对排放限制的影响,低效率发电燃机使用遇到困难,新型高效航机改为陆海用则极为盛行(如 GE 的航改机 LM5000 等)。尽管航机采用轻型结构,能实现快速启动和较高的运行效率,但缺点是使用寿命短,不能燃用重油等燃料,也不能满足地面发电用燃机长寿命的要求。因此,既有轻型结构,又有较长使用寿命,能燃用重油的工业型轻结构燃机应运而生。

80 年代以来,由于燃气轮机快速启停、低压损、高初温、强冷却的要求,工业型轻结构成为重型燃机的发展主流,在此期间,重型燃气轮机不仅用于调峰,而且用于承担基本负荷发电。在此阶段,主要的重型燃气轮机制造厂商有美国的 GE,WH,瑞士的 BBC 和西德的 KWU 等,日本的三菱公司自 1961

年引进美国WH技术后,也于1984年制造出自主产权的第1台重型燃机。

1)现代重型燃气轮机技术发展趋势

随着世界经济的复苏和发展,对电力的需求越来越大,西方发达国家出于对减排和保护环境考虑,对传统的电力结构进行了很大的调整,即降低了燃煤发电机组装机容量比例,提高了清洁能源发电的比例。因此,在20世纪90年代以后,欧洲、美国、日本等发达国家和地区大力发展燃气轮机联合循环发电,在强大的市场需求驱动下,现代重型燃气轮机技术得到迅速的发展。

现代重型燃气轮机要满足常规火力发电机组要求:第一,在带基本负荷运行时应具有高的效率和低的燃料消耗(热耗);第二,应满足调峰运行要求,而燃气轮机启停高的灵活性使其与常规汽轮机发电机组相比具有得天独厚的优势;第三,重型燃气轮机长期运行时还应有高的安全可靠性,即较长的使用寿命,尤其是热通道部件的使用寿命;第四,重型燃气轮机连续运行时应有较低的污染物排放。

为了满足上述要求,现代重型燃气轮机技术发展呈现以下特点:

(1)循环效率不断提高。

21世纪以来,各大重型燃气轮机制造公司均在致力于提高重型燃气轮机单循环和联合循环效率,最主要的手段是提高燃气初温、初压(即提高压气机压比)及充分利用燃机排气余热。

现代重型燃气轮机以燃气初温、初压及功率等级为界限划为不同的级别,如GE的B级系列、E级系列、F级系列、H级系列,ALSTOM的GT13E2,GT26系列,SIEMENS的V94.2,V94.3A,SGT5-8000H系列,MHI(三菱重工)的M701D,M701F,M701G,M501H,M701J等。目前,使用较多的重型燃气轮机级别情况见表12-1。

**表12-1 重型燃气轮机级别划分**

| 级别 | 燃气初温/℃ | 压气机压比 | 功率/MW | 典型机型 |
|---|---|---|---|---|
| E | 1250 | 11～14 | 120～160 | 9E,GT13E2,<br>M701D,V94.2 |
| F | 1400 | 15～17～30 | 240～270 | 9FA,GT26,<br>V94.3A,M701F |
| G | 1500 | 25 | 334 | M701G |
| H | 1500 | 23 | 340 | 9H,M501H,<br>SGT5-8000H |
| J | 1600 | | 450 | M701J |

重型燃气轮机燃气初温提高受制于高温材料的研发、隔热涂层(或称为热障涂层)技术及冷却技术。燃机透平高温动、静叶片,尤其是动叶片不但在高温高速旋转条件下工作,而且还要适应因工况变化带来的温度剧变,叶片材料会面临热应力、热疲劳、热腐蚀及蠕变等严重的强度寿命问题,因此耐高温合金的研发是提高燃气初温的基本条件。热障涂层(TBC)技术的不断进步也为提高燃机初温创造了条件。近年来高性能 TBC 制备技术使高温叶片隔热性能和抗高温热腐蚀能力大为提高。燃机透平高温叶片及燃烧室均需要冷却,先进的冷却设计和冷却结构可降温 500～800℃,是提高燃气初温的必要条件。重型燃机燃气初温提高的历史情况见图 12-3。由图可见,目前最先进的重型燃机燃气初温已达 1 600℃,例如三菱重工 MHI 的 M701J 型燃机。

从燃气轮机循环的角度看,提高效率在提高初温的同时还应提高初压,即压气机压比。现代三维 CFD 技术及试验技术的发展,使压气机广泛采用跨音速叶栅、可转导叶,单级压比和整机压比均不断提高。目前,最高压气机压比已达 30(ALSTOM 公司的 GT26 燃机),压比增大的历史情况见图 12-3。

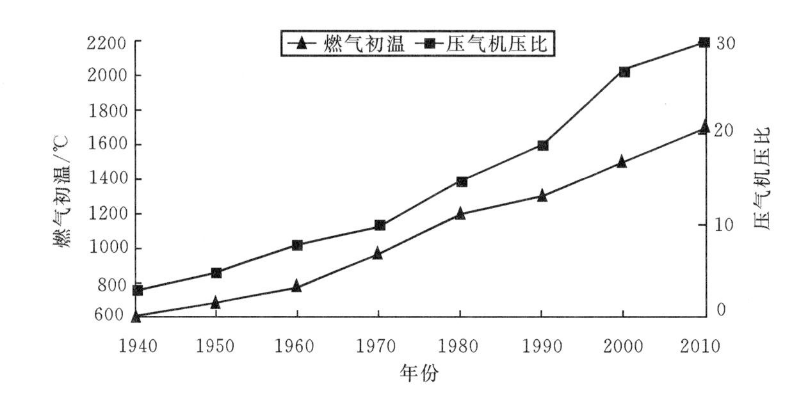


图 12-3　燃气初温及压气机压比提高的历史情况

为了充分利用燃机排气余热以提高重型燃机循环效率,现代重型燃机均采用联合循环方式运行,即用余热锅炉(Heat Recovery Steam Generator)来回收燃机高温排气的热量,所产生的蒸汽用于蒸汽轮机发电。目前,最先进的重型燃气轮机联合循环的效率已超过 60%,是迄今为止大型发电机组所能达到的最高效率。

表 12-2 给出了 MHI 目前使用的一些典型重型燃气轮机循环效率情况,可以看出循环效率不断提高的趋势。

表 12 - 2　MHI 典型重型燃气轮机循环效率和功率情况

| 效率＼机型 | M701DA | M701F3 | M701F4 | M701G2 | M701J |
|---|---|---|---|---|---|
| 单循环效率/(%) | 34 | 38.2 | 39.4 | 39.5 | ～41 |
| 单循环功率/MW | 144 | 270 | 310 | 334 | ～450 |
| 联合循环效率/(%) | 52 | 57 | 58 | 59 | ～61 |
| 联合循环功率/MW | 210 | 400 | 460 | 500 | ～680 |

(2)单机功率不断增大。

重型燃气轮机单机功率的增大除取决于循环焓降(即初温、初压)外，还取决于燃气的流量，而燃气流量则由通流面积、流速和密度决定。要增大燃气流量就必须增大压气机进气量，进而增大压气机叶片长度和流速；燃气流量增大还将带来燃烧室直径和数目的增加及透平叶片长度的增加。因此，单机功率增大必然带来燃机结构的大型化，进而带来结构强度、振动和安全可靠性问题。材料技术、空气动力学技术、计算流体力学(CFD)技术、有限元结构强度分析技术以及转子动力学等技术的不断进步和发展，推动了重型燃气轮机单机功率的不断增大(见图 12 - 4)。目前，世界上单机功率最大的燃机为西门子制造的 SGT5-8000H 型重型燃机，单循环出力为 340 MW。

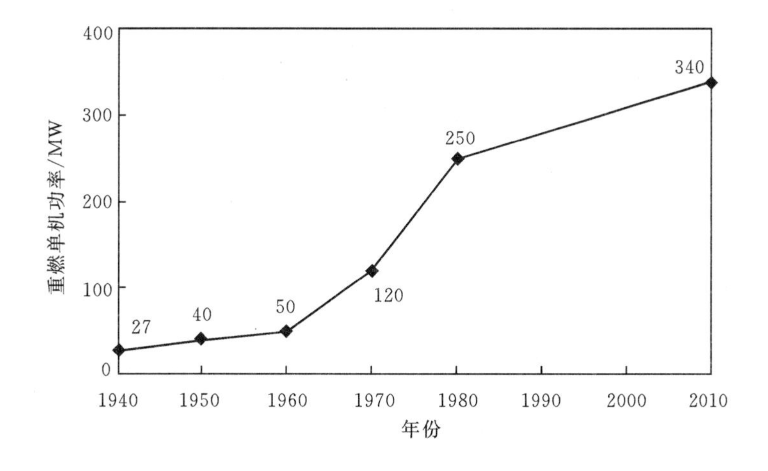


图 12 - 4　燃气轮机功率增大趋势

(3)适用燃料热值范围宽广。

现代重型燃气轮机在节能、减排和煤的洁净燃烧方面承担重要角色,除燃烧常规的轻油(LHV=4 3100 kJ·$kg^{-1}$)、重油(LHV=40 600 kJ·$kg^{-1}$)、标准热值的天然气(通常 LHV=35 600~36 100 kJ·$Nm^{-3}$)外,还可燃烧低热值的高炉煤气(LHV=3 900~4 000 kJ·$Nm^{-3}$)、中热值的焦炉煤气(LHV=16 300~18 000 kJ·$Nm^{-3}$)及中低热值的合成气(如整体煤气化合成气 LHV=3 350~10 470 kJ·$Nm^{-3}$)。整体煤气化联合循环 IGCC 为煤炭的清洁利用提供了广阔的前景。针对不同的热值燃料,必须对燃机压气机、燃烧室和燃气透平三大核心部件及辅助系统进行相应的改进设计。以燃烧煤气化合成气的燃气轮机为例,合成气的发热量一般仅为天然气的 10%~30%,因此,在维持燃气透平前初温不变的条件下,合成气的体积流量需要增加 3~9 倍,合成气供应系统的尺寸大大增加。若维持透平叶片的通流能力即燃机出力基本不变,则必须减小压气机尺寸,即减少空气流量,否则将可能导致压气机喘振;同样,燃烧室也必须进行彻底改进以适应合成气的燃烧特性。最后,随着热值燃料的不同,整个燃机的控制系统也应当进行相应的变更与调节。

(4)运行维护性能不断改进。

随着设计试验技术的不断进步,高温合金制造技术、热障涂层制备技术及先进冷却技术的不断发展,重型燃气轮机热通道高温部件可靠性不断提高,使用寿命不断延长,如透平第 1 级动叶片寿命可高达 72 000 EOH(等效运行小时)。在压气机第 1 级动叶进口前采用可转导叶(即 IGV)以及在压气机中间级加装防喘振放气阀,可提高燃气轮机启停及变工况运行的灵活性和可靠性。当然,对于承担调峰任务(如采取每天两班制(16 h)运行)的燃气轮机而言,低应力水平的结构设计及先进可靠的控制系统和保安系统配备也是至关重要的。

现代重型燃气轮机的结构设计均力求简单、紧凑、模块化、快装式并易于维护,在例行检修及故障处理时能够方便、快捷地进行,以提高机组可用率。

重型燃气轮机制造业的发展涉及到设计、制造加工、试验等多方面的高端技术,重型燃气轮机被誉为制造业的皇冠,其发展历程也必然是非常艰难的。以三菱重工(MHI)重型燃机的发展过程为例,从引进 WH 核心技术起步,到消化、吸收、再创新推出具有自主知识产权的机型,其间共历时 20 多年,如图 12-5 所示。

1963—1984 年:为引进 WH 核心技术消化、吸收、再创新时期,历时 21 年,初温 1 150℃。

1984—1989 年:由 M701D 发展到 M701F,历时 5 年,初温提高 200℃,达 1 350℃。

1989—1997 年:由 F 级发展到 G 级,历时 8 年,初温提高 150℃,达 1 500℃,G 级燃机燃烧室采用蒸汽冷却。

1997—2001 年:由 G 级向 H 级发展,进一步扩大蒸汽冷却至透平第 1、第 2 级动静叶,但因蒸汽冷却可靠性问题,H 级燃机未投入商业应用。该阶段历时 4 年,初温未提高,仍为 1 500℃。

2001—2011 年:由 G 级、H 级向 J 级发展,历时 10 年,仍采用空气冷却技术,初温提高 100℃,达 1600℃;联合循环效率达 60%以上。

2011 年至今:由 J 级向未来级发展,初温再提高 100℃,达 1 700℃,为日本国家项目,联合循环效率可达 62%～65%。

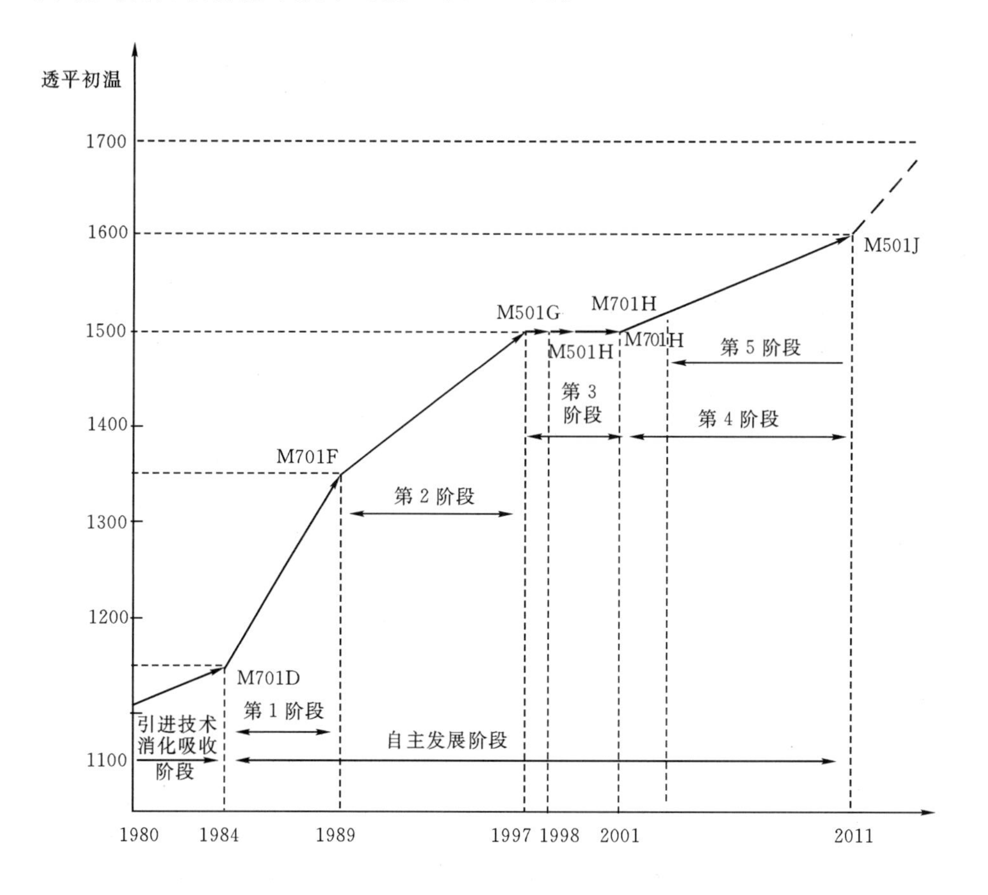


图 12-5 MHI 重型燃机发展历程(1963—2011 年)

从MHI的重型燃机发展历程可以看出:① 初期1 350℃及以下级别燃机发展速度较快,每年初温可提高50℃。这是由于在此温度等级高温合金材料、热障涂层及冷却技术相对成熟,因此初温提高较快。② 第2阶段发展速度放缓,每年初温提升19℃。因为初温提高到1 500℃,需要性能更优良的高温合金、更好的热障涂层及更先进的冷却方式。③ 第3阶段探索透平动、静叶采用蒸汽冷却方式,难度非常大,这4年初温未得到提升。④ 第4阶段发展速度较慢,采用更先进的空气冷却技术使初温提高50℃,采用隔热性能更好的热障涂层使初温再提升50℃,这些措施的技术挑战性更大,尚需经过样机的运行验证。⑤ 第5阶段1 700℃级先进燃机开发实际开始于2003年,经过8年的开发,目前初温仅能达到1 600℃,要将初温再提升100℃,将面临更大的困难。预计应在冷却技术、热障涂层及高温合金性能等方面实现新的突破后方能实现。

重型燃机的发展追求燃气初温、初压提高及高效率,但初温提高受限于冷却技术、热障涂层技术及高温合金材料的研发水平。初温提高到一定程度后,越来越困难,即使提高50～100℃,亦需要数年甚至10年的努力。初压的提高需要研发先进高效、高压比压气机,要以较少的级数实现高的压比(如J型燃机压气机压比达23,仅15级,平均级压比为1.23,压气机低压级均为跨音速流动),压气机设计难度非常大。高的燃烧温度将使$NO_X$排放增加,如何既保持高的燃烧温度,又要降低$NO_X$排放,这对燃烧室设计带来极大的挑战。

目前,世界重型燃气轮机技术已发展到很高水平。在我国自主研究、发展重型燃气轮机的进程中,三菱重工和其它发达国家的发展经验非常值得我们学习和借鉴。

2)现代重型燃气轮机结构特征

(1)重型燃气轮机总体结构。

如图12-2所示,现代重型燃气轮机典型结构的设计特点为:

① 整体式结构设计。压气机、燃烧室及燃气透平均放置在一个分段刚性连接的缸体内组成燃机本体,燃机本体安装于底座上。燃机辅助设备(Balance of plant,BOP)成模块分置于燃机本体两侧。这种快装式结构设计有利于电厂现场安装并便于运输。

② 冷端(即压气机端)驱动负载。其优点是燃气透平高温排气(通常580～590℃)可直接与余热锅炉相联,有利于减少流动损失;缺点是压气机所需要传递的载荷(扭矩)大,压气机传扭结构需特殊设计。

③ 压气机气缸通常由进气缸、压气机缸及燃压缸三部分组成。三缸采用垂直法兰面连接。分段结构的优点是：

各段缸体因工作温度不同可选用不同的材料。

每段气缸较短，便于加工制造。

分段连接处便于放气口结构设计。压气机静叶的安装方式通常有两种，其一为先将静叶焊接或组装成静叶环，再将静叶环装入气缸中（MHI采用该方式）；其二为直接将静叶装入气缸中（GE采用该方式）。压气机进口可转导叶设有专用的外部驱动系统来驱动，既要保证驱动的可靠性（不卡涩），又要防止转轴与缸体间转动间隙漏气。

④ 燃烧室结构通常有圆筒型、分管型、环型和环管型。为了降低NOx排放，现代燃烧室多采用DLN（Dry low NOx）设计，即燃料和空气在燃烧前相互掺混，形成稀释状态的均匀的预混可燃气体，在值班火焰外较低的温度下燃烧，从而显著降低NOx的排放。先进的燃烧室设计，NOx排放可达15 ppm以下。重型燃气轮机燃烧室多达18～20个，安装支撑在燃压缸上。燃烧室工作温度高达1 800～2 000℃，因此均设计有完备的空气冷却系统以确保其安全可靠运行。而对于G级、H级以上等级的燃气轮机来说，因其燃烧温度更高，还需要采用换热能力更强的蒸汽来进行冷却。燃烧室的火焰管及过渡段内表面均采用陶瓷热障涂层（TBC）以降低基材金属温度，防止高温氧化腐蚀及减小基材金属温度的不均匀性。

⑤ 燃气透平通常由3～4级组成。各级静叶环装入持环中，持环安装在透平气缸上，持环与静叶顶部形成的腔室有冷却空气流入冷却。各级动叶安装在透平转子叶轮上，动叶顶部与透平气缸之间采用护环隔离，护环安装在透平气缸上。因直接与高温燃气接触，故护环沿圆周方向分为许多扇形段，以减小热应力和提高抗热冲击能力。燃气透平1～3级静叶工作温度在800～1 400℃范围，均已超出高温合金材料允许的工作温度上限，因此都需要采取内部冷却。透平动叶除在高温环境下工作外，还必须在高速旋转条件下承受包括离心力、热应力、负载在内的复合应力综合作用，运行条件更加严酷。对于动叶而言，既需要采用内部冷却结构，又要求叶片本身具有良好的结构强度及抗振性能，因此对于动叶设计、制造的要求更高。透平动叶叶身和叶根之间的中间体均采用长中间体设计，长中间体结构的优点是：

——有利于减少叶片对轮盘的传热，当配合以空气冷却后，可大大降低叶根齿和轮缘处的温度；

——有利于改善第一对叶根齿的承载条件和叶根应力的不均匀程度；

——可以合理地利用高温镍基合金在650～810℃出现的“塑性低谷”现象,设计时使塑性低谷正好出现在受力相对简单的中间体区域,避开了材料的性能“短腿”。

在重型燃气轮机核心技术中,透平叶片的冷却技术是至关重要的。冷却技术的限制是透平燃气初温难以大幅度提高的主要障碍。众所周知,燃气初温的提高主要取决于耐高温合金材料的研发和提高冷却效果两方面的技术。据统计:近40年来高温材料的工作温度平均每年提高10℃左右,而叶片冷却技术的改进对于燃气初温提高的贡献大致相当于材料研发效果的两倍。因此,先进的透平叶片冷却技术的采用使燃气初温得以不断提高。

在透平叶片冷却介质的选择上,蒸汽因其换热系数高,冷却能力强,一直是关注的重点。特别是在燃气轮机联合循环电站中,余热锅炉能够提供稳定的蒸汽来源,使得燃气轮机透平叶片采用蒸汽冷却成为可能。1995年,GE率先提出在其新一代H级燃气轮机透平第1、第2级动静叶采用闭式蒸汽冷却,机组于1998年5月完成了全速空负荷试验,1999年11月完成了出厂前试验。随后,MHI及西门子也展开了采用蒸汽冷却透平叶片的H级燃气轮机研发,并相继开发出了样机。采用蒸汽冷却有三个优点:其一是提高了燃气初温(如GE的9H燃气初温为1 427℃,比9FA的1 316℃提高了111℃,MHI及西门子均将燃气初温提高至1 500℃);其二是蒸汽冷却动、静叶片所吸收的热量可用于汽轮机做功,从而提高了能量的利用率;其三是蒸汽冷却动、静叶片替代了来自压气机的冷却空气,增大了进入透平做功的空气流量,从而增大了燃气轮机的出力。以上三方面均可提高联合循环效率,与F级相比,H级燃气轮机联合循环效率可提高两个百分点,达到60%,这是迄今为止火力发电设备所能达到的最高效率。

透平叶片采用蒸汽冷却也有其固有的缺点:一是蒸汽闭式冷却替代了叶片型线表面的气膜冷却(通常气膜冷却可大大降低叶片表面的温度)使叶片表面温度较高;而叶片内壁因冷却充分温度较低,因此沿叶型壁厚方向的温度梯度增大,叶片的热应力较高,必须采用单晶高温合金材料才能满足强度要求,燃机成本高。二是冷却蒸汽的纯度要求很高,蒸汽进入叶片冷却前必须经过充分有效的过滤,去除有害的颗粒和离子,否则将直接影响叶片的使用寿命。过滤和蒸汽品质监测装置的增加使系统复杂并降低了可靠性。三是冷却蒸汽通过转子进入和流出动叶的整个通道必须采用动、静件之间的有效密封,以防止因泄漏而带来的转子内部不良的温度梯度和附加热应力,进而影响可靠性和效率。一台燃气轮机冷却蒸汽密封点多达数百个,其可靠性保障的难度是可想而知的。

鉴于透平叶片蒸汽冷却的实施难度，从 20 世纪 90 年代末开始直到现在的十多年中，H 级燃机仍然迟迟未能投入商业运行。

目前，透平动、静叶采用空气冷却技术不断完善，通过优化冷却设计及采用先进的组合冷却方式，燃气进口初温已可达 1 600℃，如 MHI 的 J 型燃气轮机，其单机出力可达 450 MW，2010 年底完成样机制造，2013 年投入商业运行。透平叶片采用蒸汽、空气双工质冷却的初温 1 700℃ 重型燃气轮机也正在研发中。

(2)重型燃气轮机转子结构。

燃气轮机快速启停的要求决定了其转子的结构特征，即采用多轮盘拉杆式或盘鼓式焊接结构。这种结构的优点是重量轻，热容量较小，刚性和强度高，启停时膨胀收缩自如，热应力小。

目前，世界上四大重型燃气轮机制造商的重型燃气轮机转子结构各不相同。其中，GE 和 MHI 的结构类似，但细节上有差异。图 12-6 为 GE 公司 MS6001B 型燃气轮机转子结构图。压气机轴头及各级轮盘由均布在同一半径上的多根外围拉杆拉紧连接，由各级轮盘的压紧端面来传递扭矩，各轮盘之间则依靠中心处的止口来定位。为减小转子旋转时拉杆因离心力作用而产生的弯曲应力，可在沿拉杆长度方向上采用多点凸台结构设计，以形成拉杆凸台与轮盘过孔间的过渡配合、降低拉杆弯曲应力以及提高拉杆随动振动频率。

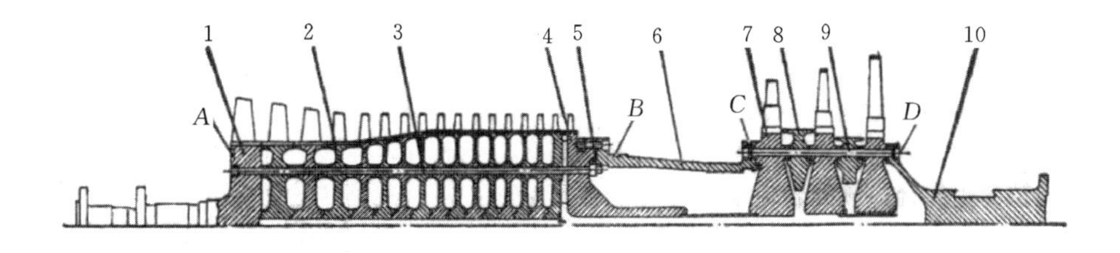


图 12-6　MS6001B 型燃气轮机转子

1—压气机第一级叶轮与前半轴；2—压气机的中间叶轮；3—压气机的拉杆；4—压气机的末级叶轮与半轴；5—连接螺栓；6—过渡轴；7—透平叶轮；8—透平的级间轮盘；9—透平的拉杆；10—透平的后半轴；*A*,*B*,*C*,*D*—动平衡加配重处

拉杆两端的螺母均需采取防松脱设计，MS6001B 型机组中拉杆前端采用异型螺母防松动，后端采用八角螺母与过渡轴内圆表面贴合防松动(见图 12-7)。燃气透平转子同样采用多轮盘外围拉杆连接方式，依靠各轮盘间压

紧面上的摩擦力传递扭矩。

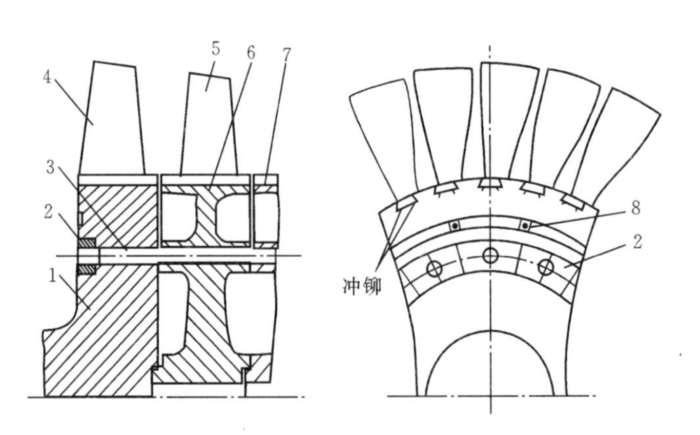


图 12-7 MS6001B 型机组中压气机前几级转子的结构详图

1—第一级轮盘与前半轴；2—扇形螺母；3—拉杆螺栓；4—第一级动叶；5—第二级动叶；6—第二级轮盘；7—第三级轮盘；8—平衡配重

图 12-8 为 Siemens 公司燃气轮机转子结构图，虽然同样采用多轮盘拉杆式结构，但所采用的是中心拉杆，通过各轮盘外缘压紧面处的端面齿来实现对中、压紧和扭矩传递。这种结构具有如下优点：各轮盘之间不需要定位止口，运行过程中当各轮盘由于温度不同导致热膨胀不一致时，两轮盘间的端面齿可相互滑动并自动对中，从而减少了相互之间的作用力[3]。中心拉杆结构型式的转子拆装方便，但是对于端面齿加工精度要求高，制造也较为困难。

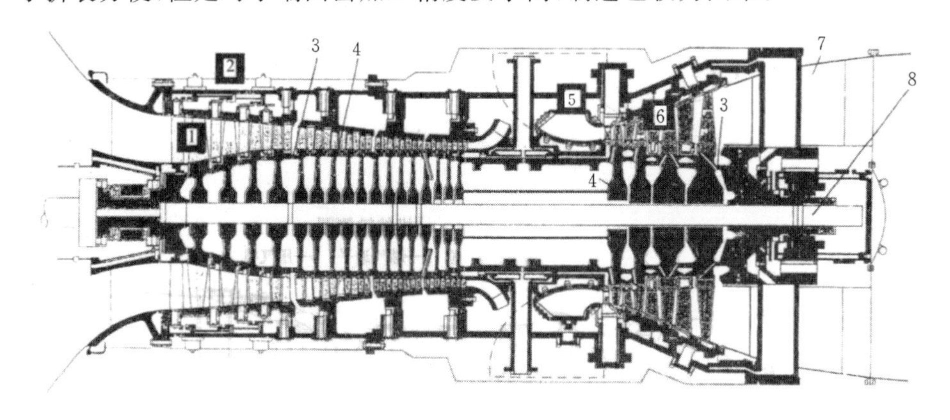


图 12-8 中心拉杆的盘鼓式转子结构

1—压气机转子；2—多排可调的压气机静叶；3—端面齿；4—轮盘；5—有空气冷却的燃气透平的进气壳体；6—燃气透平的转子；7—排气扩压器；8—中心拉杆

图 12-9 为 ALSTOM(ABB)公司燃气轮机 GT13E2 转子结构图，仍采用类似于盘鼓式结构，但盘鼓式锻件及两端轴头间采用焊接方式连接。其优点是结构简单、机加工量少、刚性及轴稳定性好，不会出现各轮盘间的松动现象，也不会出现拉杆腐蚀、开裂等故障。其缺点是转子质量大，对于焊接工艺的要求较高。

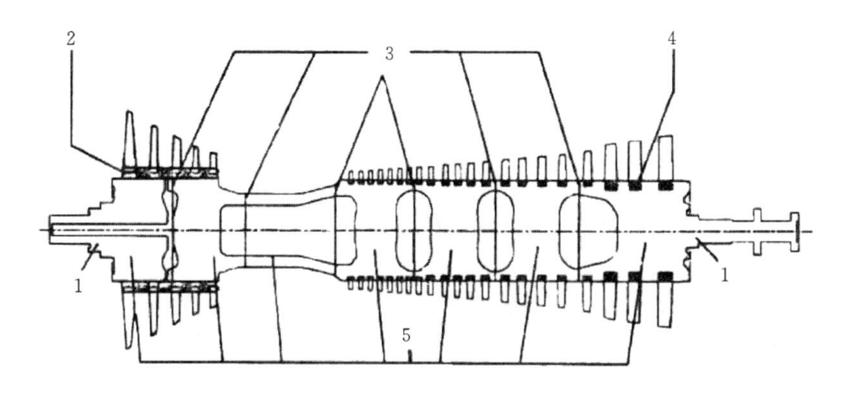


图 12-9　GT13E2 机组的盘鼓式焊接转子

1—半轴；2—枞树形叶根槽；3—焊接缝；4—周向叶根槽；5—大型盘鼓锻压件

图 12-10 为某 F 级燃气轮机转子结构图。压气机轴头和各级轮盘采用 12 根径向均布外围拉杆拉紧，轮盘之间除利用压紧端面摩擦传递扭矩外，还装有若干骑缝扭力销辅助传扭。透平轮盘及轴头之间亦采用径向均布外围拉杆拉紧，但轮盘之间依靠端面齿来传递扭矩及对中，端面齿有非常高的加工精度要求和齿面接触要求，齿面为“鼓型”曲面，需采用专用高精度数控磨床磨削加工而成，如图 12-11 所示。

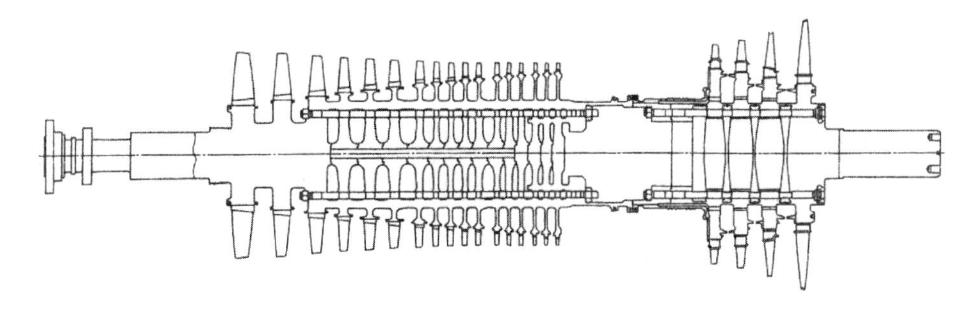

图 12-10　某 F 级燃气轮机周向拉杆盘式转子

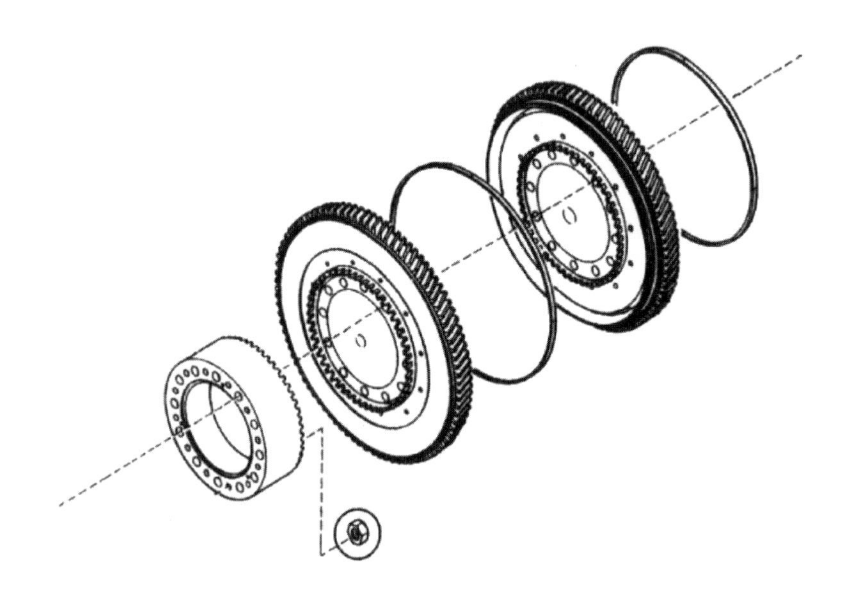

图 12-11 某F级燃气轮机透平轮盘结构图

(3)重型燃气轮机支承轴承。

现代重型燃气轮机转子重达 90～100 t,转速为 3 000 r/min,属于高速重载运行,加之启停频繁、承担调峰任务、工况变化较剧烈,因单机功率大、转子传递的扭矩也很大,故转子轴颈直径达 500 mm 以上。上述运行条件必然对重型燃气轮机转子的支承轴承提出更高的要求——大尺寸、重载、稳定性好、耗功小、结构简单、易于维护等。

经过多年的运行实践,重型燃气轮机转子的支承方式已逐步趋向一致,即采用双轴承支承。双轴承分别位于压气机和燃气透平转子的两端,使燃气轮机的总体结构最为简单。通常透平端(热端)轴承称为 1# 轴承,压气机端(冷端)轴承称为 2# 轴承,推力轴承位于 2# 轴承处,如图 12-12 和图 12-13 所示。

位于透平排气端的 1# 轴承外层必须通过冷却空气进行冷却,某F级燃气轮机 1# 轴承座通过6根切向支承支撑在排气缸体上,运行时,排气缸的膨胀和收缩均不至于导致 1# 轴承中心位置产生较大的变化,从而保证转子与静子之间的良好对中。

1#、2# 支承轴承采用固定瓦-可倾瓦复合式轴承——轴承的上半部为固定瓦,下半部由两块可倾瓦组成。润滑油由上半部两个进油孔进入轴承后,经过上半部固定瓦油槽沿旋转方向进入下半部提供轴瓦润滑,再经排油孔排出。重型燃气轮机轴承设计比压一般都在15～20 kg·cm$^{-2}$之间；轴瓦结构也多采用多层材料复合结构，例如，三层结构的可倾瓦可采用表层为巴氏合金、中层为铜衬、底层为钢基的材料结构，同时采用大流量润滑油冷却，以确保轴承良好的散热、冷却性能和高速重载条件下运行的可靠性。

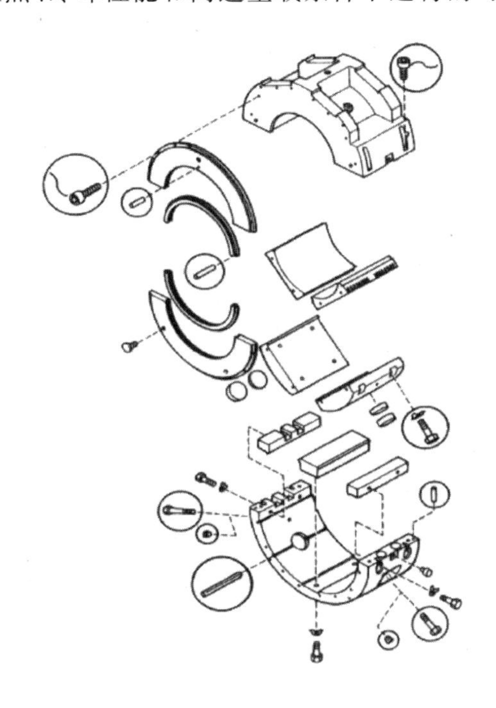

图12-12 某F级燃气轮机1#轴承装配图

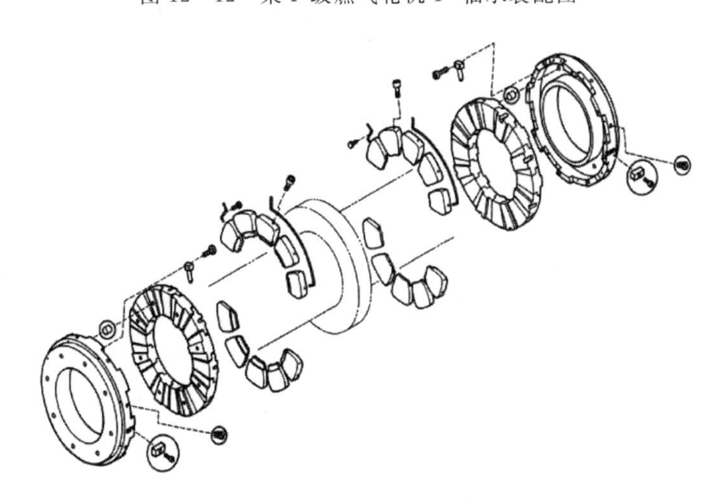

图12-13 某F级燃气轮机2#推力轴承装配图

推力轴承一般采用单推力盘结构。推力瓦块采用弹性的基环支承。位于冷端的2#轴承的轴承座则采用落地式以支承燃机,转子冷端与被驱动的汽轮机或发电机连接,汽轮机转子轴承(或发电机转子轴承)也采用落地式支承,从而保证了燃机转子与被驱动转子运行时的对中。

## 12.1.2 重型燃气轮机轴承转子系统研究的相关问题

轴承和轴系作为各类大型旋转机械的核心技术,为系统功能集成提供总体结构保障,同时也是系统或整机灾难性事故的多发区和诱发源,因而始终为科学界和工程界所密切关注[6-8]。

重型燃气轮机轴系的主体由高精密、拉杆结构、组装式盘式转子和柔性支承轴承组成。高温、复杂流动、大载荷等严酷服役条件可能诱发的振动、冲击、噪声、摩擦、疲劳、蠕变等多种因素都会对转子系统的结构完整性以及动力学行为产生重要的影响。

重型燃气轮机工作参数极端化和服役环境的恶劣性,对于机组轴系动力学的理论研究和实验研究是同等重要的。这些研究应当包括:

### 1. 重型燃气轮机转子的结构强度与应力应变演化规律

目前,大多数重型燃气轮机的转子都采用了多轮盘拉杆式组合结构,依赖中心拉杆或周向拉杆将轮盘及其他部件连接成整体,周向定位则依靠径向齿校准;和传扭销一道,径向齿还起着传递转矩的作用。组合转子的制造与连接方式大都来源于航空发动机技术,现代涡桨涡轴发动机采用圆弧端面齿和中心拉杆连接方式,并可在以下方面获益:转子同心度易于保证;便于装拆;端面齿设置有利于保证扭矩的传递等。

由于重型燃机转子结构的特殊性和复杂性,无论是中心拉杆式还是周向拉杆式组合转子,其受力变形以及轴系的整体动力行为都无法再按照传统连续弹性体的方法来处理。

轴系的大功率传递以及转子结构的复杂性使得对于组合转子结构完整性研究,包括组合转子中接触界面的力传递机制,转子各部件的应力应变与结构强度分析,以及盘式拉杆转子在启动正常运行和停机全过程应力应变演化规律的研究,显得尤为重要。

首先是关于盘式拉杆转子中接触界面的力传递机制研究。虽然表面接触在工程中广泛存在,如机床导轨与工作台之间,齿轮齿面之间,以及本文所涉及的如盘式拉杆转子各轮盘部件间的界面接触等，但它们各自所起的作用并不相同。从物理模型和数学描述上来说，也不能将其归为同一种类型。它们的相同点在于，都可能出现因接触而产生的局部应力集中；接触界面只传递压力而不传递拉力，因而接触力具有不可逆性和单向性，相应的动力系统都属于非光滑系统，并具有非线性的典型特征。不同点在于，对于机床导轨与工作台，齿轮齿面间的接触问题，其特殊性在于两接触界面之间均存在相对运动；相反，在盘式拉杆转子中，绝大部分的界面接触都不允许相对位移发生——无论在正常运行状态抑或是非正常工况下。

对于具有相对运动界面接触的处理方法，一般说来，不能简单地延拓并用于对于重型燃机转子接触界面的处理。从严格意义上来说，在组合转子预紧装配、预紧饱和直至转子各个不同的运行阶段，转子各部分的应力应变分布是一个复杂的演变过程，在这里，对于转子各部分应力应变分布平均水平的估计和演化规律的提取是至为重要的。

同时，在重型燃机中，叶片轮盘、端面齿以及周向拉杆设置都属于典型的循环周期性结构，失谐是重型燃机转子轴系发生的常见故障之一，从调谐结构走向失谐结构所引发的问题更多的是导致振动的局部化，能量局部聚集，微观应力集中乃至部件局部疲劳损坏，对于失谐周期结构的振动与能量传播规律的研究就显得尤为重要的[9-11]。

**2. 预紧组合转子的基本解和固有频率的界限估计**

对于周向拉杆组合转子的处理，实际上包含了两类对象的处理：拉杆和通过拉杆预紧而成的盘式转子。

就拉杆而言，包括对于拉杆随动运动的数学描述、拉杆固有频率的计算和设计以及拉杆预紧力的大小选择。拉杆转子轴向预紧力的确定取决于多种因素，如承受载荷及传递功率大小、材料性能与服役温度等。预紧力过小，转子的结构完整性无法得到保证，导致局部应力集中、界面分离、开裂甚至无法正常传递扭矩；预紧力过大，一方面同样会造成拉杆、螺母的局部应力集中，另一方面还将导致其他连接零部件材料强度储备的降低。以下原则大致可以用来确定周向拉杆转子轴向预紧力的选择：

(1)预紧力需要保证转子正常工作时各连接界面不发生松脱及开裂，亦即在各种载荷作用下预紧力都能够大于可能出现的松弛力。

(2)在各种载荷的联立作用下，各关键零部件也不致于因应力集中而损坏。

(3)预紧力的大小需要保证转子具有良好的动力特性,亦即需要考虑预紧对于转子动力特性的影响。

对于盘式拉杆转子轮盘接触界面的数学表达,如何给出轴向预紧力的上下限以及对于预紧组合转子固有频率的界限估计,对于指导工程设计具有重要的理论及工程价值。

**3. 重型燃机转子轴承系统非线性动力分析**

在线性范围内,转子轴承系统动力学研究的主要任务实际上只有两个:

(1)抑制系统的稳态振动水平。包括改进转子的动平衡精度;在系统动力学分析的基础上进行轴系设计,将临界转速调整到额定工作转速之外;引入足够的阻尼以限制通过临界转速时的振动水平。

(2)提高转子系统的稳定性以及在任何情况下避免亚同步或低频振动的发生。尽可能地提高转子系统的固有频率;从源头上消除或减少不稳定干扰性源;增加系统阻尼以提高系统的稳定性界限转速超出其正常工作转速范围。

对于一个转子轴承系统的动力学分析通常包括以下程序:

① 对转子系统建模,包括轴、轮盘等,并决定其自由振动固有频率;

② 对于支承元件,如液体润滑轴承和密封单元等,计算这些连接单元的机械阻抗,如刚度、阻尼系数等;

③ 对于不同的转子工作转速进行系统的本征值分析,本征值分析的任务在于给出系统所对应的固有频率和相应的阻尼比(包括刚体模态和弯曲振动模态),以判断系统是否存在有不稳定问题;

④ 系统同期激励分析,以估算系统在越过临界转速时可能出现的最大振幅是否超限,以及传递到轴承座上的动态力。

上述研究内容仅仅是针对线性动力分析而言的,线性动力分析的最大缺陷在于强行将自激励和强迫激励割离开来,而只有在非线性动力学范畴内,才有可能将系统的自激励和强迫激励动力行为真正统一到一起讨论。

目前,对于大型机组的轴系稳定性动力学设计仍然以线性动力学理论为主,然而在实际机组中,一些零部件却往往具有较强的非线性动力特性,最重要的非线性激励源包括油膜力、密封力、不均匀蒸汽间隙力等,其中非线性油膜力是最主要的非线性激励源[12]。

根据线性理论的设计往往并不能精确说明机组的运行规律,按线性设计应是安全的机组可能会在工作转速下提前产生油膜振荡而导致事故,设计也可能偏于安全而造成浪费,因此必须采用非线性动力学理论才能够深入揭示机组的真实运动规律[12]。

对于轴承转子系统的非线性动力分析最终被归结为对于非线性常微分方程组的求解,包括系统的周期及平衡点解、伪周期解和混沌解等,而迄今对大型机组轴系的非线性动力学问题的研究还不是十分成熟[13-16]。存在的问题主要有:由于非线性动力分析所获得的解对于初值的强烈依赖性和敏感性,相当一部分研究结果缺乏正确性的客观性验证;一些研究过分夸大了非线性因素的作用从而失去了工程应用价值。就大型汽轮发电机组或燃气轮机而言,对于系统振动的考查除了工频之外,运用非线性动力分析方法通常只要追溯到系统的低频或亚同步振动就已经足够了,参考文献[6]对国内近年进行的旋转机械非线性动力学和振动理论的研究状况进行了分析、评价,指出现有研究在内容、方法上所存在的问题,其中对于一些经验式的研究严重脱离工程实际的批评是中肯的。

对于一些重要的非线性激励因素,例如油膜力,未必具有精确的表达形式,如果能够给出足够精确的解析表达抑或其界限值无疑对于非线性问题的分析是极为有利的。

#### 4. 重型燃机组合转子的柔性支承设计

尽管对于大型机组支承轴承形式的选择并不具有唯一性,但在大型机组中采用固定一可倾瓦轴承成为通行的选择方案之一。这一方案也同样适用于重型燃机的轴承设计,固定一可倾瓦轴承结构一方面可以吸收可倾瓦轴承稳定性好的优点,另一方面可以克服单纯可倾瓦轴承在某些工况下上瓦卸载的缺点。对完全由可倾瓦组成的轴承而言,并非在所有的偏心率下,都能够找到系统的静态工作点或平衡点,以至于造成系统死区和力学性能的不完备。需要考虑的问题包括:

1)重型燃机固定-可倾瓦轴承静、动态性能数值计算

由于重型燃机轴承的重载特性,对于轴承支点弹性变形的计算以及计入瓦块弹性变形的弹性流体动力润滑解的获得,需要经过反复的迭代过程[1-3,6-8,9-12,17-27]。

2)支承结构自适应对中

对重型燃机而言,另一个需要考虑的特殊问题是对于机组热端部分支承结构的设计。在靠近压气机端,支承轴承与机座可以采用简单的刚性连接方式,而在靠近热端透平部分,由于转子轴向及径向温度分布的不均匀性,机座

沿轴向及周向的热膨胀将对轴承性能和机组轴系的动力学行为产生极大的影响,因此首先应当考虑的是必须能够保证机组在水平方向上的自由热松弛,同时需要将由于机座热膨胀而导致的热态不对中现在到最低水平,其中包括采用切向支承结构和对支承结构刚度、振动模态合理的选择。

**5. 重型燃机组合转子的热振动研究**

盘式拉杆转子的特殊性决定了这一类转子的结构完整性容易遭到破坏,尤其是在高温服役环境下,由于启、停机过程中温度不均匀而造成的转子热变形和热弯曲,都有可能使得转子系统的质量和刚度重新分布,导致轴系不平衡加剧,从而影响转子系统的振动特性和运行质量。以往对于热振动特性的研究,大都限于关于简单板、梁的线性和非线性的热振动特性[17-24],极有必要加强关于重型燃机组合转子热振动机理的研究,以便更加深入地把握这类大型机组的动力学性能[25-27]。

**6. 盘式拉杆组合转子动力学设计方法与准则**

从系统层面开展重型燃机组合转子动力学设计的研究对于自主发展我国的重型燃气轮机制造业具有尤为重要的意义,包括在线性范围内对于重型燃机转子轴承系统的线性动力学分析和非线性验证,以及包括轴系模拟实验和全尺寸轴承轴系动力学实验在内的实验研究等。

## 12.2 接触界面力传递模型评述

在工程应用领域广泛存在着表面接触,例如盘式拉杆转子的各轮盘之间、机床导轨与工作台之间、齿轮齿面之间等。

目前,大多数重型燃气轮机的转子都采用了多轮盘拉杆式组合结构,依赖中心拉杆或周向拉杆将轮盘及其他部件连接成整体(见图 12-8 和图 12-10)。由于接触界面只传递压力而不传递拉力,因而接触力具有单向性,这是组合转子之所以区别于连续转子最根本的特点;且摩擦力通常是静摩擦而不是动摩擦。端面齿、拉杆连接的优点不仅在于同心精度保证,易于拆装,还包括了减少制作难度,减轻结构重量。

和整体式转子不同,在组合转子中大量采用了界面接触以实现转子的力与扭矩传递,除叶根与叶榫之间的接触外,直接影响组合转子结构强度的界面接触主要包括以下四类(见图 12-14):

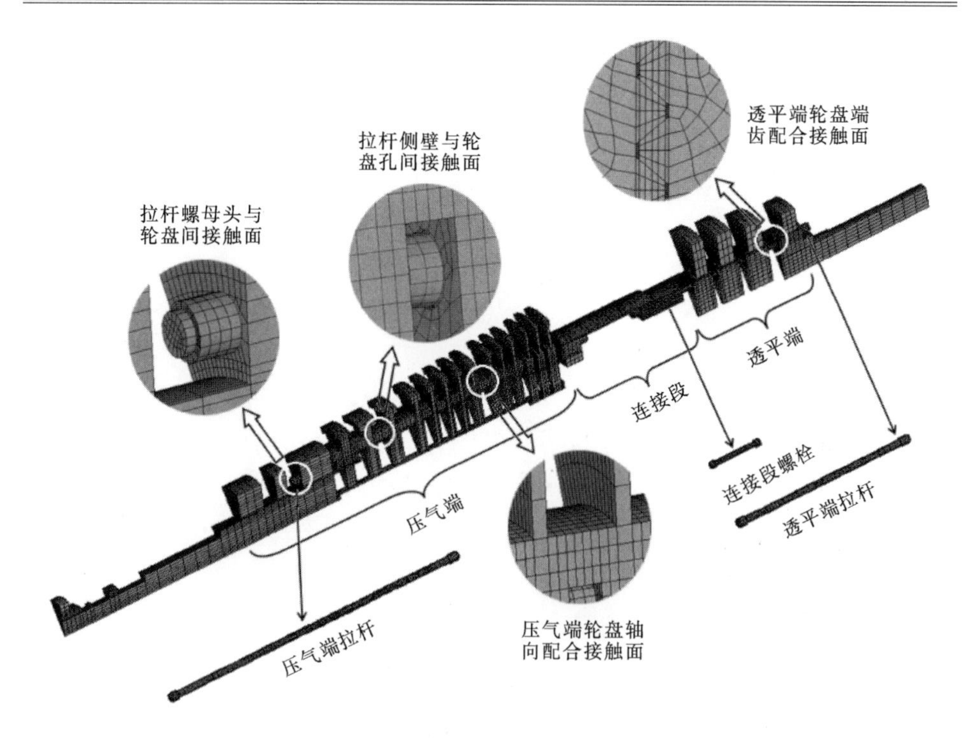


图 12-14 重型燃气轮机组合转子的三维有限元模型及四类界面接触

——第一类接触界面为拉杆螺母头与轮盘面间接触；

——第二类接触界面为轮盘端面齿间的接触(通常为透平轮盘间的端面齿接触)；

——第三类接触界面为拉杆与拉杆孔壁间的接触；

——第四类接触界面为轮盘间的接触(通常为压气机轮盘间承力面的接触)。

对于以上接触界面的研究目的主要有两个：

(1)通过结构强度与应力应变分析以保证组合转子的结构完整性；

(2)考查界面接触效应对组合转子系统动力学行为的影响。

**1. 界面接触的数学描述**

由于计算机技术的广泛普及和有关接触动力学研究的深入，目前我们有可能对于复杂形体间接触问题的处理给出更为精确的刻画和数值仿真，这一方面的成功例证包括对于装配过程、箔片预紧、接触区域以及接触应力的定量描述[28]。

对于分别位于两弹性体上的节点 $i$ 和 $j$(见图 12-15 和图 12-16)而言，两弹性体间的接触关系可分为三类：

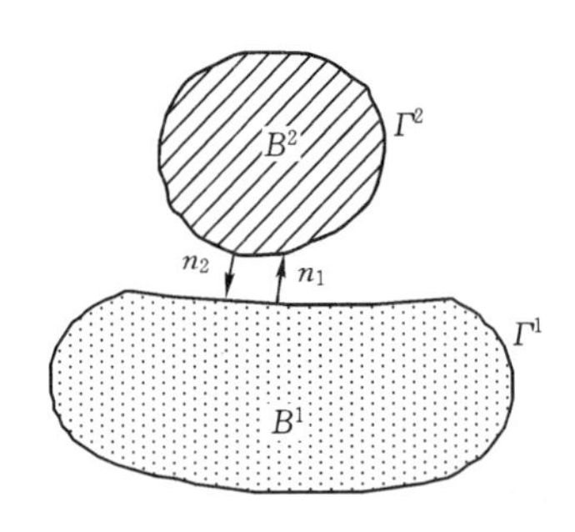


图 12-15　接触类型划分

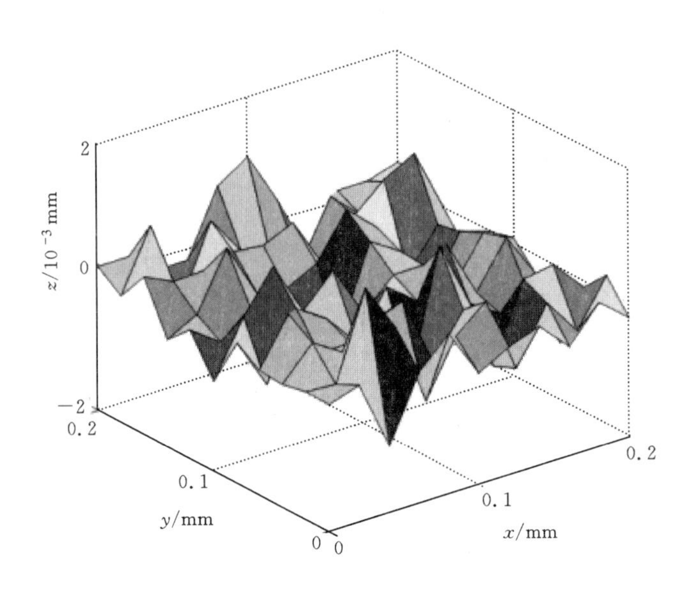


图 12-16　接触界面的表面粗糙形貌

(1)开式接触：两点之间作用力为 0，不发生接触，接触力为

$$T^j=0 \tag{12-1}$$

(2)粘式接触：表现为位移相同，作用力相等，法向合力为正，切向力小于静摩擦力，两表面处于粘式接触状态，则有

$$|T_t^j|\leqslant|T_f^j|=\mu_s|T_n^j| \tag{12-2}$$

式中：$\mu_s$ 为最大静摩擦系数；$T_t^j$ 为切向力矢量；$T_n^j$ 为法向力矢量；$T_f^j$ 为最大

摩擦力矢量。

需要指出的是，这里最大静摩擦力和最大静摩擦系数 $\mu_s$ 只是为界面提供了一个最大许可工作范围，在此许可范围内，界面间的力传递规则并不受最大静摩擦系数的约束，换句话说，实际上的静摩擦系数是随载荷变化的。

(3)滑移接触：法向保持接触但切向产生相对滑移。在滑移接触过程中，法向力、切向力仍然保持互等，同时两表面相对滑动速度也应当保持一致，即

$$\begin{cases} T_n^i = T_n^j \\ T_t^i = T_t^j \\ v_t^i = v_t^j \end{cases} \tag{12-3}$$

式中：$v_t^i$，$v_t^j$ 为表面相对滑动速度。

### 2. 接触模型评述

接触界面的存在给组合转子的结构强度分析带来了很大的困难。为了准确处理和描述接触界面上的力传递关系，人们提出了各式各样的分析模型，以求将接触表面单独提取出来处理，对界面的法向和切向的力传递关系进行精细刻画。通过对微元体进行有限元接触微观变形的分析，得到不同工作条件下局部微元体上的局部法向和切向界面接触刚度，进而通过积分获得实际组合结构的界面接触刚度，以用于组合结构的动力分析并计入粗糙接触界面的影响，其中最为人们所熟悉的当首推 GW 模型。

1)GW 模型

GW 模型是由 Greenwood 和 Williamson 针对接触表面所提出的一种在微观层面处理非光滑接触表面的描述方法。

1966 年，Greenwood 和 Williamson 应用表面轮廓仪测量实际加工表面，发现多数粗糙表面的高度分布则近似服从高斯分布，由此可以假设加工表面是以高斯分布覆盖在光滑表面上的一定密度的等曲率球状微凸体，并认为各微凸体之间互不影响，所有微凸体的接触规律服从 Hertz 公式，据此在弹性范围内推导了与刚性平面接触的微凸体数目、平均接触面积及其载荷期望值和两平面间距离的关系式，从而为用统计参数来描述粗糙表面得接触问题奠定了基础[29]。在 GW 模型中，法向和切向力间的关系表达仍然建立在 Hertz 接触经验公式的基础上[30]。

GW 模型认为，组合转子中存在的接触界面和连续结构最大的不同在于，接触界面不能和整体式结构一样在全部名义界面上进行力传递而是受制于接触界面的粗糙度，表面粗糙度是 GW 模型所引入的核心要素。

对于粗糙表面的基本假设是:粗糙表面由一定分布密度的等曲率球形微凸体所分布和覆盖,其高度分布服从 Gaussian 分布(见图 12-17)。该假设的依据来源于对于实际工程加工表面的轮廓测量,亦即接触表面的微凸体服从以下 Gaussian 分布规律:

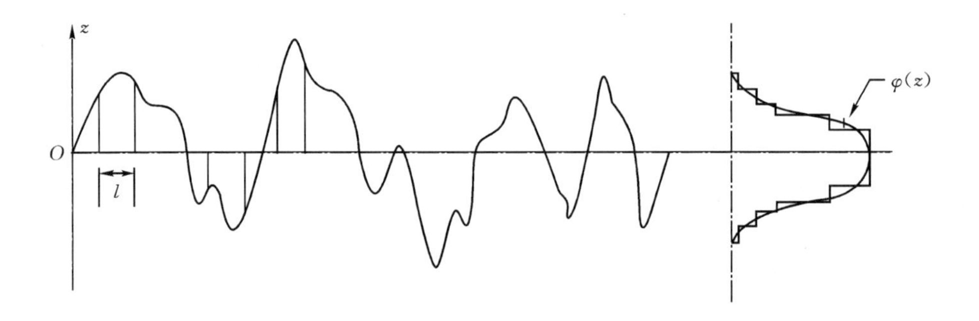


图 12-17 GW 模型中采用的轮廓高度分布曲线[29]

$$\varphi(z)=\frac{1}{2\pi\sigma}\mathrm{e}^{-\frac{z^2}{2\sigma^2}} \tag{12-4}$$

式中,$\sigma$ 为分布的标准差,而 $\sigma^2$ 则为方差。

$\sigma$ 与表面粗糙度 $Ra$ 有以下关系:

$$\sigma=Ra\sqrt{\frac{\pi}{2}} \tag{12-5}$$

当粗糙表面与光滑表面发生接触时,在每一个接触点上的力传递规律服从 Hertz 接触公式,因而可以给出此类接触的微凸体数、平均接触面积和接触表面能够承担的载荷,以及两平面间平均距离的计算关系式。

Greenwood 和 Williamson 所提出的关于粗糙接触表面的数学模型,将随机模型引入到粗糙表面接触问题的描述中,除了对于接触微元的形貌特征作了等半径球形微凸体的限制之外,还进一步规定微凸体的平面分布服从高斯分布,从而使得对于粗糙表面间的真实接触面积、承受载荷以及两平面间的距离的数值计算成为可能,这是 Greenwood 和 Williamson 对于界面接触问题研究所作出的贡献。

Mccool 对微凸体曲率半径呈任意分布的各向同性和异性粗糙表面进行了接触分析,其结果与 GW 模型的结果基本一致,扩展了 GW 模型的适用范围[31]。Reese 等[32-34]利用扩展了的 GW 模型,分别研究了球体和椭球体等简单几何形体的接触性能,并得到切向载荷作用下的位移表达式,成为目前研究粗糙表面切向接触性能广泛采用的方法。

Zhao等[35,36]针对承受较大法向载荷时微凸体之间的相互影响，将微凸体的相互作用转化为作用在名义接触表面上的均布压力产生的弹性变形对GW模型进行修正，分别在弹性和弹塑性范围内对粗糙表面与光滑平面的接触问题进行了分析。结果表明，随法向载荷增大，微凸体间的相互作用对两平面间距离的影响愈加明显，必须充分加以考虑。

有必要指出，上述有关“结果表明，随法向载荷的增大，微凸体间的相互作用对两平面间距离的影响愈加明显，必须充分加以考虑”的结论实际上是极为含糊不清的，例如，这一结论只是单纯强调了粗糙表面作用的一个方面。换句话说，以上结论仅适用于预紧装配的前期阶段，而并没有阐明粗糙表面或微凸体作用的有界性。

2)WA模型

与GW模型的思路相似，另一种得到广泛应用的模型是由Whithouse和Archard所提出的WA模型。在WA模型中，取消了GW模型中有关微凸体等半径假设和微凸体密度参数，而代之以粗糙面高度分布函数及指数型自相关函数来描述粗糙表面形态。这些努力最终所得到的效果似乎也不是十分理想。例如，WA模型的计算表明，真实接触面积与载荷基本上成线性关系，类似的处理还包括将两个粗糙表面换算成光滑与粗糙表面所组成的接触对[37]。

3)MB模型

1991年Majumdar和Bhushan基于加工表面具有自仿射分形特征，以具有尺度独立性的分形维数和分形粗糙度参数作为粗糙表面的表征参数，提出了分形接触模型，即MB模型[38]。Morag等[39,40]认为接触面积与微凸体具有尺度相关性，解决了MB模型在弹性变形和塑性变形转化时的矛盾，使其符合经典接触力学的预测。

一个显而易见的事实是：就粗糙表面而言，由于微凸体和接触变形的存在，粗糙表面形貌使得两相邻部件间的真实接触面积一定小于名义接触面积，且真实接触面积与名义接触面积之比随表面压力的变化而变化[41-43]。

需要指出的是，无论是GW模型、WA模型抑或是MB模型，这些模型对于某些具有相对运动的界面接触来说也许是解决问题的基本手段之一，应用于某些对象可以，例如机床导轨和组合结构的装配过程；而应用于某些固接组合结构则不可以，例如组合转子。因为重型燃机的接触界面与机床导轨结合面具有本质上的区别——前者是固定界面，而后者是运动界面。

4)KG 模型

参考文献[11]基于弹性接触理论得到了考虑表面波纹度的粗糙表面接触刚度,针对组合转子模型非连续性的特点,提出了一个新的拉杆转子力学模型,用以刻画在转子部件连接处的力学性态[11,44]。类似的研究还包括采用非线性弹簧来表征计入表面形貌后的界面接触刚度,研究螺栓预紧力和接触界面对锥面配合心轴一轮盘结构动力特性的影响,根据他们的研究,表明组合转子固有频率与预紧力的大小和接触界面参数有关,考虑接触关系后系统表现出比整体系统更加丰富的模态[34,45-54]。

参考文献[11]中关于组合拉杆转子力学模型的主导思想是以 GW 模型为基础,采用随机分布模型描述接触表面的表面粗糙及几何形状。在处理粗糙接触表面时,作了如下假设:

(1)基体为刚体,半径为 $R$ 的球体附着在刚体上。

(2)微凸体之间互不影响。

(3)微凸体峰高分布概率密度函数为 $\varphi(z)$,如图 12-18 所示,由此得到在整个接触面上高度为 $z$ 的微凸体接触概率

$$P(z>d)=\int_{d}^{\infty}\varphi(z)\mathrm{d}z \tag{12-6}$$

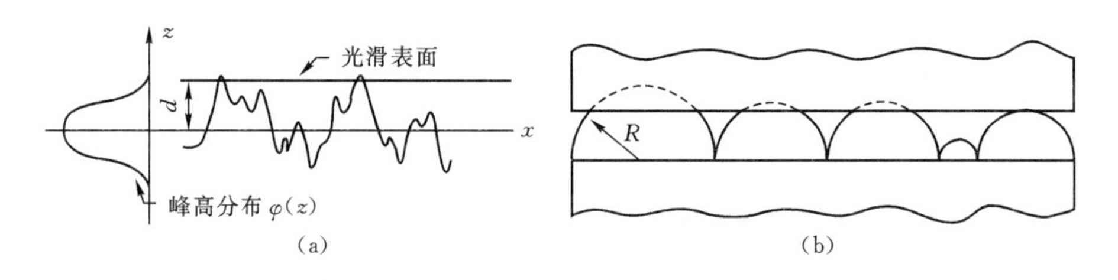


图 12-18　考虑表面波纹度的粗糙表面接触[11]

(4)接触界面表面形貌。引入基准平面高度、表面波纹度和表面粗糙度等参数来刻画一大类加工平面在微观层面的表面形貌,如图 12-19 所示。

(5)接触界面接触变形、接触面积与承载力计算。对于粗糙表面接触的处理以两弹性球体间的弹性接触为基本接触单元,并遵从 Hertz 接触定律。当将两球体间的弹性接触转化球体与光滑平面间的接触问题时,当量半径与当量弹性模量的计算可按照以下公式进行:

当量半径:
$$\frac{1}{R_i}=\frac{1}{R_1}+\frac{1}{R_2} \tag{12-7}$$

当量弹性模量:
$$\frac{1}{E_i}=\frac{1-\mu_1^2}{E_1}+\frac{1-\mu_2^2}{E_2} \tag{12-8}$$

式中：$R_1$，$R_2$ 为两弹性球体的半径；$E_1$，$E_2$ 为两弹性球体的弹性模量。

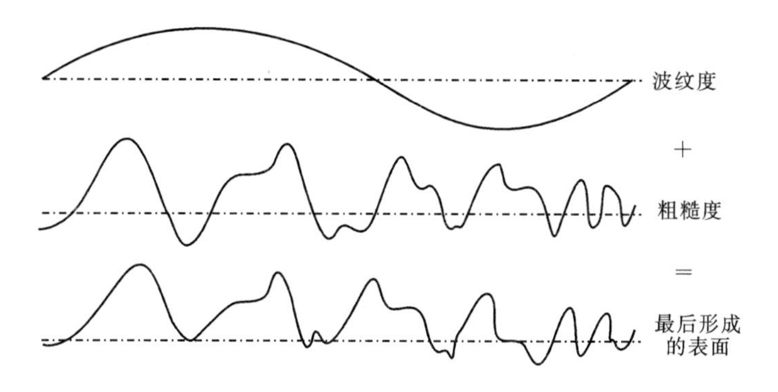


图 12-19 加工平面微观层面的表面形貌[11]

图 12-20 所示弹性球体与平面接触时的承载力与接触变形、接触面积之间的关系可按如下方式计算。假设球体受到外载荷 $W$ 作用下发生了最大弹性变形 $\delta$，变形后的接触区以一半径为 $a$ 的圆来近似：

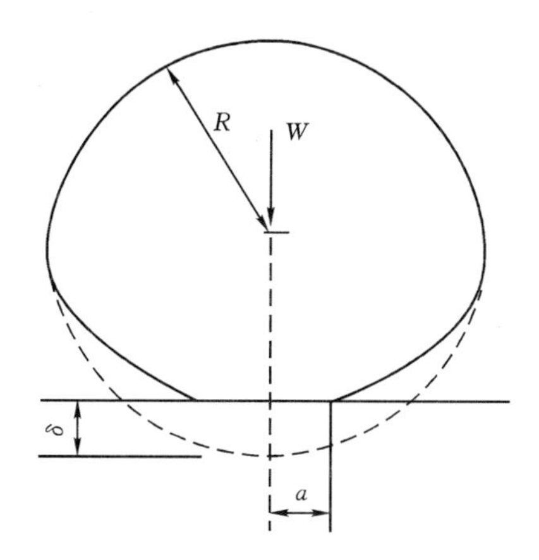


图 12-20 球体与光滑平面间的接触[11,44]

$$W=\frac{4}{3}ER^{\frac{1}{2}}\delta^{\frac{3}{2}}$$

$$a=\left(\frac{3WR}{4E}\right)^{\frac{1}{3}} \tag{12-9}$$

相应的弹性接触面积为

$$A=\pi a^2=\pi R\delta \tag{12-10}$$

（6）接触界面总体承载力。假设微凸体总个数为 $m$，则高度介于 $z$ 与 $z+$

$dz$ 之间的接触点数目应为 $m\varphi(z)dz$，它们与光滑平面之间的平均法向接近量可近似表达为 $(z-d)$，则参与接触的微凸体总数目

$$m' = m\int_d^{\infty} \varphi(z)dz \tag{12-11}$$

继而得到总接触面积

$$\sum A = \pi mR\int_d^{\infty} (z-d)\varphi(z)dz \tag{12-12}$$

总体预期接触承载力

$$W = \frac{4}{3}mR^{\frac{1}{2}}E\int_d^{\infty} (z-d)^{\frac{3}{2}}\varphi(z)dz \tag{12-13}$$

(7)接触面上的集中抗弯刚度 $G$。当量集中抗弯刚度 $G$ 按以下公式计算：

$$G = kI_a\eta_{ca} \tag{12-14}$$

其中，$I_a$ 为接触界面的名义截面惯性矩；$k$ 为分布弹簧系数；$\eta_{ca}$ 则为轮廓面积比。$\eta_{ca}$ 的引入实际上表达了由于表面粗糙的原因而导致了名义截面惯性距的减小，物理概念是明确的。

如图 12-21 所示，通过将接触界面局部接触区域划分为若干有限单元，计算分布式法向弹簧阵列 $k$ 和抗弯弹簧参数 $G$，并以此来描述界面的力传递特性，并为组合转子动力系统的总体动力学性能分析和处理提供工具，进而按照铁木辛柯梁理论给出系统动能及势能的表达式。

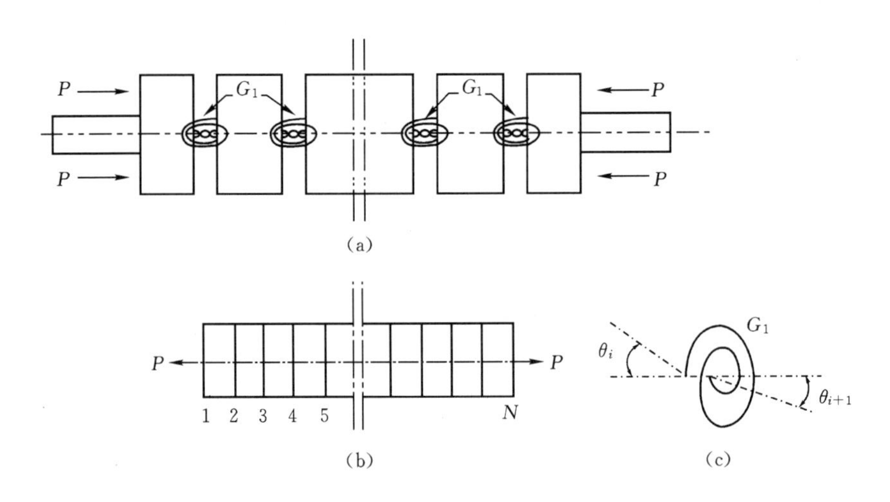


图 12-21　组合转子的模化及轮盘接触界面的铰接刚度[11]

(a)组合转子模化模型；(b)有限元划分；(c)接触界面的铰接刚度

例如，法向刚度 $k$，除了传递轴向力之外，同时也为接触界面提供了相应的抗弯刚度；类似地，在接触界面处采用抗弯弹簧参数 $G$ 可以直接给出在接触界面处的势能表达式：

$$V_G^{(i)}=\frac{1}{2}(\theta_i \quad \theta_{i+1})\begin{pmatrix} G_1 & -G_1 \\ -G_1 & G_1 \end{pmatrix}\begin{pmatrix} \theta_i \\ \theta_{i+1} \end{pmatrix} \tag{12-15}$$

式中，$\theta$，$G$ 依次为转角和抗弯刚度。

类似地，在拉杆端部连接处，拉杆与螺母、轮盘之间的相互作用通过引入抗弯弹簧参数 $G$ 和铰接连接方式头来表征，如图 12－22 所示。

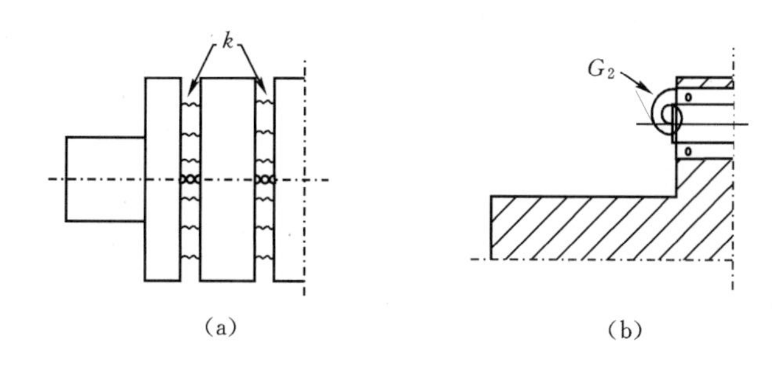


图 12－22　拉杆/螺母接触界面的铰接刚度[11]
(a)拉杆/螺母间的接触模型；(b) 拉杆/轮盘间的接触模型

刚度参数 $k$ 和 $G$ 的引入有利于采用集总参数来描述轴向力及横向力的传递过程。根据拉格郎日原理，利用集总参数法、动态子结构法或有限元法直接得到系统的动力学方程从而实现对于周向均布拉杆转子的线性、非线性动力分析。上述模型的准确与否，最终取决于 $k$ 和 $G$ 的计算方法。

参考文献[11]所提出的组合式拉杆转子模型有待于进一步讨论。在假设接触面不发生相对滑动的前提下，参考文献[11]所提出的组合式拉杆转子的力学模型具有两个特点：

① 由预紧力组合而成的转子，在接触界面上由于正压力(预紧力)而产生的界面摩擦力能够维持轮盘接触界面的横向位移相同，但两接触面上所对应的转角亦即挠度角并不相等。这就意味着转子的挠度曲线沿轴向方向并不连续、或挠度(弹性变形)的导数沿轴向不连续；关于相邻两接触表面间的局部松弛或局部再挤压效应的描述，需要引入一组沿挤压面均布的轴向弹簧参数 $k$ 和铰接刚度 $G$ 来表征。

② 该模型的基本出发点是认为在接触点处位移保持连续但挠度并不连续，这一假设本身就物理意义而言是值得商榷的：

——在接触区,如各接触点都承受压应力并保持位移始终相等,则相应的挠度及转角也必然保持连续。在纤维压缩区域,总体压应力为初始压应力与其他外载荷所引起的压应力之和;而在纤维拉伸区域,位移、挠度及转角的连续性则依赖于纤维初始压缩量的局部松弛,因此,在接触界面不发生错动或分离的情况下,轴向截面上的位移连续和转角连续应当是统一的。

——位移与挠度不连续的情况只可能发生在接触界面局部区域出现分离或脱开现象的部位,当接触界面发生局部脱离时,在对应的界面局部脱离区域,位移和转角均不连续,因此也无需参与讨论。

5)具有相对运动的接触表面切向刚度模型

在讨论一类以机床为代表的、两界面之间具有相对运动的接触副力传递关系时,一些研究通过引入新的切向刚度定义来表征接触界面间的力传递特性。参考文献[55-60]基于粗糙表面接触的分形模型,通过引入新的参数——相对滑动位移,从理论上提出了机械结合面法向接触刚度和切向接触刚度分形模型,进行数值仿真分析,并通过实验定性地验证了其在小压力范围内的正确性。

(1)法向界面接触刚度[61,62]。

有关法向刚度的处理和前面所述的各类模型并没有太大区别:在弹性范围内,当两个粗糙表面因载荷作用而发生接触时,最早接触的是两个表面上微凸体高度之和最大的部分,随载荷增加,其余具有较高高度的微凸体也逐渐发生接触。微凸体开始接触时,发生弹性变形,随载荷增加逐渐进入弹塑性或塑性变形状态。

对考虑接触界面表面形貌的组合结构模型进行有限元接触分析,在接触界面所承受的载荷以及微凸体法向变形求得之后,可得到模型的法向刚度[63]。

在轴向方向上,法向界面接触刚度通常被定义为界面所承受的总载荷与微凸体法向变形之比:

$$k_n=\frac{\Delta F_n}{\Delta S_n} \tag{12-16}$$

式中:$\Delta F_n$ 为法向载荷增量,$\Delta S_n$ 为法向变形量增量。对图12-23所示的法向刚度模型,鉴于总体刚度与粗糙段刚度以及光滑段之间的串连关系,可以得到沿轴向方向的法向刚度:

$$\frac{1}{k_{n总体}}=\frac{1}{k_{n光滑}}+\frac{1}{k_{n粗糙}} \tag{12-17}$$

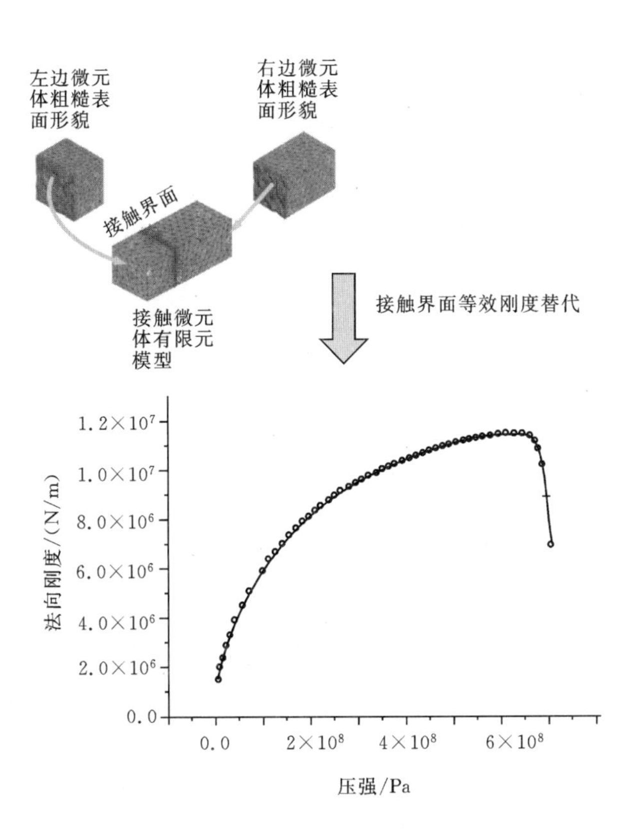


图 12-23　考虑接触表面粗糙度的法向刚度模型及界面刚度-接触压力曲线[63]

上述粗糙表面法向接触刚度反映了组合结构在接触界面上传递法向载荷的能力，前提在于法向载荷全部由微凸体承担，而法向刚度的大小则取决于全部微凸体的弹性接触面积，因表面粗糙会使界面上的实际接触面积只是名义接触面积的一部分，且随接触压力的变化而改变，因此接触刚度会和连接界面位置的接触状态直接相关，这在某种意义上来说，比较客观地反映了非光滑接触表面在弹性范围内受载变形的细节，对于组合转子装配过程的应力应变分析和描述是恰当的。

根据圣维南原理，表面形貌对应力分布的影响区域是有限的，接触界面的影响区域只是局限在很小的范围内。

如果纯粹仅考虑微凸体弹性变形，在不同的表面粗糙度分布($S_l$ = 0.04～0.5)条件下，按照公式(12-17)计算得到的法向载荷以及法向接触刚度曲线将是一条先上升而后下降的曲线，如图 12-24 所示。

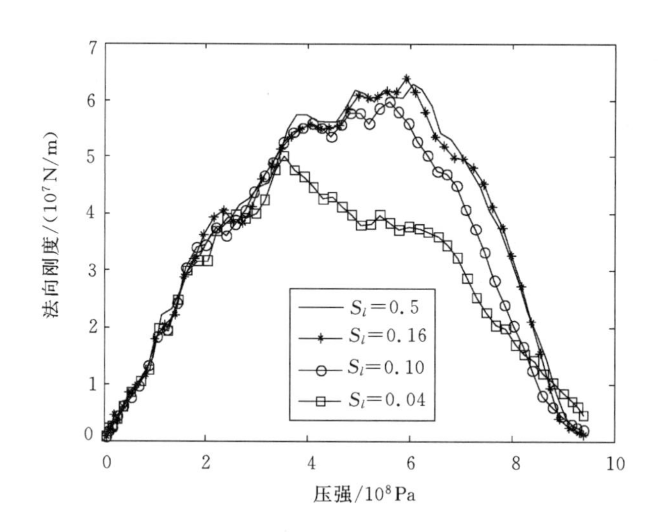


图 12-24 仅考虑微凸体弹性变形的法向刚度/预紧载荷变化曲线

曲线的前半段反映了在接触开始阶段，随着接触微凸体数目的增加，界面法向接触刚度逐渐增大，这无疑是是正确的；而在曲线的后半部分，随着压力继续增加，即使整体结构未达到屈服极限，按照上述模型计算得到的界面法向刚度由于参与接触的微凸体相继进入塑性变形阶段，从而导致法向刚度呈不断减小趋势。之所以出现这种情况的原因在于这些求解方法都未能进一步考虑微凸体局部塑性变形以后的情况，因此，曲线的后半部分在理论和物理意义上都将是不合适的。

另外需要指出的是，作为客观存在的物理参数，法向接触刚度的大小应当与粗糙段或光滑段长度无关，同样也应当与计算方法的选择无关。

由于现有诸多模型都只是停留在计入微凸体弹性变形阶段，因而其适用范围是有限的，尤其是当组合结构进入预紧饱和阶段时，只考虑微凸体弹性变形是无法对于界面的力传递特性与规律作出正确估计的。

(2)切向接触刚度。

同样，基于微凸体接触变形，为了能够处理接触界面的切向力传递特性，不得不再次引入切向接触刚度的概念。切向接触刚度这一物理量的建立首先是以在切向载荷作用下接触界面上发生位移错动为前提，在各点处的局部切向接触刚度被定义为切向载荷与横向位错之比，进而通过积分得到整个横向界面的切向界面接触刚度：

$$k_t = \frac{\Delta F_t}{\Delta \lambda_t}$$

$$\Delta F_t = \mu \Delta F_n \tag{12-18}$$

式中，$\Delta F_t$ 为切向载荷增量；$\Delta\lambda_t$ 为界面切向位移差增量；$\mu$ 为动摩擦系数。

有关公式(12-18)对于切向界面接触刚度的描述存在着两个误区：

——对于切向接触刚度的计算不仅仍然需要借助于摩擦系数的取值，而且还需要计算接触界面处各点的相对位移。

——这种对于界面接触切向力传递的描述方法实际上造成了物理意义上的冲突和多义性：在接触界面不发生位移错动时，由于静态摩擦系数并非定值而无法确定；如接触界面某点处发生了位移错动，当法向正压力与动态摩擦系数确定后，该处所能够承担的切向载荷也将由 Hertz 接触经验公式所确定，而无需借助于位移错动参数的引入。根据 Hertz 公式，摩擦力仅与法向载荷相关，而与接触面积及相对位移无关。

因此，上述方法既不适用于组合结构装配过程的描述，也不能正确描述预紧饱和阶段转子对于切向载荷的传递特性。类似地，如图 12-25 所示，按照微凸体接触变形的思路所得到的切向接触刚度在微凸体进入塑性变形后急剧下降的结论同样在理论上是不正确的，在物理意义上也同样是错误的。相关文献的实验结果也不能作为上述方法正确与否的佐证[57]。

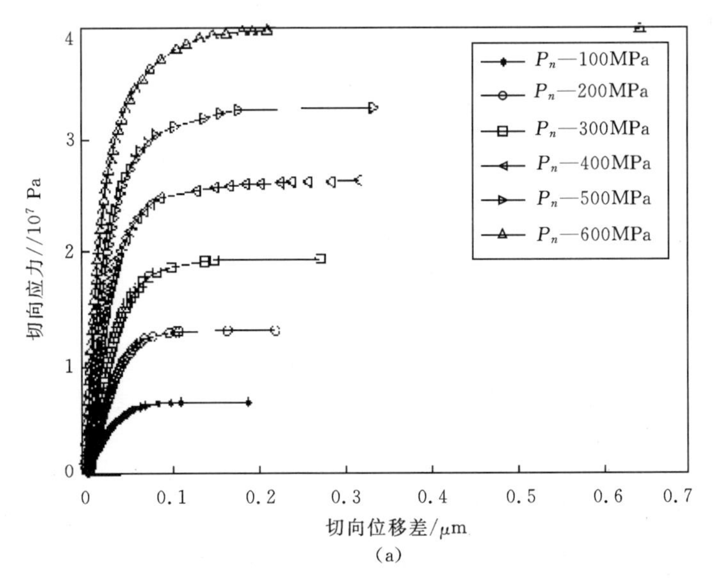

(a)

图 12-25　考虑接触表面粗糙度的切向刚度/预紧载荷变化曲线[57,63]

(a)界面切向位移差；

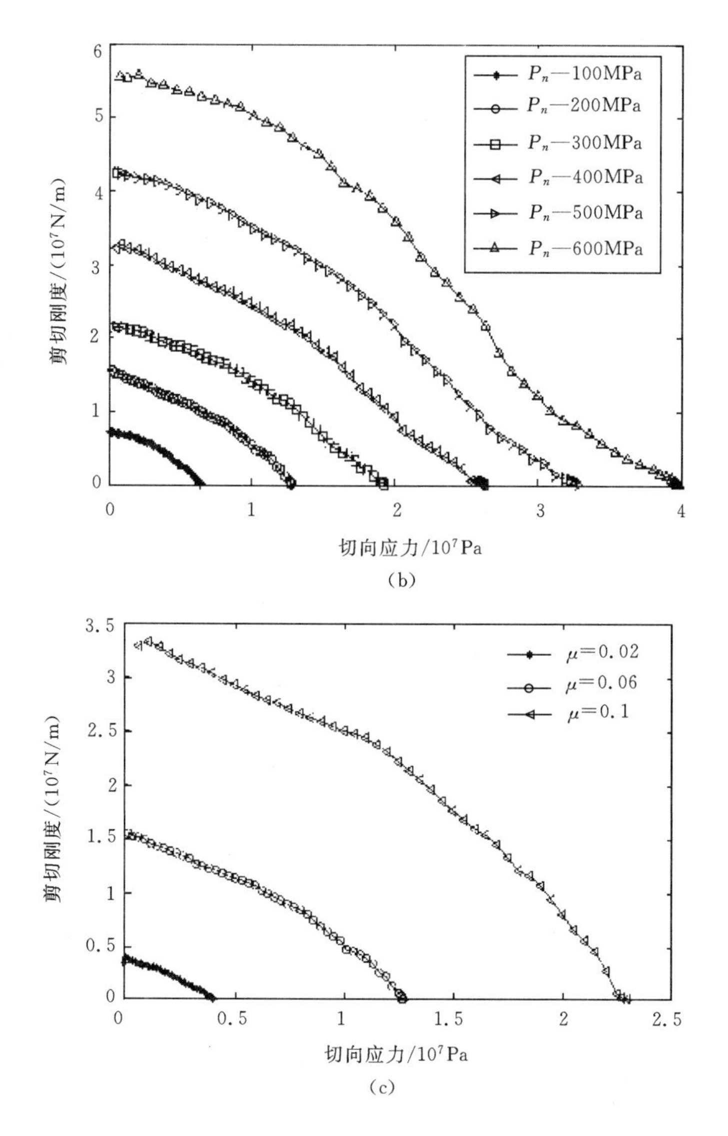


续图 12-25 考虑接触表面粗糙度的切向刚度/预紧载荷变化曲线[57,63]

(b)切向界面接触刚度;(c)不同摩擦系数下的切向界面接触刚度

上述模型,尤其是 KG 模型及具有相对运动的接触表面切向刚度模型,其宗旨都在于通过计算粗糙表面间的真实接触面积、承受载荷,从而对作用在接触界面上的法向载荷给出精确的描述,采用法向、切向刚度参数将接触界面效应计入、拓展到组合结构的动力学分析。

但上述模型和方法都具有其共同的局限性:在这些模型中都将表面粗糙

度视为接触界面之所以区别于连续结构的根本原因，因此它们都无法回答和处理理想光滑接触界面中的力传递问题。以后我们可以看到，这些方法并不完全适用于本文所要讨论的对象[17-19, 23, 64-66]。

## 12.3　组合转子预紧饱和状态下力传递特性的精确表达

从粗糙界面微凸体接触变形分析出发，以下有关接触界面的力传递特性定性估计是正确的：与连续结构相比，接触界面的存在在一定程度上导致界面力传递性能下降；在弹性范围内，界面法向与切向接触刚度随法向载荷增大而增大。

图 12－24 和图 12－25 中所示的刚度曲线之所以出现先上升、后下降的原因在于没有考虑当预紧压力增大到一定程度时组合转子出现预紧饱和的情况。

在预紧初始阶段，随着预紧力的增加，参与接触的微凸体数目也随之增加，法向及切向界面接触刚度将呈不断增加趋势；当预紧力或法向载荷增加到某一临界值时，组合转子进入预紧饱和阶段。

在组合转子装配过程中引入预紧饱和的概念是必要的。考察转子装配的全部过程：

——在预紧的初始阶段，就微观层面而言，接触界面上的力传递起主导作用的确实取决于微凸体的弹性变形。随着预紧力的增加，参与接触的微凸体数目逐渐增多，这也是前面所提到的 WA 模型、GW 模型和 MB 模型在装配初始阶段具有一定合理性的原因。

——随着法向载荷的增加，一部分微凸体仍然处于弹性接触状态并继续承担主要载荷，而另一部分微凸体则发生塑性变形及崩塌并充填原来的非接触区，也同样承担载荷；其余光滑区域不参与接触。因此，在通常情况下，接触界面将处在弹性、弹塑性和塑性变形并存的状态下。

——随着法向载荷的继续增加，接触表面上粗糙微凸体不断地由弹性接触向塑性变形转化并充填原先的非接触区，而逐渐转变成为承载的主体，只要整体材料构件仍然处于弹性变形范围内，预紧过程就可以继续下去。在预紧过程中，这种局部发生的塑性流动仅仅是作为中间阶段而存在，并不能作为预紧过程的终结描述。

从数学角度可以这样表达计入表面粗糙形貌的预紧装配过程，以及对于预紧饱和给出相应的定义。

设接触界面的总面积为 $S_0$,因表面粗糙、由微凸体接触而形成的弹性接触区面积为 $S_t$,因微凸体塑性变形、崩塌、经充填后成为新的接触区及承载区并充填原先的非接触区 $S_{st}$,其余非接触部分 $S_{s0}$ 则仍然为非承载区,因此有

$$S_0 = S_t + S_{st} + S_{s0} \tag{12-19}$$

设新的总接触区扩展面积为 $S_{tn}$,则

$$S_{tn} = S_t + S_{st} \leqslant S_0 \tag{12-20}$$

以下给出有关预紧饱和的定义:所谓预紧饱和是指随着预紧力的逐渐增大,接触承载区总体面积也将趋于稳定值,亦即

$$S_{tn\,|\,\max} = S_t + S_{st} \rightarrow S_0 \tag{12-21}$$

接触区内的单位面积法向接触刚度分布可定义为

$$k^n = \frac{\partial f_n}{\partial z} \tag{12-22}$$

则接触界面的总体法向接触刚度可表述为

$$\begin{aligned} K_t^n &= \iint_{St} \frac{\partial f_n}{\partial z} \\ K_{st}^n &= \iint_{Sst} \frac{\partial f_n}{\partial z} \\ K_{S0}^n &= K_t^n + K_{st}^n \end{aligned} \tag{12-23}$$

类似地,对于切向刚度的处理也可以仿照执行:根据 Hertz 定律,直接可以得到接触界面上的切向刚度分布:

$$k^{\mathrm{T}} = \mu \frac{\partial f_n}{\partial z} \tag{12-24}$$

$$\begin{aligned} K_t^{\mathrm{T}} &= \mu\iint_{St} \frac{\partial f_n}{\partial z}\mathrm{d}S \\ K_{st}^{\mathrm{T}} &= \mu\iint_{Sst} \frac{\partial f_n}{\partial z}\mathrm{d}S \\ K_{S0}^{\mathrm{T}} &= K_t^{\mathrm{T}} + K_{st}^{\mathrm{T}} \end{aligned} \tag{12-25}$$

由 Hertz 定律可知,$\Delta F_t = \mu \Delta F_n$,可以直接得到接触界面总体切向刚度的简明表达

$$K_{S0}^{\mathrm{T}} = K_t^{\mathrm{T}} + K_{st}^{\mathrm{T}} = \mu(K_t^n + K_{st}^n) \tag{12-26}$$

和前面所述的方程(12-17)和方程(12-18)有着本质上的区别,方程(12-23)和方程(12-26)适用于计入表面粗糙效应的接触过程描述,包括预紧装配及预紧饱和在内的全过程。在初始装配阶段,法向刚度确实与载荷相关,而进入预紧饱和阶段后,式(12-23)则给出了法向接触刚度的极限值。

对于切向刚度来说，在无界面滑移的情况下，因预紧而产生的最大切向接触刚度与所谓相对切向位移无关，也不能随法向载荷增大而无限制增加，接触界面的最大切向刚度将受制于最大静摩擦系数，亦即

$$K_{S0\max}^{\mathrm{T}}=\mu_{\max}(K_t^n+K_{st}^n) \tag{12-27}$$

当组合转子所需要传递的切向载荷超过式(12－27)允许范围时，接触界面将产生局部或整体相对滑移，从而导致摩擦界面连接失效、系统的结构完整性遭到破坏。

式(12－23)～式(12－26)给出了基于微观描述的接触界面法向和切向力传递特性的精确计算方法和公式。

## 参考文献


[1] “十一五”机械工业发展规划[R]，2005 年 8 月．

[2] 国家中长期科学和技术发展规划纲要(2006—2020 年)[R]，2006 年 2 月.

[3] 焦映厚，陈照波，荆建平，等．600MW 汽轮发电机组轴系非线性动力学响应分析[J]. 热能动力工程，2005，20(2)：178－181.

[4] 胡庶．分布式发电装置经济性研究[D]. 武汉：华中科技大学，2007.

[5] 翟维阔．某重型燃气轮机压力雾化喷嘴性能试验研究及统计分析[D]. 沈阳：沈阳航空工业学院，2009.

[6] 陆颂元．论国内旋转动力机械非线性振动理论研究的现状和发展[J]. 汽轮机技术，2006，48(2)：85－87.

[7] Dimarogonas A D. Newkirk effect, thermally induced dynamic instability of high-speed rotors[C]. International Gas Turbine Conference, Washington, DC. ASME Paper No. 73－GT－26.

[8] Goldman P, Muszynska A. Rotor to stator, rub-related, thermal/mechanical effects in rotating machinery[J]. Chaos, Solitons & Fractals, 1995, 5(9): 1579－1601.

[9] 郭飞跃．涡轴发动机组合压气机转子轴向预紧力计算方法[J]. 航空动力学报，2004，19(5)：623－629.

[10] 尹泽勇．航空发动机设计手册：叶片轮盘及主轴强度分析(第 18 册)[M]. 北京：航空工业出版社，2001.

[11] 饶柱石．拉杆组合式特种转子力学特性及其接触刚度的研究[D]. 哈尔滨：哈尔滨工业大学，1992.

[12] 夏松波,陈照波,焦映厚.大型旋转机械非线性动力学设计[C].大型发电机组振动和转子动力学学术会议论文集,2003.

[13] Ehrich F. Some observations of chaotic vibration phenomena in high-speed rotor dynamics [J]. Journal of Vibration and Acoustics, 1991, 113(1): 50 - 57.

[14] Adams M L. Large unbalance vibration analysis of steam turbine generators[R]//EPRI Report, 1984, CS - 3716.

[15] Ehrich F. Nonlinear phenomena in dynamic response of rotor in anisotropic mounting system[J]. Transaction of the ASME, 1995, 117 (B): 154 - 161.

[16] 肖忠会,王丽萍,郑铁生.滑动轴承油膜力 Jacobi 矩阵的一种快速算法[J].应用力学学报,2005,22(1):67 - 71.

[17] Ribeiro P, Petyt M. Non-linear vibration of beams with internal resonance by the hierarchical finite element method[J]. Journal of Sound and Vibration, 1999, 224(4): 591 - 624.

[18] Mandal U K, Biswas P. Nonlinear thermal vibrations on elastic shallow spherical shell under linear and parabolic temperature distributions[J]. Journal of Applied Mechanics, 1999, 66(3): 814 - 815.

[19] Udrescu R. Nonlinear vibrations of thermally buckled panels[C]. Proceedings of Seventh International Conference. Recent Advances in Structural Dynamics, ISVR, Southampton, 2000: 757 - 768.

[20] Larsson B. Rub-heated shafts in turbines[C]. Proceedings of the IMechE-Seventh Conference Vibrations in Rotating Machinery, Nottingham, 2000: 269 - 278.

[21] Bachschmid N, Pennacchi P, Venini P. Spiral vibrations in rotors due to a rub[C]. Proceedings of the IMechE-Seventh International Conference on Vibrations in Rotating Machinery, Nottingham, 2000: 249 -258.

[22] Larsson B. Heat separation in frictional rotor-seal contact[J]. ASME Journal of Tribology, 2003, 125(3): 600 - 607.

[23] Pedro Ribeiro, Emil Manoach. The effect of temperature on the large amplitude vibrations of curved beams[J]. Journal of Sound and Vibration, 2005, 285(4-5): 1093 - 1107.

[24] Bachschmid N, Pennacchi P, Vania A. Thermally induced vibrations due to rub in real rotors[J]. Journal of Sound and Vibration, 2007, 299(4-5): 683-719.

[25] 陆山,赵明,任平珍等. 某型发动机转子热弯曲变形及其影响数值分析[J]. 航空动力学报,1997,12(3):243-246.

[26] 任平珍,陆山,赵明. 转子热弯曲变形及其影响数值分析方法[J]. 机械科学与技术,1997,16(2):279-283.

[27] 朱向哲,袁惠群,贺威. 稳态温度场对转子系统临界转速的影响[J]. 振动与冲击,2007,26(12):113-116.

[28] Peter. Computational contact mechanics[M]. 2nd ed. Berlin: Springer, 2006.

[29] Greenwood J A, Williamson J B P. Contact of nominally flat surfaces [C]. Proceedings of the Royal society of London, Series A. 1966: 300-319.

[30] 李辉光,刘恒,虞烈. 粗糙机械结合面的接触刚度研究[J]. 西安交通大学学报,2011,45(6):69-74.

[31] Mccool J I. The distribution of microcontact area, load, pressure and flash temperature under Greenwood-Williamsom model[J]. ASME Journal of Tribology, 1988, 110(1): 106-111.

[32] Reese E, Jones. A Greenwood-Williamson model of small-scale friction[J]. Journal of Applied Mechanics, 2007, 74(1): 31-40.

[33] Olofsson U, Hagman L. A model for micro-slip between flat surfaces based on deformation of ellipsoidal elastic bodies[J]. Tribology International, 1997, 30(8): 599-603.

[34] Sevostianov I, Kachanov M. Normal and tangential compliances of interface of rough surfaces with contacts of elliptic shape[J]. International Journal of solids and Structures, 2008, 45(9): 2723-2736.

[35] Yongwu Zhao, L Chang. A model of asperity interactions in elastic-plastic contact of rough surfaces[J]. ASME Journal of Tribology, 2001, 123(4): 857-864.

[36] Ciavarella M, Greenwood J A, Paggi M. Inclusion of “interaction” in the Greenwood and Williamson contact theory[J]. Wear, 2008, 265(5): 729-734.

[37] Whithouser D J, Archard J F. The properties of random surface of significance in their contact[J]. Proc. Roy. Soc. Lond A, 1970, 316(1524): 97-121.

[38] Majumdar A, Bhushan B. Fractal model of elastic-plastic contact between rough surfaces[J]. ASME Journal of Tribology, 1991, 113(1): 1-11.

[39] Morag Y, Etsion I. Resolving the contradiction of asperities plastic to elastic mode transition in current contact models of fractal rough surfaces[J]. Wear, 2007, 262(5): 624-629.

[40] 赵永武,吕彦明,蒋建忠. 新的粗糙表面弹塑性接触模型[J]. 机械工程学报,2007,43(3):95-101.

[41] Powierza Z H, Klimczak T, Polijaniuk A. On the experimental verification of the Greenwood-Williamson model for the contact of rough surfaces[J]. Wear, 1992, 154(1): 115-124.

[42] Tworzydlo W W, Cecot W. Computational micro-and macroscopic models of contact and friction: formulation, approach and applications[J]. Wear, 1998, 220(2): 113-140.

[43] Goerke D, Willner K. Normal contact of fractal surfaces-experimental and numerical investigations[J]. Wear, 2008, 264(7): 589-598.

[44] 汪光明,饶柱石,夏松波,等. 拉杆力学模型的研究[J]. 航空学报,1993,14(8):149-423.

[45] 上海机械学院力学组. 拉杆转子临界转速试验报告[J]. 动力机械通讯:临界转速专辑,1973(2).

[46] 上海机械学院力学组. 组合式转子临界转速计算. 上海机械学院动力机械系资料,1977.

[47] 尹泽勇. 现代燃气轮机转子循环对称接触有限元应力分析[M]. 北京:国防工业出版社,1994.

[48] 尹泽勇,欧圆霞,李彦,等. 变化轴力对转子动力特性的影响[J]. 固体力学学报,1994,15(1):71-74.

[49] 尹泽勇,欧圆霞,李彦,等. 轴向预紧端齿连接转子的动力特性分析[J]. 航空动力学报,1994,9(2):133-136.

[50] 胡柏安,尹泽勇,徐友良. 两段预紧的端齿连接转子轴向预紧力的确定[J]. 机械强度,1999,21(4):274-277.

[51] Borovkov A I, Artamonov I A. 3D finite element modeling and vibration analysis of gasturbine structural elements[C/OL]. [2015-03-02]http://www.ansys.com/events/proceedings/2004/papers/114.pdf.

[52] 施丽铭,张艳春. 燃气轮机转子模态试验与分析[J]. 燃气轮机技术,2007,20(4):93-95.

[53] 梁恩波,卿华,曹磊. 连接刚度对整机振动的影响[J]. 航空发动机,2007,33(增刊):41-44.

[54] 郭飞跃,邓旺群,成晓鸣. 涡轴发动机组合压气机转子轴向预紧力计算方法[J]. 航空动力学报,2004,19(5):623-629.

[55] 张学良,黄玉美,傅卫平,等. 粗糙表面法向接触刚度的分形模型[J]. 应用力学学报,2000,17(2):31-35.

[56] 张学良,温淑花,徐格宁,等. 结合部切向接触刚度分形模型研究[J]. 应用力学学报,2003,20(1):70-73.

[57] Sellgren U, Andersson S. The tangential stiffness of conformal interfaces between rough surfaces[C/OL],2002,http://www.md.kth.se/ulfs/Conferences/Nordtrib02/Tangent Contact.pdf.

[58] Ibrahima R A, Pettitb C L. Uncertainties and dynamic problems of bolted joints and other fasteners[J]. Journal of Sound and Vibration, 2005, 279(3): 857-936.

[59] 郑晓亚,张铎,姜晋庆. 连接刚度对导弹固有特性的影响[J]. 弹箭与制导学报,2005,25(4):667-669.

[60] Kim S M, Ha J H, Jeong S H, et al. Effect of joint conditions on the dynamic behavior of a grinding wheel spindle[J]. International Journal of Machine Tools&Manufacture, 2001, 41(12): 1749-1761.

[61] 饶柱石,夏松波,汪光明. 粗糙平面接触刚度的研究[J]. 机械强度,1994,16(2):72-75.

[62] 徐飞英,闫小青,扶名福. 在金属塑性成形中表面微凸对接触力及摩擦系数的影响[J]. 南昌大学学报,2008,30(3):258-262.

[63] 李辉光. 周向拉杆转子结构强度及系统动力学研究[D]. 西安:西安交通大学,2011.

[64] Manfred J Janssen, John S Joyce. Generation: Gas Turbine Design, Part I: 35-year old splined-disc rotor design for large gas turbines[J]. Issue of Electricity Today, 1996(10).

[65] Manfred J Janssen, John S Joyce. Generation: Gas Turbine Design, Part II: 35-year old splined-disc rotor design for large gas turbine[J]. The International Gas Turbine and Aero-engine Congress and Exhibition, 1996(6).

[66] 林公舒,杨道刚. 现代大功率发电用燃气轮机[M]. 北京:机械工业出版社,2007.

# 第13章　组合转子预紧饱和状态下的基本解系和普适性动力学分析方法

就重型燃气轮机组合转子而言，如何确定组合转子预紧力的大小以及预紧力对转子系统动力特性所带来的影响估计是至为重要的。这里包括前面所述的关于接触界面力传递特性的处理以及以下所要讨论的预紧力对于系统固有频率的影响。

## 13.1　预紧组合转子研究评述

有关组合转子轴向预紧力计算的文献可参见参考文献[1－16]。以往人们对于组合转子轴向预紧力选择的一般性认识包括：

(1)预紧力应该保证转子在正常工作时其各连接界面不至于发生松脱及开裂，也即预紧力在各种载荷作用下都能够大于可能出现的松弛力；

(2)各关键零部件在各种载荷的联立作用下，应不致于因应力集中而损坏；

(3)要求分两段预紧力的情况下，后装配段的预紧力应小于先装配段的预紧力；

(4)转子应具有良好的动力特性，即应考虑预紧对转子动力特性的影响。

国内有关预紧对于系统固有频率影响的研究可以追溯到上世纪70年代原上海机械学院关于拉杆转子临界转速的理论与实验研究，他们的理论与实验研究试验结果表明，组合式拉杆转子具有较大的刚度，然而其所能达到的最大自振频率仍会低于具有相同结构参数的整体转子的固有频率[7]①。

参考文献[8]采用PATRAN软件建立了考虑轴向预紧力的三维循环对称有限元计算模型，考虑了各种载荷因素(温度场及热载荷，气动轴向力及力矩，离心力等)的影响，但没有涉及对于陀螺力矩和过载情况的讨论。

参考文献[8,9]在不考虑界面接触条件下讨论了对燃气轮机中心拉杆转

---

①　上海机械学院力学组. 组合式转子临界转速计算. 上海机械学院动力机械系资料，1977.

子机壳系统的固有频率和振动模态问题，采用有限元模型，计算了动态激励对于涡轮叶片应力应变的影响。瞬态过程分析表明，在非稳定运行过程中，由于拉伸应力有可能超限而导致转子在轮盘连接处发生断裂。

同样，采用端齿连接的组合结构一般都会导致刚度的降低；这些结论是普遍适用的，其物理解释也是显而易见的。而对于有关“轴向预紧端齿连接转子的轴向预紧力随转速变化而变化，当考虑了离心力影响之后，拉杆的轴向应变比原来减小 3.3%”的这类结论则并不具有普遍适应性[10, 11]。以后我们可以看到，预紧对于组合结构力传递性能的影响并不具有唯一性。

类似的工作还包括参考文献[5]对于组合转子的相关研究，包括对于接触非线性和结构所具有的循环对称性考虑、燃气涡轮组合转子在各种工作条件下的应力应变分析、轴向力变化对转子动力特性的影响等。

有关燃气轮机组合转子、航空发动机组合转子固有频率和模态的试验研究，还可见诸于参考文献[13，14，15]，他们给出的研究结论认为界面连接刚度对组合转子固有频率有较大影响，并且与转子振型有关。

尽管如此，人们对于组合转子预紧力的大小选择以及预紧对于系统固有频率的影响程度估计，迄今仍然无法给出简要的的阐明。例如，前苏联考洛明斯克机车制造厂在关于预紧力大小的确定方面提出了如下设计原则：当拉杆总的预紧力等于或者大于因轮盘自重引起的弯矩产生的轴向脱开力的二倍时，组合转子的挠度和应力将接近于整体转子的挠度和应力[6]。

这一设计原则虽然简洁，但主要依赖于经验，同时该设计准则在多大程度上是否具有普遍适用性也缺乏必要的理论支持。尽管如此，还是提供了一条重要的信息，亦即：一个设计正确的盘式拉杆组合转子的系统动力学性能应当与整体连续转子基本上相当。来自前上海机械学院在对于拉杆转子研究基础上所给出的建议则是：总的预紧力应当取为轴向分离力，亦即维持拉杆转子各轮盘在自重作用下保持紧密接触的最小轴向力的 4～8 倍较为恰当[7]。

上述两种提法并不完全一致，同样，两者在理论上具有多大的合理性也需要加以进一步阐明。

表 13-1 给出了某 F 级重型燃气轮机在各连接段所施加的预紧力，实际施加的最大预紧力已经接近转子总重量的 50 倍，对于不同的机组或对象，差别如此之大是出乎预料的。

表13－1　某F级重型燃气轮机组合转子质量分布及预紧力

| 重力及预紧力 | 压气段 | 连接段 | 透平段 |
| --- | --- | --- | --- |
| 分段重力/kN | 4.6925E+002 | 6.2091E+001 | 2.5173E+002 |
| 转子总重力/kN | 7.8307E+002 | | |
| 分段预紧力/kN | 3.5159E+004 | 7.5472E+003 | 2.4771E+004 |
| 预紧力/总重力 | 44.9 | 9.64 | 31.6 |

另一个问题是预紧对于组合转子固有频率的影响程度，唯一能够确定的是组合拉杆转子的固有频率从总体上来说将低于整体式转子，但对于固有频率的下降幅度大小则因所采用的模型而异，已有的研究结果显示这种影响程度可能在3%，5%甚至15 %(对于高阶频率)不等，以上实际涉及到如何估计因界面接触对组合拉杆转子临界转速所能产生的影响问题。迄今为止，未见有关组合转子在预紧饱和情况下固有频率的界限估计的报道。

也许这样来理解前人的研究结论会比较客观：前苏联考洛明斯克机车制造厂所提出的关于预紧力的选择原则应当视作为了转子结构的完整性首先必须实现组合转子的装配预紧饱和的起码要求，也是必要条件。就转子的静、动态性能而言，意味着挠度曲线和固有频率基本保持不变；而从转子挠曲的几何形态来说，意味着挠度曲线位移和转角连续。因此，上述原则实际上可视为对于组合转子预紧力选择和固有频率的下限估计。预紧程度低于饱和状态时，其间的所谓法向、切向刚度会在很大的幅度范围内发生变化。

## 13.2　分段预紧组合转子的挠曲变形方程

以下着重讨论预紧对于组合转子固有频率影响的上限估计。对于盘式拉杆转子固有频率的研究，归根结底，在于将预紧装配进入饱和阶段后固有频率可能引起的下降幅度给出定量的估计。

这里所说的预紧饱和是指，当预紧力大到一定程度后在接触界面上实际接触面积与名义接触面积基本相当或所谓100%完全接触。

关于连续梁挠曲变形的分析可见诸于许多文献。为理解方便，以下简单回顾相关物理量的定义和计算公式推导过程：

### 1. 曲率半径和挠度角

如图13－1所示，定义曲率半径和挠度角如下：

$$-\rho \mathrm{d}\psi = \mathrm{d}z, \quad \psi = \frac{\mathrm{d}y}{\mathrm{d}z}$$

或

$$\frac{\mathrm{d}\psi}{\mathrm{d}z} = -\frac{1}{\rho}, \quad \frac{\mathrm{d}^2 y}{\mathrm{d}z^2} = -\frac{1}{\rho(z)}$$

对于挠度角$\varphi$旋转正方向的规定和$y$轴正方向相同,$\psi$的旋转方向与$x$轴正方向相反。因此,按图 13-1 所示的挠度角沿轴向方向实际上是递减的。

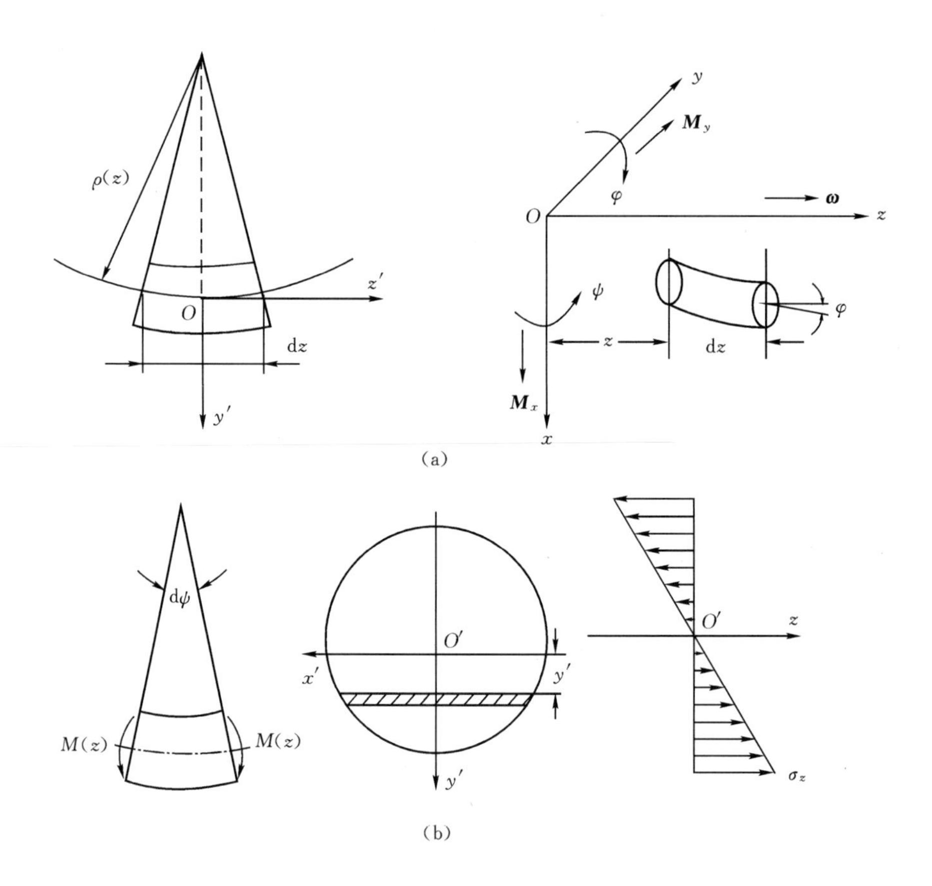


图 13-1　弯曲微元中的曲率半径和挠度角

(a) 曲率半径和挠度角;(b) 弯曲梁横截面上的应力与应变

**2. 转子的弯曲变形及应力应变**

记任一坐标点$z$处的中性面曲率半径为$\rho(z)$,即便是在预紧或张紧存在的情况下,下列关系仍然成立:

在横截面任一局部坐标 $y'$ 处，由于弯曲变形，该处的实际伸长为 $(\rho+y')\mathrm{d}\psi$，则相对应变率

$$\varepsilon_z=-\frac{(\rho+y')\mathrm{d}\psi+\rho\mathrm{d}\psi}{\mathrm{d}z}=-y'\frac{\mathrm{d}\psi}{\mathrm{d}z}$$

由材料力学可知，在弹性范围内，该处的应力为 $\sigma_z=E\varepsilon_z=-Ey'\dfrac{\mathrm{d}\psi}{\mathrm{d}z}$。

**3. 应变能**

在微元 d$z$ 段由于纤维伸长而储存的弹性势能可表达为在整个横截面上的积分：

$$\Delta V_z=\int_A\frac{1}{2}\sigma_z\varepsilon_z\mathrm{d}A\mathrm{d}z=\frac{1}{2}\int_A y'^2\left(\frac{\mathrm{d}\psi}{\mathrm{d}z}\right)^2\mathrm{d}A\mathrm{d}z=\frac{1}{2}\left(\frac{\mathrm{d}\psi}{\mathrm{d}z}\right)^2EI_x\mathrm{d}z$$

其中：$I_x=\int_A y'^2\mathrm{d}A$ 为截面惯性矩，与坐标无关；$E$ 为弹性模量。

关于截面惯性矩 $M(z)$ 的计算，当 $M(z)$ 如图 13-2 定义时，有

$$M(z)=-\int_A\sigma_z y'\mathrm{d}A=\int_A Ey'^2\frac{\mathrm{d}\psi}{\mathrm{d}z}\mathrm{d}A=EI_x\frac{\mathrm{d}\psi}{\mathrm{d}z}=EI_x\frac{\mathrm{d}^2y}{\mathrm{d}z^2}$$

其中，$EI_x$ 为轴段抗弯刚度。

当然，在微元 d$z$ 上所存储的弹性应变能也可以看作是弯矩所做的功：

$$\Delta V_z=\frac{1}{2}M(z)\mathrm{d}\psi$$

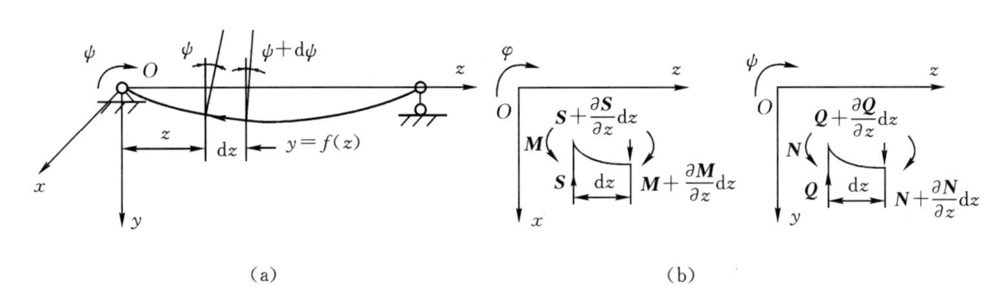


图 13-2　弹性轴的弯曲变形

(a) 弹性轴的挠度曲线；(b) 轴段微元的力、力矩平衡

对于重型燃机分段预紧组合转子，假设：

(1) 拉杆本身重量很轻，在各轴段连接处，连接螺栓的局部效应可以忽略；

(2) 由于预紧饱和，组合转子在接触界面处保持挠度曲线连续，同时挠度

曲线导数也保持连续;

(3) 梁所变形的预张紧力 $T_0$ 沿弯曲挠度曲线的切线方向传递;

(4) 张紧力在横截面 $A$ 上的分布在略去局部效应后趋于均布。

在以上假设的基础上,可以考虑计入轴向预紧力的轴系挠曲问题:

1) 预紧梁微元中的力与力矩平衡

以下分别讨论有无质量轴的力与力矩的平衡关系(见图 13-3)。

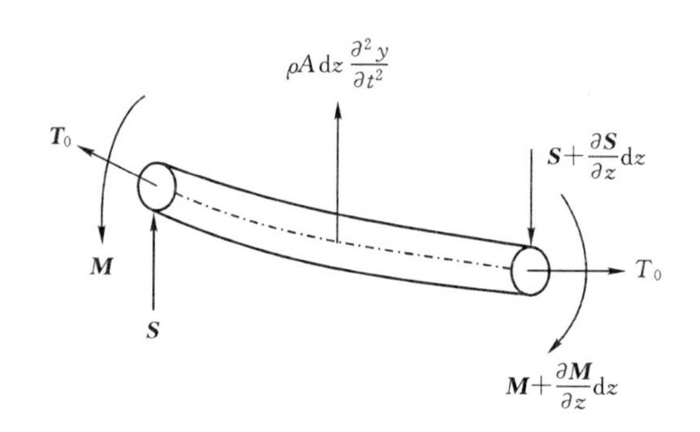


图 13-3 预紧轴段微元的力与力矩平衡

(1) 力平衡关系。对于轴段微元的力平衡关系,可以分以下四种情况讨论:

① 无质量轴(无预紧)

$$\frac{\partial s}{\partial z}=0 \tag{13-1}$$

② 无质量轴(含预紧)

$$\frac{\partial s}{\partial z}\mathrm{d}z+T_0\mathrm{d}\psi=0 \quad 或 \quad \frac{\partial s}{\partial z}=-T_0\frac{\mathrm{d}\psi}{\mathrm{d}z} \tag{13-2}$$

③ 有质量轴(无预紧)

$$\frac{\partial s}{\partial z}=\rho A\frac{\partial^2 y}{\partial t^2} \tag{13-3}$$

④ 有质量轴(含预紧)

$$\frac{\partial s}{\partial z}=\rho A\frac{\partial^2 y}{\partial t^2}-T_0\frac{\mathrm{d}\psi}{\mathrm{d}z} \tag{13-4}$$

(2) 力矩平衡关系。

① 无质量轴(无预紧)

$$\frac{\partial s}{\partial z}=-s \tag{13-5}$$

② 无质量轴(含预紧)

$$\left(s+\frac{\partial s}{\partial z}\mathrm{d}z\right)\mathrm{d}z+T_0(\psi+\mathrm{d}\psi)\mathrm{d}z+M+\frac{\partial M}{\partial z}\mathrm{d}z=M+T_0\mathrm{d}y$$

注意到 $T_0\psi\mathrm{d}z=T_0\mathrm{d}y$ 和$\frac{\partial s}{\partial z}\mathrm{d}z+T_0\mathrm{d}\psi=0$，上式可简化为

$$\frac{\partial M}{\partial z}=-s \tag{13-6a}$$

由此得到一个重要的结论：当预紧沿挠度曲线切向方向传递时，张紧力的大小并不改变轴的力矩平衡关系；但需要注意的是，如果在另一种状态下，即张紧力的方向总保持与 $z$ 方向平行时，情况会有所不同，此时的力矩平衡方程应当为

$$\frac{\partial M}{\partial z}=-s+T_0\frac{\mathrm{d}y}{\mathrm{d}z} \tag{13-6b}$$

③ 有质量轴(无预紧)

$$\frac{\partial M}{\partial z}=-s \tag{13-7}$$

④ 有质量轴(含预紧)。当计入梁的分布质量以及因惯性力而引起的矩时，则关于微元 $\mathrm{d}z$ 的平衡力矩方程为

$$s\mathrm{d}z+\frac{\partial M}{\partial z}\mathrm{d}z=\frac{1}{2}\rho A\frac{\partial^2 y}{\partial t^2}\mathrm{d}z^2$$

由于惯性力矩($\rho A\mathrm{d}z\ddot{y}$)而引起的矩和 $s\mathrm{d}z$，$\frac{\partial M}{\partial z}\mathrm{d}z$ 相比为高阶小量，所以，在大多数情况下仍然可以略去。略去惯性力矩后的力矩平衡方程依然和式(13-7)相同，即

$$\frac{\partial M}{\partial z}=-s \tag{13-8}$$

2) 任意坐标点处梁的挠曲微分方程

仍然针对以下四种情况考察弹性梁在任一点 $z$ 处的挠度曲线微分方程。

① 无质量轴(无预紧)。

由$\frac{\partial s}{\partial z}=0$，$\frac{\partial M}{\partial z}=-s$，可得

$$\frac{\partial^2 M}{\partial z^2}+\frac{\partial s}{\partial z}=0\quad 或\quad \frac{\partial^2}{\partial z^2}\left(EI_x\frac{\partial^2 y}{\partial z^2}\right)=0 \tag{13-9}$$

② 无质量轴(含预紧)。

由$\frac{\partial s}{\partial z}=-T_0\frac{\partial\psi}{\partial z}=-T_0\frac{\partial^2 y}{\partial z^2}$和$\frac{\partial M}{\partial z}=-s$，得到

$$\frac{\partial^2}{\partial z^2}\left(EI_x \frac{\partial^2 y}{\partial z^2}\right) - T_0 \frac{\partial^2 y}{\partial z^2} = 0 \tag{13-10}$$

③ 有质量轴(无预紧)。

$$\frac{\partial s}{\partial z} = \rho A \frac{\partial^2 y}{\partial t^2}, \quad \frac{\partial M}{\partial z} = -s$$

$$\frac{\partial^2}{\partial z^2}\left(EI_x \frac{\partial^2 y}{\partial z^2}\right) + \rho A \frac{\partial^2 y}{\partial t^2} = 0 \tag{13-11}$$

④ 有质量轴(含预紧)。

由$\frac{\partial s}{\partial z} = \rho A \frac{\partial^2 y}{\partial t^2} - T_0 \frac{\partial^2 y}{\partial z^2}$和$\frac{\partial M}{\partial z} = -s$,得到

$$\frac{\partial^2}{\partial z^2}\left(EI_x \frac{\partial^2 y}{\partial z^2}\right) - T_0 \frac{\partial^2 y}{\partial z^2} + \rho A \frac{\partial^2 y}{\partial t^2} = 0$$

或改写成如下形式:

$$\frac{\partial^2}{\partial z^2}\left(EI_x \frac{\partial^2 y}{\partial z^2}\right) - \frac{T_0}{EI_x}\left(EI_x \frac{\partial^2 y}{\partial z^2}\right) + \rho A \frac{\partial^2 y}{\partial t^2} = 0 \tag{13-12}$$

3) 边界条件

对于方程(13-9)～方程(13-12)的求解需要四个边界条件。一般情况下的常用边界条件有:

① 铰支端。

$$y_{(0)} = 0, \quad M_{(0)} = 0$$

② 无预紧轴段和预紧轴段的接触界面处。如图13-4所示,在无预紧轴段和预紧轴段的接触界面 $A$—$A$ 处,通常情况下轴段间的挠度和转角应当保持连续,即

$$y_A^R = y_A^l, \quad \psi_A^R = \psi_A^l$$

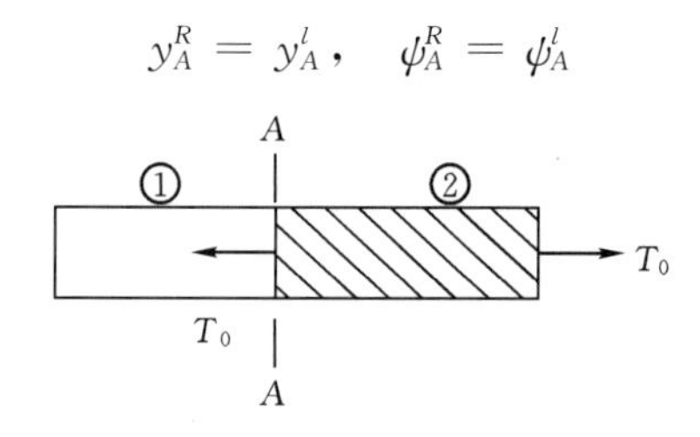


图13-4　接触界面处的边界条件

## 13.3　分段预紧组合转子中的力传递机制与基本解系

重型燃气轮机分段组装结构如图13-5所示。这类转子的特殊性主要在

于整个转子由不同轴段组装而成，因此，各轴段的力传递和力矩传递关系也截然不同，包括在各连接界面处的边界条件。重型燃机周向拉杆转子实际轴段组成从左到右依次为：冷端无预紧支承轴段、压气机轮盘预紧轴段、筒式燃烧室连接轴段、热端轮盘预紧轴段以及热段无预紧支承轴段，而拉杆则承受拉应力。

因此，上述组合转子既不能被视为完全预紧，也不能视为完全无预紧转子；组合转子最重要的特点在于其组合和接触界面，分段处理是组合转子分析的基本原则。对于重型燃机周向拉杆转子系统动力学行为的准确预测，可以通过对不同轴段进行分段处理来实现。

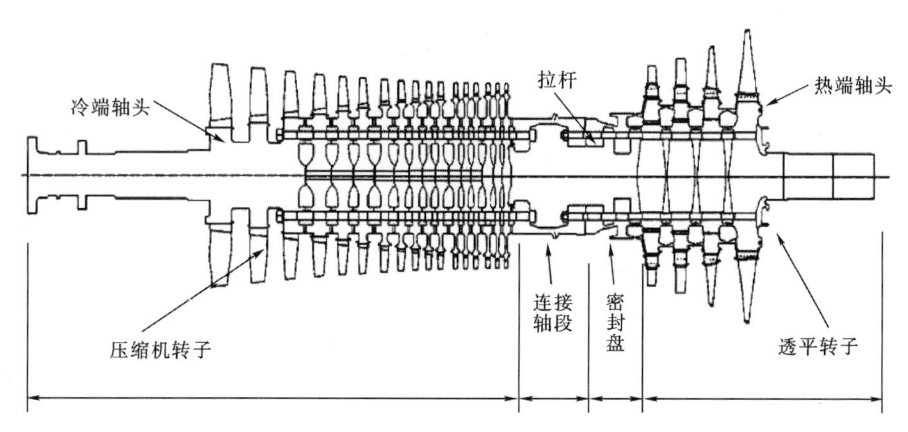


图13-5　某重型燃机周向拉杆组合转子

装配过程中在转子中所产生的预紧力，虽然从系统整体层面上来说仍然属于内力，但与连续转子相比却具有其特殊性，这一类预应力既可能产生于装配应力，也可能来自热不均匀性而造成的热预应力等。

考察图13-6所示的简单对称组合转子：

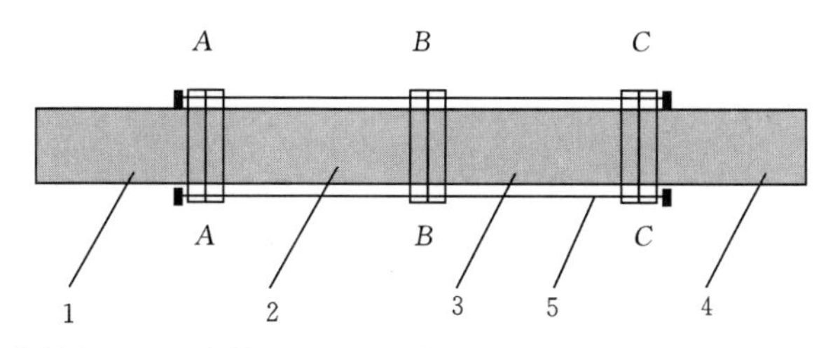


1—无预紧轴段　2—预紧轴段　3—预紧轴段　4—无预紧轴段　5—预紧拉杆

图13-6　预紧装配组合转子

对于轴段1来说，由张紧拉杆施加在轴段1上的预紧力，对于轴段1来说属于外力，张紧力的大小并不在全局范围内影响轴段1的弯曲变形；此外，轴段1还受到由轴段2通过接触界面$A—A$传递给轴段1的另一类广义力，这一部分力或力矩和轴段1,2的弯曲协调变形相关，如图13-7所示。因此，轴段1的受力来自不同的主体——拉杆以及与之相邻的轴段2。

对于周向拉杆组合转子中力与力矩传递机制的分析，以下假设是合理的：

(1) 作用在轴段1和4连接法兰盘处的预紧力对于法兰盘乃至整个转子挠曲变形的影响很小，可以略去；

(2) 拉杆重量和转轴自身重量相比，其参振质量的影响可以不计；

(3) 组合转子的结构完整性在弯曲振动过程中表现为转子的位移与挠度角在接触界面处保持连续。

以下通过对于简单连续梁的弯曲振动特性的定性考察来说明预紧对于轴弯曲和挠曲变形的影响。

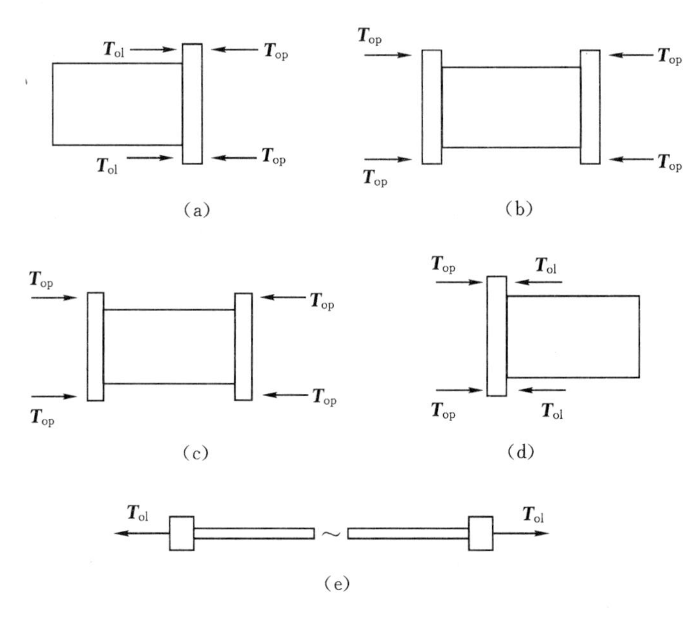


图13-7 组合转子各子轴段与拉杆受力

(a) 无预紧轴段；(b) 预紧轴段2；(c) 预紧轴段3；(d) 无预紧轴段4；(e) 预紧拉杆

为了比较起见，需要对上述微分方程进行统一的无量纲化处理，取各物理量的量纲如下：

$$[y]=\frac{L}{2},\quad [z]=\frac{L}{2},\quad [s]=P,\quad [M]=\frac{PL}{2}$$

其中，$L$ 为梁的长度；$P$ 为梁中点所受外力的一半。

**1. 无质量梁（无预紧）的挠度**

如图 13-8(a) 所示，由方程(13-9)

$$\frac{\partial^2}{\partial z^2}\left(EI_x\frac{\partial^2 y}{\partial z^2}\right)=0$$

积分一次后得到

$$\frac{\partial}{\partial z}\left(EI_x\frac{\partial^2 y}{\partial z^2}\right)=c_1$$

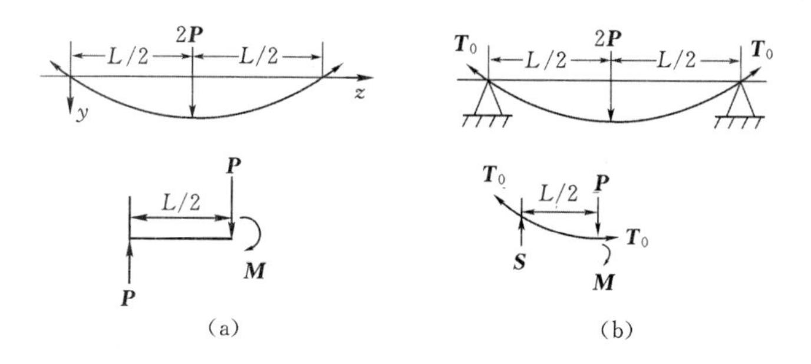


图 13-8　无质量轴的挠度
(a) 无预紧的无质量轴；(b) 含预紧的无质量轴

由 $\frac{\partial M}{\partial z}=-s$，得 $\frac{\partial M}{\partial z}=-P$，相应的无量纲方程为

$$\frac{\partial}{\partial \bar{z}}\left[\left(\frac{4EI_x}{PL^2}\right)\frac{\partial^2\bar{y}}{\partial \bar{z}^2}\right]=-1.0 \tag{13-13}$$

记 $\lambda_0^2=\frac{PL^2}{4EI_x}$，则方程(13-13)化为

$$\frac{\partial}{\partial \bar{z}}\left[\left(\frac{1}{\lambda_0^2}\right)\frac{\partial^2\bar{y}}{\partial \bar{z}^2}\right]=-1.0,\quad \frac{\partial}{\partial \bar{z}}\left(\frac{\partial^2\bar{y}}{\partial \bar{z}^2}\right)=-\lambda_0^2 \tag{13-14}$$

积分后得 $\frac{\partial^2\bar{y}}{\partial \bar{z}^2}=-\lambda_0^2\bar{z}+C_1$。在铰支情况下，由 $M(0)=0$，知

$$\frac{\partial^2\bar{y}}{\partial \bar{z}^2}=-\lambda_0^2\bar{z},\quad \frac{\partial\bar{y}}{\partial \bar{z}}=-\frac{1}{2}\lambda_0^2\bar{z}^2+C_2$$

由$\left.\dfrac{\partial\bar{y}}{\partial\bar{z}}\right|_{\bar{z}=1.0}=0$,得到

$$\frac{\partial\bar{y}}{\partial\bar{z}}=-\frac{1}{2}\lambda_0^2(\bar{z}^2-1),\quad \bar{y}=-\frac{1}{2}\lambda_0^2\left(\frac{1}{3}\bar{z}^3-\bar{z}\right)+C_3$$

利用条件 $\bar{y}(0)=0$,得到

$$\bar{y}=\frac{1}{2}\lambda_0^2\left(\bar{z}-\frac{1}{3}\bar{z}^3\right)\tag{13-15}$$

这是一个仅含奇次项的多项式解。

在载荷 $P$ 作用下,最大挠度发生在梁中点,亦即 $\bar{z}=1.0$ 处,最大转角发生在 $\bar{z}=0.0$ 处:

$$\begin{cases}\bar{y}_{\max}=\dfrac{1}{3}\lambda_0^2\\ \psi_{(0)}=\dfrac{\partial\bar{y}}{\partial\bar{z}_{(0)}}=\dfrac{1}{2}\lambda_0^2=\psi_{\max}\end{cases}\tag{13-16}$$

如定义梁的弯曲刚度 $k=\dfrac{P}{y_{\max}}$,则由式(13-16)可得到

$$k=\frac{24EI_x}{L^3}\tag{13-17}$$

**2. 无质量梁(含预紧)的挠度**

1) $T_0>0$

如图 13-8(b) 所示,由方程$\dfrac{\partial^2}{\partial z^2}\left(EI_x\dfrac{\partial^2 y}{\partial z^2}\right)-T_0\dfrac{\partial^2 y}{\partial z^2}=0$ 出发,当 $T_0>0$ 时,方程可化为$\dfrac{\partial^2 M}{\partial z^2}-\dfrac{T_0}{EI_x}M=0$,相应的无量纲方程为

$$\frac{\partial^2\bar{M}}{\partial\bar{z}^2}-\frac{T_0L^2}{4EI_x}\bar{M}=0\tag{13-18}$$

令

$$\lambda^2=\left(\frac{T_0L^2}{4EI_x}\right)\tag{13-19}$$

则有

$$\frac{\partial^2\bar{M}}{\partial\bar{z}^2}-\lambda^2\bar{M}=0\tag{13-20}$$

当 $T_0>0$ 时,$\bar{M}$ 的通解可以写成

$$\bar{M}=\bar{M}_{01}e^{\lambda\bar{z}}+\bar{M}_{02}e^{-\lambda\bar{z}}$$

由 $\bar{z}=0$ 时 $\bar{M}_0=0$，知 $M_{01}=-M_{02}$，且有

$$\bar{M}=M_{01}(e^{\lambda\bar{z}}-e^{-\lambda\bar{z}}) \tag{13-21a}$$

由 $\dfrac{\partial\bar{M}}{\partial\bar{z}}=\lambda M_{01}(e^{\lambda\bar{z}}+e^{-\lambda\bar{z}})=-\bar{s}$ 和 $\left.\dfrac{\partial\bar{M}}{\partial\bar{z}}\right|_{\bar{z}=1}=-1.0$，可知

$$\lambda M_{01}(e^{\lambda}+e^{-\lambda})=-1.0$$

解得

$$M_{01}=\frac{-1}{\lambda(e^{\lambda}+e^{-\lambda})} \tag{13-21b}$$

$$\frac{\partial\bar{M}}{\partial\bar{z}}=\frac{-(e^{\lambda\bar{z}}+e^{-\lambda\bar{z}})}{(e^{\lambda}+e^{-\lambda})} \tag{13-22a}$$

$$\bar{M}=\frac{-(e^{\lambda\bar{z}}-e^{-\lambda\bar{z}})}{\lambda(e^{\lambda}+e^{-\lambda})} \tag{13-22b}$$

无质量梁在张紧力作用下的剪力不再是常量：由 $\dfrac{\partial s}{\partial z}=-T_0\dfrac{\partial\psi}{\partial z}$，可知 $s=-T_0\psi+s_0$，亦即此时的剪力与张紧力 $T_0$ 相关，待定常数 $s_0$ 可由 $\psi\to 0$ 时 $s\to P$ 得到

$$s=P-T_0\psi,\quad 或\quad \bar{s}=1.0-\frac{T_0}{P}\psi$$

由 $\dfrac{\partial\bar{M}}{\partial\bar{z}}=\lambda M_{01}(e^{\lambda\bar{z}}+e^{-\lambda\bar{z}})=-\bar{s}=-(1.0-\dfrac{T_0}{P}\psi)$ 得

$$\frac{\partial^2\bar{y}}{\partial\bar{z}^2}=-\lambda\left(\frac{P}{T_0}\right)\frac{(e^{\lambda\bar{z}}-e^{-\lambda\bar{z}})}{(e^{\lambda}+e^{-\lambda})} \tag{13-23a}$$

$$\frac{\partial\bar{y}}{\partial\bar{z}}=-\left(\frac{P}{T_0}\right)\frac{(e^{\lambda\bar{z}}+e^{-\lambda\bar{z}})}{(e^{\lambda}+e^{-\lambda})}+C_2$$

由 $\bar{z}=1.0$ 时 $\left.\dfrac{\partial\bar{y}}{\partial\bar{z}}\right|_{\bar{z}=1.0}=0$，可求得 $C_2$，并有

$$\frac{\partial\bar{y}}{\partial\bar{z}}=\left(\frac{P}{T_0}\right)\frac{[(e^{\lambda}+e^{-\lambda})-(e^{\lambda\bar{z}}+e^{-\lambda\bar{z}})]}{(e^{\lambda}+e^{-\lambda})}=\left(\frac{P}{T_0}\right)\left[1-\frac{(e^{\lambda\bar{z}}+e^{-\lambda\bar{z}})}{(e^{\lambda}+e^{-\lambda})}\right] \tag{13-23b}$$

从而得到

$$\bar{y}=\left(\frac{P}{T_0}\right)\left[\bar{z}-\frac{(e^{\lambda\bar{z}}-e^{-\lambda\bar{z}})}{\lambda(e^{\lambda}+e^{-\lambda})}\right] \tag{13-23c}$$

相应地，对于预紧情况下的梁弯曲刚度的定量估计为

$$\bar{y}_{\max}=\frac{P}{T_0}\left[1-\frac{(e^{\lambda}-e^{-\lambda})}{\lambda(e^{\lambda}+e^{-\lambda})}\right]$$

$$\bar{\psi}_{\max} = \frac{P}{T_0}\left[1 - \frac{2}{\lambda(e^{\lambda} + e^{-\lambda})}\right]$$

$$k_{T_0} = \frac{8\lambda^3 EI_x}{L^3} \cdot \frac{(e^{\lambda} + e^{-\lambda})}{\lambda(e^{\lambda} + e^{-\lambda}) - (e^{\lambda} - e^{-\lambda})} \tag{13-23d}$$

方程(13-23)的解满足全部边界条件。

方程(13-23)的解也可以简化为

$$\begin{cases} \bar{M} = -\dfrac{1}{\lambda}\dfrac{\mathrm{sh}\lambda\bar{z}}{\mathrm{ch}\lambda} \\ \dfrac{\partial^2 \bar{y}}{\partial \bar{z}^2} = -\lambda\left(\dfrac{P}{T_0}\right)\dfrac{\mathrm{sh}\lambda\bar{z}}{\mathrm{ch}\lambda} \\ \dfrac{\partial \bar{y}}{\partial \bar{z}} = \left(\dfrac{P}{T_0}\right)\left(1 - \dfrac{\mathrm{ch}\lambda\bar{z}}{\mathrm{ch}\lambda}\right) \\ \bar{y} = \left(\dfrac{P}{T_0}\right)\left(\bar{z} - \dfrac{1}{\lambda}\dfrac{\mathrm{sh}\lambda\bar{z}}{\mathrm{ch}\lambda}\right) \end{cases} \tag{13-24}$$

和无预紧梁相比，在张紧状态下梁的挠曲变形方程的解不再简单地由多项式构成，而是包含了一次项和正切、余切项的复杂组合解。

在重型燃气轮机轴系组合转子中，方程(13-24)的解适用于对于拉杆弯曲变形的求解。

2) $T_0 < 0$

当 $T_0 < 0$ 时，转子实际上处于受压缩状态，虽然此时方程(13-18)仍然适用，但由于 $T_0 < 0$，方程的解将不同于方程(13-24)的解。

对于方程$\dfrac{\partial^2 \bar{M}}{\partial \bar{z}^2} - \dfrac{T_0 L^2}{4EI_x}\bar{M} = 0$，记$\lambda^2 = \left(-\dfrac{T_0 L^2}{4EI_x}\right) = \dfrac{T_{00} L^2}{4EI_x}$，其中 $T_{00} = -T_0 > 0$，则有

$$\frac{\partial^2 \bar{M}}{\partial \bar{z}^2} + \lambda^2 \bar{M} = 0$$

该方程有解：

$$\bar{M} = \bar{M}_{01}\sin\lambda\bar{z} + \bar{M}_{02}\cos\lambda\bar{z}$$

由 $\bar{M}_{(0)} = 0$，知

$$\bar{M}_{02} = 0,\quad \bar{M} = \bar{M}_{01}\sin\lambda\bar{z}$$

式中，$\bar{M}_{01}$ 为待定常数。

$$\frac{\partial \bar{M}}{\partial \bar{z}} = \lambda \bar{M}_{01}\cos\lambda\bar{z}$$

由 $\bar{z}=1.0$ 时 $\left.\dfrac{\partial\bar{M}}{\partial\bar{z}}\right|_{\bar{z}=1}=-1$，得到

$$\bar{M}_{01}=\frac{-1}{\lambda\cos\lambda},\quad \bar{M}=\frac{-\sin\lambda\bar{z}}{\lambda\cos\lambda}$$

由 $M=EI_x\dfrac{\partial^2 y}{\partial z^2}$，得到挠度曲线的无量纲方程

$$\bar{M}=\frac{1}{\lambda^2}\left(\frac{T_{00}}{P}\right)\frac{\partial^2\bar{y}}{\partial\bar{z}^2}=\frac{-\sin\lambda\bar{z}}{\lambda\cos\lambda}$$

$$\frac{\partial^2\bar{y}}{\partial\bar{z}^2}=-\left(\frac{P}{T_{00}}\right)\frac{\lambda\sin\lambda\bar{z}}{\cos\lambda}$$

现在继续讨论转子受到纯压缩（$T_0<0$）的情况：

$$\frac{\partial\bar{y}}{\partial\bar{z}}=\frac{P}{T_{00}}\frac{(\cos\lambda\bar{z}+C_2)}{\cos\lambda}$$

常数 $C_2$ 由 $\left.\dfrac{\partial\bar{y}}{\partial\bar{z}}\right|_{\bar{z}=1.0}=0$ 定出，则有

$$\frac{\partial\bar{y}}{\partial\bar{z}}=\frac{P}{T_{00}}\frac{(\cos\lambda\bar{z}-\cos\lambda)}{\cos\lambda}\quad 及\quad \bar{y}=\frac{P}{T_{00}\cos\lambda}\left(\frac{1}{\lambda}\sin\lambda\bar{z}-\bar{z}\cos\lambda+C_1\right)$$

由 $\bar{y}|_{\bar{z}=0}=0$，知

$$C_1=0,\quad \bar{y}=\frac{P}{T_{00}\cos\lambda}\left(\frac{1}{\lambda}\sin\lambda\bar{z}-\bar{z}\cos\lambda\right)=\frac{P}{T_{00}}\left(\frac{\sin\lambda\bar{z}}{\lambda\cos\lambda}-\bar{z}\right)$$

当 $T_0<0$ 时，与式（13-24）相对应的解可归结为

$$\left.\begin{aligned}
\bar{M}&=\frac{-\sin\lambda\bar{z}}{\lambda\cos\lambda}\\
\frac{\partial^2\bar{y}}{\partial\bar{z}^2}&=-\left(\frac{P}{T_{00}}\right)\frac{\lambda\sin\lambda\bar{z}}{\cos\lambda}\\
\frac{\partial\bar{y}}{\partial\bar{z}}&=\frac{P}{T_{00}}\frac{(\cos\lambda\bar{z}-\cos\lambda)}{\cos\lambda}\\
\bar{y}&=\frac{P}{T_{00}}\left(\frac{\sin\lambda\bar{z}}{\lambda\cos\lambda}-\bar{z}\right)
\end{aligned}\right\}\tag{13-25}$$

同样可以得到在预紧压缩状态下相应的梁弯曲刚度 $k$ 和 $y_{max}$ 以及 $\psi_{max}$，并以此和无质量、无预紧梁的解相比较。

**3. 简单组合转子的挠度问题**

讨论如图13-9所示的对称组合转子结构：无质量简支梁由轴段1和轴段

2组成,其中轴段1无预紧,而轴段2则带有预紧。对于轴段1(无质量无预紧),其微分方程为

$$\frac{\partial^2}{\partial z_1^2}\left(EI_x\frac{\partial^2 y_1}{\partial z_1^2}\right)=0$$

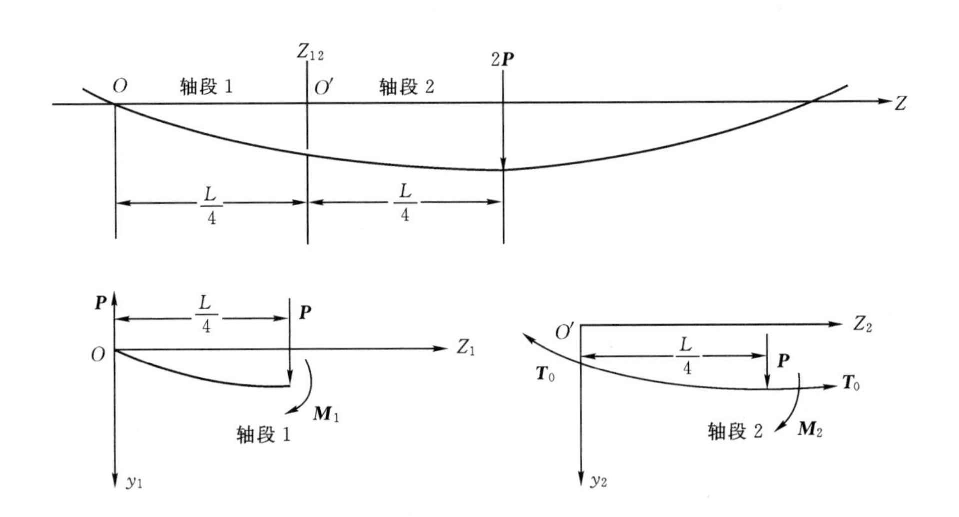


图 13-9 简单预紧对称组合转子的挠度变形

在各自的局部坐标系中,相应的边界条件为

$$y_1(0)=0,\quad M_1(0)=0$$

而在 $z_1=z_{12}$ 亦即轴段1和2接触界面处

$$y_1\left(\frac{L}{4}\right)=y_2(0),\quad \psi_1\left(\frac{L}{4}\right)=\psi_2(0),\quad \psi_2\left(\frac{L}{4}\right)=0$$

$$\frac{\partial M_1}{\partial z_1}=-P,\quad \frac{\partial M_2}{\partial z_2}\left(\frac{L}{4}\right)=-P,\quad M_1\left(\frac{L}{4}\right)=M_2(0)$$

对于轴段1,由于无预紧,有

$$\frac{\partial}{\partial z_1^2}\left(EI_x\frac{\partial^2 y_1}{\partial {z_1}^2}\right)=0$$

对方程积分一次,$\frac{\partial M_1}{\partial z_1}=C_4$——意味着弯矩在整个轴段内保持常数:

$$\frac{\partial M_1}{\partial z_1}=-s_1=-P$$

再次积分后得到 $$M_1=-Pz_1+C_3$$

由 $M_1(0)=0$ 知

$$C_3 = 0, \quad M_1 = EI_x \frac{\partial^2 y_1}{\partial z_1{}^2} = -Pz_1$$

由

$$\frac{PL}{2}\bar{M}_1 = \frac{PL}{2}\left(\frac{4EI_x}{PL^2}\right)\frac{\partial^2 \bar{y}_1}{\partial \bar{z}_1{}^2} = \frac{PL}{2}(-\bar{z}_1)$$

得到无量纲化后的力矩方程:$\bar{M}_1 = -\bar{z}_1$。

引入

$$\lambda^2 = \left(\frac{-T_0 L^2}{4EI_x}\right) = \frac{T_{00}L^2}{4EI_x}$$

式中,$T_0$ 为轴段2中的张紧力,当 $T_0$ 使轴段2受压缩时 $T_0 < 0, T_{00} = -T_0 > 0$。关于轴段1的无量纲挠度曲线方程为

$$\frac{\partial^2 \bar{y}_1}{\partial \bar{z}_1{}^2} = -\lambda^2\left(\frac{P}{T_{00}}\right)\bar{z}_1$$

$$\frac{\partial \bar{y}_1}{\partial \bar{z}_1} = -\frac{1}{2}\lambda^2\left(\frac{P}{T_{00}}\right)\bar{z}_1{}^2 + C_2$$

$$\bar{y}_1 = -\frac{1}{6}\lambda^2\left(\frac{P}{T_{00}}\right)\bar{z}_1{}^3 + C_2\bar{z}_1 + C_1$$

由 $y_1(0) = 0$ 知 $C_1 = 0$,轴段1的挠度角和挠度曲线为

$$\frac{\partial \bar{y}_1}{\partial \bar{z}_1} = -\frac{1}{2}\lambda^2\left(\frac{P}{T_{00}}\right)\bar{z}_1{}^2 + C_2$$

$$\bar{y}_1 = -\frac{1}{6}\lambda^2\left(\frac{P}{T_{00}}\right)\bar{z}_1{}^3 + C_2\bar{z}_1 \tag{13-26}$$

式中,$C_2$ 为待定常数。

如前所述,对于轴段2(无质量含预紧)来说,当预紧力 $T_0$ 为拉伸力即 $T_0 > 0$ 时方程

$$\frac{\partial^2 M_2}{\partial z_2^2} - \frac{T_0 M_2}{EI_x} = 0$$

而对于轴段受压缩($T_0 < 0$)情况,记

$$T_{00} = -T_0 > 0, \quad \lambda^2 = \frac{T_{00}L^2}{4EI_x}$$

则相应的无量纲方程为

$$\frac{\partial^2 \bar{M}_2}{\partial \bar{z}_2{}^2} + \lambda^2 \bar{M}_2 = 0$$

将其通解记为

$$\bar{M}_2 = \bar{M}_{21}\sin\lambda\bar{z}_2 + \bar{M}_{22}\cos\lambda\bar{z}_2$$

在接触界面处,应有 $\bar{M}_1\left(\frac{1}{2}\right)=\bar{M}_2(0)$,因此有

$$\bar{M}_2(0)=\bar{M}_{22}=\bar{M}_1\left(\frac{1}{2}\right)=-\frac{1}{2},\quad \bar{M}_{22}=-\frac{1}{2},\quad \bar{M}_2=\bar{M}_{21}\sin\lambda\bar{z}_2-\frac{1}{2}\cos\lambda\bar{z}_2$$

$\dfrac{\partial\bar{M}_2}{\partial\bar{z}_2}=\lambda\left(\bar{M}_{21}\cos\lambda\bar{z}_2+\dfrac{1}{2}\sin\lambda\bar{z}_2\right)=-\bar{s}_2$ 在 $0<\bar{z}_2<\dfrac{1}{2}$ 域内恒成立,但和无预紧情况有所不同——这里 $\bar{s}_2$ 是 $\bar{z}_2$ 的函数。但是,当 $\bar{z}_2\to\dfrac{1}{2}$ 时,$\bar{s}_2\to 1.0$,于是有

$$\lambda\left(\bar{M}_{21}\cos\frac{\lambda}{2}+\frac{1}{2}\sin\frac{\lambda}{2}\right)=-1.0$$

由此解得

$$\bar{M}_{21}=-\left[\frac{2+\lambda\sin\dfrac{\lambda}{2}}{2\lambda\cos\dfrac{\lambda}{2}}\right],\quad \bar{M}_2=-\left[\frac{2+\lambda\sin\dfrac{\lambda}{2}}{2\lambda\cos\dfrac{\lambda}{2}}\right]\sin\lambda\bar{z}_2-\frac{1}{2}\cos\lambda\bar{z}_2$$

类似地,由 $\bar{M}_2=\dfrac{1}{\lambda^2}\left(\dfrac{T_{00}}{P}\right)\dfrac{\partial^2\bar{y}_2}{\partial\bar{z}_2^2}$,可以得到关于 $\bar{y}_2$ 的微分方程

$$\frac{\partial^2\bar{y}_2}{\partial\bar{z}_2^2}=-\lambda^2\left(\frac{P}{T_{00}}\right)\left\{\left[\frac{2+\lambda\sin\dfrac{\lambda}{2}}{2\lambda\cos\dfrac{\lambda}{2}}\right]\sin\lambda\bar{z}_2+\frac{1}{2}\cos\lambda\bar{z}_2\right\}$$

$$\frac{\partial\bar{y}_2}{\partial\bar{z}_2}=-\lambda\left(\frac{P}{T_{00}}\right)\left\{-\left[\frac{2+\lambda\sin\dfrac{\lambda}{2}}{2\lambda\cos\dfrac{\lambda}{2}}\right]\cos\lambda\bar{z}_2+\frac{1}{2}\sin\lambda\bar{z}_2+D_2^*\right\}$$

引入条件 $\left.\dfrac{\partial\bar{y}_2}{\partial\bar{z}_2}\right|_{\bar{z}_2=\frac{1}{2}}=0$,因此有 $D_2^*=\dfrac{1}{\lambda}$。

$$\frac{\partial\bar{y}_2}{\partial\bar{z}_2}=-\lambda\left(\frac{P}{T_{00}}\right)\left\{-\left[\frac{2+\lambda\sin\dfrac{\lambda}{2}}{2\lambda\cos\dfrac{\lambda}{2}}\right]\cos\lambda\bar{z}_2+\frac{1}{2}\sin\lambda\bar{z}_2+\frac{1}{\lambda}\right\}$$

$$\bar{y}_2=-\left(\frac{P}{T_{00}}\right)\left\{-\left[\frac{2+\lambda\sin\dfrac{\lambda}{2}}{2\lambda\cos\dfrac{\lambda}{2}}\right]\sin\lambda\bar{z}_2-\frac{1}{2}\cos\lambda\bar{z}_2+\frac{1}{\lambda}\bar{z}_2+D_1^*\right\}$$

式中,$D_1^*$ 为待定常数。

再重新回到关于轴段1的解：

$$\bar{M}_1=\left(\frac{P}{T_{00}}\right)\frac{1}{\lambda^2}\frac{\partial^2\bar{y}_1}{\partial\bar{z}_1^2}=-\bar{z}_1,\frac{\partial^2\bar{y}_1}{\partial\bar{z}_1^2}=-\lambda^2\left(\frac{P}{T_{00}}\right)\bar{z}_1,\frac{\partial\bar{y}_1}{\partial\bar{z}_1}=-\frac{\lambda^2}{2}\left(\frac{P}{T_{00}}\right)\bar{z}_1^{\ 2}+C_2$$

以及

$$\bar{y}_1=-\frac{\lambda^2}{6}\left(\frac{P}{T_{00}}\right)\bar{z}_1^{\ 3}+C_2\bar{z}_1$$

由$\frac{\partial\bar{y}_1}{\partial\bar{z}_1}\left(\frac{1}{2}\right)=\frac{\partial\bar{y}_2}{\partial\bar{z}_2}(0)$得到

$$-\frac{\lambda^2}{8}\left(\frac{P}{T_{00}}\right)+C_2=-\lambda\left(\frac{P}{T_{00}}\right)\left\{-\left[\frac{2+\lambda\sin\frac{\lambda}{2}}{2\lambda\cos\frac{\lambda}{2}}\right]+\frac{1}{\lambda}\right\}$$

$$C_2=\frac{\lambda^2}{8}\left(\frac{P}{T_{00}}\right)-\lambda\left(\frac{P}{T_{00}}\right)\left\{-\left[\frac{2+\lambda\sin\frac{\lambda}{2}}{2\lambda\cos\frac{\lambda}{2}}\right]+\frac{1}{\lambda}\right\}$$

$$=\frac{\lambda^2}{8}\left(\frac{P}{T_{00}}\right)-\left(\frac{P}{T_{00}}\right)\left\{-\left[\frac{2+\lambda\sin\frac{\lambda}{2}}{2\cos\frac{\lambda}{2}}\right]+1.0\right\}$$

$$=\frac{P}{T_{00}}\left\{\left(\frac{\lambda^2}{8}-1.0\right)+\frac{2+\lambda\sin\frac{\lambda}{2}}{2\cos\frac{\lambda}{2}}\right\}$$

由边界条件$\bar{y}_1\left(\frac{1}{2}\right)=\bar{y}_2(0)$，可以解得另一常数$D_1^*$：

$$\bar{y}_1\left(\frac{1}{2}\right)=-\frac{\lambda^2}{48}\left(\frac{P}{T_{00}}\right)+\frac{1}{2}C_2=\bar{y}_2(0)=-\left(\frac{P}{T_{00}}\right)\left\{-\frac{1}{2}+D_1^*\right\}$$

$$D_1^*=1.0-\frac{\lambda^2}{24}-\left[\frac{2+\lambda\sin\frac{\lambda}{2}}{4\cos\frac{\lambda}{2}}\right]$$

这样，对于上述组合转子的挠度微分方程的解可以归纳为

$$\bar{y}_1=-\frac{\lambda^2}{6}\left(\frac{P}{T_{00}}\right)\bar{z}_1^3+\frac{P}{T_{00}}\left\{\left(\frac{\lambda^2}{8}-1.0\right)+\frac{2+\lambda\sin\frac{\lambda}{2}}{2\cos\frac{\lambda}{2}}\right\}\bar{z}_1\quad\left(0\leqslant\bar{z}_1\leqslant\frac{1}{2}\right)$$

$$\frac{\partial\bar{y}_1}{\partial\bar{z}_1}=-\frac{1}{2}\lambda^2\left(\frac{P}{T_{00}}\right)\bar{z}_1{}^2+\frac{P}{T_{00}}\left\{\left(\frac{\lambda^2}{8}-1.0\right)+\frac{2+\lambda\sin\frac{\lambda}{2}}{2\cos\frac{\lambda}{2}}\right\}$$

$$\frac{\partial^2\bar{y}_1}{\partial\bar{z}_1^2}=-\lambda^2\left(\frac{P}{T_{00}}\right)\bar{z}_1$$

$$\bar{y}_2=-\left(\frac{P}{T_{00}}\right)\left\{-\left[\frac{2+\lambda\sin\frac{\lambda}{2}}{2\lambda\cos\frac{\lambda}{2}}\right]\sin\lambda\bar{z}_2-\frac{1}{2}\cos\lambda\bar{z}_2+\frac{1}{\lambda}\bar{z}_2+\left[1.0-\frac{\lambda^2}{24}-\left[\frac{2+\lambda\sin\frac{\lambda}{2}}{4\cos\frac{\lambda}{2}}\right]\right]\right\}$$

$$\frac{\partial\bar{y}_2}{\partial\bar{z}_2}=-\lambda\left(\frac{P}{T_{00}}\right)\left\{-\left[\frac{2+\lambda\sin\frac{\lambda}{2}}{2\lambda\cos\frac{\lambda}{2}}\right]\cos\lambda\bar{z}_2+\frac{1}{2}\sin\lambda\bar{z}_2+\frac{1}{\lambda}\right\}$$

$$\frac{\partial^2\bar{y}_2}{\partial\bar{z}_2^2}=-\lambda^2\left(\frac{P}{T_{00}}\right)\left\{\left[\frac{2+\lambda\sin\frac{\lambda}{2}}{2\lambda\cos\frac{\lambda}{2}}\right]\sin\lambda\bar{z}_2+\frac{1}{2}\cos\lambda\bar{z}_2\right\}\quad\left(0\leqslant\bar{z}_2\leqslant\frac{1}{2}\right)$$

(13-27)

以上即为分段组合转子挠度曲线方程的解。

需要强调的是,在接触界面处左右轴段的剪力并不相等,相反,在接触界面上存在着剪力突跳现象。

#### 4. 预紧力平行于 Z 轴方向传递的转子挠度

最后,我们讨论预应力转子的另一种情况 —— 张紧力平行于 $Z$ 轴方向。假设预紧力 $T_0$ 在轴中的传播方向恒垂直于横截面(见图 13-10),可以看到,$T_0$ 的方向并不对力平衡关系产生影响,有关力平衡方程仍然由以下各式所决定:

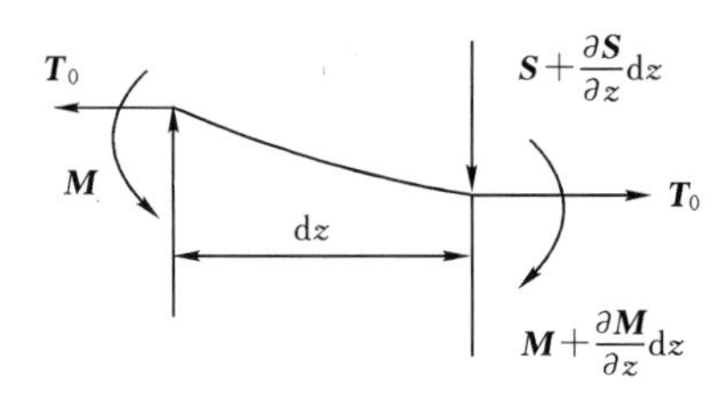


图 13-10　预紧力平行于 $Z$ 轴的组合转子

对于无质量轴和有质量轴,分别有

$$\frac{\partial s}{\partial z}=0,\quad\frac{\partial s}{\partial z}=\rho A\,\frac{\partial^2 y}{\partial t^2}$$

但在力矩平衡关系中，由于张紧力的方向，力矩平衡方程发生了改变：

$$\frac{\partial M}{\partial z}=-s+T_0\frac{\partial y}{\partial z}$$

对于前面所列的组合转子来说，轴段1的挠度角和挠度曲线方程为

$$\frac{\partial \bar{y}_1}{\partial \bar{z}_1}=-\frac{\lambda^2}{2}\left(\frac{P}{T_{00}}\right)\bar{z}_1{}^2+C_2,\quad \bar{y}_1=-\frac{\lambda^2}{6}\left(\frac{P}{T_{00}}\right)\bar{z}_1{}^3+C_2\bar{z}_1$$

对于轴段2，如果是无质量轴，则有

$$\frac{\partial^2 M_2}{\partial z_2^2}+\frac{\partial s_2}{\partial z_2}-T_0\frac{\partial^2 y_2}{\partial z_2^2}=0$$

由于$\frac{\partial s_2}{\partial z_2}=0$，其挠度曲线方程为

$$\frac{\partial^2 M_2}{\partial z_2^2}-T_0\frac{\partial^2 y_2}{\partial z_2^2}=0$$

引入$\lambda^2=\frac{T_{00}L^2}{4EI_x}$，相应的无量纲方程仍为

$$\frac{\partial^2 \bar{M}_2}{\partial \bar{z}_2^2}+\lambda^2\bar{M}_2=0$$

解$\bar{M}_2$所具有的一般形式为

$$\bar{M}_2=\bar{M}_{21}\sin\lambda\bar{z}_2+\frac{1}{2}\bar{M}_{22}\cos\lambda\bar{z}_2$$

由

$$\frac{\partial \bar{M}_2}{\partial \bar{z}_2}=\lambda^2(\bar{M}_{21}\cos\lambda\bar{z}_2-\bar{M}_{22}\sin\lambda\bar{z}_2)=-s-T_{00}\frac{\partial \bar{y}_2}{\partial \bar{z}_2}$$

$$\left.\frac{\partial \bar{M}_2}{\partial \bar{z}_2}\right|_{\bar{z}_2=\frac{1}{2}}=\lambda(\bar{M}_{21}\cos\lambda\bar{z}_2-\bar{M}_{22}\sin\lambda\bar{z}_2)=-1.0$$

亦即

$$\bar{M}_{21}\cos\lambda\bar{z}_2-\bar{M}_{22}\sin\lambda\bar{z}_2=-\frac{1}{\lambda}$$

而在接触界面$\bar{z}_2=0$处，$\bar{M}_2|_{\bar{z}_2=0}=\bar{M}_{22}=\bar{M}_1|_{\bar{z}_1=\frac{1}{2}}=-\frac{1}{2}$，因此

$$\bar{M}_{22}=-\frac{1}{2},\quad \bar{M}_{21}=\frac{-\left(2+\lambda\sin\frac{\lambda}{2}\right)}{2\lambda\cos\frac{\lambda}{2}}$$

力矩的表达形式并没有发生改变：

$$\bar{M}_2=-\frac{\left(2+\lambda\sin\frac{\lambda}{2}\right)}{2\lambda\cos\frac{\lambda}{2}}\sin\lambda\bar{z}_2-\frac{1}{2}\cos\lambda\bar{z}_2$$

以上说明了预紧力对于梁的挠曲变形的作用,无论 $T_0$ 沿曲线方向,抑或沿着与横截面垂直方向传播,其效果都是一样的。同时,上述力与挠曲变形的关系,不论外作用力 $P$ 是静态力抑或是动态力,都是成立的 —— 对于单质量对称转子,比值 $P/y_{\max}$ 即为梁所提供的弯曲刚度,在不同的张紧力 $T_0$ 作用下,预紧对于梁固有频率的变化规律可以清楚地得到阐明。

## 13.4 预紧拉杆的固有频率计算

在组合转子中,拉杆是承受拉力的主要部件。随着张紧力的增大,拉杆的固有频率也随之而不断提高。由于各段拉杆结构参数、材料参数的不同,需要对拉杆的固有频率作出正确的估计。为了进一步提高拉杆的固有频率,在燃气轮机组合转子中,通常在拉杆长度方向上还需要设置一定数目的凸肩。这样,在组合转子运行时,拉杆因离心力作用所产生的变形使得其凸肩与轮盘穿越孔壁接触与限位,从而有助于拉杆自振频率的提高。拉杆弯曲振动方程的解为包含正切、余切项的复合解,如式(13-24)所示。

以下算例中所采用的拉杆计算参数为:拉杆长度:张紧前 3 810 mm,张紧后 3 820.97 m;凸肩数 36;轴段数 37;拉杆直径为 76.2 mm;凸肩直径为 84.36 mm;拉杆总长度 $l=3.81\text{m}$;弹性模量 $E=2.1\times10^{11}\ \text{N/m}^2$;拉杆截面积 $A=\pi\times(76.2\text{e}-3)^2/4$。由拉杆伸长量 $\Delta l=3\ 820.97-3\ 810=10.97\ \text{mm}$,张紧力 $T_0$ 按 $\Delta l=\dfrac{T_0 l}{EA}$ 计算,计算得到张紧力为 $T_0=2.705\times10^6\text{N}$。

分别在如图 13-11 所示的五种情况下应用集总参数法计算了拉杆的固有频率,计算结果如表 13-2 所示。

**表 13-2 拉杆固有频率**

单位:r/min

| 序号 | 无预紧 | 拉伸预紧 | 压缩预紧 | 部分拉伸 | 部分压缩 | 振型 |
|---|---|---|---|---|---|---|
| 1 | 646.588 | 2181.17 | 0.23869 | 2181.03 | 0.2446 | 一阶 |
| 2 | 2585.61 | 4871.644 | 0.9419 | 4870.59 | 0.9434 | 二阶 |
| 3 | 5796.47 | 8417.57 | 2.504 | 8414.57 | 2.497 | 三阶 |
| 4 | 10248.75 | 13077.60 | 6659.98 | 13077.60 | 6670.22 | 四阶 |
| 5 | 15930.24 | 18758.26 | 12966.96 | 18747.96 | 12980.79 | 五阶 |

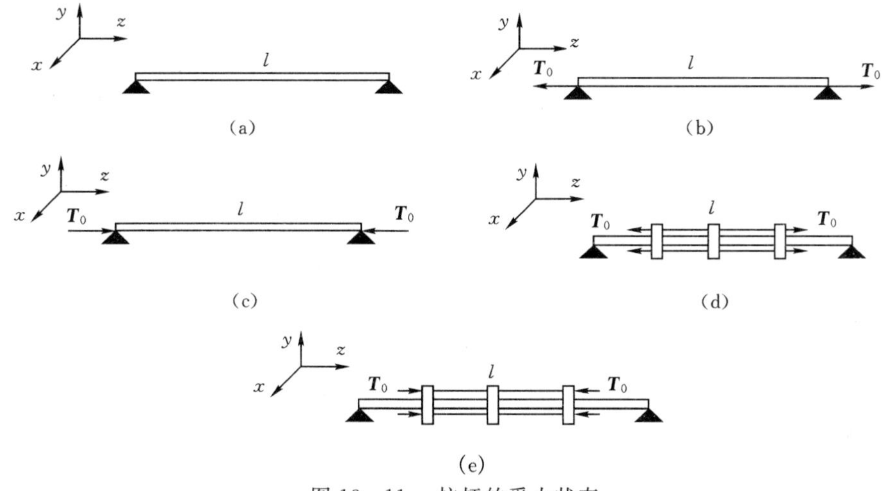


图 13-11　拉杆的受力状态

(a) 无预紧；(b) 整段拉伸预紧；(c) 整段压缩预紧；(d) 部分拉伸预紧；(e) 部分压缩预紧

以上采用集总参数法的计算结果也可以和解析解比照，对于等截面简支梁，其固有频率具有解析解。

在无预紧状态下，按照伯努利-欧拉梁理论，梁的横向自由振动方程为

$$\frac{\partial^2}{\partial x^2}\left(EJ\ \frac{\partial^2 y}{\partial x^2}\right)+\rho A\ \frac{\partial^2 y}{\partial t^2}=0$$

在简支条件下，可以求得相应的固有频率

$$\omega_i=i^2\pi^2\sqrt{\frac{EJ}{\rho A l^4}}\qquad (i=1,\ 2,\ 3\cdots\cdots)$$

而在张紧状态下，受拉梁的横向自由振动方程则为

$$\frac{\partial^2}{\partial z^2}\left(EJ\ \frac{\partial^2 y}{\partial z^2}\right)+\rho A\ \frac{\partial^2 y}{\partial t^2}-T_0\ \frac{\partial^2 y}{\partial z^2}=0$$

方程中增加了张紧力项 $T_0\ \frac{\partial^2 y}{\partial z^2}$，$T_0$ 为拉伸力。对于等截面梁，在两端简支条件下固有频率的解为

$$\omega_i=\frac{a\sqrt{\left(b^2+\frac{2i^2\pi^2}{l^2}\right)^2-b^4}}{2}\qquad (i=1,\ 2,\ 3,\cdots)$$

式中，$a^2=\frac{EJ}{\rho A}$，$b^2=\frac{T_0}{EJ}$。

表 13-3 同时给出了采用解析法、集总参数法的数值结果，两种方法的计

算结果是吻合的。

比较表 13-2 和表 13-3 可以看到,对于受压缩拉杆来说,压缩导致固有频率呈下降趋势,而受到张紧力作用的拉杆固有频率将呈大幅度增大趋势,这些结论是与经典理论相符的。

**表 13-3 采用解析法和集总参数法计算无预紧拉杆固有频率精度比较**

| 序号 | 固有频率的解析解 | 集总参数法求解 | 偏差 |
|---|---|---|---|
| 1 | 216.820 | 236.102 | 8.89% |
| 2 | 502.377 | 522.549 | 4.02% |
| 3 | 899.518 | 892.939 | 0.73% |
| 4 | 1427.919 | 1377.457 | 3.54% |
| 5 | 2095.763 | 1962.741 | 6.35% |
| 6 | 2906.542 | 2676.867 | 7.9% |
| 7 | 3861.862 | 3558.424 | 7.86% |
| 8 | 4962.519 | 4432.173 | 10.69% |
| 9 | 6208.939 | 5562.914 | 10.4% |
| 10 | 7601.365 | 6716.718 | 11.64% |

## 13.5 分段预紧组合转子动力学分析的普适性方法

在重型燃气轮机组合转子中,实际上包含了以上所考察的全部组合结构形式,如图 13-12、图 13-13 所示。

—— 拉杆:承受张紧或拉伸力;

—— 压气机冷端轴头:无预紧;

—— 压气机段轮盘组合:承受压缩预紧力;

—— 筒形燃烧室连接段:承受压缩预紧力;

—— 热端透平轮盘组合:承受压缩预紧力;

—— 透平热端轴头:无预紧。

如前所述,对于上述处于不同轴向受力状态的组合转子,需要按照前面所述的方法进行分段处理。

以下以集总参数法为例给出实际重型燃机轴承转子系统动力学分析的普适性方法。

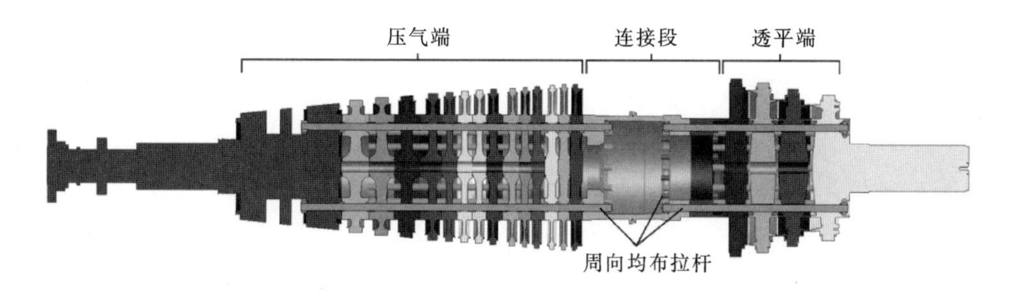


图 13-12　某F级燃气轮机转子的三维模型

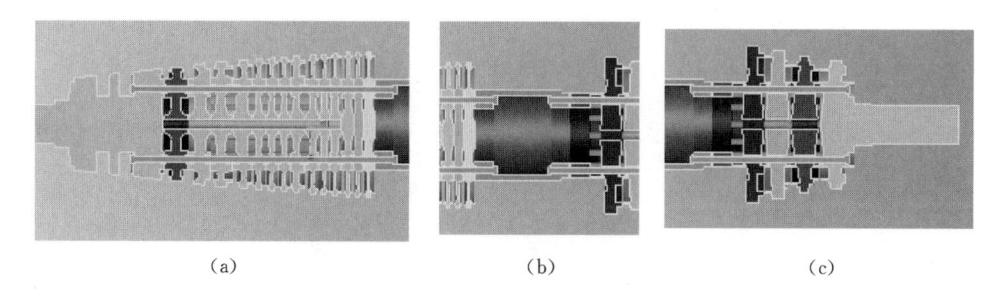

(a)　(b)　(c)

图 13-13　重型燃气轮机分段拉杆组合转子结构图
(a) 压气机段拉杆预紧结构；(b) 筒形连接段预紧结构；(c) 热端透平预紧结构

### 13.5.1　无预紧轴段质点的运动方程

这类轴段包括压气机冷端轴头和热端透平轴头，它们都属于无预紧轴段。

当采用集总参数法对组合转子进行离散化处理并以差分代替微分时，在第7章中关于转子第 $j$ 个无预紧轴段(见图 7-12)的平衡方程(7-48)对于压气机冷端和透平热端轴段依然适用：

$$\begin{pmatrix} x \\ \varphi \\ M \\ S \end{pmatrix}_j^R = \begin{pmatrix} 1 & l & \dfrac{l^2}{2EJ} & \dfrac{-l^3}{6EJ} \\ 0 & 1 & \dfrac{l}{EJ} & \dfrac{-l^2}{2EJ} \\ 0 & 0 & 1 & -l \\ 0 & 0 & 0 & 1 \end{pmatrix}_j \begin{pmatrix} x \\ \varphi \\ M \\ S \end{pmatrix}_{j-1}^R + \begin{pmatrix} 0 \\ 0 \\ -M_k \\ \sum P_x \end{pmatrix}_j$$

或表达成显式:

$$\begin{bmatrix} m & 0 & 0 & 0 \\ 0 & m & 0 & 0 \\ 0 & 0 & \theta_y & 0 \\ 0 & 0 & 0 & \theta_x \end{bmatrix}_j \begin{Bmatrix} \ddot{x} \\ \ddot{y} \\ \ddot{\varphi} \\ \ddot{\psi} \end{Bmatrix}_j + \begin{bmatrix} (d_{Fxx}+d_{xx}) & (d_{Fxy}+d_{xy}) & 0 & 0 \\ (d_{Fyx}+d_{yx}) & (d_{Fyy}+d_{yy}) & 0 & 0 \\ 0 & 0 & 0 & \theta_z\omega \\ 0 & 0 & -\theta_z\omega & 0 \end{bmatrix}_j \begin{Bmatrix} \dot{x} \\ \dot{y} \\ \dot{\varphi} \\ \dot{\psi} \end{Bmatrix}_j +$$

$$\begin{bmatrix} k_{Fxx}+k_{xx} & k_{Fxy}+k_{xy} & 0 & 0 \\ k_{Fyx}+k_{yx} & k_{Fyy}+k_{yy} & 0 & 0 \\ 0 & 0 & 0 & 0 \\ 0 & 0 & 0 & 0 \end{bmatrix}_j \begin{Bmatrix} x \\ y \\ \varphi \\ \psi \end{Bmatrix}_j - \begin{bmatrix} \frac{12EJ}{l^3} & 0 & \frac{-6EJ}{l^2} & 0 \\ 0 & \frac{12EJ}{l^3} & 0 & \frac{-6EJ}{l^2} \\ \frac{6EJ}{l^2} & 0 & \frac{-2EJ}{l} & 0 \\ 0 & \frac{6EJ}{l^2} & 0 & \frac{-2EJ}{l} \end{bmatrix}_{j+1} \begin{Bmatrix} x \\ y \\ \varphi \\ \psi \end{Bmatrix}_{j+1} -$$

$$\begin{bmatrix} \frac{12EJ}{l^3} & 0 & \frac{6EJ}{l^2} & 0 \\ 0 & \frac{12EJ}{l^3} & 0 & \frac{6EJ}{l^2} \\ \frac{-6EJ}{l^2} & 0 & \frac{-2EJ}{l} & 0 \\ 0 & \frac{-6EJ}{l^2} & 0 & \frac{-2EJ}{l} \end{bmatrix}_j \begin{Bmatrix} x \\ y \\ \varphi \\ \psi \end{Bmatrix}_{j-1} + \begin{bmatrix} \frac{12EJ}{l^3} & 0 & \frac{6EJ}{l^2} & 0 \\ 0 & \frac{12EJ}{l^3} & 0 & \frac{6EJ}{l^2} \\ \frac{6EJ}{l^2} & 0 & \frac{4EJ}{l} & 0 \\ 0 & \frac{6EJ}{l^2} & 0 & \frac{4EJ}{l} \end{bmatrix}_{j+1} \begin{Bmatrix} x \\ y \\ \varphi \\ \psi \end{Bmatrix}_j +$$

$$\begin{bmatrix} \frac{12EJ}{l^3} & 0 & \frac{-6EJ}{l^2} & 0 \\ 0 & \frac{12EJ}{l^3} & 0 & \frac{-6EJ}{l^2} \\ \frac{-6EJ}{l^2} & 0 & \frac{4EJ}{l} & 0 \\ 0 & \frac{-6EJ}{l^2} & 0 & \frac{4EJ}{l} \end{bmatrix}_j \begin{Bmatrix} x \\ y \\ \varphi \\ \psi \end{Bmatrix}_j = \mathbf{0}$$

### 13.5.2 预紧轴段质点的运动方程

这类轴段包括了重型燃气轮机的主体构件:压气机轮盘组合轴段、筒形燃烧室连接轴段和热端透平轮盘组合轴段,这些轴段在拉杆预紧力作用下都处于被压缩状态。如前所述,相关挠度方程的解为正弦与余弦的组合。

由图13-14可知，含预紧轴段的力与力矩的平衡方程为

$$S_j + T_0\varphi_{j-1} = S_{j-1} + T_0\varphi_j + \sum P_{xj}$$

$$M_j = M_{j-1} - l_j S_{j-1} + T_0 l_j \varphi_{j-1} - T_0(x_j - x_{j-1}) - M_{kj}$$

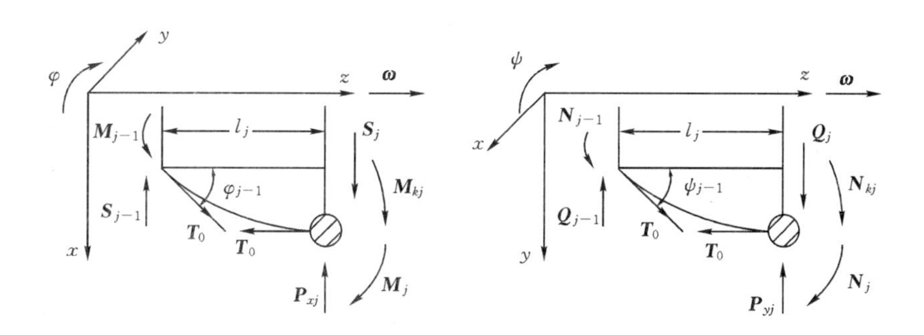


图13-14　第 $j$ 个预紧轴段质点的运动与受力分析

注意到 $T_0 l_j\varphi_{j-1} \approx T_0(x_j - x_{j-1})$，因此 $M_j = M_{j-1} - l_j S_{j-1} - M_{kj}$，上述力与力矩的平衡方程最终可写成

$$S_j + T_0\varphi_{j-1} = S_{j-1} + T_0\varphi_j + \sum P_{xj}$$
$$M_j = M_{j-1} - l_j S_{j-1} - M_{kj} \tag{13-28}$$

对于第 $j$ 个轴段的微分方程进行无量纲化处理，取各物理量的量纲如下：

$[x]=[y]=[z]=L_0$，　$[S]=[Q]=[T_0]=S_0$，　$[M]=[N]=S_0L_0$

其中，$S_0$，$L_0$ 依次为参考力和长度单位。相应的无量纲力矩平衡方程为

$$\frac{\partial^2 \bar{M}}{\partial \bar{z}^2} + \lambda^2 \bar{M} = 0$$

式中：$\lambda^2 = \dfrac{T_0 L_0{}^2}{EI_x}$。

如前所述，方程有解：

$$\bar{M} = \bar{M}_{01}\sin\lambda\bar{z} + \bar{M}_{02}\cos\lambda\bar{z}$$

由 $\bar{M}(0) = \bar{M}_{j-1}$，得到 $\bar{M}_{02} = \bar{M}_{j-1}$。

现在求解另一个常数 $\bar{M}_{01}$：

由 $\dfrac{\partial \bar{M}}{\partial \bar{z}} = -S(z) = \lambda(\bar{M}_{01}\cos\lambda\bar{z} - \bar{M}_{j-1}\sin\lambda\bar{z})$ 和 $\dfrac{\partial \bar{M}}{\partial \bar{z}}(0) = \lambda\bar{M}_{01} = -\bar{S}_{j-1}$，可解得

$$\bar{M}_{01} = -\frac{\bar{S}_{j-1}}{\lambda}$$

以及力矩方程

$$\bar{M}=\frac{-\bar{S}_{j-1}}{\lambda}\sin\lambda\bar{z}+\bar{M}_{j-1}\cos\lambda\bar{z} \tag{13-29}$$

由 $M=EI_x\dfrac{\partial^2 x}{\partial z^2}=\dfrac{EI_x}{L_0}\dfrac{\partial^2\bar{x}}{\partial\bar{z}^2}=S_0L_0\bar{M}$,得到关于挠度曲线的微分方程

$$\frac{\partial^2\bar{x}}{\partial\bar{z}^2}=\frac{S_0L_0{}^2}{EI_x}\bar{M}=\frac{S_0}{T_0}\left(\frac{T_0L_0{}^2}{EI_x}\right)\bar{M}=\frac{S_0}{T_0}\lambda^2\left(\frac{-\bar{S}_{j-1}}{\lambda}\sin\lambda\bar{z}+\bar{M}_{j-1}\cos\lambda\bar{z}\right)$$

积分一次得到

$$\frac{\partial\bar{x}}{\partial\bar{z}}=\frac{S_0}{T_0}\lambda\left(\frac{\bar{S}_{j-1}}{\lambda}\cos\lambda\bar{z}+\bar{M}_{j-1}\sin\lambda\bar{z}+C_1\right)$$

由 $\dfrac{\partial\bar{x}}{\partial\bar{z}}(0)=\dfrac{S_0}{T_0}\lambda\left(\dfrac{\bar{S}_{j-1}}{\lambda}+C_1\right)=\varphi_{j-1}$,可解得

$$C_1=\frac{1}{\lambda}(-\bar{S}_{j-1}+\frac{T_0}{S_0}\varphi_{j-1})$$

$$\frac{\partial\bar{x}}{\partial\bar{z}}=\frac{S_0}{T_0}\lambda\left(\frac{\bar{S}_{j-1}}{\lambda}\cos\lambda\bar{z}+\bar{M}_{j-1}\sin\lambda\bar{z}+\frac{1}{\lambda}(-\bar{S}_{j-1}+\frac{T_0}{S_0})\right) \tag{13-30}$$

$$\begin{aligned}\varphi_j&=\frac{S_0}{T_0}\lambda\left\{\frac{\bar{S}_{j-1}\cos\lambda\bar{l}_j}{\lambda}+\bar{M}_{j-1}\sin\lambda\bar{l}_j+\frac{1}{\lambda}(-\bar{S}_{j-1}+\frac{T_0}{S_0}\varphi_{j-1})\right\}\\&=\frac{S_0}{T_0}\lambda\left\{\frac{\bar{S}_{j-1}}{\lambda}(\cos\lambda\bar{l}_j-1)+\bar{M}_{j-1}\sin\lambda\bar{l}_j+\frac{T_0}{\lambda S_0}\varphi_{j-1}\right\}\\&=\frac{S_0}{T_0}\left\{(\cos\lambda\bar{l}_j-1)\bar{S}_{j-1}+\lambda\sin\lambda\bar{l}_j\bar{M}_{j-1}+\frac{T_0}{S_0}\varphi_{j-1}\right\}\\&=\frac{S_0}{T_0}\left\{-\frac{\lambda^2\bar{l}_j{}^2}{2}\bar{S}_{j-1}+\lambda^2\bar{l}_j(1-\frac{1}{6}\lambda^2\bar{l}_j{}^2)\bar{M}_{j-1}+\frac{T_0}{S_0}\varphi_{j-1}\right\}\end{aligned}$$

$$\varphi_j=\varphi_{j-1}+\frac{\bar{l}_j}{EI_x}(1-\frac{1}{6}\frac{T_0}{EI_x}\bar{l}_j{}^2)\bar{M}_{j-1}-\frac{\bar{l}_j{}^2}{2EI_x}\bar{S}_{j-1}$$

对于挠度方程的推导可由方程

$$\frac{\partial\bar{x}}{\partial\bar{z}}=\frac{S_0}{T_0}\lambda\left(\frac{\bar{S}_{j-1}}{\lambda}\cos\lambda\bar{z}+\bar{M}_{j-1}\sin\lambda\bar{z}+\frac{1}{\lambda}(-\bar{S}_{j-1}+\frac{T_0}{S_0})\right)$$

积分得到

$$\bar{x}=\frac{S_0}{T_0}\left(\frac{\bar{S}_{j-1}}{\lambda}\sin\lambda\bar{z}-\bar{M}_{j-1}\cos\lambda\bar{z}+(-\bar{S}_{j-1}+\frac{T_0}{S_0})\bar{z}+C_2\right)$$

常数 $C_2$ 由 $\bar{x}(0)=\dfrac{S_0}{T_0}(-\bar{M}_{j-1}+C_2)=\bar{x}_{j-1}$ 可解得

$$C_2 = \bar{M}_{j-1} + \frac{T_0}{S_0}\bar{x}_{j-1}$$

$$\bar{x} = \frac{S_0}{T_0}\left(\frac{\bar{S}_{j-1}}{\lambda}\sin\lambda\bar{z} - \bar{M}_{j-1}\cos\lambda\bar{z} + (-\bar{S}_{j-1} + \frac{T_0}{S_0})\bar{z} + (\bar{M}_{j-1} + \frac{T_0}{S_0}\bar{x}_{j-1})\right)$$

对上式取一阶近似、化简后可得

$$x_j = x_{j-1} + l_j\varphi_{j-1} + \frac{1}{2}\frac{l_j^{\ 2}}{EI_x}M_{j-1} - \frac{1}{6}\frac{l_j^{\ 3}}{EI_x}S_{j-1}$$

因此，第 $j$ 个含预紧轴段力、力矩、转角和挠度的差分表达形式为

$$\begin{aligned}
&S_j + T_0\varphi_{j-1} = S_{j-1} + T_0\varphi_j + \sum P_{xj}\\
&M_j = M_{j-1} - l_jS_{j-1} - M_{kj}\\
&\varphi_j = \varphi_{j-1} + \frac{l_j}{EI_x}(1 - \frac{1}{6}\frac{T_0}{EI_x}l_j^{\ 2})M_{j-1} - \frac{l_j^{\ 2}}{2EI_x}S_{j-1}\\
&x_j = x_{j-1} + l_j\varphi_{j-1} + \frac{1}{2}\frac{l_j^{\ 2}}{EI_x}M_{j-1} - \frac{1}{6}\frac{l_j^{\ 3}}{EI_x}S_{j-1}
\end{aligned} \tag{13-31}$$

记成矩阵形式：

$$\begin{pmatrix}1 & 0 & 0 & 0\\ 0 & 1 & 0 & 0\\ 0 & 0 & 1 & 0\\ 0 & -T_0 & 0 & 1\end{pmatrix}\begin{pmatrix}x\\ \varphi\\ M\\ S\end{pmatrix}_j^R = \begin{pmatrix}1 & l & \dfrac{l^2}{2EI_x} & \dfrac{-l^3}{6EI_x}\\ 0 & 1 & \dfrac{l(1-\frac{1}{6}\frac{T_0}{EI_x}l_j^{\ 2})}{EI_x} & \dfrac{-l^2}{2EI_x}\\ 0 & 0 & 1 & -l\\ 0 & -T_0 & 0 & 1\end{pmatrix}_j\begin{pmatrix}x\\ \varphi\\ M\\ S\end{pmatrix}_{j-1}^R + \begin{pmatrix}0\\ 0\\ -M_k\\ \sum P_x\end{pmatrix}_j$$

记

$$\boldsymbol{T} = \begin{pmatrix}1 & 0 & 0 & 0\\ 0 & 1 & 0 & 0\\ 0 & 0 & 1 & 0\\ 0 & -T_0 & 0 & 1\end{pmatrix} = \begin{pmatrix}\boldsymbol{I}_{2\times2} & \boldsymbol{0}\\ \boldsymbol{T}_{2\times2} & \boldsymbol{I}_{2\times2}\end{pmatrix},\ \boldsymbol{T}_{2\times2} = \begin{pmatrix}0 & 0\\ 0 & -T_0\end{pmatrix}$$

则有

$$\boldsymbol{T}^{-1} = \begin{pmatrix}\boldsymbol{I}_{2\times2} & \boldsymbol{0}\\ -\boldsymbol{T}_{2\times2} & \boldsymbol{I}_{2\times2}\end{pmatrix} = \begin{pmatrix}1 & 0 & 0 & 0\\ 0 & 1 & 0 & 0\\ 0 & 0 & 1 & 0\\ 0 & T_0 & 0 & 1\end{pmatrix}$$

$$\begin{Bmatrix} x \\ \varphi \\ M \\ S \end{Bmatrix}_j^L = \begin{bmatrix} 1 & 0 & 0 & 0 \\ 0 & 1 & 0 & 0 \\ 0 & 0 & 1 & 0 \\ 0 & T_0 & 0 & 1 \end{bmatrix} \begin{bmatrix} 1 & l & \dfrac{l^2}{2EI_x} & \dfrac{-l^3}{6EI_x} \\ 0 & 1 & \dfrac{l(1-\dfrac{1}{6}\dfrac{T_0}{EI_x}l_j{}^2)}{EI_x} & \dfrac{-l^2}{2EI_x} \\ 0 & 0 & 1 & -l \\ 0 & -T_0 & 0 & 1 \end{bmatrix}_j \begin{Bmatrix} x \\ \varphi \\ M \\ S \end{Bmatrix}_{j-1}^R$$

$$\begin{Bmatrix} x \\ \varphi \\ M \\ S \end{Bmatrix}_j^L = \begin{bmatrix} 1 & l & \dfrac{l^2}{2EI_x} & \dfrac{-l^3}{6EI_x} \\ 0 & 1 & \dfrac{l(1-\dfrac{1}{6}\dfrac{T_0}{EI_x}l_j{}^2)}{EI_x} & \dfrac{-l^2}{2EI_x} \\ 0 & 0 & 1 & -l \\ 0 & 0 & \dfrac{l(1-\dfrac{1}{6}\dfrac{T_0}{EI_x}l_j{}^2)T_0}{EI_x} & (1-\dfrac{l^2T_0}{2EI_x}) \end{bmatrix}_j \begin{Bmatrix} x \\ \varphi \\ M \\ S \end{Bmatrix}_{j-1}^R \tag{13-32}$$

$$\begin{Bmatrix} x \\ \varphi \\ M \\ S \end{Bmatrix}_j^R = \begin{bmatrix} 1 & l & \dfrac{l^2}{2EI_x} & \dfrac{-l^3}{6EI_x} \\ 0 & 1 & \dfrac{l(1-\dfrac{1}{6}\dfrac{T_0}{EI_x}l_j{}^2)}{EI_x} & \dfrac{-l^2}{2EI_x} \\ 0 & 0 & 1 & -l \\ 0 & 0 & \dfrac{l(1-\dfrac{1}{6}\dfrac{T_0}{EI_x}l_j{}^2)T_0}{EI_x} & (1-\dfrac{l^2T_0}{2EI_x}) \end{bmatrix}_j \begin{Bmatrix} x \\ \varphi \\ M \\ S \end{Bmatrix}_{j-1}^R + \begin{Bmatrix} 0 \\ 0 \\ -M_k \\ \sum P_x \end{Bmatrix}_j \tag{13-33}$$

同样,在 $y$ 方向上有

$$\begin{Bmatrix} y \\ \psi \\ N \\ Q \end{Bmatrix}_j^R = \begin{bmatrix} 1 & l & \dfrac{l^2}{2EI_x} & \dfrac{-l^3}{6EI_x} \\ 0 & 1 & \dfrac{l(1-\dfrac{1}{6}\dfrac{T_0}{EI_x}l_j{}^2)}{EI_x} & \dfrac{-l^2}{2EI_x} \\ 0 & 0 & 1 & -l \\ 0 & 0 & \dfrac{l(1-\dfrac{1}{6}\dfrac{T_0}{EI_x}l_j{}^2)T_0}{EI_x} & (1-\dfrac{l^2T_0}{2EI_x}) \end{bmatrix}_j \begin{Bmatrix} y \\ \psi \\ N \\ Q \end{Bmatrix}_{j-1}^R + \begin{Bmatrix} 0 \\ 0 \\ N_k \\ \sum P_y \end{Bmatrix}_j \tag{13-34}$$

类似地，对于第 $j$ 个预紧轴段，有

$$\begin{pmatrix} x \\ \varphi \end{pmatrix}_j^R = \begin{pmatrix} 1 & l \\ 0 & 1 \end{pmatrix}_j \begin{pmatrix} x \\ \varphi \end{pmatrix}_{j-1}^R + \begin{pmatrix} \dfrac{l^2}{2EI_y} & \dfrac{-l^3}{6EI_y} \\ \dfrac{l\left(1-\dfrac{1}{6}\dfrac{T_0}{EI_x}l_j^{\ 2}\right)}{EI_x} & \dfrac{-l^2}{2EI_y} \end{pmatrix}_j \begin{pmatrix} M \\ S \end{pmatrix}_{j-1}^R$$

从而解得

$$\begin{pmatrix} M \\ S \end{pmatrix}_{j-1}^R = \boldsymbol{A}_j^{*-1} \begin{pmatrix} x \\ \varphi \end{pmatrix}_j - \boldsymbol{A}^{*\ -1}_{\ j} \begin{pmatrix} 1 & l \\ 0 & 1 \end{pmatrix}_j \begin{pmatrix} x \\ \varphi \end{pmatrix}_{j-1}$$

并有影响矩阵

$$\boldsymbol{A}_j^{*-1} = \begin{pmatrix} \dfrac{6EI_x}{l^2(1+2\beta)} & \dfrac{-2EI_x}{l(1+2\beta)} \\ \dfrac{12EI_x(1-\beta)}{l^3(1+2\beta)} & \dfrac{-6EI_x}{l^2(1+2\beta)} \end{pmatrix}_j$$

式中

$$\beta = \frac{1}{6}\frac{T_0}{EI_x}l_j^2$$

对于第 $j+1$ 个预紧轴段，有

$$\begin{pmatrix} M \\ S \end{pmatrix}_j^R = \boldsymbol{A}_{j+1}^{*-1} \begin{pmatrix} x \\ \varphi \end{pmatrix}_{j+1} - \boldsymbol{A}^{*\ -1}_{\ j+1} \begin{pmatrix} 1 & l \\ 0 & 1 \end{pmatrix}_{j+1} \begin{pmatrix} x \\ \varphi \end{pmatrix}_j$$

写出预紧轴段相应各质点的力和力矩的平衡方程：

$$\begin{pmatrix} -M_k \\ \sum P_x \end{pmatrix}_j - \begin{pmatrix} M \\ S \end{pmatrix}_j^R + \begin{pmatrix} 1 & -l \\ 0 & 1 \end{pmatrix}_j \begin{pmatrix} M \\ S \end{pmatrix}_{j-1}^R = \boldsymbol{0}$$

$$\begin{pmatrix} N_k \\ \sum P_y \end{pmatrix}_j - \begin{pmatrix} N \\ Q \end{pmatrix}_j^R + \begin{pmatrix} 1 & -l \\ 0 & 1 \end{pmatrix}_j \begin{pmatrix} N \\ Q \end{pmatrix}_{j-1}^R = \boldsymbol{0}$$

$$\begin{aligned} &\begin{pmatrix} -M_k \\ \sum P_x \end{pmatrix}_j - \boldsymbol{A}_{j+1}^{*-1} \begin{pmatrix} x \\ \varphi \end{pmatrix}_{j+1} + \boldsymbol{A}_{j+1}^{*-1} \begin{pmatrix} 1 & l \\ 0 & 1 \end{pmatrix}_{j+1} \begin{pmatrix} x \\ \varphi \end{pmatrix}_j + \\ &\begin{pmatrix} 1 & -l \\ 0 & 1 \end{pmatrix}_j \left\{ \boldsymbol{A}_j^{*-1} \begin{pmatrix} x \\ \varphi \end{pmatrix}_j - \boldsymbol{A}_j^{*-1} \begin{pmatrix} 1 & l \\ 0 & 1 \end{pmatrix}_j \begin{pmatrix} x \\ \varphi \end{pmatrix}_{j-1} \right\} = \boldsymbol{0} \\ &\begin{pmatrix} N_k \\ \sum P_y \end{pmatrix}_j - \boldsymbol{A}_{j+1}^{*-1} \begin{pmatrix} y \\ \psi \end{pmatrix}_{j+1} + \boldsymbol{A}_{j+1}^{*-1} \begin{pmatrix} 1 & l \\ 0 & 1 \end{pmatrix}_{j+1} \begin{pmatrix} y \\ \psi \end{pmatrix}_j + \\ &\begin{pmatrix} 1 & -l \\ 0 & 1 \end{pmatrix}_j \left\{ \boldsymbol{A}_j^{*-1} \begin{pmatrix} y \\ \psi \end{pmatrix}_j - \boldsymbol{A}_j^{*-1} \begin{pmatrix} 1 & l \\ 0 & 1 \end{pmatrix}_j \begin{pmatrix} y \\ \psi \end{pmatrix}_{j-1} \right\} = \boldsymbol{0} \end{aligned} \tag{13-35}$$

同时，对于第 $j$ 个无预紧轴段和第 $j+1$ 个含预紧轴段的接触边界协调条

件应当满足

$$\begin{Bmatrix} x \\ \varphi \end{Bmatrix}_j^R = \begin{Bmatrix} x \\ \varphi \end{Bmatrix}_{j+1}^L, \quad \begin{Bmatrix} y \\ \psi \end{Bmatrix}_j^R = \begin{Bmatrix} y \\ \psi \end{Bmatrix}_{j+1}^L \tag{13-36}$$

对照方程(7-48)和方程(13-33)可以看到,与无预紧轴段相比,预紧力$T_0$将影响挠度角、尤其是剪力的传递;取一阶近似时,修正项$(1-\frac{1}{6}\frac{T_0}{EI_x}l_j^2)$,$(1-\frac{T_0 l_j^2}{2EI_x})$分别反映了预紧力对于挠度角和剪力所带来的影响程度。在无预紧状态下,它们的值均为1.0;而在有预紧时,需要引入的修正项主要取决于修正因子$\frac{T_0}{EI_x}l_j^2$的大小。修正因子与预紧力成正比,与长度的平方成正比;预紧力越大,受预紧轴段越长,影响程度也越大;与轴段的弯曲刚度$EI_x$成反比,较大弯曲刚度可以对预紧力影响进行有效的抑制。

本章针对重型燃气轮机,重点处理了带有自由轴段、拉伸轴段和压缩轴段的组合转子的挠曲变形问题:

(1)给出了分段组合转子在预紧饱和情况下挠曲变形的基本解系,在此基础上可以给出预紧力对于组合转子固有频率影响的上限估计。

(2)在重型燃气轮机中,自由轴段、拉伸轴段、压缩轴段三种类型都有,因而导致如前所述的三解并存的状况,采取分段处理的方法能够获得较为精确的固有频率估计。

(3)即便是在预紧饱和状态下,组合转子的最终结构状态也不具有唯一性。由于预紧力的影响,无论是拉伸抑或是压缩轴段,组合转子乃至整个系统的固有频率或动力特性在进入预紧饱和后随着预紧力的大小将呈现一定幅度的变化[16]。

# 参考文献

[1] 李辉光.周向拉杆转子结构强度及系统动力学研究[D].西安:西安交通大学,2011.

[2] Dimarogonas A D. Newkirk effect, thermally induceddynamic instability of high-speed rotors [C]. International Gas Turbine Conference, Washington, DC. ASME Paper No. 73-GT-26.

[3] Goldman P, Muszynska A. Rotor to stator, rub-related, thermal/mechanical effects in rotating machinery[J]. Chaos, Solitons & Fractals,

1995，5(9)：1579－1601.

[4]　郭飞跃.涡轴发动机组合压气机转子轴向预紧力计算方法[J].航空动力学报，2004，19(5)：623－629.

[5]　尹泽勇.航空发动机设计手册：叶片轮盘及主轴强度分析（第18册）[M].北京：航空工业出版社，2001.

[6]　饶柱石.拉杆组合式特种转子力学特性及其接触刚度的研究[D].哈尔滨：哈尔滨工业大学，1992.

[7]　上海机械学院力学组.拉杆转子临界转速试验报告.动力机械通讯临界转速专辑.1973(2).

[8]　尹泽勇.现代燃气轮机转子循环对称接触有限元应力分析[M].北京：国防工业出版社，1994.

[9]　尹泽勇，欧圆霞，李彦等.变化轴力对转子动力特性的影响[J].固体力学学报，1994，15(1)：71－74.

[10]　尹泽勇，欧圆霞，李彦，等.轴向预紧端齿连接转子的动力特性分析[J].航空动力学报，1994，9(2)：133－136.

[11]　胡柏安，尹泽勇，徐友良.两段预紧的端齿连接转子轴向预紧力的确定[J].机械强度，1999，21(4)：274－277.

[12]　Borovkov A I, Artamonov I A. 3D finite element modeling and vibration analysis of gasturbine structural elements[C/OL]. [2015－03－01] http://www.ansys.com/events/proceedings/2004 /papers/114.pdf.

[13]　施丽铭，张艳春.燃气轮机转子模态试验与分析[J].燃气轮机技术，2007.20(4)：93－95.

[14]　梁恩波，卿华，曹磊.连接刚度对整机振动的影响[J].航空发动机，2007(z1)：41－44.

[15]　骆舟.综合接触效应的盘式拉杆转子轴向振动与扭转振动动力学特性研究[D].长沙：中南大学，2009.

[16]　王为民，重型燃气轮机组合转子接触界面强度及系统动力学设计方法研究[D].西安：西安交通大学，2012.

# 第14章　重型燃气轮机组合转子系统的结构强度分析与设计准则

本章主要讨论包括重型燃气轮机组合转子的三维动力学建模，盘式拉杆转子的结构强度、应力应变分析和安全裕度选择以及重型燃气轮机轴承转子系统的总体设计原则等在内的重要命题。

## 14.1　引　言

重型燃机转子所承担的载荷极为复杂，包括燃机转子的自重，装配过程中所施加的预应力，为维持正常功率所需要传递的扭矩，因不平衡而引起的离心力和温度梯度所引起的热应力，因转子振动而引起的高、低周循环疲劳应力，转子在启动、停车以及其他紧急情况下（如叶片失效和电气故障等）所产生的附加动态载荷等。

对于重型燃气轮机组合转子的结构强度和应力应变分析，重点需要考虑以下因素：

——重型燃气轮机中组合转子沿轴向的功率流传递。对于冷端驱动模式，由热端或透平端所产生的扭矩功率主要通过端面齿传递到压气机上，这里包括为驱动压气机所消耗的功率以及通过压气机传往发电机的有功功率两大部分，两者大约各占透平输出功率的一半。因此，在重型燃气轮机中，功率流沿轴向的传递是变化的。对于一个典型的F级重型燃气轮机来说，图14－1给出了各级透平做功和压气机耗功的相对比例。

可以看到，对于某F级重型燃气轮机来说，在热端透平部分，一级和三级透平的输出功率与需要传递的扭矩最大（透平1级：26.23%；透平3级：26.73%）；而对于压气机来说，则以第5，9，10级耗功最多（压气5级：3.55%；压气9级：3.69%；压气10级：3.59%）。

如果以透平所做的总功为100%，全部压气机总消耗功率大致占透平输出总功率的51%～52%。上述功率流沿轴向传递与变化的规律实际上也间接决定了转子在服役状态下轴向各截面处的正常受力或承载状况。

——故障状态下的扭矩及功率传递。从某种意义上来说，对于组合转子结构强度设计的依据很大程度上来自即便在故障状态下也能够保证转子结构完整性的考虑，例如因发电机非同期重合闸、短路而引发的故障扭矩等。一个需要遵循的基本原则是：在上述任何情况下，热端的功率传递都应当依靠端面齿，而不需要依赖于轮盘间的摩擦力和拉杆的剪切抗力来承受；而在压气机端或冷端，扭矩由轮盘接触界面摩擦力并辅之以扭力销共同进行传递。

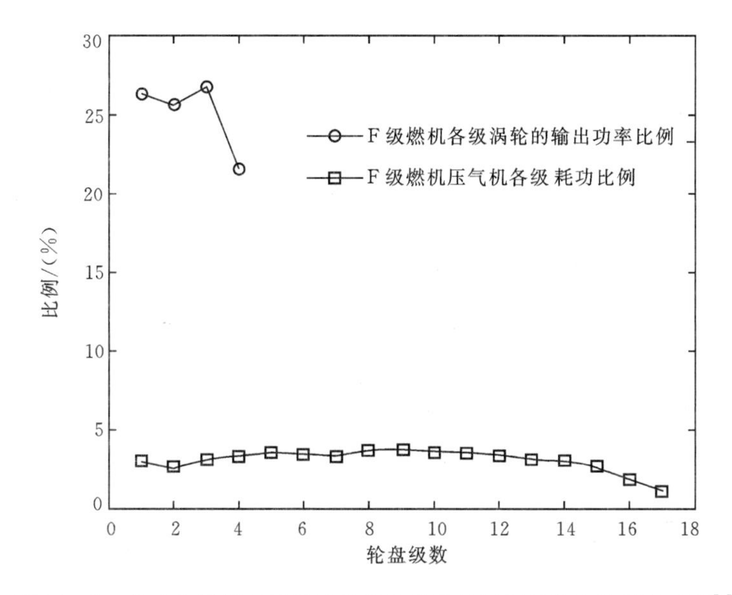


图 14-1　某 F 级燃机各级透平的输出功率与压气机各级的消耗功率[1]

——连接拉杆的结构强度与应力集中考量。对于拉杆预紧力的选择是至关重要的：预紧力太小，转子的结构完整性无法得到可靠的保障，导致界面分离或开裂以及无法正常传递扭矩；预紧力过大，造成拉杆以及其他连接零部件材料强度储备的降低。另一个需要注意的问题是，在拉杆设计过程中必须将拉杆自身的振动频率排除出工作频率之外。

——盘式拉杆组合转子接触界面的局部应力集中。

重型燃气轮机和航空发动机一样，都经历了以下发展和回归过程：

早期的设计都是以增加机座刚性为目标。随着转速的增加，功率的提高，工况变化频繁，启停次数增多，迫使由原先的刚性转子设计转向柔性支承设计以有效地降低径向尺寸，适当地加长轴向长度以求最大限度地减轻机组重量。转子工作模式则由原先的刚性转子运行向柔性转子运行模式转变，转子超一临界、甚至二临界转速以上运行，对于重型燃机来说，工作转速大都采用超一临界、低于二临界转速的运行模式[1,2]。

出于转子轻量化的考虑,重型燃气轮机多采用盘式拉杆组合转子结构。与整体(整体锻造或焊接)转子相比,盘式拉杆组合转子结构的特殊性集中体现在由拉杆连接多个轮盘及轴段而形成的接触界面上。在约400℃服役温度下,为保证组合转子的结构完整性,对于上述接触界面的共同要求是:在正常运行过程中不松脱,相对表面不产生滑移;在非正常服役或故障工况下,材料局部应力集中不超限,不损伤,应力分布均化;接触界面之间不发生翘曲或局部脱离。所有这些因素都使得接触界面在力和力矩传递过程中(包括拉杆与连接螺母)往往成为局部应力集中的薄弱环节,需要予以重点关注。

本章重点讨论重型燃气轮机周向拉杆盘式组合转子的三维动力学建模、组合转子中部件和接触界面的结构强度、应力分布和安全裕度等问题,在此基础上给出了组合转子系统的总体设计准则。

## 14.2 组合转子的三维动力学建模

盘式拉杆组合转子的三维动力学建模步骤如下:

(1)建立计入表面形貌的两粗糙体接触微元模型,结合盘式拉杆组合拉杆转子的装配和运行加载过程,计算接触界面微元的三维应力应变。

(2)在此基础上定义并计算系列载荷作用下接触界面微元的法向和切向接触刚度。

(3)对界面微元的接触刚度在界面全域内积分,进而得到整个接触界面上的宏观接触刚度,用以描述组合转子在接触界面处总体法向力、切向力的传递关系;最终得到计及微观尺度接触界面的宏观盘式拉杆转子动力学模型(见图14-2(a))。

采用三维有限元方法[3]对转子进行离散,对于如图14-3所示的含有$m(m\geqslant 4)$个节点的三维六面体单元,其单元位移向量$\boldsymbol{u}$和单元内的节点位移向量$\boldsymbol{q}_e$满足

$$\boldsymbol{u}=\boldsymbol{N}\boldsymbol{q}_e \tag{14-1}$$

式中,$\boldsymbol{N}$为单元形函数矩阵。

根据单元应变和位移的关系,可以得到应变向量

$$\boldsymbol{\varepsilon}=\boldsymbol{B}\boldsymbol{q}_e \tag{14-2}$$

式中,$\boldsymbol{B}$为形函数的导数矩阵。

由单元应力与应变的关系,得到应力向量

$$\boldsymbol{\sigma}=\boldsymbol{D}\boldsymbol{\varepsilon} \tag{14-3}$$

式中，$D$ 为弹性矩阵，取决于弹性材料的弹性模量 $E$ 和泊松比 $\upsilon$。

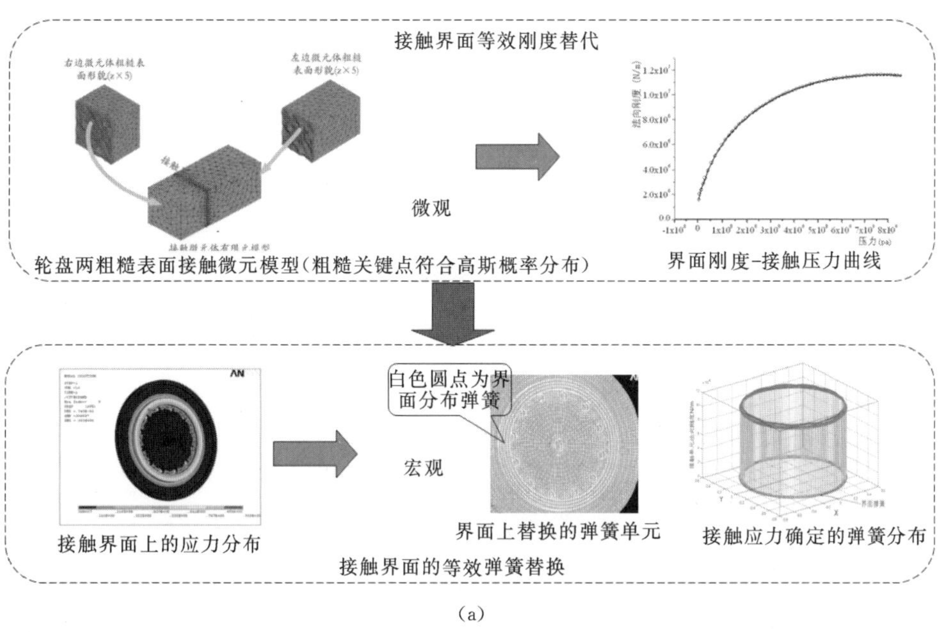


(a)

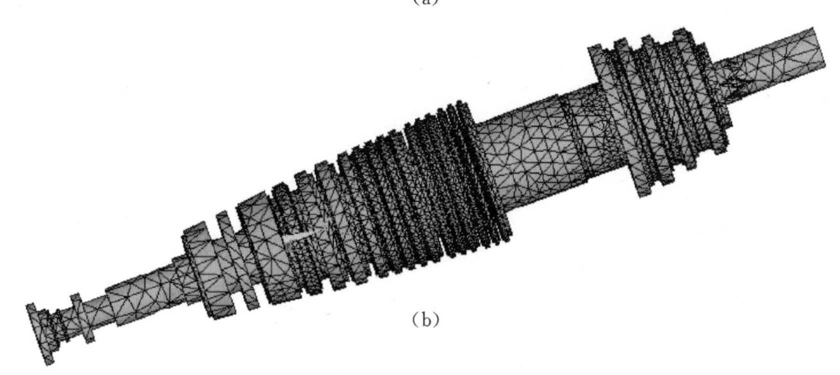

(b)

图 14-2　重型燃气轮机组合转子的三维有限元模型[4,5]

设作用在单元上的体积力向量为 $\boldsymbol{F}_e$，外激励力向量为 $\boldsymbol{P}_e$，则该单元的势能 $\Pi_e$ 由单元弹性体应变能 $U_e$ 和弹性体势能 $V_e$ 两部分组成：

$$\Pi_e = U_e + V_e \tag{14-4}$$

根据弹性力学理论，弹性体应变能 $U_e$ 和弹性体势能 $V_e$ 为

$$U_e = \frac{1}{2}\int_{\Omega} \boldsymbol{\sigma}^{\mathrm{T}} \varepsilon \mathrm{d}\Omega = \frac{1}{2}\boldsymbol{q}_e^{\mathrm{T}}\left(\int_{\Omega} \boldsymbol{B}^{\mathrm{T}} \boldsymbol{D} \boldsymbol{B} \mathrm{d}\Omega\right)\boldsymbol{q}_e \tag{14-5}$$

$$V_e = -\int_{\Omega} \boldsymbol{u}^{\mathrm{T}} \boldsymbol{F}_e \mathrm{d}\Omega - \int_{\Omega} \boldsymbol{u}^{\mathrm{T}} \boldsymbol{P}_e \mathrm{d}\Omega \tag{14-6}$$

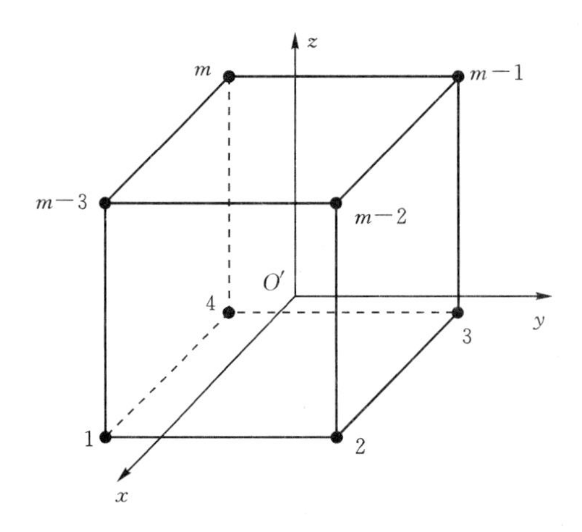


图 14-3　含 $m$ 节点的三维六面体单元

体积力向量 $\boldsymbol{F}_e$ 的一般表达形式为

$$\boldsymbol{F}_e = \boldsymbol{f}_e - C\dot{\boldsymbol{y}} - \rho\ddot{\boldsymbol{y}} \tag{14-7}$$

式中，$\boldsymbol{f}_e$ 为单元内力向量；$C$ 为粘性阻尼系数；$\rho$ 为密度；$\dot{\boldsymbol{y}}$ 为速度向量，$\ddot{\boldsymbol{y}}$ 为加速度向量。

将式(14-1)和式(14-7)代入式(14-6)，得到相应的弹性势能

$$V_e = \boldsymbol{q}_e^{\mathrm{T}}\left[\left(\int_\Omega \boldsymbol{N}^{\mathrm{T}}C\boldsymbol{N}\mathrm{d}\Omega\right)\dot{\boldsymbol{q}}_e + \left(\int_\Omega \boldsymbol{N}^{\mathrm{T}}\rho\boldsymbol{N}\mathrm{d}\Omega\right)\ddot{\boldsymbol{q}}_e - \left(\int_\Omega \boldsymbol{N}^{\mathrm{T}}\boldsymbol{f}_e\mathrm{d}\Omega + \int_\Omega \boldsymbol{N}^{\mathrm{T}}\boldsymbol{P}_e\mathrm{d}\Omega\right)\right] \tag{14-8}$$

则单元的总势能为

$$\Pi_e = \frac{1}{2}\boldsymbol{q}_e^{\mathrm{T}}\boldsymbol{K}_e\boldsymbol{q}_e + \boldsymbol{q}_e^{\mathrm{T}}\boldsymbol{M}_e\ddot{\boldsymbol{q}}_e + \boldsymbol{q}_e^{\mathrm{T}}\boldsymbol{C}_e\dot{\boldsymbol{q}}_e - \boldsymbol{q}_e^{\mathrm{T}}\boldsymbol{Q}_e \tag{14-9}$$

式中，$\boldsymbol{K}_e$ 为单元刚度矩阵，$\boldsymbol{K}_e = \frac{1}{2}\int_\Omega \boldsymbol{B}^{\mathrm{T}}\boldsymbol{D}\boldsymbol{B}\mathrm{d}\Omega$；

$\boldsymbol{M}_e$ 为单元质量矩阵，$\boldsymbol{M}_e = \int_\Omega \rho\boldsymbol{N}^{\mathrm{T}}\boldsymbol{N}\mathrm{d}\Omega$；

$\boldsymbol{C}_e$ 为单元阻尼矩阵，$\boldsymbol{C}_e = \int_\Omega \boldsymbol{N}^{\mathrm{T}}C\boldsymbol{N}\mathrm{d}\Omega$；

$\boldsymbol{Q}_e$ 为单元节点，$\boldsymbol{Q}_e = \int_\Omega \boldsymbol{N}^{\mathrm{T}}\boldsymbol{f}_e\mathrm{d}\Omega + \int_\Omega \boldsymbol{N}^{\mathrm{T}}\boldsymbol{P}_e\mathrm{d}\Omega)$。

引入坐标变换矩阵 $\boldsymbol{L}$，可以将单元局部坐标转换到统一的总体坐标系中，即

$$\boldsymbol{q}_e = \boldsymbol{L}\boldsymbol{q} \tag{14-10}$$

在总体坐标系下的单元体势能为

$$\overline{\Pi}_e = \frac{1}{2}\boldsymbol{q}^{\mathrm{T}}\overline{\boldsymbol{K}}_e\boldsymbol{q} + \boldsymbol{q}^{\mathrm{T}}\overline{\boldsymbol{M}}_e\ddot{\boldsymbol{q}} + \boldsymbol{q}^{\mathrm{T}}\overline{\boldsymbol{C}}_e\dot{\boldsymbol{q}} - \boldsymbol{q}^{\mathrm{T}}\overline{\boldsymbol{Q}}_e \tag{14-11}$$

式中，$\overline{\boldsymbol{M}}_e = \boldsymbol{L}^{\mathrm{T}}\boldsymbol{M}_e\boldsymbol{L}$，$\overline{\boldsymbol{C}}_e = \boldsymbol{L}^{\mathrm{T}}\boldsymbol{C}_e\boldsymbol{L}$，$\overline{\boldsymbol{K}}_e = \boldsymbol{L}^{\mathrm{T}}\boldsymbol{K}_e\boldsymbol{L}$，$\overline{\boldsymbol{Q}}_e = \boldsymbol{L}^{\mathrm{T}}\boldsymbol{Q}_e$。

则整个转子的总势能为

$$\Pi_R = \sum\Pi_e = \frac{1}{2}\boldsymbol{q}_R^{\mathrm{T}}\boldsymbol{K}_R\boldsymbol{q}_R + \boldsymbol{q}_R^{\mathrm{T}}\boldsymbol{M}_R\ddot{\boldsymbol{q}}_R + \boldsymbol{q}_R^{\mathrm{T}}\boldsymbol{C}_R\dot{\boldsymbol{q}}_R - \boldsymbol{q}_R^{\mathrm{T}}\boldsymbol{Q} \tag{14-12}$$

式中，$\boldsymbol{M}_R = \sum\overline{\boldsymbol{M}}_e$，$\boldsymbol{C}_R = \sum\overline{\boldsymbol{C}}_e$，$\boldsymbol{K}_R = \sum\overline{\boldsymbol{K}}_e$ 依次为转子的总质量、阻尼及刚度矩阵；$\boldsymbol{q}_R$ 为总体坐标系下的结构节点位移向量；$\boldsymbol{Q} = \sum\overline{\boldsymbol{Q}}_e$ 为总体节点力向量。

对于整个转子的结构静力学分析可通过求解方程(14-13)来实现，进而利用式(14-1)、式(14-2)得到相应单元的应变和应力，供结构强度分析与校核。

$$\boldsymbol{K}_R\boldsymbol{q}_R = \boldsymbol{Q} \tag{14-13}$$

在上述转子单元离散化过程中，对于包含接触界面的三维体单元，有关接触界面的力、位移协调机制可参照第 12 章中式(12-22) ～ 式(12-26)处理。就整体转子而言，由于通过界面接触所传递的力属于内力，所以在系统运动微分方程中并不体现。

按上述方法对图 12-10 所示的某重型燃气轮机组合转子所建立的三维有限元模型如图 14-2(b)所示，整个转子被划分为 20 万个单元，涉及节点总数共 406 662 个。

利用组合转子循环对称的特点，实际计算可取整体转子的 1/12 三维模型，以减少计算量(参见第 12 章中的图 12-14)[4,8,9]。

## 14.3 重型燃气轮机组合转子结构强度与安全裕度选择

和一般连续转子最大的区别在于：组合转子具有很强的结构不确定性，制造加工、装配和运行过程彼此耦合在一起，由于延迟作用，结构的应力应变甚至与加卸载方式有关；同时需要强调的是，组合转子的结构平衡状态也并不具有唯一性。

在组合转子预紧装配、预紧饱和，直至转子各个不同的运行阶段，转子各部分的应力应变分布是一个复杂的演变过程。在这里，对于转子各部分应力应变分布平均水平的估计和演化规律的提取是至为重要的。

盘式拉杆转子的应力应变演化规律上可以溯源到转子的初始装配及预紧过程，下必须追踪到系统的实际服役过程。在冷态条件下分段装配后的转子初应力并不代表转子的真实服役应力，在整体组装和高温服役环境下系统需要经历反复的应力再分配和平衡过程；对于组合盘式转子来说，如何在保证转子结构完整性前提下，充分发挥材料性能，从而使材料的性能储备利用到极致，对于盘式转子从制造、装配到整体结构服役全过程应力应变演化规律的揭示，是确定盘式转子装配、拉杆预紧程度所依赖的科学基础。

有关组合转子结构强度与安全裕度选择的讨论，实际上涉及到两大问题：一是机组连接部件的局部应力集中，二是组合转子整体的结构强度及安全裕度问题。

第一类问题在许多情况下只能、也完全可以通过改变局部设计得到解决。例如，对于拉杆/螺母间的局部应力集中问题，可以通过改善拉杆与螺母的连接方式，从而改善拉杆与螺母间的接触状况和降低接触应力水平，一般说来，选择拉杆两端的螺纹底部直径大于拉杆直径有利于减小螺纹所承受的应力；还可以通过对拉杆与螺母螺纹的优化设计，使得各级螺纹所承受的应力尽可能均化并防止塑性变形。这样的连接结构一方面可以通过有限元分析计算给出理论预测结果，另一方面还可以通过缩小模型拉力试验以验证相关连接方案是否可行。一个很好螺纹连接结构甚至在拉杆发生断裂时而螺纹联结仍然保持完好[6,7]。

利用上述计及界面接触的三维有限元模型，计算重型燃机在额定工作转速(3 000 r/min)下的应力分布，涉及四类主要接触界面的应力分布如图 14-4～图14-7所示[4,8,9]。

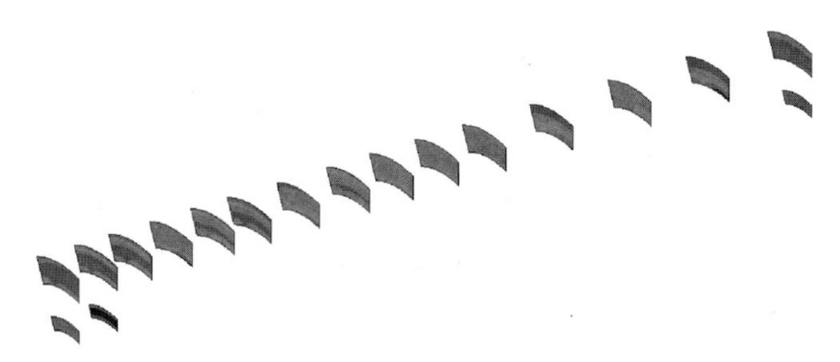

(单位：MPa)

0.143E+02 0.428E+02 0.713E+02 0.998E+02 0.128E+03

0.102E+01 0.285E+02 0.570E+02 0.855E+02 0.114E+03

(a)

图 14-4 压气端轴向配合轮盘间接触界面应力分布

(a)法向应力分布；

(b)

续图 14-4　压气端轴向配合轮盘间接触界面应力分布

(b)切向应力分布

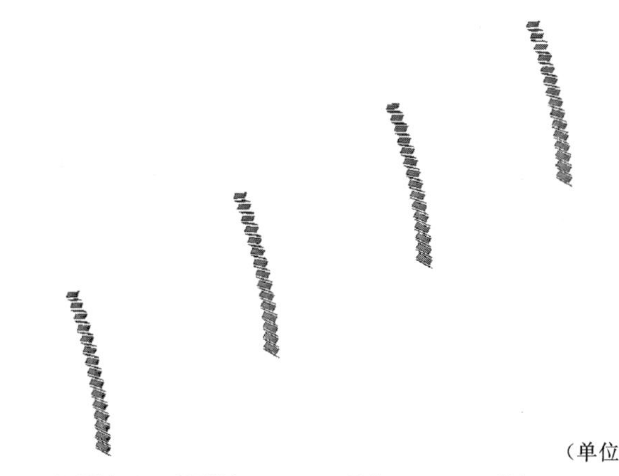


(a)

图 14-5　透平端端齿间接触界面应力分布

(a)法向应力分布;

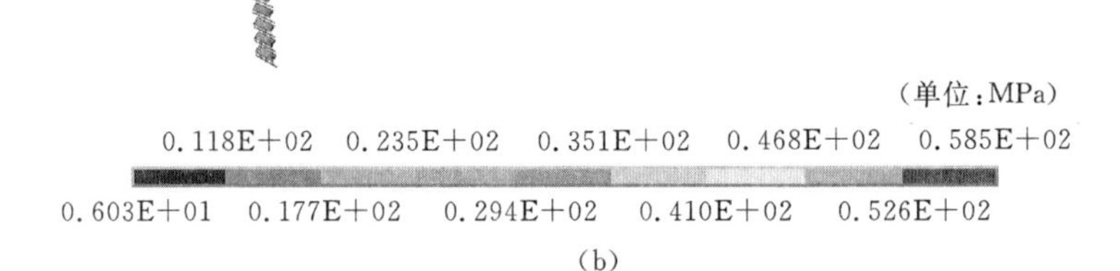


(b)

续图 14-5　透平端端齿间接触界面应力分布

(b)切向应力分布

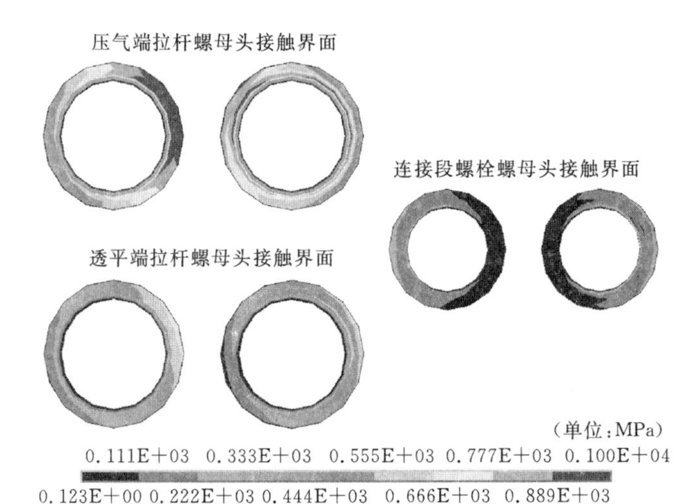


(a)

图 14-6　拉杆螺母头与轮盘间接触界面应力分布

(a)法向应力分布;

压气端拉杆螺母头接触界面

连接段螺栓螺母头接触界面

透平端拉杆螺母头接触界面

（单位：MPa）

0.163E+02　0.490E+02　0.816E+02　0.114E+03　0.147E+03

0.112E+01　0.326E+02　0.653E+02　0.979E+02　0.131E+03

(b)

续图 14-6　拉杆螺母头与轮盘间接触界面应力分布

(b)切向应力分布

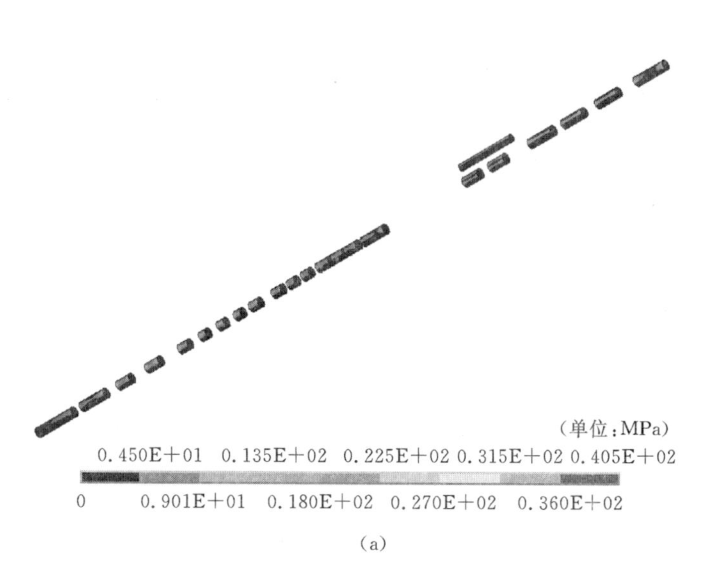


(a)

图 14-7　拉杆侧壁与轮盘孔间接触界面应力分布

(a)法向应力分布；

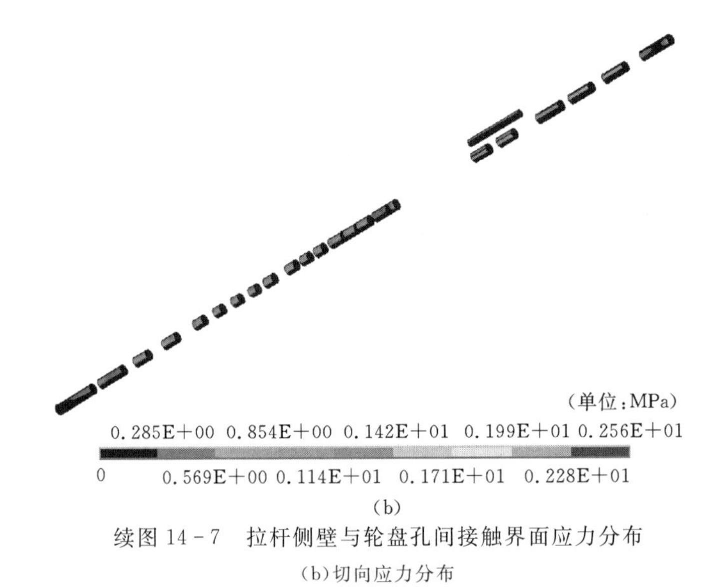


(b)

续图 14-7 拉杆侧壁与轮盘孔间接触界面应力分布

(b)切向应力分布

重型燃气轮机组合转子采用三维有限元模型的优点除了可以较为准确地求解组合转子中局部细节的应力分布外,在宏观层面同样可以给出整个组合转子的振动模态或振型(见图 14-8)。

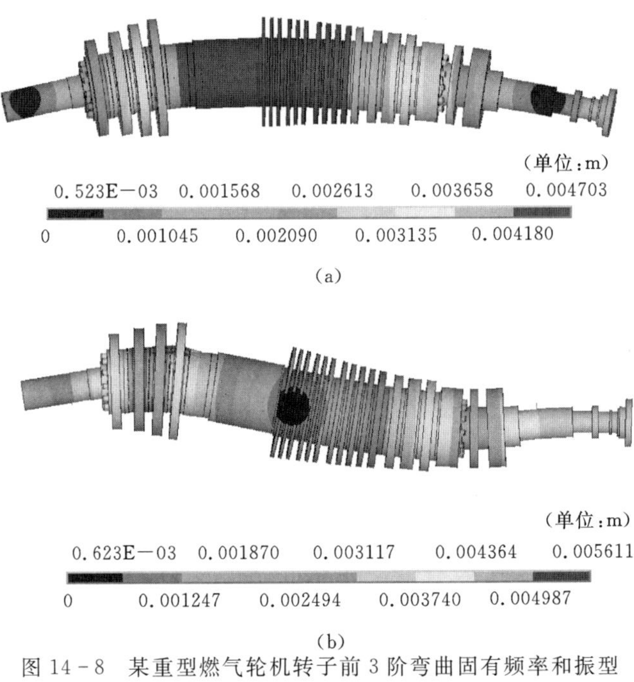


(b)

图 14-8 某重型燃气轮机转子前 3 阶弯曲固有频率和振型

(a)第一阶弯曲固有频率 18.20Hz;(b)第二阶弯曲固有频率 40.43Hz;

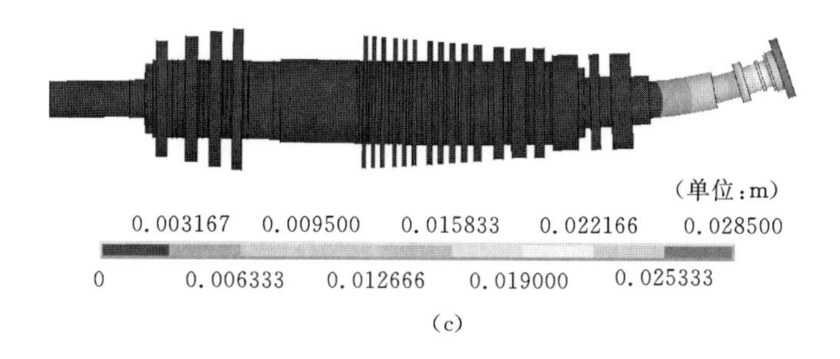


(c)

续图 14-8　某重型燃气轮机转子前 3 阶弯曲固有频率和振型

(c)第三阶弯曲固有频率 55.58Hz

### 14.3.1　组合转子最大 Von Mises 应力与安全裕度

对于组合转子的结构强度,特别是考虑除了需要计及正常工况下轮盘间的装配应力、加载与因离心力作用而引起的服役应力之外,还需要给非定常工况下机组的安全运行预留出足够的裕度空间。在许多情况下,由于非定常工况而造成的附加应力会占有很大的比例,例如在启停阶段,由于转子各部件的冷却与热平衡不均匀性,根据针对中心拉杆转子的相关报道,在那些没有冷却气流的轮盘中,热膨胀或热收缩幅度可能会高达 1.5 mm,导致机组运行性能恶化甚至部件破坏。希望能够在对组合转子结构强度分析的基础上,最终能够对燃气轮机转子的应力分布水平和安全储备有一个总体的把握[1]。

对某燃气轮机组合转子在冷态预紧、升速及加载等不同阶段的应力应变采用有限元分析的计算结果表明,对于轮盘转子来说,即便是在满功率负荷条件下,轮盘的总体应力仍然处在较低的水平上,如图 14-9 所示[1,4]。

1)组合转子压气机段

压气机段各级轮盘在预紧、升速和传递功率各阶段最大 Von Mises 应力曲线如图 14-10[1,3]所示。可以看出,各轮盘最大应力的变化趋势基本一致,在预紧过程中线性增加,在升速过程中随着转速的增加而增大,在传递功率时基本不变。轮盘最大应力为 634 MPa,出现在第 15 级轮盘孔与拉杆接触的位置,小于材料屈服强度约 33.3%。

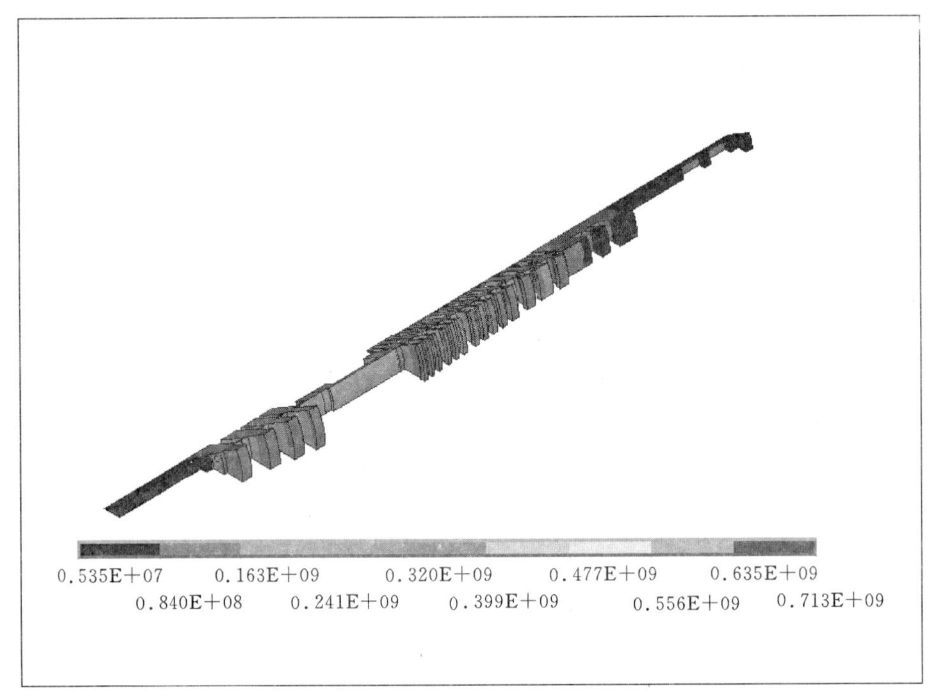


图 14-9 满功率传递下组合转子的 Von Mises 应力分布

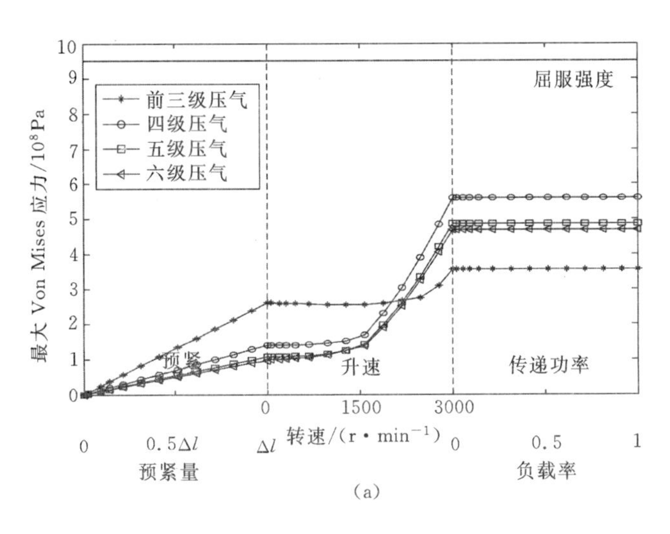


图 14-10 压气机段各轮盘最大 Von Mises 应力变化曲线

(a)1～6 级轮盘;

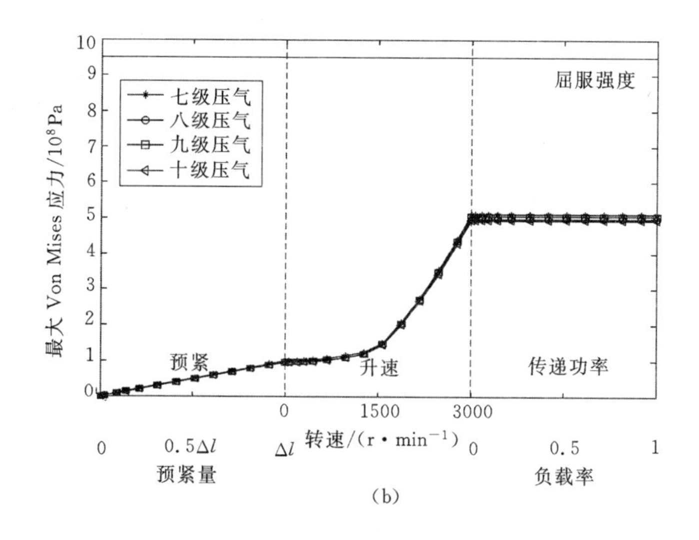

(b)

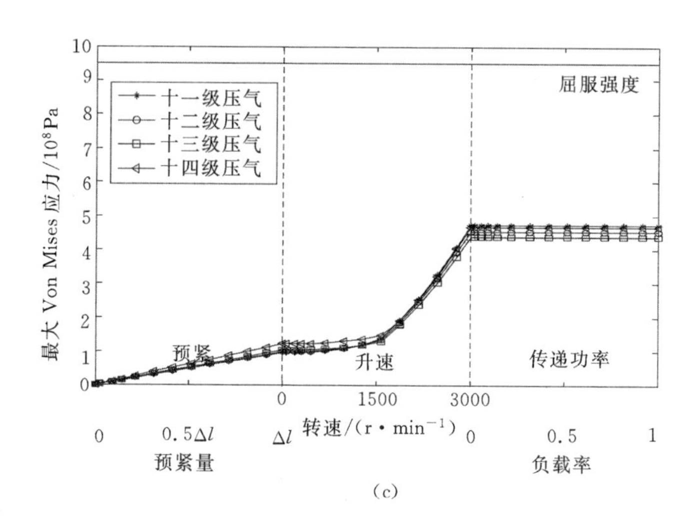

(c)

续图 14-10　压气机段各轮盘最大 Von Mises 应力变化曲线

(b)7～10 级轮盘；(c)11～14 级轮盘；

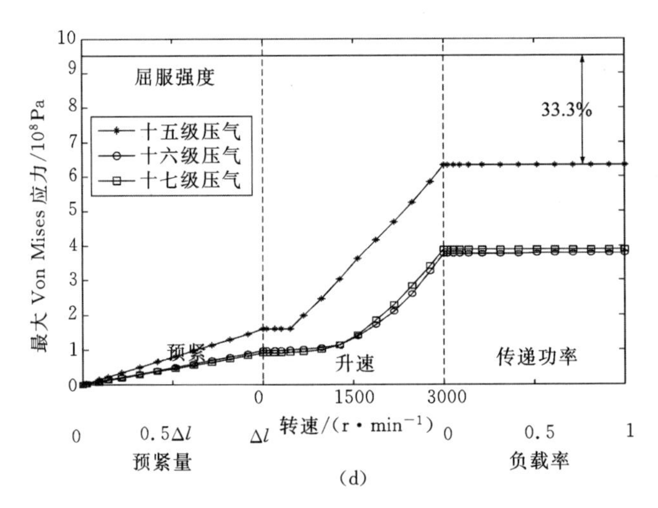


续图 14-10　压气机段各轮盘最大 Von Mises 应力变化曲线

(d)15～17 级轮盘

2)组合转子连接段

图 14-11[1,3]给出了组合转子连接段在预紧、升速和功率传递各阶段的最大 Von Mises 应力。整个连接段的最大应力主要取决于与透平段连接的端面齿部位,最大应力为 713 MPa,小于材料屈服强度约 25%。

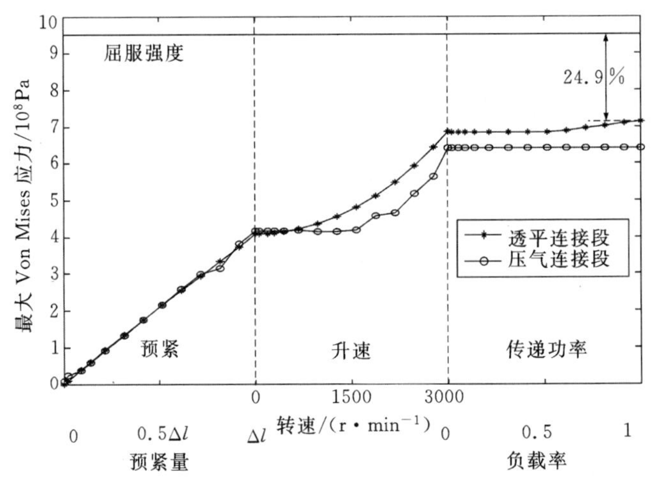


图 14-11　连接段轮盘最大 Von Mises 应力变化曲线

3)组合转子透平段

图 14－12[1,3] 给出了组合转子透平段在预紧、升速和功率传递各阶段的最大 Von Mises 应力。透平段轮盘的最大应力在 679 MPa 左右，出现在第 1 级透平轮盘孔与拉杆接触的位置，小于材料屈服强度约 28.5%。

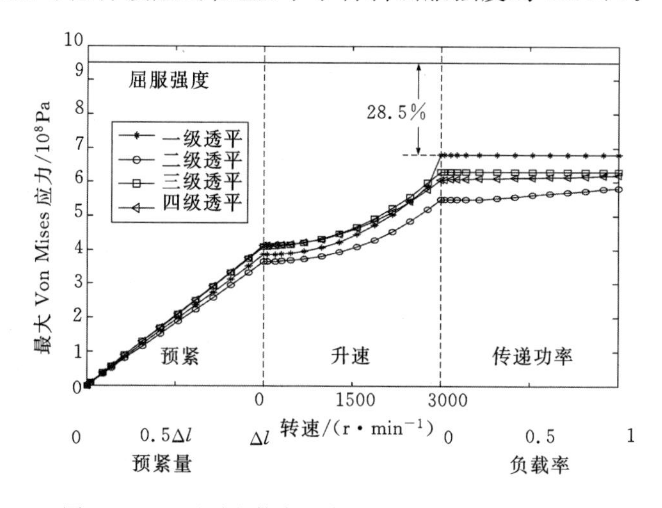


图 14－12　透平段轮盘最大 Von Mises 应力变化曲线

组合转子与连续结构转子在不同服役阶段时的最大应力如图 14－13 所示。

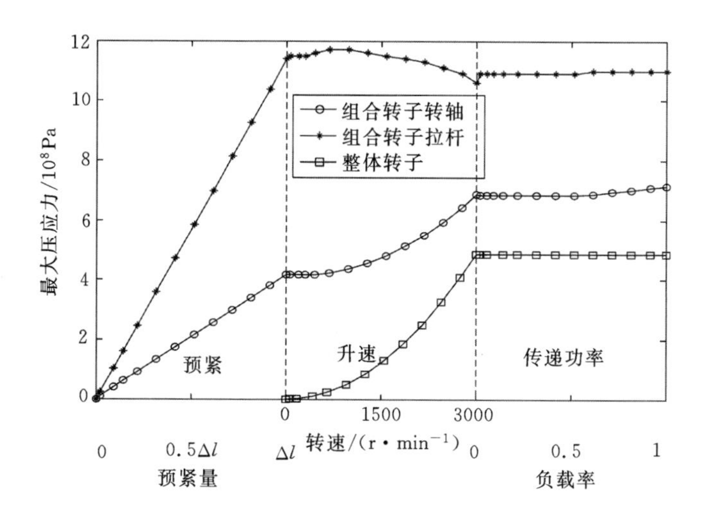


图 14－13　不同服役阶段下的组合转子与连续转子最大 Von Mises 应力比较

图 14-13 说明了两点:

(1)仅就轮盘转子而言,由于预紧力的作用,组合转子所承受的最大应力始终大于连续结构转子,这也是组合转子所必须付出的代价。

(2)在冷态预紧阶段,组合转子转轴的最大 Von Mises 应力随着预紧力增大呈线性增加,组合转子的实际最大应力大致占材料许用应力的 43%;而在升速阶段,轮盘因泊松效应导致轴向缩短并引发较大应力,组合转子的最大应力上升至许用应力的 70%左右;在整个预紧、升速及加载阶段,组合转子轮盘的应力安全裕度维持在 30%范围内[1,3]。

## 14.3.2 拉杆结构最大 Von Mises 应力与安全裕度

从某种意义上来说,组合转子的结构完整性主要取决于拉杆结构的完整性。

(1)预紧阶段。一般说来,随着预紧力的增加,拉杆结构的最大 Von Mises应力同样呈线性增加趋势。

冷态预紧后压气机段拉杆最大 Von Mises 应力最大,大约为 1 140 MPa,已经超出材料的屈服强度;透平段拉杆次之,最大应力为 711 MPa;中间连接段(筒形燃烧室)拉杆承受应力最小(215 MPa)。

透平段拉杆的最大应力为 711 MPa,大于中间连接拉杆(215 MPa),但小于压气机拉杆(1 140 MPa)。拉杆转子的最大应力出现在压气机拉杆靠近冷端螺母部分,超出了材料屈服强度,但小于材料的抗拉强度。

(2)升速阶段。相当于在转子空载运行工况下专门讨论离心力的作用。在额定工作转速下,各段拉杆的应力水平仍然保持了冷态预紧后的应力分布特点——压气机段拉杆承受应力最大,透平段拉杆次之,而连接段拉杆最小。值得注意的是,由于离心力的作用,各部分拉杆均沿径向方向向轮盘穿越孔外侧滑移并与轮盘接触,从而产生较大的接触应力,导致所对应的拉杆最大 Von Mises 应力随升速过程呈现先增大、后减小的趋势。

(3)功率传递阶段。满功率传递阶段各段拉杆的应力水平分布规律大体上仍然维持不变;压气机段拉杆的最大应力为 1 110 MPa,已然超出了材料的屈服极限,最大应力出现部位依然在压气机拉杆、螺母连接处。

图 14-14 给出了重型燃机组合转子各段拉杆在预紧、升速和传递功率各阶段的最大 Von Mises 应力变化曲线。可以看出,各拉杆最大应力的变化趋势基本一致,在预紧过程中线性增加,在升速过程中随着转速的增加先增大后逐渐减小,在传递功率时变化不大。拉杆最大应力为 1 170 MPa,出现在压气段拉杆螺母附

近，应力集中现象十分明显，超出了材料的屈服强度，但小于抗拉强度。压气拉杆主体部分的最大应力则为 750 MPa，小于材料屈服强度约 28.6%[1,3]。

有必要进一步说明的是：采用盘式拉杆结构组合转子的最薄弱环节大都出现在连接部位，并且都源于局部接触应力集中，例如压气机段的拉杆/螺母，透平段第一、二级轮盘/端面齿，以及拉杆/轮盘穿越孔侧壁处等。

尽管这些局部应力影响区域很小，但却对于拉杆结构乃至整个组合转子的结构完整性起着决定性作用：就压气机段拉杆/螺母连接处而言，结构材料在屈服极限下长期服役将导致结构的局部损伤并波及整个转子系统的安全。这种局部性损伤或裂纹随着拉杆结构的周期性失谐和对称性破坏，同时也进一步放大了不平衡效应，使得转子系统的振动响应随时间历程不断趋于增大而酿成全局性事故，这在工程中是需要引起足够重视的。

就周向拉杆组合转子而言，最大危险接触应力通常发生于压气端拉杆螺母与轮盘端间接触处，界面接触应力最大可能超过拉杆材料的屈服极限，并进而导致裂纹的萌生（见图 14-14(c)）。上述理论分析同样也为工程实践所证实。

参考文献[4,5]对于中心拉杆转子在不同阶段的应力变化规律描述对周向拉杆转子的设计及材料强度安全裕度的选择具有一定的借鉴作用。

冷态装配阶段：转子装配时张紧螺栓的冷预应力相当于材料屈服应力的 50%。

启动和转子加速到全速运行阶段：由于轮盘的横向收缩，应力水平将略有降低，大约为屈服应力的 45%；15 min 之后张紧螺栓应力继续上升到最大值，大约 60%，应力水平的上升起源于轮盘温度上升速度比拉杆温度快；启动阶段应力变化范围大致在 15%。

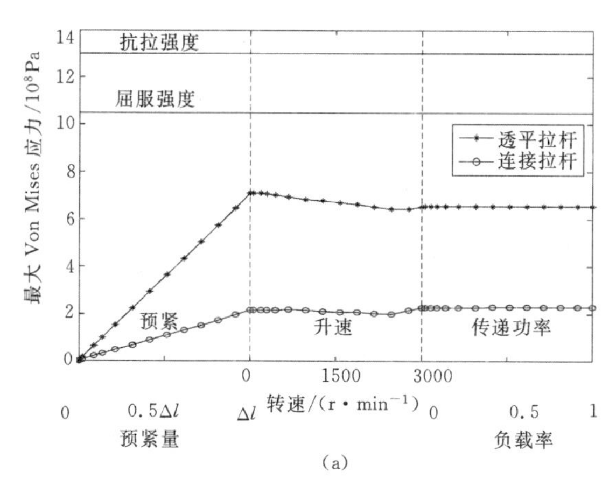

(a)

图 14-14　透平、连接段及压气段拉杆结构的最大 Von Mises 应力与安全裕度

(a)透平、连接段拉杆；

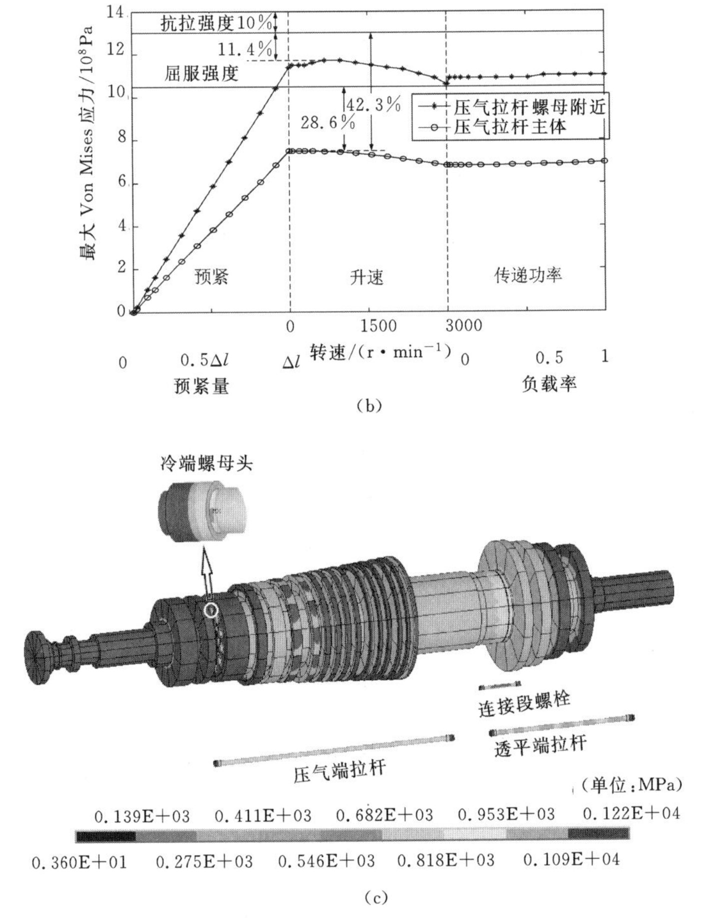


(b)

(c)

续图 14-14 透平、连接段及压气段拉杆结构的最大 Von Mises 应力与安全裕度

(b)压气机段拉杆;(c)周向拉杆组合转子的最大危险应力点位置($N$=3 000 r/min)

稳态运行阶段:在进入热平衡和稳定运行阶段,中心拉杆的应力水平差不多与冷态装配时的预应力相当。

可控停机阶段:拉杆应力变化维持在 8%左右。

燃机突然解列:可能出现的最大拉杆应力变化在下列情况下:在启动阶段,转子轮盘已经加热而燃机突然解列,拉杆应力会增加到 65%左右;这样应力波动会达到 20%,对于拉杆转子结构完整性的考查包括最大应力以及低周和高周疲劳的考虑。

图 14-15 显示了该重型燃气轮机采用中心拉杆转子时,在不同服役阶段中心拉杆所承受的机械及热循环应力,图中的连续线显示了拉杆在起动、稳

定运行和停机全过程的应力变化曲线。可以看到，与中心拉杆相比，当组合转子采用周向拉杆结构时，周向拉杆需要承受更大的内应力，服役环境也更为严酷，局部应力甚至可能接近或超过材料的屈服应力，这里还不包括对于非定常因素的考虑。

综上所述，相对于中心拉杆转子而言，周向拉杆转子中的各组合部件虽仍然工作在弹性范围内，但材料强度安全储备要小一些，各级轮盘以及连接件的平均应力大致为屈服应力的 65%；在那些特殊接触部位，由于局部应力集中，所对应的强度安全储备可望保持在 25%范围内。

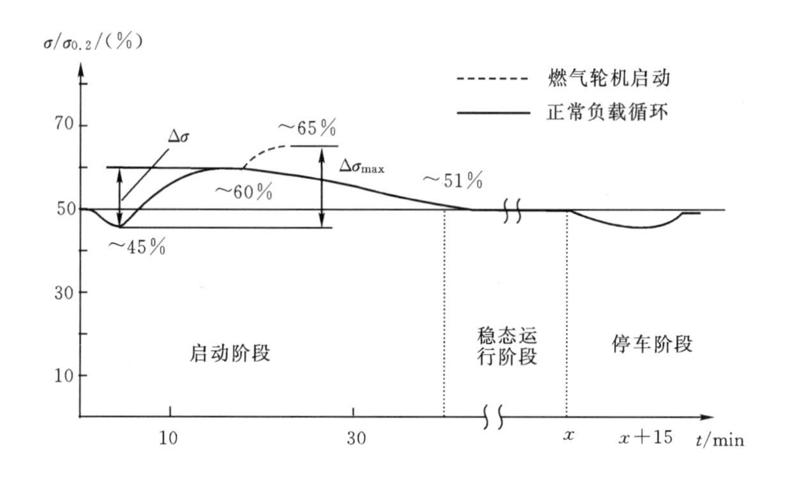


图 14-15　中心拉杆结构的机械及热循环应力[4,5]

### 14.3.3　关于重型燃气轮机接触界面“100%接触”的诠释

对于重型燃机组合转子装配所必须遵从的基本原则是，各部件，尤其是热端部件，在装配之后接触界面间应当保持 100%完全接触，而不能出现开裂、错动或滑移。这里对于界面保持 100%接触的准确解读应当是指正常工况下组合转子必须满足的必要条件，而在极端非定常工况下，在所有的接触面上都满足 100%完全接触是极为困难的。对于某重型燃气轮机依据接触动力学计算的实例表明：随着载荷的增加，在一些特殊部位，接触界面有可能出现局部分离的情况[1,3]。

两连接部件处于开式或滑移接触状态意味着系统结构完整性已经遭到

破坏,但对于滑移接触的阐述仅仅局限于这一层面仍然不够充分。对于组合转子而言,还需要深入讨论以下两种情况,这两种情况在转子装配过程中都有可能发生:

(1)全部接触界面上发生整体滑移,系统结构完整性被破坏。对于重型燃机转子而言,在任何情况下,都不允许接触界面整体滑移的发生。

(2)接触界面部分区域发生局部滑移。虽然在接触界面上,存在由接触向非接触的转变,部分开裂亦即发生开式接触,但已然存在的接触区依旧能够为力和扭矩的传递提供足够的保障;对于组合转子来说,这里涉及到许可最小接触面积以及结构完整性如何定义的问题。在重型燃机装配和运行过程中,尤其是在特殊工况下,在接触界面上有可能多种接触状况并存,特别是在动态振动剧烈的情况下,这就需要从微观层面对接触状况给出细致的描述。

以压气机冷端为例,在预紧充分或预紧饱和情况下,由法向压力而引起的摩擦力起着双重的作用,一方面承受由于弯曲振动所产生的剪力,另一方面提供扭矩传递储备;在确保组合转子结构完整性的前提下,两者之间彼此相互制约,因而由界面摩擦所传递的功率并不能保持定值。在极端情况下,为弯曲振动剪力传递所需要的摩擦力与在轮盘接触环面最外侧因传递扭矩所产生的沿圆周切向方向的摩擦力之和,不应大于界面所能提供的最大静摩擦力。一个较好的界面设计方案可望为功率传递提供额定的功率储备。

图 14-16(a)为不同压气机拉杆预紧量下,亦即不同预紧力条件下,重型燃机组合转子在升速和传递功率过程中压气端各级轮盘接触面切向力与法向力的比值,该比值亦即摩擦系数[1,6]。

可以看到,在额定转速和满功率运行时,切向力与法向力之比明显增大。对于该燃机而言,最大值出现在接触面 15 处——切向力与法向力之比达到 0.099 8,这里是指正常功率传递而言;如果在非定常工况下,例如电气系统短路,需要传递的瞬时扭矩数倍于正常扭矩时,有可能出现切向力与法向力之比超出最大静摩擦系数而导致接触界面发生相对滑动,有关接触界面是否发生滑移或开裂的判断方法可参照前面所述的准则进行逐点判别。

图 14-16(b)为在压气机端施加不同预紧力,重型燃机组合转子在额定转速和满功率传递时,压气段各级轮盘接触面粘合接触面积 $A_{st}$ 所占名义接触面积$A_0$的比例。这里对于界面是否接触的判断标准是:当切向力与法向力之比超过最大静摩擦系数时,即认为该处不再处于粘合接触状态,以上最大静摩擦系数均按 0.1 选取。

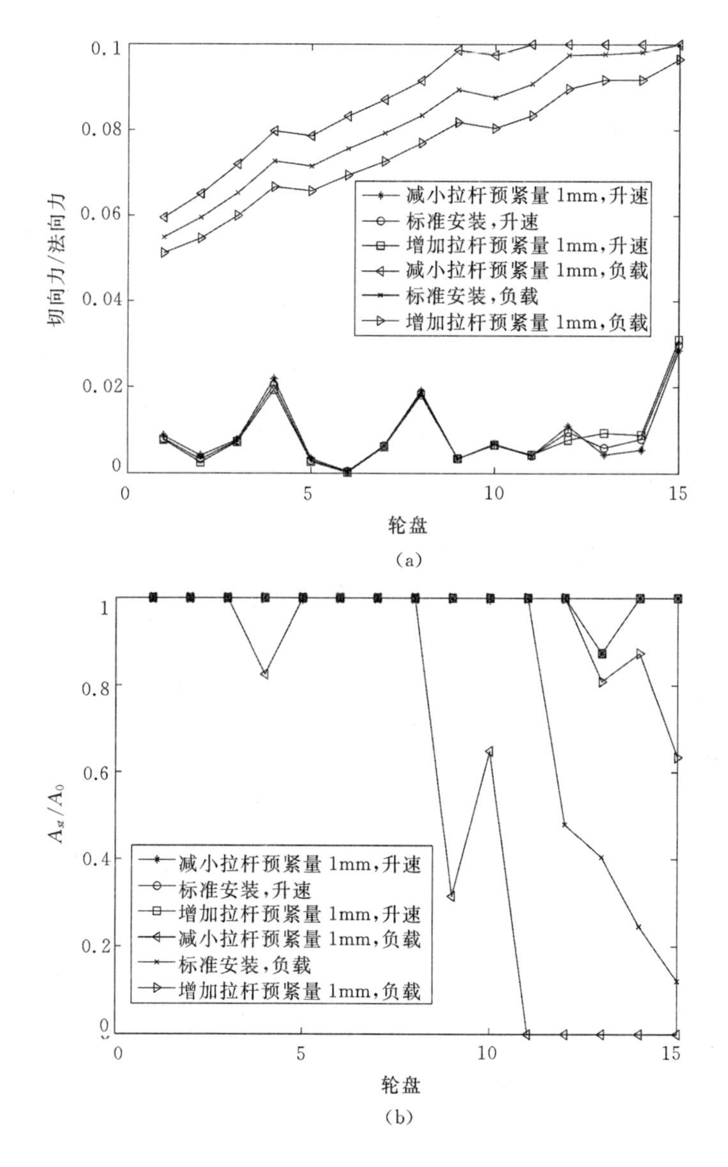


图 14-16　压气机各级轮盘接触界面切向力与法向力之比与实际接触面积

(a)轮盘接触界面切向力与法向力之比;(b)压气机各级轮盘实际接触面积的比例

按照上述原则计算得到的结果表明:在某些接触面上粘合接触面积所占的比例将随着预紧力的减小而迅速降低,例如在接触面 14 上,标准安装时处于部分粘合接触状态,而当拉杆预紧量减小 1 mm 时界面将发生滑移[1,3]。

需要说明的是,以上关于最大静摩擦系数的选取虽然偏于保守,但相应的计算与判断方法却是正确和普遍适用的。

## 14.4 重型燃气轮机轴承转子系统设计准则

本节主要从系统层面阐述重型燃气轮机组合转子轴承系统的设计准则,包括对于新型机组组合转子的接触界面设计,柔性支承结构设计应当遵循的原则,组合转子的结构强度与安全裕度选择,组合转子系统动力学设计应当考虑的主要因素等。

### 14.4.1 组合转子接触界面设计准则

**1. 拉杆的结构强度设计及判据**

拉杆是重燃组合转子的核心部件。盘式拉杆组合转子通过不同类型拉杆连接为一个整体。拉杆自身还直接涉及到重燃组合转子的两类界面,即拉杆与拉杆孔壁的接触界面及拉杆螺母与轮盘盘面的接触界面。因此,拉杆结构强度设计对重燃转子运行的可靠性而言是至关重要的。

1)拉杆冷态预紧力 $T$ 的确定

以压气机拉杆为例,其设计过程大致如下:

$$T \geqslant P_{a1} + P_{a2} + P_{a3} + P_{a4} + P_{a5} = \sum_{i=1}^{5} P_{ai} \tag{14-14}$$

这里 $\sum_{i=1}^{5} P_{ai}$ 为转子工作时使连接面预紧力减小的分离力之和。通常的分离力有:转子重量产生的分离力 $P_{a1}$;流道气动力产生的分离力 $P_{a2}$;轮盘在离心力作用下产生的轴向收缩引起的分离力 $P_{a3}$;停机时转子轮盘快速冷却(拉杆 冷却相对较慢)而产生的分离力 $P_{a4}$;端面齿传扭时在连接面产生的分离力 $P_{a5}$。

为了保证转子充分预紧,拉杆预紧力 $T$ 应大于最危险连接面的分离力之和。所谓最危险连接面,是指分离力代数和为最大值的截面。拉杆预紧力 $T$ 大于最大分离力的裕度必须满足燃机在所有运行工况下预紧力“饱和”的要求,即在任何运行工况均能保证转子拉紧而不会松脱。“饱和”是指拉杆预紧力大于某门槛值以后,转子的挠度和临界转速近似于整体转子,并保持稳定不变的状态。

通常当

$$T \geqslant 2P_{a1} + P_{a2} + P_{a3} + P_{a4} + 1.5P_{a5} \tag{14-15}$$

时，转子将进入预紧饱和状态。$P_{a1}, P_{a2}, P_{a3}, P_{a4}, P_{a5}$ 均可通过计算求得，在此不再赘述。

根据实验和分析计算结果，预紧力取所预紧部分转子重量的 80 ～ 100 倍为宜，采用接触面摩擦传扭者取其下限，采用端面齿传扭者则取其上限。

另一要求是冷态预紧时，预紧力 $T$ 在拉杆中产生的拉应力应为拉杆材料屈服强度的 0.5 ～ 0.6 倍。

2) 运行状态下的拉杆应力

转子运行时，拉杆受力情况较为复杂，除安装时的冷态预紧力 $T$ 外，还要受到流道气流力 $P_g$、离心力引起的轮盘轴向收缩分离力 $P_{a3}$ 及启动过程轮盘温度高于拉杆温度产生的附加力 $P_t$ 的作用。因此，在转子运行时作用在拉杆上的全部轴向力 $P_i = T + P_g + P_t - P_{a3}$；由 $P_i$ 产生的拉应力为

$$\sigma_i = P_i/(Z \times F) \tag{14-16}$$

式中，$Z$ 为拉杆数目；$F$ 为拉杆最小横截面积。

此外，转子工作时，拉杆还要受到自身质量离心力产生的弯应力 $\sigma_w$ 的作用。为了限制 $\sigma_w$ 的大小，通常在拉杆上与轮盘拉杆孔配合处设计一定数量的凸肩(凸肩处直径较大)，在离心力作用下拉杆所产生的弯曲变形使得其凸肩与轮盘孔壁发生并保持接触。拉杆凸肩的设计为运行状态下的拉杆提供了附加支承和振动位移限制，使得 $\sigma_w$ 被限制在一定的范围内，同时还有效地降低了拉杆的随动振动频率。当然，在拉杆凸肩与轮盘过孔孔壁接触界面上将产生相应的的挤压应力。

转子运行状态下拉杆的合成应力为 $\sigma_r = \sigma_w + \sigma_i$。

3) 拉杆强度设计判据

采用常规算法设计，拉杆工作时的合成应力 $\sigma_r$ 应小于许用应力$[\sigma_r]$。

$$\begin{aligned} \sigma_r &\leqslant [\sigma_r] \\ [\sigma_r] &= \sigma_{0.2}/\eta \end{aligned} \tag{14-17}$$

式中，$\sigma_{0.2}$，$\eta$ 分别为拉杆材料的屈服强度和安全系数，$\eta$ 通常取为 1.67 ～ 2。

4) 拉杆主要几何参数的确定

拉杆预紧力 $T$ 求得后，根据所选定的拉杆材料、拉杆数量 $Z$ 及拉杆预紧应力 $\sigma_p$，可求得拉杆直径 $d$，即

$$d = 2\sqrt{\frac{T}{\pi \cdot z \cdot \sigma_p}} \tag{14-18}$$

根据以往的设计经验，通常$\sigma_p = 0.5 \sim 0.6\sigma_{0.2}$。拉杆的长度及拉杆上凸肩的数目应根据所连接轮盘的几何尺寸和数量确定。

如前所述，为限制工作时拉杆的弯曲，通常应限制拉杆与拉杆孔壁的间隙，通常拉杆与拉杆孔壁的间隙约为拉杆平均直径的1%。

拉杆的几何参数确定后，还应对拉杆进行动力学校核，即固有频率校核。拉杆在两端简支、不受预紧力的状态下，其一阶固有频率较低，通常应大于转子工作转速的20%；而在运行状态下，一方面由于拉杆两端受到预紧力的作用，另一方面拉杆在离心力作用下与轮盘过孔孔壁间的接触为拉杆所提供的附加支承也极大地提高了拉杆的固有振动频率，因而无需考虑在运行状态下拉杆的共振问题。

5）拉杆设计中其它因素的考虑

(1) 气动力与热应力。

重燃转子在实际运行中，四类接触界面还应考虑燃气轮机通流部分工质流动产生的气动力作用以及温度场变化产生的热应力作用。

在启动过程中，因轮盘靠近流道，其温度升高快于拉杆的温升，因此，拉杆会受到附加温度应力作用。在停机过程中，轮盘的温度下降快于拉杆的温降，因此拉杆的预紧力会减小，应力亦将产生变化。在稳态运行时，轮盘的温度与拉杆的温度基本相同，拉杆及四类界面将不会产生附加的温度应力。

重燃机组转子工作时，会产生轴向气动力并作用在压气机和透平轮盘上。由于气动力作用方向不同，有些气动力将增加拉杆应力，有些却使拉杆应力减小，因此，在计算拉杆及界面应力时，亦应计及气动力的作用。

根据已有的分析计算经验，气动力对拉杆产生的作用力数量级较小，占拉杆预紧力的1%左右。

由于轮盘和拉杆的温度不同，还将产生因胀差而引起的附加温度应力(或称热应力)，这种情况主要发生在启动阶段。分析计算表明，启动时，拉杆由于温差产生的附加作用力与离心力引起的分离力处于同一数量级，温差作用力使拉杆紧力增大，而离心分离力则使拉杆紧力减小。温差引起的拉杆应力增大在20%以下。

在考虑上述各种综合因素的基础上，根据应力叠加原则，拉杆设计应力按小于材料的80%屈服应力选取将不会对转子的安全可靠性产生影响。

(2) 拉杆与穿越孔壁接触界面的应力分析及强度判据。

重型燃气轮机转子工作时，在离心力作用下拉杆与轮盘穿越孔壁间会发生接触。

一般而言，拉杆材料强度等级高于轮盘材料，因此，拉杆与轮盘穿越孔壁接触界面强度校核仅需考虑轮盘拉杆穿越孔壁处的应力水平即可。穿越孔壁除受到拉杆的挤压应力外，还受到轮盘离心载荷所产生的应力。系列分析表明：穿越孔壁处的最大接触应力维持在 200 MPa 左右，轮盘在服役温度条件下的材料屈服强度在 700 MPa 左右，所以结构强度安全裕度是很大的。

(3) 拉杆螺母与轮盘间的接触界面设计及强度判据。

对于重型燃气轮机而言，通常压气机级数均在 17 级左右，透平级数一般 3 ~ 4 级，压气机段的长度和重量均大于透平段，压气机拉杆的长度和预紧力也远大于透平拉杆，因此对于压气机拉杆及其接触界面结构强度的分析更具有代表性。

在通常情况下，对于压气机轮盘材料强度等级的选择会略高于压气机拉杆冷端螺母。例如，对于压气机轮盘，可选择 30Cr2Ni4MoV，其室温下的屈服强度为$\sigma_{0.2}^{D}=965$ MPa；对于拉杆冷端螺母，当选择 34CrNi3Mo 时，其室温下的材料屈服强度为 $\sigma_{0.2}^{N}=885$ MPa。

拉杆螺母与拉杆之间的螺纹连接设计已经较为成熟，如螺纹的结构设计及螺母受力侧的弹性槽结构设计等，其目的是降低螺纹应力并使螺纹应力均匀化，在此不再赘述。

根据三维有限元分析计算结果及重型燃机电厂运行的实际经验，压气机拉杆冷端螺母与压气机轮盘间接触界面应力值很大，也是重型燃机转子裂纹事故的频发故障点，因此在结构强度设计时应当予以特别关注。

一般而言，冷端螺母与压气机轮盘间的接触界面通常为环形。对于典型重型燃机三维有限元分析结果表明：冷端螺母头与压气机轮盘间最大接触应力在冷态拉杆预紧后直到带满负荷额定转速运行阶段基本维持不变，均在 1 000 MPa 左右，已经超出轮盘材料的屈服强度(965 MPa)。根据通行的强度设计准则，最大应力超过屈服强度并非不能接受，但接受的前提是低周疲劳强度校核必须合格。当然，低周疲劳强度校核还应当综合考虑机组启停的频繁程度以及结构部件上的局部应力集中等因素。

从平均应力角度出发，冷端螺母与压气机轮盘间接触界面在冷态接触时的应力安全裕度取为 100%(或安全系数为 2) 可以作为拉杆螺母与轮盘间接触界面的设计准则 —— 这也为实际机组的安全运行所证实。

**2. 压气机轮盘接触界面设计及强度判据**

重燃组合转子依靠拉杆预紧后，轮盘与轮盘之间紧密接触，压气机轮盘通过轮盘间接触面上的摩擦力传递扭矩，但在发电机短路等事故工况下，短路力矩可达额定力矩的5～6倍(对于300 MW等级机组)。如此巨大的力矩，仅靠摩擦力传递是不够的，通常在压气机轮盘间还设有一定数量、沿圆周均布的扭力销以进行极端工况下的辅助扭矩传递，从而确保组合转子运行的安全可靠性。

压气机轮盘间接触面径向位置和接触面积的选取，既要考虑所能传递扭矩(功率)的安全裕度，还要考虑接触面上的应力裕度，同时也需要考虑结构设计的一致性(各级轮盘拉杆孔位置及孔径应相同)以及制造的工艺性(尺寸的一致性有利于工艺装备的准备)。压气机轮盘间骑缝扭力销数量和直径的设计，应满足发电机短路等极端工况的故障扭矩传递要求。

通常，压气机轮盘接触界面应按额定传递扭矩的2倍、接触应力不超过轮盘材料屈服强度的一半为依据进行强度设计。与此同时，压气机轮盘扭力销在发电机短路工况所承受的剪应力也不应当超过传扭销材料的剪切屈服强度。

对于重型燃机来说，以位于最末端的压气机轮盘与中间轴间的接触界面传递扭矩最大——因其不仅要传递全部多级压气机消耗的功率，还需要传递发电机所输出的功率。为了确保机组运行的安全，对于末端压气机轮盘接触界面的设计，包括环形接触界面位置、接触面积大小、拉杆预紧力等，都有必要仔细分析与校核；此外，还必须增加辅助传扭手段即扭力销进行扭矩传递，以避免在发电机两相短路等事故工况下因摩擦传扭失效而导致故障的进一步扩散和蔓延。

**3. 透平轮盘端面齿接触界面的设计及强度判据**

透平轮盘间采用端面齿相互啮合传递扭矩，端面齿凹齿与凸齿接触精度要求很高，因直接影响转子的直线度，故对于端面齿的接配精度亦有很高要求，通常透平轮盘端面齿采用高精度数控专用磨床加工。透平端面齿具有很强的传递扭矩能力。在额定负荷工况，端面齿设计应力较小；在短路等极端工况，端面齿强度仍有较大的安全裕度。

透平轮盘端面齿因其接触及工作条件复杂，通常按大安全裕度设计。在额定工况，端面齿接触应力和剪切应力应较小；在发电机短路工况，端面齿剪切应力应低于轮盘材料的剪切屈服强度。

端面齿啮合接触传扭主要通过正压力传递，如图 14 - 17 所示。

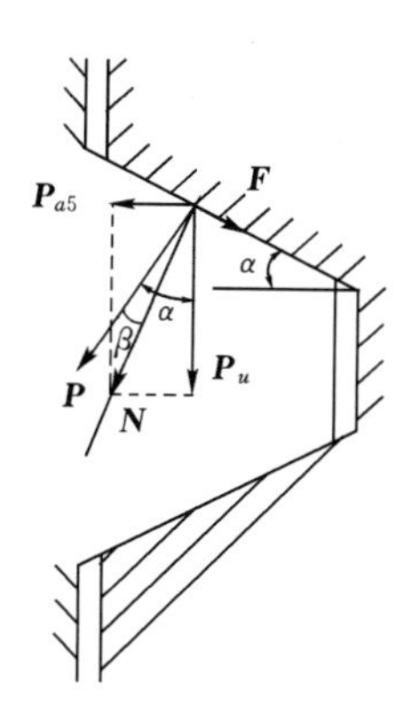


图 14 - 17　端面齿上的传扭作用力

齿面正压力为 $P$，齿面接触力为 $N$，齿面摩擦力为 $F$，端面齿齿顶角为 $\alpha$，齿面接触摩擦系数为 $f$，所传递的扭矩为 $M$，扭矩产生的圆周力为 $P_u$，因端面齿为斜面接触产生的分离力为 $P_{a5}$，则不难得出以下公式：

$$P_{a5}=P_u\cdot\tan(\alpha-\beta)=\frac{M}{R}\cdot\tan(\alpha-\beta)$$

式中：$R$ 为端面齿的平均半径。

即在端面齿传扭时，齿面接触力 $N$ 为正压力 $P$ 与摩擦力 $F$ 的合力，接触力 $N$ 与正压力 $P$ 之间的夹角为 $\beta$。接触力 $N$ 分解为圆周力 $P_u$ 和分离力 $P_{a5}$，$P_{a5}$ 被透平拉杆预紧力所平衡，$P_u$ 则传递转子上的扭矩。一般说来，摩擦力对齿面接触力的贡献较小，例如，当摩擦系数 $f=0.15$ 时，摩擦力对齿面接触力的贡献约占 15%，因此端面齿是主要依靠齿面接触所产生的正压力来传递扭矩的。

此外，对于端面齿设计，除需要校核其传扭截面的剪应力外，还应当校核齿面的接触应力。

重燃组合转子界面设计应力分析和强度判据汇总如表 14 - 1 所示。

表 14-1 重燃组合转子接触界面设计应力及强度判据

| 界面结构名称 | 材料 | 工作温度/屈服强度 ℃/MPa | 设计应力 MPa | 安全系数 | 强度裕量 | 拉杆预紧力与预紧部分重力之比 | 强度判据 |
|---|---|---|---|---|---|---|---|
| 拉杆 | GH4169 | 400/935 | 常规:624 有限元:1100 | 1.5;低周疲劳校核 | 50% | | 低周疲劳循环寿命>15000次 |
| 拉杆预紧力 | | | 0.5~0.6室温屈服强度 | | | 压气机:80;透平:100 | 预紧应力在0.5~0.6室温屈服强度范围内 |
| 拉杆冷端螺母 | 34CrNi3Mo | 室温/885 | 常规:453 有限元:1000 | 1.95;低周疲劳校核 | 95% | | 低周疲劳循环寿命>15000次 |
| 与冷端螺母接触轮盘面 | 30Cr2Ni4MoV | 室温/965 | 常规:453 有限元:1000 | 2.13;低周疲劳校核 | 113% | | 低周疲劳循环寿命>15000次 |
| 拉杆孔壁 | 30Cr2Ni4MoV | 400/725 | 220 | 3.3 | 230% | | 强度裕量>100% |
| 压气机轮盘接触面 | 30Cr2Ni4MoV | 400/725 | 110 | 6.6 | 560% | | 强度裕量>100% |
| 扭力销 | 45Cr1MoV | 400/302 | 短路工况:193 | 1.56 | 56% | | 强度裕量>10% |
| 透平轮盘端面齿 | 30Cr2Ni4MoV | 400/435 | 短路工况:382 | 1.14 | 14% | | 强度裕量>10% |
| 透平轮盘端面齿接触面 | 30Cr2Ni4MoV | 400/725 | 400 | 1.8 | 80% | | 强度裕量>50% |

### 4. 组合转子接触界面设计准则

1)基于接触界面几何连续的设计准则

基于接触界面几何连续的设计准则可以表述如下:

在一个由 $N$ 个分离轴段通过预紧装配而成的组合转子中,对于其中的任意预紧轴段 $j$,该轴段因重力和其它动态激励力所引起的静态及动态挠曲变形而产生的的最大纤维伸长量应当小于该轴段的预紧压缩量,上述关系可表达为

$$\Delta L_{\max}^{j} = \int_{\psi_{j0}}^{\psi_{j1}} -R_z d\psi \leqslant \Delta L_{yj}^{j} (j = 1,2,\cdots,N)$$

式中:$R_z$ 为第 $j$ 个轴段的接触面外半径;$\psi_{j0}$,$\psi_{j1}$ 分别为相应的起始及终止挠度

角；$\Delta L_{max}^{j}$ 为因挠曲变形可能产生的最大纤维伸长量；$\Delta L_{yj}^{j}$ 为该轴段的总压缩量。

以上所提出的关于接触界面几何连续的设计准则实际上可以视为为保障转子结构几何完整性所必须满足的必要条件。

2）基于接触界面力传递机制的设计准则

对于连续转子系统来说，转子的破坏主要取决于材料最大许可正应力和剪切应力，当服役转子的实际受力状态超过了临界应力时，转轴可能发生断裂或永久性塑性变形。

与连续转子相比，采用拉杆预紧的组合转子最大的不同之处在于：一般说来，组合转子在力和力矩的传递过程中，接触界面所能传递的压应力与剪切应力，前者由预紧力所决定，而后者则主要取决于界面摩擦系数，与材料的结构强度及许用应力无关。

就采用拉杆预紧的组合转子而言，在功率传递完全依赖摩擦力实现扭矩传递的情况下，其结构完整性的破坏可能来源于以下方面：

(1) 正常及故障扭矩传递机制失效。当接触界面因摩擦而产生的切向应力小于正常扭矩或故障扭矩传递所必须提供的切向应力时，转子整体结构可能因界面滑移而导致破坏——在重型燃气轮机中，故障扭矩通常要比正常扭矩大得多。因此，从某种意义上来说，有关接触界面力传递设计方案的选择主要取决于对于故障扭矩大小的准确估计。就接触界面而言，最大切向摩擦力矩将决定所能传递功率的大小，也就是说，接触界面存在有一个临界传递功率值，超过了这一临界值组合结构失效。

(2) 弯曲、扭转及弯扭复合振动导致转子结构破坏。除扭矩传递之外，接触界面还需要承担传递由于转子自重而引起的静态弯曲应力以及由于弯曲振动、扭转振动和弯扭复合振动而产生的动态应力。这些静、动态附加应力也需要接触界面来承担。

在上述综合因素作用下，组合转子最为容易发生的故障是界面滑移。当所需要传递的切向力大于界面最大许可切向摩擦力时，界面将发生滑移；另一种情况是：在接触界面上虽然并没有产生相对滑移，但存在接触界面的局部分离，当这种局部分离还不十分严重时，所保留的接触界面部分仍然能够保证轴系的正常服役而不至于损坏。

因此，当组合转子纯粹依靠界面摩擦力进行功率传递时，则在预紧装配组合转子的任意接触界面上的任意点处，因弯扭复合振动或力传递及扭矩传递所能提供的最大切向应力应当小于最大摩擦应力，上述关系可表达为

$$\tau_{max}^{j} = \tau_{0max}^{j} + \tau_{st max}^{j} + \tau_{dy max}^{j} \leqslant \mu_{st}\sigma_{z}$$

式中：$\tau^{j}_{max}$ 为接触界面所能提供的最大切向应力；$\tau^{j}_{0max}$ 为正常扭矩或故障扭矩传递、接触界面所必须提供的切向应力；$\tau^{j}_{st\,max}$ 为转子自重引起的静态切向应力；$\tau^{j}_{dymax}$ 为由弯曲、扭转或弯扭复合振动所产生的附加动态切向应力；$\sigma_z$ 为预紧作用在接触界面上的压应力；$\mu_{st}$ 为界面最大静摩擦系数。

基于接触界面力传递机制的设计准则给出了在预紧饱和状态下，为保证正常或极端故障工况条件下依靠界面摩擦实现功率传递的组合转子界面设计所应满足的充分与必要条件。

当组合转子的某些界面仅依靠单一界面摩擦模式无法实现全部功率传递时，通常还有必要增加诸如传扭销、端面齿等其它功率传递方式，以保证组合转子的结构完整性。

### 14.4.2 组合转子动力学设计准则

由于燃气轮机功率等级的不同，燃气轮机组合转子可能具有不同的工作模式。对于小功率机组，早期的设计都是以增加机座刚性为目标而选择刚性转子运行模式；随着转速的增加，功率的提高，工况变化频繁，起停次数增多，迫使对于转子的设计由刚性转子向柔性转子设计发展，通过减小转子径向尺寸、加长轴向尺寸以求最大限度地减轻机组重量；转子工作模式向柔性转子运行模式转变，转子超一临界、甚至二临界转速以上运行，对于重型燃机来说，工作转速大都采用超一临界、低于二临界转速的运行模式，其前提是需要轴承能够提供足够的阻尼以保证转子安全穿越一阶、二阶临界转速。

对于上述处于不同运行模式下的组合转子动力学设计所应当遵循的基本原则是：在保证结构完整性的前提下，一个设计正确的盘式拉杆组合转子系统动力学性能设计应当基本上与整体连续转子相当。

这里包括对于在刚性及柔性支承条件下转子各阶临界转速或固有特征值以及振型模态的估计、轴承支承位置选择等。

按上述原则设计的组合转子本身的动力学性能，在预紧饱和状态下，与整体连续转子的偏差可望控制在很小范围内。

在这一主导原则下，就可以生成对应不同功率的燃机转子的技术方案。由连续转子设计过渡到组合转子设计，需要额外考虑的约束条件包括：

(1) 根据燃机功率和热力参数确定转子额定工作转速、热端透平级数和透平端转子内外径。

(2) 根据气动力学以及一次流、二次流(冷却气流) 流量确定压气机级数和压气机段转子内外径，这里包括基于质量均布的中空转子结构优化设计和依据冷却需要对于转子中空冷却通道的确定。

(3) 当采用单跨转子结构时，确定和设计转子在刚性支承及弹性支承条件下合理的临界转速分布。对于大功率重型燃气轮机，应当尽可能采用超一临界，但低于二临界转速运行模式。

## 14.5　重型燃气轮机转子的轴承设计

虽然对于重型燃机轴承的选择并不具有唯一性，但目前对于重型燃气轮机冷端支承轴承的选择，和汽轮发电机组一样，大都采用了固定瓦-可倾瓦轴承这一型式(见图 14 - 18)。

这类轴承的优势主要体现在以下方面：

——和单纯的可倾瓦轴承相比，固定瓦-可倾瓦轴承在较小的偏心率下仍然能够具有较小的偏位角，其总体性能更接近于可倾瓦轴承，因而具有更好的稳定性；

——轴承上半部采用了固定瓦，避免了可倾瓦轴承中上瓦容易出现的非承载瓦“卸载”现象，利用固定瓦中产生的油膜压力，进一步增强轴承在垂直方向上抑制轴颈振动的能力。

位于热端透平的支承结构则要复杂得多，需要兼顾的因素包括必须保证机组在轴向方向上足够的自由热松弛，尽可能减小因热不均匀而产生的不对中影响等。基于上述原因，重型燃气轮机的热端支承通常选择类似于弹性阻尼支承的切向支承型式，如图 14 - 18(c)所示。因此，某些重型燃气轮机的支承轴承具有明显的不对称性。

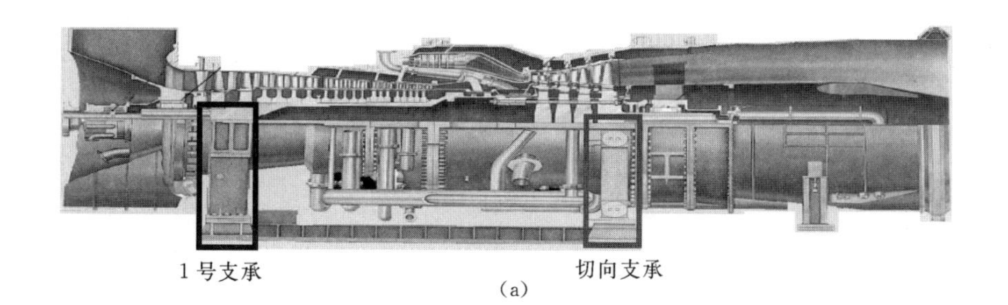


(a)

图 14 - 18　重型燃气轮机支承轴承

(a)重型燃气轮机支承布置；

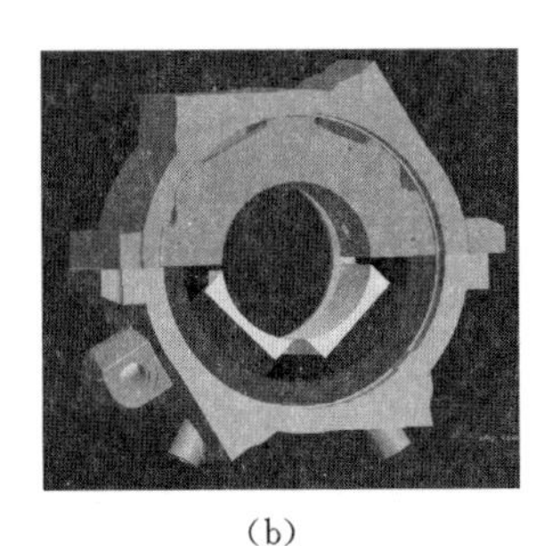

(b)

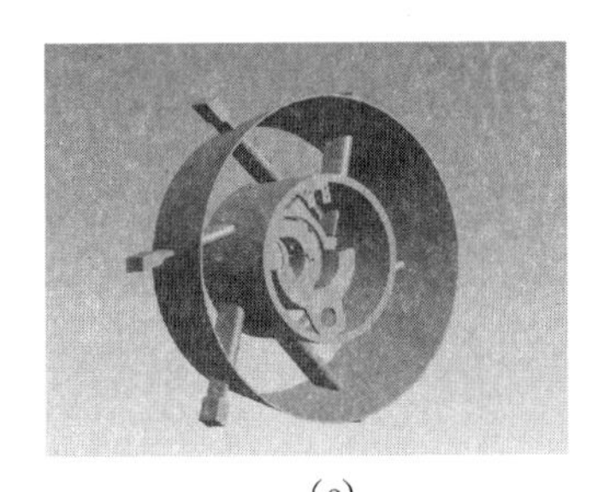

(c)

续图 14-18　重型燃气轮机支承轴承

(b)固定瓦-可倾瓦轴承三维示意图;(c)切向支承结构

## 14.5.1　固定瓦-可倾瓦轴承和动态性能表征

迄今为止,关于上述固定瓦-可倾瓦混合轴承的动力学建模问题尚未论及。以下给出其动态油膜力描述方法。

**1. 固定瓦-可倾瓦轴承的动态油膜力表征**

设在转子的第 $j$ 个质点上作用有固定瓦-可倾瓦轴承,对于上瓦固定的固定瓦-可倾瓦轴承,如图 14-18(b)所示,由轴承提供的全部动态油膜力为

$$\begin{pmatrix} F_x \\ F_y \end{pmatrix}_j = \begin{pmatrix} F_x \\ F_y \end{pmatrix}_j^1 + \begin{pmatrix} F_x \\ F_y \end{pmatrix}_j^2 + \begin{pmatrix} F_x \\ F_y \end{pmatrix}_j^3 \tag{14-19}$$

式中,$\begin{pmatrix} F_x \\ F_y \end{pmatrix}_k^1$ 是由固定瓦 1 所提供的动态油膜力;$\begin{pmatrix} F_x \\ F_y \end{pmatrix}_k^2$,$\begin{pmatrix} F_x \\ F_y \end{pmatrix}_k^3$ 分别对应于第 2、第 3 块可倾瓦所提供的动态油膜力。其中

$$\begin{gathered}
\begin{pmatrix} F_x \\ F_y \end{pmatrix}_j^1 = \begin{pmatrix} k_{xx} & k_{xy} \\ k_{yx} & k_{yy} \end{pmatrix}_j^1 \begin{pmatrix} x \\ y \end{pmatrix}_j + \begin{pmatrix} d_{xx} & d_{xy} \\ d_{yx} & d_{yy} \end{pmatrix}_j^1 \begin{pmatrix} \dot{x} \\ \dot{y} \end{pmatrix}_j \\
\begin{pmatrix} F_x \\ F_y \end{pmatrix}_j^2 = \begin{pmatrix} k_{xx} \; k_{xy} \\ k_{yx} \; k_{yy} \end{pmatrix}_j^2 \begin{pmatrix} x \\ y \end{pmatrix}_j + \begin{pmatrix} d_{xx} \; d_{xy} \\ d_{yx} \; d_{yy} \end{pmatrix}_j^2 \begin{pmatrix} \dot{x} \\ \dot{y} \end{pmatrix}_j + \begin{pmatrix} -\beta_i k_{xx} + \alpha_i k_{xy} \\ -\beta_i k_{yx} + \alpha_i k_{yy} \end{pmatrix} \varphi_{p2} \begin{pmatrix} -\beta_i d_{xx} + \alpha_i d_{xy} \\ -\beta_i d_{yx} + \alpha_i d_{yy} \end{pmatrix} \dot{\varphi}_{p2} \\
\begin{pmatrix} F_x \\ F_y \end{pmatrix}_j^3 = \begin{pmatrix} k_{xx} \; k_{xy} \\ k_{yx} \; k_{yy} \end{pmatrix}_j^3 \begin{pmatrix} x \\ y \end{pmatrix}_j + \begin{pmatrix} d_{xx} \; d_{xy} \\ d_{yx} \; d_{yy} \end{pmatrix}_j^3 \begin{pmatrix} \dot{x} \\ \dot{y} \end{pmatrix}_j + \begin{pmatrix} -\beta_i k_{xx} + \alpha_i k_{xy} \\ -\beta_i k_{yx} + \alpha_i k_{yy} \end{pmatrix} \varphi_{p3} + \begin{pmatrix} -\beta_i d_{xx} + \alpha_i d_{xy} \\ -\beta_i d_{yx} + \alpha_i d_{yy} \end{pmatrix} \dot{\varphi}_{p3}
\end{gathered} \tag{14-20}$$

同时,对于第 $j$ 个质点运动的描述所涉及的状态变量也由原来的($x_j$,$y_j$,

$\varphi_j,\psi_j,\dot{x},\dot{y},\dot{\varphi},\dot{\psi}$) 增加到($x_j,y_j,\varphi_j,\psi_j,\dot{x},\dot{y},\dot{\varphi}_j,\dot{\psi}_j,\varphi_{p2},\varphi_{p3},\dot{\varphi}_{p2},\dot{\varphi}_{p3}$)，其中 $x,y,\dot{x},\dot{y}$ 为第 $j$ 个质点处的轴颈位移及速度；($\varphi_{p2},\varphi_{p3},\dot{\varphi}_{p2},\dot{\varphi}_{p3}$) 为因混合轴承中第 2、3 块可倾瓦参振而增加的状态变量；特殊地，当不计瓦块惯性时，相应的状态变量数将减少两个，成为($x_j,y_j,\varphi_j,\psi_j,\dot{x}_j,\dot{y}_j,\dot{\varphi}_j,\dot{\psi}_j,\varphi_{p2},\varphi_{p3}$)。

**2. 热端固定瓦 - 可倾瓦轴承 / 弹性支承**

如图 14 - 18(c) 所示，不失一般性，设切向弹性支承作用在第 $k$ 个质点上，第 $k$ 个质点的位移记为 $x_k,y_k$。需要说明的是，在大多数情况下，轴承的支承位置都选择在无预紧轴段。记支承质量为 $m_{cx},m_{cy}$；支承刚度系数为 $k_{cx},k_{cy}$；阻尼系数为 $d_{cx},d_{cy}$，在特殊情况下阻尼也可以为零值；弹性支承参振质量所对应的位移记为 $x_{ck},y_{ck}$；由此建立的热端弹性支承力学模型见图 14 - 19。

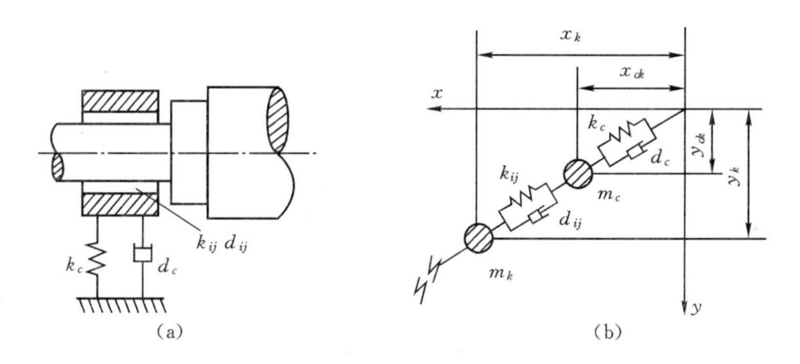


图 14 - 19　热端支承 —— 带有弹性支承的固定瓦 - 可倾瓦混合轴承及力学模型

就热端支承而言，虽然由固定瓦 - 可倾瓦轴承提供的动态油膜力表达式在形式上与式(14 - 19)、式(14 - 20) 相似，但此时的动态油膜力只取决于轴颈与轴承座之间的相对位移：

$$\begin{pmatrix} F_x^* \\ F_y^* \end{pmatrix}_k^1 = \begin{pmatrix} k_{xx} & k_{xy} \\ k_{yx} & k_{yy} \end{pmatrix}_k^1 \begin{pmatrix} x_k - x_{ck} \\ y_k - y_{ck} \end{pmatrix} + \begin{pmatrix} d_{xx} & d_{xy} \\ d_{yx} & d_{yy} \end{pmatrix}_k^1 \begin{pmatrix} \dot{x}_k - \dot{x}_{ck} \\ \dot{y}_k - \dot{y}_{ck} \end{pmatrix}$$

$$\begin{pmatrix} F_x^* \\ F_y^* \end{pmatrix}_k^2 = \begin{pmatrix} k_{xx} & k_{xy} \\ k_{yx} & k_{yy} \end{pmatrix}_k^2 \begin{pmatrix} x_k - x_{ck} \\ y_k - y_{ck} \end{pmatrix} + \begin{pmatrix} d_{xx} & d_{xy} \\ d_{yx} & d_{yy} \end{pmatrix}_k^2 \begin{pmatrix} \dot{x}_k - \dot{x}_{ck} \\ \dot{y}_k - \dot{y}_{ck} \end{pmatrix} +$$

$$\begin{pmatrix} -\beta_2 k_{xx} + \alpha_2 k_{xy} \\ -\beta_2 k_{yx} + \alpha_2 k_{yy} \end{pmatrix}_k^2 \varphi_{p2} + \begin{pmatrix} -\beta_2 d_{xx} + \alpha_2 d_{xy} \\ -\beta_2 d_{yx} + \alpha_2 d_{yy} \end{pmatrix}_k^2 \dot{\varphi}_{p2}$$

$$\begin{pmatrix}F_x^*\\ F_y^*\end{pmatrix}_k^3 = \begin{pmatrix}k_{xx} & k_{xy}\\ k_{yx} & k_{yy}\end{pmatrix}_k^3 \begin{pmatrix}x_k - x_{ck}\\ y_k - y_{ck}\end{pmatrix} + \begin{pmatrix}d_{xx} & d_{xy}\\ d_{yx} & d_{yy}\end{pmatrix}_k^3 \begin{pmatrix}\dot{x}_k - \dot{x}_{ck}\\ \dot{y}_k - \dot{y}_{ck}\end{pmatrix} +$$

$$\begin{pmatrix}-\beta_3 k_{xx} + \alpha_3 k_{xy}\\ -\beta_3 k_{yx} + \alpha_3 k_{yy}\end{pmatrix}_k^3 \varphi_{p3} + \begin{pmatrix}-\beta_3 d_{xx} + \alpha_3 d_{xy}\\ -\beta_3 d_{yx} + \alpha_3 d_{yy}\end{pmatrix}_k^3 \dot{\varphi}_{p3}$$

或简记为

$$\sum_{n=1}^{3}\begin{pmatrix}F_x^*\\ F_y^*\end{pmatrix}_k^n = \sum_{n=1}^{3}\begin{pmatrix}k_{xx} & k_{xy}\\ k_{yx} & k_{yy}\end{pmatrix}_k^n \begin{pmatrix}x_k - x_{ck}\\ y_k - y_{ck}\end{pmatrix} + \sum_{n=1}^{3}\begin{pmatrix}d_{xx} & d_{xy}\\ d_{yx} & d_{yy}\end{pmatrix}_k^n \begin{pmatrix}\dot{x}_k - \dot{x}_{ck}\\ \dot{y}_k - \dot{y}_{ck}\end{pmatrix} +$$

$$\begin{pmatrix}-\beta_2 k_{xx} + \alpha_2 k_{xy} & -\beta_3 k_{xx} + \alpha_3 k_{xy}\\ -\beta_2 k_{yx} + \alpha_2 k_{yy} & -\beta_3 k_{yx} + \alpha_3 k_{yy}\end{pmatrix} \begin{pmatrix}\varphi_{p2}\\ \varphi_{p3}\end{pmatrix} + \begin{pmatrix}-\beta_2 d_{xx} + \alpha_2 d_{xy} & -\beta_3 d_{xx} + \alpha_3 d_{xy}\\ -\beta_2 d_{yx} + \alpha_2 d_{yy} & -\beta_3 d_{yx} + \alpha_3 d_{yy}\end{pmatrix} \begin{pmatrix}\dot{\varphi}_{p2}\\ \dot{\varphi}_{p3}\end{pmatrix} \tag{14-21}$$

相应地,第 $k$ 个质点的平衡方程为

$$\begin{pmatrix}m & 0 & 0 & 0\\ 0 & m & 0 & 0\\ 0 & 0 & I_y & 0\\ 0 & 0 & 0 & I_x\end{pmatrix}_k \begin{pmatrix}\ddot{x}\\ \ddot{y}\\ \ddot{\varphi}\\ \ddot{\psi}\end{pmatrix}_k + \begin{pmatrix}(d_{cxx} + \sum_{n=1}^{3} d_{xx}^n) & (d_{cxy} + \sum_{n=1}^{3} d_{xy}^n) & 0 & 0\\ (d_{cyx} + \sum_{n=1}^{3} d_{yx}^n) & (d_{cyy} + \sum_{n=1}^{3} d_{yy}^n) & 0 & 0\\ 0 & 0 & 0 & I_z\omega\\ 0 & 0 & -I_z\omega & 0\end{pmatrix}_k \begin{pmatrix}\dot{x}\\ \dot{y}\\ \dot{\varphi}\\ \dot{\psi}\end{pmatrix}_k +$$

$$\begin{pmatrix}k_{cxx} + \sum_{n=1}^{3} k_{xx}^n & k_{cxy} + \sum_{n=1}^{3} k_{xy}^n & 0 & 0\\ k_{cyx} + \sum_{n=1}^{3} k_{yx}^n & k_{cyy} + \sum_{n=1}^{3} k_{yy}^n & 0 & 0\\ 0 & 0 & 0 & 0\\ 0 & 0 & 0 & 0\end{pmatrix} \begin{pmatrix}x\\ y\\ \varphi\\ \psi\end{pmatrix}_k - \begin{pmatrix}\frac{12EI_x}{l^3} & 0 & \frac{-6EI_x}{l^2} & 0\\ 0 & \frac{12EI_x}{l^3} & 0 & \frac{-6EI_x}{l^2}\\ \frac{6EI_x}{l^2} & 0 & \frac{-2EI_x}{l} & 0\\ 0 & \frac{6EI_x}{l^2} & 0 & \frac{-2EI_x}{l}\end{pmatrix}_{k+1} \begin{pmatrix}x\\ y\\ \varphi\\ \psi\end{pmatrix}_{k+1} -$$

$$\begin{pmatrix}\frac{12EI_x}{l^3} & 0 & \frac{6EI_x}{l^2} & 0\\ 0 & \frac{12EI_x}{l^3} & 0 & \frac{6EI_x}{l^2}\\ \frac{-6EI_x}{l^2} & 0 & \frac{-2EI_x}{I} & 0\\ 0 & \frac{-6EI_x}{l^2} & 0 & \frac{-2EI_x}{l}\end{pmatrix}_k \begin{pmatrix}x\\ y\\ \varphi\\ \psi\end{pmatrix}_{k-1} + \begin{pmatrix}\frac{12EI_x}{l^3} & 0 & \frac{6EI_x}{l^2} & 0\\ 0 & \frac{12EI_x}{l^3} & 0 & \frac{6EI_x}{l^2}\\ \frac{6EI_x}{l^2} & 0 & \frac{4EI_x}{l} & 0\\ 0 & \frac{6EI_x}{l^2} & 0 & \frac{4EI_x}{l}\end{pmatrix}_{k+1} \begin{pmatrix}x\\ y\\ \varphi\\ \psi\end{pmatrix}_k +$$

$$
\begin{pmatrix}
\frac{12EI_x}{l^3} & 0 & \frac{-6EI_x}{l^2} & 0 \\
0 & \frac{12EI_x}{l^3} & 0 & \frac{-6EI_x}{l^2} \\
\frac{-6EI_x}{l^2} & 0 & \frac{4EI_x}{l} & 0 \\
0 & \frac{-6EI_x}{l^2} & 0 & \frac{4EI_x}{l}
\end{pmatrix}_k
\begin{pmatrix} x \\ y \\ \varphi \\ \psi \end{pmatrix}_k +
$$

$$
\begin{pmatrix}
-\sum_{n=1}^{3} k_{xx}^n & -\sum_{n=1}^{3} k_{xy}^n & -\beta_2 k_{xx} + \alpha_2 k_{xy} & -\beta_3 k_{xx} + \alpha_3 k_{xy} \\
-\sum_{n=1}^{3} k_{yx}^n & -\sum_{n=1}^{3} k_{yy}^n & -\beta_2 k_{yx} + \alpha_2 k_{yy} & -\beta_3 k_{yx} + \alpha_3 k_{yy} \\
0 & 0 & 0 & 0 \\
0 & 0 & 0 & 0
\end{pmatrix}_k
\begin{pmatrix} x_c \\ y_c \\ \varphi_{p2} \\ \varphi_{p3} \end{pmatrix}_k +
$$

$$
\begin{pmatrix}
-\sum_{n=1}^{3} d_{xx}^n & -\sum_{n=1}^{3} d_{xy}^n & -\beta_2 d_{xx} + \alpha_2 d_{xy} & -\beta_3 d_{xx} + \alpha_3 d_{xy} \\
-\sum_{n=1}^{3} d_{yx}^n & -\sum_{n=1}^{3} d_{yy}^n & -\beta_2 d_{yx} + \alpha_2 d_{yy} & -\beta_3 d_{yx} + \alpha_3 d_{yy} \\
0 & 0 & 0 & I_z\omega \\
0 & 0 & -I_z\omega & 0
\end{pmatrix}_k
\begin{pmatrix} \dot{x}_c \\ \dot{y}_c \\ \dot{\varphi}_{p2} \\ \dot{\varphi}_{p3} \end{pmatrix}_k = \mathbf{0}
\tag{14-22}
$$

或简记为

$$
\begin{pmatrix}
\boldsymbol{M}_k & \mathbf{0} & \mathbf{0} & \mathbf{0} \\
\mathbf{0} & \boldsymbol{M}_{\theta k} & \mathbf{0} & \mathbf{0} \\
\mathbf{0} & \mathbf{0} & \mathbf{0} & \mathbf{0} \\
\mathbf{0} & \mathbf{0} & \mathbf{0} & \mathbf{0}
\end{pmatrix}
\begin{pmatrix} \ddot{\boldsymbol{X}}_k \\ \ddot{\boldsymbol{\varphi}}_k \\ \ddot{\boldsymbol{\varphi}}_{pk} \\ \ddot{\boldsymbol{X}}_{Ck} \end{pmatrix} +
\begin{pmatrix}
\boldsymbol{C}_{11}^k & \mathbf{0} & \boldsymbol{C}_{13}^k & \boldsymbol{C}_{14}^k \\
\mathbf{0} & \boldsymbol{C}_{22}^k & \mathbf{0} & \mathbf{0} \\
\mathbf{0} & \mathbf{0} & \mathbf{0} & \mathbf{0} \\
\mathbf{0} & \mathbf{0} & \mathbf{0} & \mathbf{0}
\end{pmatrix}
\begin{pmatrix} \dot{\boldsymbol{X}}_k \\ \dot{\boldsymbol{\varphi}}_k \\ \dot{\boldsymbol{\varphi}}_{pk} \\ \dot{\boldsymbol{X}}_{Ck} \end{pmatrix} +
$$

$$
\begin{pmatrix}
\boldsymbol{K}_{11}^* + \boldsymbol{K}_{11}^k + \boldsymbol{K}_{11}^{k+1} & \boldsymbol{K}_{12}^k - \boldsymbol{K}_{12}^{k+1} & \boldsymbol{K}_{13}^k & \boldsymbol{K}_{14}^k \\
\boldsymbol{K}_{21}^k - \boldsymbol{K}_{21}^{k+1} & \boldsymbol{K}_{22}^k + \boldsymbol{K}_{22}^{k+1} & \mathbf{0} & \mathbf{0} \\
\mathbf{0} & \mathbf{0} & \mathbf{0} & \mathbf{0} \\
\mathbf{0} & \mathbf{0} & \mathbf{0} & \mathbf{0}
\end{pmatrix}
\begin{pmatrix} \boldsymbol{X}_k \\ \boldsymbol{\varphi}_k \\ \boldsymbol{\varphi}_{pk} \\ \boldsymbol{X}_{Ck} \end{pmatrix} -
$$

$$\begin{bmatrix} \boldsymbol{K}_{11}^{k+1} & \boldsymbol{K}_{12}^{k+1} & \boldsymbol{0} & \boldsymbol{K}_{14}^{k+1} \\ -\boldsymbol{K}_{12}^{k+1} & \boldsymbol{K}_{22}^{k+1} & \boldsymbol{0} & \boldsymbol{0} \\ \boldsymbol{0} & \boldsymbol{0} & \boldsymbol{0} & \boldsymbol{0} \\ \boldsymbol{0} & \boldsymbol{0} & \boldsymbol{0} & \boldsymbol{0} \end{bmatrix} \begin{Bmatrix} \boldsymbol{X}_{k+1} \\ \boldsymbol{\varphi}_{k+1} \\ \boldsymbol{\varphi}_{pk+1} \\ \boldsymbol{X}_{Ck+1} \end{Bmatrix} + \begin{bmatrix} \boldsymbol{K}_{11}^{k} & -\boldsymbol{K}_{12}^{k} & \boldsymbol{0} & \boldsymbol{0} \\ \boldsymbol{K}_{21}^{k} & -\dfrac{1}{2}\boldsymbol{K}_{22}^{k} & \boldsymbol{0} & \boldsymbol{0} \\ \boldsymbol{0} & \boldsymbol{0} & \boldsymbol{0} & \boldsymbol{0} \\ \boldsymbol{0} & \boldsymbol{0} & \boldsymbol{0} & \boldsymbol{0} \end{bmatrix} \begin{Bmatrix} \boldsymbol{X}_{k-1} \\ \boldsymbol{\varphi}_{k-1} \\ \boldsymbol{\varphi}_{pk-1} \\ \boldsymbol{X}_{Ck-1} \end{Bmatrix} = \boldsymbol{0}$$

式中

$$\boldsymbol{C}_{11}^{k} = \begin{bmatrix} (d_{cxx} + \sum_{n=1}^{3} d_{xx}^{n}) & (d_{cxy} + \sum_{n=1}^{3} d_{xy}^{n}) \\ (d_{cyx} + \sum_{n=1}^{3} d_{yx}^{n}) & (d_{cyy} + \sum_{n=1}^{3} d_{yy}^{n}) \end{bmatrix},\quad \boldsymbol{C}_{22}^{k} = \begin{bmatrix} 0 & I_z\omega \\ -I_z\omega & 0 \end{bmatrix}$$

$$\boldsymbol{K}_{11}^{*} = \begin{bmatrix} (k_{cxx} + \sum_{n=1}^{3} k_{xx}^{n}) & (k_{cxy} + \sum_{n=1}^{3} k_{xy}^{n}) \\ (k_{cyx} + \sum_{n=1}^{3} k_{yx}^{n}) & (k_{cyy} + \sum_{n=1}^{3} k_{yy}^{n}) \end{bmatrix}_k,\quad \boldsymbol{K}_{11}^{k} = \begin{bmatrix} \dfrac{12EI_x}{l^3} & 0 \\ 0 & \dfrac{12EI_x}{l^3} \end{bmatrix}_k$$

$$\boldsymbol{K}_{12}^{k} \begin{bmatrix} \dfrac{-6EI_x}{l^2} & 0 \\ 0 & \dfrac{-6EI_x}{l^2} \end{bmatrix}_k,\quad \boldsymbol{K}_{13}^{k} = \begin{bmatrix} -\beta_2 k_{xx} + \alpha_2 k_{xy} & -\beta_3 k_{xx} + \alpha_3 k_{xy} \\ -\beta_2 k_{yx} + \alpha_2 k_{yy} & -\beta_3 k_{yx} + \alpha_3 k_{yy} \end{bmatrix}$$

$$\boldsymbol{K}_{14}^{k} = \begin{bmatrix} -\sum_{n=1}^{3} k_{xx}^{n} & -\sum_{n=1}^{3} k_{xy}^{n} \\ -\sum_{n=1}^{3} k_{yx}^{n} & -\sum_{n=1}^{3} k_{yy}^{n} \end{bmatrix},\ \boldsymbol{K}_{21}^{k} = \begin{bmatrix} \dfrac{-6EI_x}{l^2} & 0 \\ 0 & \dfrac{-6EI_x}{l^2} \end{bmatrix}_k,\ \boldsymbol{K}_{22}^{k} = \begin{bmatrix} \dfrac{4EI_x}{l} & 0 \\ 0 & \dfrac{4EI_x}{l} \end{bmatrix}_k$$

$$\boldsymbol{C}_{44}^{k} = \begin{bmatrix} d_{cxx} + \sum_{n=1}^{3} d_{xx}^{n} & \sum_{n=1}^{3} d_{xy}^{n} \\ \sum_{n=1}^{3} d_{yx}^{n} & d_{cyy} + \sum_{n=1}^{3} d_{yy}^{n} \end{bmatrix},\ \boldsymbol{C}_{43}^{k} = \begin{bmatrix} -(-\beta_2 d_{xx} + \alpha_2 d_{xy})_k & -(-\beta_3 d_{xx} + \alpha_3 d_{xy})_k \\ -(-\beta_2 d_{yx} + \alpha_2 d_{yy})_k & -(-\beta_3 d_{yx} + \alpha_3 d_{yy})_k \end{bmatrix}$$

针对固定瓦-可倾瓦轴承中可倾瓦 2,3 绕各自支点的摆动，相应的动态力、力矩平衡方程为

$$\begin{aligned} &J_{p2}\ddot{\varphi}_{p2} - (\beta_2 k_{xx} - \alpha_2 k_{yx})(x_k - x_{ck}) - (\beta_2 d_{xx} - \alpha_2 d_{yx})(\dot{x}_k - \dot{x}_{ck}) - \\ &(\beta_2 k_{xy} + \alpha_2 k_{yy})(y_k - y_{ck}) - (\beta_2 d_{xy} + \alpha_2 d_{yy})(\dot{y}_k - \dot{y}_{ck}) - \\ &(\alpha_2\beta_2 k_{xy} - \beta_2^2 k_{xx})\varphi_{p2} - (\alpha_2^2 k_{yy} - \alpha_2\beta_2 k_{yx})\varphi_{p2} - \\ &(\alpha_2\beta_2 d_{xy} - \beta_2^2 d_{xx})\dot{\varphi}_{p2} - (\alpha_2^2 d_{yy} - \alpha_2\beta_2 d_{yx})\dot{\varphi}_{p2} = 0 \end{aligned}$$

$$J_{p3}\ddot{\varphi}_{p3} - (\beta_3 k_{xx} - \alpha_3 k_{yx})(x_k - x_{ck}) - (\beta_3 d_{xx} - \alpha_3 d_{yx})(\dot{x}_k - \dot{x}_{ck}) -$$

$$(\beta_3 k_{xy}+\alpha_3 k_{yy})(y_k-y_{ck})-(\beta_3 d_{xy}+\alpha_3 d_{yy})(\dot{y}_k-\dot{y}_{ck})-(\alpha_3\beta_3 k_{xy}-\beta_3^2 k_{xx})\varphi_{p3}-$$
$$(\alpha_3^2 k_{yy}-\alpha_3\beta_3 k_{yx})\varphi_{p3}-(\alpha_3\beta_3 d_{xy}-\beta_3^2 d_{xx})\dot{\varphi}_{p3}-(\alpha_3^2 d_{yy}-\alpha_3\beta_3 d_{yx})\varphi_{p3}=0$$

简记成矩阵形式：

$$\boldsymbol{M}_{pk}\ddot{\boldsymbol{\phi}}_{pk}+\boldsymbol{C}_{31}^{k}\dot{\boldsymbol{X}}_{K}+\boldsymbol{C}_{33}^{k}\dot{\boldsymbol{\phi}}_{pk}+\boldsymbol{C}_{34}^{k}\dot{\boldsymbol{X}}_{Ck}+\boldsymbol{K}_{31}^{k}\boldsymbol{X}_{k}+\boldsymbol{K}_{33}^{k}\boldsymbol{\phi}_{pk}+\boldsymbol{K}_{34}^{k}\boldsymbol{X}_{Ck}=\boldsymbol{0} \tag{14-23}$$

式中

$$\boldsymbol{M}_{pk}=\begin{pmatrix} J_{p2} & 0 \\ 0 & J_{p3} \end{pmatrix}$$

$$\boldsymbol{C}_{31}^{k}=\begin{pmatrix} -(\beta_2 d_{xx}-\alpha_2 d_{yx}) & -(\beta_2 d_{xy}+\alpha_2 d_{yy}) \\ -(\beta_3 d_{xx}-\alpha_3 d_{yx}) & -(\beta_3 d_{xy}+\alpha_3 d_{yy}) \end{pmatrix}$$

$$\boldsymbol{C}_{33}^{k}=\begin{pmatrix} -(\alpha_2\beta_2 d_{xy}-\beta_2^2 d_{xx})-(\alpha_2^2 d_{yy}-\alpha_2\beta_2 d_{yx}) & 0 \\ 0 & -(\alpha_3\beta_3 d_{xy}-\beta_3^2 d_{xx})-(\alpha_3^2 d_{yy}-\alpha_3\beta_3 d_{yx}) \end{pmatrix}$$

$$\boldsymbol{C}_{34}^{k}=\begin{pmatrix} (\beta_2 d_{xx}-\alpha_2 d_{yx}) & (\beta_2 d_{xy}+\alpha_2 d_{yy}) \\ (\beta_3 d_{xx}-\alpha_3 d_{yx}) & (\beta_3 d_{xy}+\alpha_3 d_{yy}) \end{pmatrix}$$

$$\boldsymbol{K}_{31}^{k}=\begin{pmatrix} -(\beta_2 k_{xx}-\alpha_2 k_{yx}) & -(\beta_2 k_{xy}+\alpha_2 k_{yy}) \\ -(\beta_3 k_{xx}-\alpha_3 k_{yx}) & -(\beta_3 k_{xy}+\alpha_3 k_{yy}) \end{pmatrix}$$

$$\boldsymbol{K}_{33}^{k}=\begin{pmatrix} -(\alpha_2\beta_2 k_{xy}-\beta_2^2 k_{xx})-(\alpha_2^2 k_{yy}-\alpha_2\beta_2 k_{yx}) & 0 \\ 0 & -(\alpha_3\beta_3 k_{xy}-\beta_3^2 k_{xx})-(\alpha_3^2 k_{yy}-\alpha_3\beta_3 k_{yx}) \end{pmatrix}$$

$$\boldsymbol{K}_{34}^{k}=\begin{pmatrix} (\beta_2 k_{xx}-\alpha_2 k_{yx}) & (\beta_2 k_{xy}+\alpha_2 k_{yy}) \\ (\beta_3 k_{xx}-\alpha_3 k_{yx}) & (\beta_3 k_{xy}+\alpha_3 k_{yy}) \end{pmatrix}$$

进一步列出支承质量 $m_{cx}$，$m_{cy}$ 的动力学方程：

$$\begin{pmatrix} m_{cx} & 0 \\ 0 & m_{cy} \end{pmatrix}_k \begin{pmatrix} \ddot{x}_{ck} \\ \ddot{y}_{ck} \end{pmatrix}+\begin{pmatrix} d_{cxx} & 0 \\ 0 & d_{cyy} \end{pmatrix}_k \begin{pmatrix} \dot{x}_{ck} \\ \dot{y}_{ck} \end{pmatrix}+\begin{pmatrix} k_{cxx} & 0 \\ 0 & k_{cyy} \end{pmatrix} \begin{pmatrix} x_{ck} \\ y_{ck} \end{pmatrix}-\left\{\begin{pmatrix} F_x^* \\ F_y^* \end{pmatrix}_k^1+\begin{pmatrix} F_x^* \\ F_y^* \end{pmatrix}_k^2+\begin{pmatrix} F_x^* \\ F_y^* \end{pmatrix}_k^3\right\}=\boldsymbol{0}$$

写成显式：

$$\begin{pmatrix} m_{cx} & 0 \\ 0 & m_{cy} \end{pmatrix}_k \begin{pmatrix} \ddot{x}_{ck} \\ \ddot{y}_{ck} \end{pmatrix}+\begin{pmatrix} d_{cxx} & 0 \\ 0 & d_{cyy} \end{pmatrix}_k \begin{pmatrix} \dot{x}_{ck} \\ \dot{y}_{ck} \end{pmatrix}+\begin{pmatrix} k_{cxx} & 0 \\ 0 & k_{cyy} \end{pmatrix}_k \begin{pmatrix} x_{ck} \\ y_{ck} \end{pmatrix}+$$
$$\left\{\sum_{i=1}^{3}\begin{pmatrix} k_{xx} & k_{xy} \\ k_{yx} & k_{yy} \end{pmatrix}_k^i\right\}\begin{pmatrix} x_{ck} \\ y_{ck} \end{pmatrix}+\left\{\sum_{i=1}^{3}\begin{pmatrix} d_{xx} & d_{xy} \\ d_{yx} & d_{yy} \end{pmatrix}_k^i\right\}\begin{pmatrix} \dot{x}_{ck} \\ \dot{y}_{ck} \end{pmatrix}-$$
$$\left\{\sum_{i=1}^{3}\begin{pmatrix} k_{xx} & k_{xy} \\ k_{yx} & k_{yy} \end{pmatrix}_k^i\right\}\begin{pmatrix} x_{k} \\ y_{k} \end{pmatrix}-\left\{\sum_{i=1}^{3}\begin{pmatrix} d_{xx} & d_{xy} \\ d_{yx} & d_{yy} \end{pmatrix}_k^i\right\}\begin{pmatrix} \dot{x}_{k} \\ \dot{y}_{k} \end{pmatrix}-$$

$$\begin{bmatrix} (-\beta_2 k_{xx}+\alpha_2 k_{xy})_k & (-\beta_3 k_{xx}+\alpha_3 k_{xy})_k \\ (-\beta_2 k_{yx}+\alpha_2 k_{yy})_k & (-\beta_3 k_{yx}+\alpha_3 k_{yy})_k \end{bmatrix} \begin{Bmatrix} \varphi_{p2} \\ \varphi_{p3} \end{Bmatrix} -$$

$$\begin{bmatrix} (-\beta_2 d_{xx}+\alpha_2 d_{xy})_k & (-\beta_3 d_{xx}+\alpha_3 d_{xy})_k \\ (-\beta_2 d_{yx}+\alpha_2 d_{yy})_k & (-\beta_3 d_{yx}+\alpha_3 d_{yy})_k \end{bmatrix} \begin{Bmatrix} \dot{\varphi}_{p2} \\ \dot{\varphi}_{p3} \end{Bmatrix} = \mathbf{0}$$

或简记为

$$\boldsymbol{M}_{Ck}\ddot{\boldsymbol{X}}_{Ck}+\boldsymbol{C}_{41}^{k}\dot{\boldsymbol{X}}_{k}+\boldsymbol{C}_{43}^{k}\dot{\boldsymbol{\phi}}_{pk}+\boldsymbol{C}_{44}^{k}\dot{\boldsymbol{X}}_{Ck}+\boldsymbol{K}_{41}^{k}\boldsymbol{X}_{k}+\boldsymbol{K}_{43}^{k}\boldsymbol{\phi}_{pk}+\boldsymbol{K}_{44}^{k}\boldsymbol{X}_{Ck}=\mathbf{0} \tag{14-24}$$

其中

$$\boldsymbol{M}_{Ck}=\begin{bmatrix} m_{cx} & 0 \\ 0 & m_{cy} \end{bmatrix}_k,\ \boldsymbol{C}_{41}^{k}=\begin{bmatrix} -\sum_{i=1}^{3} d_{xx}^{i} & -\sum_{i=1}^{3} d_{xy}^{i} \\ -\sum_{i=1}^{3} d_{yx}^{i} & -\sum_{i=1}^{3} d_{yy}^{i} \end{bmatrix}_k$$

$$\boldsymbol{C}_{43}^{k}=\begin{bmatrix} (\beta_2 d_{xx}-\alpha_2 d_{xy})_k & (\beta_3 d_{xx}-\alpha_3 d_{xy})_k \\ (\beta_2 d_{yx}-\alpha_2 d_{yy})_k & (\beta_3 d_{yx}-\alpha_3 d_{yy})_k \end{bmatrix},\ \boldsymbol{C}_{44}^{k}=\begin{bmatrix} d_{cxx}+\sum_{i=1}^{3} d_{xx}^{i} & \sum_{i=1}^{3} d_{xy}^{i} \\ \sum_{i=1}^{3} d_{yx}^{i} & d_{cyy}+\sum_{i=1}^{3} d_{yy}^{i} \end{bmatrix}_k$$

$$\boldsymbol{K}_{41}^{k}=\begin{bmatrix} -\sum_{i=1}^{3} k_{xx}^{i} & -\sum_{i=1}^{3} k_{xy}^{i} \\ -\sum_{i=1}^{3} k_{yx}^{i} & -\sum_{i=1}^{3} k_{yy}^{i} \end{bmatrix}_k,\ \boldsymbol{K}_{43}^{k}=\begin{bmatrix} (\beta_2 k_{xx}-\alpha_2 k_{xy})_k & (\beta_3 k_{xx}-\alpha_3 k_{xy})_k \\ (\beta_2 k_{yx}-\alpha_2 k_{yy})_k & (\beta_3 k_{yx}-\alpha_3 k_{yy})_k \end{bmatrix}$$

$$\boldsymbol{K}_{44}^{k}=\begin{bmatrix} k_{cxx}+\sum_{i=1}^{3} k_{xx}^{i} & \sum_{i=1}^{3} k_{xy}^{i} \\ \sum_{i=1}^{3} k_{yx}^{i} & k_{cyy}+\sum_{i=1}^{3} k_{yy}^{i} \end{bmatrix}_k$$

弹性支承的引入使得系统新增加了两个自由度 $x_{ck}$，$y_{ck}$，亦即在状态空间内增加了四个状态变量($x_{ck}$，$y_{ck}$，$\dot{x}_{ck}$，$\dot{y}_{ck}$)。当第 $k$ 个质点的支承结构由固定瓦-可倾瓦轴承-弹性阻尼支承组成时，则相应的自由度不仅包含了质点的线位移 $x_k$，$y_k$，转子在该处的角位移 $\varphi_k$，$\psi_k$ 以及因可倾瓦瓦块摆动而引起的角位移 $\varphi_{p2}$，$\varphi_{p3}$，同时还增添了弹性阻尼支承的绝对位移 $x_{ck}$，$y_{ck}$，亦即($x_k$，$y_k$，$\varphi_k$，$\psi_k$，$\varphi_{p2}$，$\varphi_{p3}$，$x_{ck}$，$y_{ck}$)。

记向量

$$\boldsymbol{X}_k=\begin{Bmatrix} x_k \\ y_k \end{Bmatrix},\ \boldsymbol{\phi}_k=\begin{Bmatrix} \varphi_k \\ \psi_k \end{Bmatrix},\ \boldsymbol{\phi}_{pk}=\begin{Bmatrix} \varphi_{p2} \\ \varphi_{p3} \end{Bmatrix},\ \boldsymbol{X}_{Ck}=\begin{Bmatrix} x_{ck} \\ y_{ck} \end{Bmatrix}$$

则对于作用有支承的第 $k$ 个质点的运动方程可记为如下矩阵形式：

$$\begin{pmatrix} \boldsymbol{M}_k & \boldsymbol{0} & \boldsymbol{0} & \boldsymbol{0} \\ \boldsymbol{0} & \boldsymbol{M}_{\theta k} & \boldsymbol{0} & \boldsymbol{0} \\ \boldsymbol{0} & \boldsymbol{0} & \boldsymbol{M}_{pk} & \boldsymbol{0} \\ \boldsymbol{0} & \boldsymbol{0} & \boldsymbol{0} & \boldsymbol{M}_{Ck} \end{pmatrix} \begin{pmatrix} \ddot{\boldsymbol{X}}_k \\ \ddot{\boldsymbol{\phi}}_k \\ \ddot{\boldsymbol{\phi}}_{pk} \\ \ddot{\boldsymbol{X}}_{Ck} \end{pmatrix} + \begin{pmatrix} \boldsymbol{C}_{11}^k & \boldsymbol{0} & \boldsymbol{C}_{13}^k & \boldsymbol{C}_{14}^k \\ \boldsymbol{0} & \boldsymbol{C}_{22}^k & \boldsymbol{0} & \boldsymbol{0} \\ \boldsymbol{C}_{31}^k & \boldsymbol{0} & \boldsymbol{C}_{33}^k & \boldsymbol{C}_{34}^k \\ \boldsymbol{C}_{41}^k & \boldsymbol{0} & \boldsymbol{C}_{43}^k & \boldsymbol{C}_{44}^k \end{pmatrix} \begin{pmatrix} \dot{\boldsymbol{X}}_k \\ \dot{\boldsymbol{\phi}}_k \\ \dot{\boldsymbol{\phi}}_{pk} \\ \dot{\boldsymbol{X}}_{Ck} \end{pmatrix} +$$

$$\begin{pmatrix} \boldsymbol{K}_{11}^* + \boldsymbol{K}_{11}^k + \boldsymbol{K}_{11}^{k+1} & \boldsymbol{K}_{12}^k - \boldsymbol{K}_{12}^{k+1} & \boldsymbol{K}_{13}^k & \boldsymbol{K}_{14}^k \\ \boldsymbol{K}_{21}^k - \boldsymbol{K}_{21}^{k+1} & \boldsymbol{K}_{22}^k + \boldsymbol{K}_{22}^{k+1} & \boldsymbol{0} & \boldsymbol{0} \\ \boldsymbol{K}_{31}^k & \boldsymbol{0} & \boldsymbol{K}_{33}^k & \boldsymbol{K}_{34}^k \\ \boldsymbol{K}_{41}^k & \boldsymbol{0} & \boldsymbol{K}_{43}^k & \boldsymbol{K}_{44}^k \end{pmatrix} \begin{pmatrix} \boldsymbol{X}_k \\ \boldsymbol{\phi}_k \\ \boldsymbol{\phi}_{pk} \\ \boldsymbol{X}_{Ck} \end{pmatrix} -$$

$$\begin{pmatrix} \boldsymbol{K}_{11}^{k+1} & \boldsymbol{K}_{12}^{k+1} & \boldsymbol{0} & \boldsymbol{0} \\ -\boldsymbol{K}_{12}^{k+1} & \boldsymbol{K}_{22}^{k+1} & \boldsymbol{0} & \boldsymbol{0} \\ \boldsymbol{0} & \boldsymbol{0} & \boldsymbol{0} & \boldsymbol{0} \\ \boldsymbol{K}_{41}^{k+1} & \boldsymbol{0} & \boldsymbol{K}_{43}^{k+1} & \boldsymbol{K}_{44}^{k+1} \end{pmatrix} \begin{pmatrix} \boldsymbol{X}_{k+1} \\ \boldsymbol{\phi}_{k+1} \\ \boldsymbol{\phi}_{pk+1} \\ \boldsymbol{X}_{Ck+1} \end{pmatrix} + \begin{pmatrix} \boldsymbol{K}_{11}^k & -\boldsymbol{K}_{12}^k & \boldsymbol{0} & \boldsymbol{0} \\ \boldsymbol{K}_{21}^k & -\frac{1}{2}\boldsymbol{K}_{22}^k & \boldsymbol{0} & \boldsymbol{0} \\ \boldsymbol{0} & \boldsymbol{0} & \boldsymbol{0} & \boldsymbol{0} \\ \boldsymbol{0} & \boldsymbol{0} & \boldsymbol{0} & \boldsymbol{0} \end{pmatrix} \begin{pmatrix} \boldsymbol{X}_{k-1} \\ \boldsymbol{\phi}_{k-1} \\ \boldsymbol{\phi}_{pk-1} \\ \boldsymbol{X}_{Ck-1} \end{pmatrix} = \boldsymbol{0}$$

(14－25)

参照第 7 章中转子系统的建模方法，并对重型燃气轮机冷、热端支承进行如上所述的特殊处理后可以得到整个系统的动力学方程。

### 14.5.2　重型燃气轮机转子系统柔性支承设计准则

**1. 冷端固定瓦-可倾瓦轴承。**

对于重型燃机固定瓦-可倾瓦轴承的设计与优化，可以参照以下原则：

——采用不等厚度轴瓦及夹层设计，以保证轴瓦弹性变形后的油膜几何型线仍然能够与理想几何型线相当；

——轴承比压范围可控制在 1.5～2.0 MPa 范围内。

**2. 热端固定瓦-可倾瓦轴承/切向弹性支承**

对于轴承设计参数和切向支承刚度的重要选择标准之一是，必须保证系统能够安全地穿越一阶甚至二阶临界转速，这主要取决于对于滑动轴承刚度、阻尼与切向支承刚度最佳参数匹配的合理选择。

1)切向支承刚度的最佳参数匹配

就重型燃气轮机而言,对于弹性阻尼支承结构参数选择的困难来自以下方面:

——转子为多质量柔性转子;

——由于冷、热端支承结构的不同,系统具有很强的不对称性;

——和传统的弹性阻尼支承结构相反,滑动轴承的刚度与阻尼并不在调节之列,可供调节的只是切向支承的刚度,因为在一般情况下,切向支承并不提供阻尼;

——出于抑制最大振幅的考虑,需要同时兼顾转子跨越一临界甚至二临界的振动问题。

对比图 14-20 与第 6 章中的图 6-27、图 6-30 可知,就结构而言,重型燃机热端柔性支承与滚动轴承弹性支承结构是完全相仿的,均属于串连结构,只不过连接顺序相反而已。

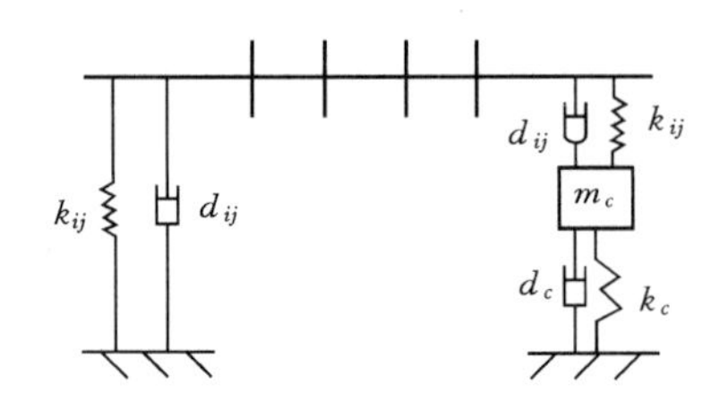


图 14-20　重型燃机转子支承系统计算模型

有关弹性支承结构动力学建模方法在前面章节中已深入阐明,此处不再赘述。

一般而言,有关柔性支承或切向支承的主要设计参数通常包括 $m_c$,$k_{cxx}$,$k_{cyy}$,$d_{cxx}$,$d_{cyy}$ 等三类参数。对重型燃机来说,切向支承结构的阻尼是可以忽略的,但支承参振质量却不应当忽略,其大小取决于实际支承轴承的质量,可视为已知值。因此,关于重型燃机热端支承结构的设计实际上需要确定的仅有 $k_{cxx}$,$k_{cyy}$,如支承为各向同性,则只涉及对于刚度 $k_c = k_{cxx} = k_{cyy}$ 的选择。对于最佳刚度 $k_c$ 的计算可参见第6 章。

有必要指出的是,根据燃气轮机功率等级的不同,转子的额定工作转速范围也随之而异。对于 F 级燃机而言,大都需要穿越二阶临界转速,因此对于最优控制力的计算可转化为如下的控制力寻优问题:

$$J_{U=U^*} = \min(\alpha_1 J_{U1} + \alpha_2 J_{U2}) \tag{14-26}$$

式中：$\alpha_1$，$\alpha_2$ 分别为对应于一阶、二阶临界转速的加权因子；$J_{U1}$，$J_{U2}$ 为系统通过一阶、二阶临界转速时的激励响应。当最优控制力 $U$ 求得后，再将其转换为切向支承刚度的最佳值[7,8]。

2）热端切向支承／轴承协同设计原则

从理论上来说，为了保证机组热端轴承的热态自适应对中，可以采用不同的拓扑结构(见图 14－21)，但无论采取何种结构，以下条件是必须满足的：

(1) 热态自适应对中；

(2) 等应力支承板柱；

(3) 切向支承结构自振模态的选择与优化。

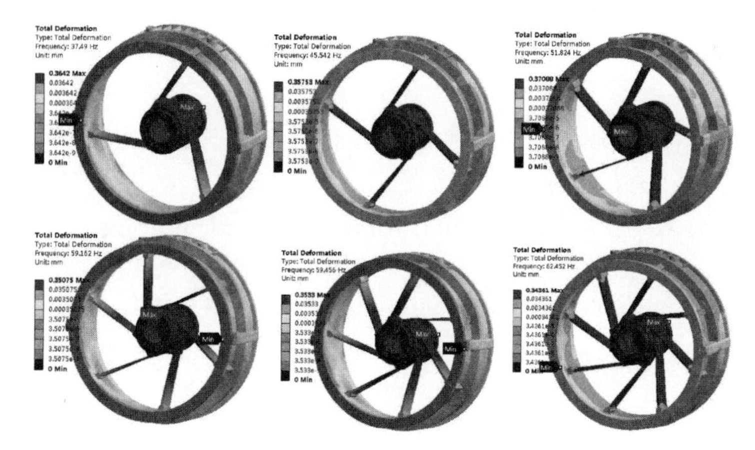


图 14－21　热端切向支承结构的拓扑结构与应力分布分析

综合起来，切向支承刚度与轴承刚度的匹配选择应当满足以下要求：

(1) 系统在全部工作转速及超速范围内具有足够的稳定性保障；

(2) 在系统全部工作转速范围内，不应出现切向支承的自激振动频率；

(3) 系统在穿越系统一阶、二阶临界转速区时，最大振动幅值能够限制在相关标准所规定的安全范围内。

根据上述原则所确定的轴承轴系设计方案可以涵盖不同功率等级新型燃气轮机支承结构设计的需要。

## 参考文献

[1]　王为民. 重型燃气轮机组合转子接触界面强度及系统动力学设计方法

研究[D]. 西安:西安交通大学,2012. 1

[2] 何君毅,林祥都. 工程结构非线性问题的数值解法[M]. 北京:国防工业出版社,1994.

[3] 李辉光. 周向拉杆转子结构强度及系统动力学研究[D]. 西安:西安交通大学,2011.

[4] Manfred J Janssen, John S Joyce. Generation: Gas Turbine Design, Part I: 35-year old splined-disc rotor design for large gas turbines[J]. Issue of Electricity Today, 1996(10).

[5] Manfred J Janssen, John S Joyce. Generation: Gas Turbine Design, Part II: 35-year old splined-disc rotor design for large gas turbine[J]. The Inter-national Gas Tur-bine and Aero-engine Congress and Exhibition, 1996(6).

[6] 李辉光,刘恒,虞烈. 粗糙机械结合面的接触刚度研究[J]. 西安交通大学学报,2011,45(6):69-74.

[7] Yu Lie, et al. The vibration control for rotor-bearing system and the calculation of optimum control forces[J]. J. of Vibration and Acoustics, 1989, 111(4): 366-369.

[8] 虞烈,刘恒. 轴承转子系统动力学[M]. 西安:西安交通大学出版社,2001.

# 第15章 重型燃气轮机转子系统动力学实验研究

先进重型燃气轮机发电机组的设计与制造技术是体现发达国家先进制造技术水平和核心竞争力的标志之一。针对性地深入开展关于重型燃气轮机轴承转子系统动力学实验的研究,对于进一步提高我国重型燃气轮机的自主设计、制造能力具有十分重要的意义。

进入21世纪以来,为缓解人类社会可持续发展所面临的能源短缺和环境污染的矛盾,采用燃气轮机发电已成为当前先进火电系统的重要发展方向之一。重型燃气轮机也是整体煤气化联合循环(Intergraded Gasification Combined Cycle, IGCC)的核心动力装备。

由于我国重型燃气轮机制造业的发展历史较短,与发达国家相比,目前我国在核心技术掌握、关键零部件制造、系统设计以及实验手段与方法等方面的差距是明显的。作为战略高新技术,开展关于先进重型燃气轮机核心技术、系统设计、制造理论与实验的研究,对于提高我国重型燃气轮机的自主设计制造能力具有极为重要的理论与工程意义。

## 15.1 基于支承刚度可变的油膜动特性参数辨识

尽管现有流体润滑理论与计算方法对于不同工况下相应的各种动压滑动轴承的性能参数能够给出相应的理论估计,但到目前为止,在理论估算与实验结果之间仍然存在不容忽视的差距。造成这种差别的原因是多方面的,包括理论假设与实际工况间的差异,理论建模的不完善以及相似性条件的不完全满足,实验方法的不尽合理等。因此,动压滑动轴承的静、动特性实验在新机组轴承轴系开发过程中仍然是不可或缺的重要环节,尤其对重型燃气轮机而言更是如此。重型燃气轮机轴承通常属于重载轴承,以F级燃机为例,单个轴承所承担的载荷近50 t,在完全真实工况下进行全尺寸轴承的静、动态性能实验是极为困难的。相对而言,关于轴承的静态实验还相对容易些,这里包括在相同额定工作转速下利用液压加载方式模拟静态载荷,以测量全尺寸轴承的偏心位置、油膜厚度、润滑油流量、功耗和温升等,东方集团拥有的全尺寸轴承静态性能试验台能够完成包括1 000 MW核电机组在内的全尺寸轴承静态实验;而关于全尺寸轴承动态性能实验的困难则主要来自激励源的限制——无论是采用频域或时域方法辨识轴承的动特性系数,都必须首先以拥有强大的的激励力为前提,从而能够在相应的频带范围内激起足够的响应,采用现有的电磁激励或瞬态激励方法都很难实现。

利用高速动平衡机来辨识支承轴承的动态油膜力参数,对大型重载轴承而言,不失为一种较为理想的辨识方法[1]。由于所有的大型发电机转子都需要在高速动平衡机上进行全速乃至超速动平衡,因此除了转子本身不带负载之外,轴承的其余工况都与实际工况相同——真实的支承方式与载荷,真实几何尺寸、流场、温度场使得实验所需要的几何相似、物理相似和力相似条件都能够得到满足;此外,为防止转子在全部转速范围内,尤其是穿越临界转速时振动超标,在高速动平衡机支承结构上专门设计了支承刚度可变的摆架。高速动平衡机这一结构上的特殊性使得采用动平衡机辨识轴承动态参数具有以下优越性:

(1)解决了大型重载轴承的激励源问题——在这里,轴承本身的动态油膜力就是激励源,不管这种动态油膜力源于转子和支承轴承间的任何相对运动抑或来自其它外界激励。

(2)转子的结构参数不参与辨识过程,避免了转子建模的误差对识别精度的影响。

(3)轴承作为辨识主体虽然没有发生改变,但支承方式由原先的倒置悬挂式轴承调整为正置式,使得转子与轴承间的相对位置以及力传递方式、路径均与真实工况完全相同,并将动态油膜力的辨识问题转化为在轴承座运动信息,包括位移、速度和加速度,已知的情况下反求激励力的问题。

(4)利用高速动平衡机摆架刚度在线可变的特点,在不改变工作转速的前提下从一种支承刚度模式转化为另一种支承刚度模式,从而解决了求解识别参数与方程数不足的矛盾。

在高速动平衡机上对于大型转子进行参数辨识的原理如图 15-1 所示。一般说来,除特殊原因外,支承转子的支承方式都是相同的。

相关参数包含轴承摆架在内的等效参振质量 $m_1$ 以及摆架支承刚度 $k_{xa}$,$k_{ya}$。在动态工况下,轴承摆架子系统受到轴承动态油膜力和支承反力的共同作用,其中,动态油膜力

$$\begin{Bmatrix}\Delta F_{xr}\\ \Delta F_{yr}\end{Bmatrix}=\begin{bmatrix}k_{xx} & k_{xy}\\ k_{yx} & k_{yy}\end{bmatrix}\begin{Bmatrix}x_r\\ y_r\end{Bmatrix}+\begin{bmatrix}c_{xx} & c_{xy}\\ c_{yx} & c_{yy}\end{bmatrix}\begin{Bmatrix}\dot{x}_r\\ \dot{y}_r\end{Bmatrix}$$

其中 $k_{ij}, c_{ij}(i, j = x, y)$ 为油膜动特性系数。

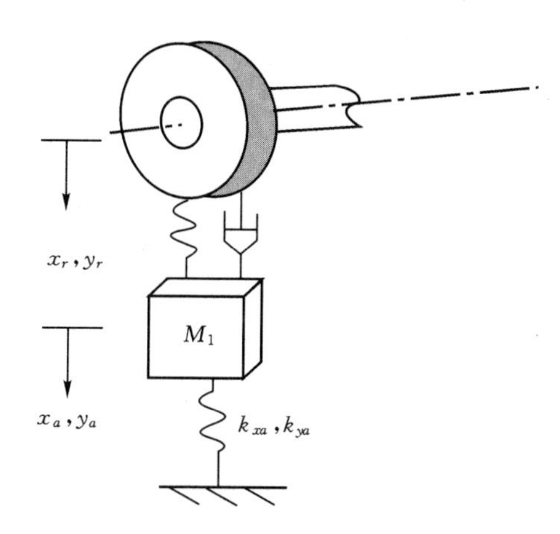


图 15 - 1　高速动平衡机转子摆架支承结构的力学模型

摆架的支承反力为

$$\begin{Bmatrix} \Delta F_{xa} \\ \Delta F_{ya} \end{Bmatrix} = \begin{bmatrix} k_{xa} & 0 \\ 0 & k_{ya} \end{bmatrix} \begin{Bmatrix} x_a \\ y_a \end{Bmatrix}$$

以上 $x_r, y_r$ 为动态油膜力作用下轴颈偏离轴承静态工作点的相对位移；$x_a, y_a$ 为轴承-摆架子系统质心的绝对位移。

该子系统的动力方程为

$$\begin{bmatrix} m_1 & 0 \\ 0 & m_1 \end{bmatrix} \begin{Bmatrix} \ddot{x}_a \\ \ddot{y}_a \end{Bmatrix} + \begin{bmatrix} k_{xa} & 0 \\ 0 & k_{ya} \end{bmatrix} \begin{Bmatrix} x_a \\ y_a \end{Bmatrix} = \begin{bmatrix} k_{xx} & k_{xy} \\ k_{yx} & k_{yy} \end{bmatrix} \begin{Bmatrix} x_r \\ y_r \end{Bmatrix} + \begin{bmatrix} c_{xx} & c_{xy} \\ c_{yx} & c_{yy} \end{bmatrix} \begin{Bmatrix} \dot{x}_r \\ \dot{y}_r \end{Bmatrix} \tag{15-1}$$

在简谐振动情况下，轴承摆架系统的绝对位移 $x_a, y_a$ 以及轴颈偏离轴承静态工作点的相对位移 $x_r, y_r$ 均可视为简谐信号：

$$\begin{Bmatrix} x_a \\ y_a \\ x_r \\ y_r \end{Bmatrix} = \begin{Bmatrix} x_{ac} \\ y_{ac} \\ x_{rc} \\ y_{rc} \end{Bmatrix} \cos\Omega t - \begin{Bmatrix} x_{as} \\ y_{as} \\ x_{rs} \\ y_{rs} \end{Bmatrix} \sin\Omega t \tag{15-2}$$

其中，$\Omega$ 为系统激励角频率；$x_{ac}, y_{ac}, x_{rc}, y_{rc}$ 依次为轴颈振动与轴承摆架子系统质心振动的余弦部分；类似地，$x_{as}, y_{as}, x_{rs}, y_{rs}$ 为轴颈振动与轴承摆架子系

统质心振动的正弦部分。将式(15-2)代入式(15-1),可得

$$\begin{bmatrix} k_{xa}-m_1\Omega^2 & 0 \\ 0 & k_{ya}-m_1\Omega^2 \end{bmatrix}\begin{pmatrix} x_{ac} \\ y_{ac} \end{pmatrix}=\begin{bmatrix} k_{xx} & k_{xy} \\ k_{yx} & k_{yy} \end{bmatrix}\begin{pmatrix} x_{rc} \\ y_{rc} \end{pmatrix}-\Omega\begin{bmatrix} c_{xx} & c_{xy} \\ c_{yx} & c_{yy} \end{bmatrix}\begin{pmatrix} x_{rs} \\ y_{rs} \end{pmatrix}$$

$$\begin{bmatrix} k_{xa}-m_1\Omega^2 & 0 \\ 0 & k_{ya}-m_1\Omega^2 \end{bmatrix}\begin{pmatrix} x_{as} \\ y_{as} \end{pmatrix}=\begin{bmatrix} k_{xx} & k_{xy} \\ k_{yx} & k_{yy} \end{bmatrix}\begin{pmatrix} x_{rs} \\ y_{rs} \end{pmatrix}+\Omega\begin{bmatrix} c_{xx} & c_{xy} \\ c_{yx} & c_{yy} \end{bmatrix}\begin{pmatrix} x_{rc} \\ y_{rc} \end{pmatrix}$$

或记为复数形式:

$$\begin{bmatrix} k_{xa}^1-m_1^1\Omega^2 & 0 \\ 0 & k_{ya}^1-m_1^1\Omega^2 \end{bmatrix}\begin{pmatrix} \tilde{x}_a \\ \tilde{y}_a \end{pmatrix}_1=\left(\begin{bmatrix} k_{xx} & k_{xy} \\ k_{yx} & k_{yy} \end{bmatrix}+\mathrm{i}\Omega\begin{bmatrix} c_{xx} & c_{xy} \\ c_{yx} & c_{yy} \end{bmatrix}\right)\begin{pmatrix} \tilde{x}_r \\ \tilde{y}_r \end{pmatrix}_1 \tag{15-3}$$

其中复数

$\tilde{x}_a=x_{ac}+\mathrm{i}x_{as}$, $\tilde{y}_a=y_{ac}+\mathrm{i}y_{as}$, $\tilde{x}_r=x_{rc}+\mathrm{i}x_{rs}$, $\tilde{y}_r=y_{rc}+\mathrm{i}y_{rs}$, $\mathrm{i}=\sqrt{-1}$, $k_{xa}^1$,$k_{ya}^1$,$m_1^1$ 中的上标“1”代表第一次激励时的轴承摆架支承刚度和参振质量。

对于油膜力八个动特性参数的辨识,仅靠方程(15-3)是不够的,以往所有采用的诸如两次激励、多频激励、复合激励以及瞬态冲击激励等方法都在于弥补方程数的不足。利用高速动平衡机摆架刚度可变的特点,在保持转子工作转速、运行工况以及油膜动力学参数不变的情况下,通过改变轴承摆架的支承刚度 $k_{xa}$,$k_{ya}$,可以得到另一组形如式(15-3)的动力平衡方程组

$$\begin{bmatrix} k_{xa}^2-m_1^2\Omega^2 & 0 \\ 0 & k_{ya}^2-m_1^2\Omega^2 \end{bmatrix}\begin{pmatrix} \tilde{x}_a \\ \tilde{y}_a \end{pmatrix}_2=\left(\begin{bmatrix} k_{xx} & k_{xy} \\ k_{yx} & k_{yy} \end{bmatrix}+\mathrm{i}\Omega\begin{bmatrix} c_{xx} & c_{xy} \\ c_{yx} & c_{yy} \end{bmatrix}\right)\begin{pmatrix} \tilde{x}_r \\ \tilde{y}_r \end{pmatrix}_2 \tag{15-4}$$

类似地,式(15-4)中的 $k_{xa}^2$,$k_{ya}^2$,$m_1^2$ 中的上标“2”代表第二次激励时的轴承-摆架支承刚度和参振质量。

将虚实部分开,联立求解线性方程组(15-3)和方程组(15-4),可以得到全部的油膜动特性系数 $k_{ij}$,$c_{ij}$($i,j=x,y$)。

利用高速动平衡机技术辨识轴承动特性参数的理论基础看上去虽然不复杂,然而要做到准确地辨识这些参数实际上并不容易。从以上方程可以看到,有关轴承摆架子系统的质量以及等效支承刚度均被视为已知量,需要测量的位移信号包括轴颈相对于轴承静态工作点的位移$\tilde{x}_r$,$\tilde{y}_r$ 以及轴承摆架子系统质心的绝对位移$\tilde{x}_a$,$\tilde{y}_a$;这些位移信号包括振幅幅值和相位差。因此,识别精度的提高首先依赖于上述位移量的测量精度。以对于位移量$\tilde{x}_r$,$\tilde{y}_r$ 的测量为例,相对位移$\tilde{x}_r$,$\tilde{y}_r$ 测量的准确程度首先必须以轴承在固定转速下的静态工作点或偏心率为前提,在实际信号处理时是依靠对于信号

中直流分量的提取来实现的；而在实际测量过程中对于静态工作点的精确测量和估计并不容易，尤其是对于重载轴承和以及带有可倾瓦的组合轴承，由于弹性变形以及瓦块的倾斜，对于静态偏心的测量与理论值往往会产生较大的原始误差。除此之外，其它可能影响测量精度的因素几乎都与方程组(15－3)、方程组(15－4)中所描述的研究主体轴承摆架子系统相关。这些因素包括：

(1)轴承摆架的参振质量和刚度的准确建模与测量；

(2)轴承摆架子系统等效参振质量以及质心位置的准确估计，它们都直接影响参数辨识的准确性；

(3)摆架等效支承刚度的确定，这里包括接触界面对于摆架刚度变化的影响以及支承刚度改变前后对于参振质量的影响等；

(4)轴承摆架自身动力学性能对于辨识精度的影响。在辨识方程(15－3)、方程(15－4)中还隐含了另一个假设条件，即子系统被视为刚体，整个子系统中能量的传递与耗散都是以轴承摆架在 $xz$ 和 $yz$ 平面内进行的，这与实际情况有着很大的区别。

关于利用动平衡机的辨识轴承动特性参数的文献甚少，在参考文献[1]中采用动平衡机对一台大型汽轮机转子识别轴承油膜参数，而对于上述可能影响识别误差的因素，由于当时条件所限，并未进行更进一步的深入研究。例如，在关于摆架等效支承刚度、轴承摆架子系统等效参振质量的的准确估算方面也处理得较为粗糙；另外，在处理轴承摆架子系统这类具有多个复杂接触界面的大型、复杂组合体动力学分析过程中，不考虑界面接触效应也是导致误差增大的重要原因之一[2]，它们都是需要进一步研究的内容。

## 15.2　轴承摆架子系统的结构参数估计与振动模态分析

如上所述，对于轴承摆架子系统等效参振质量、支承刚度的准确估计是影响油膜动。

特性参数辨识精度的关键因素，同时，对于该子系统的振动模态分析也将有助于人们对于在外界激励条件下系统能量耗散机理的认识，进而查找参数辨识的误差来源。以下针对摆架系统从理论和实验两方面进行深入的探讨与研究。

## 15.2.1 轴承摆架子系统结构参数的数值计算

### 1. 轴承摆架子系统的有限元建模

由于摆架系统组成部件众多、结构复杂，在建模过程中对摆架结构细节作如下简化处理：

——在摆架中，除了主刚度杆与轴承座连接端面的接触之外，其余采用紧固件连接的部位都视为刚性连接，和主体部分一并处理(见图 15-2)。

——主刚度杆与轴承座间的端面接触。两端面间的接触依据 G-W 模型计入接触效应(见图 15-3(a))。

——摆架与导轨间的连接。建模时通过在摆架底座固定处在 $x$，$y$ 以及 $z$ 方向上施加位移约束来实现。

——摆架轴向阻尼装置中的刚度与阻尼。摆架支承轴向刚度和轴向阻尼的作用在建模时通过施加相当的预紧力来体现。

——变刚度支承处理。摆架的变刚度主要依靠“T”型主支承杆和附加刚度杆的分离或组合来实现，建模时同时考虑了主支承杆单独作用和主支承杆/附加刚度杆共同作用的两种不同工况(见图 15-3(b))。

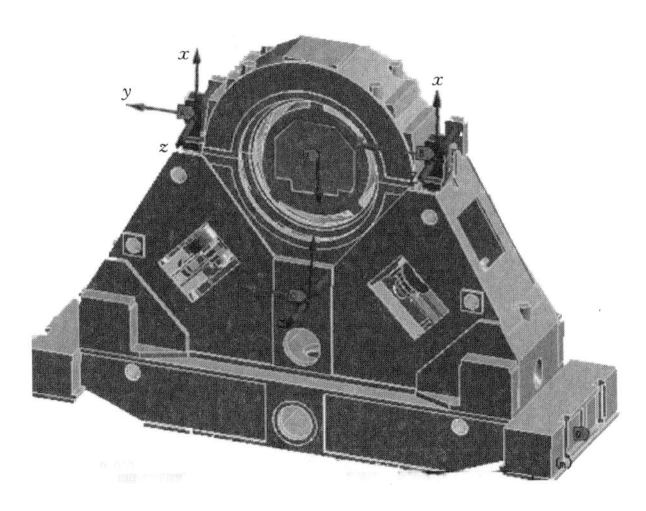


图 15-2　动平衡机摆架结构、加载及约束示意图

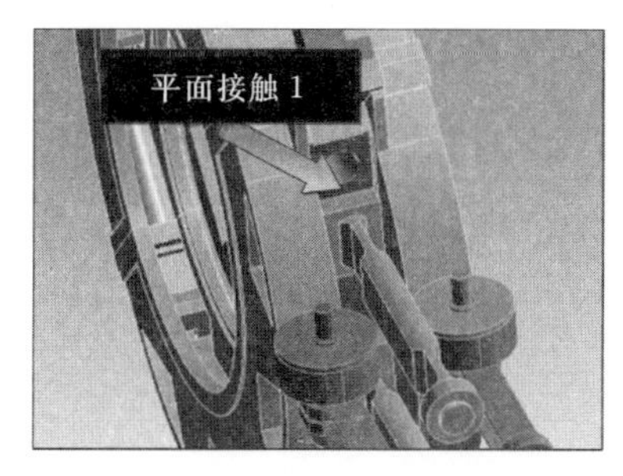

(a)

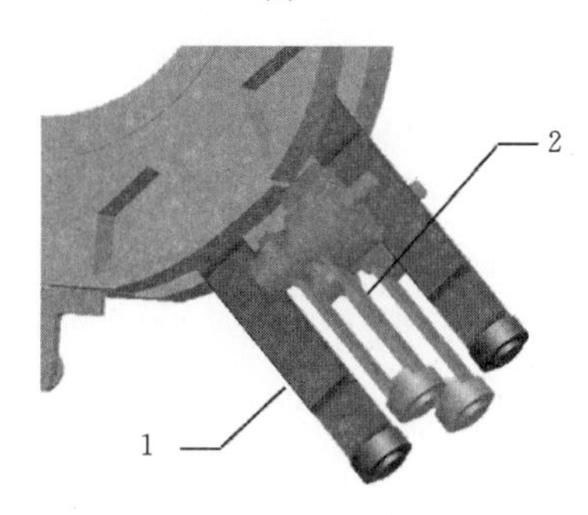


1—主刚度杆；2—附加刚度杆

(b)

图 15-3　轴承—摆架子系统的界面接触与变刚度结构

(a)摆架与轴承座间的平面接触与弧面接触；(b)摆架变刚度结构

按照某高速动平衡机实体所建立的三维 CAD 模型如图 15-4 所示[2]。

根据有限元法基本原理，将轴承摆架子系统视为连续弹性体并离散成有限多个单元，根据变形协调条件和达朗贝尔原理，可以得到关于整个系统在外力作用下的力平衡方程组并求解。

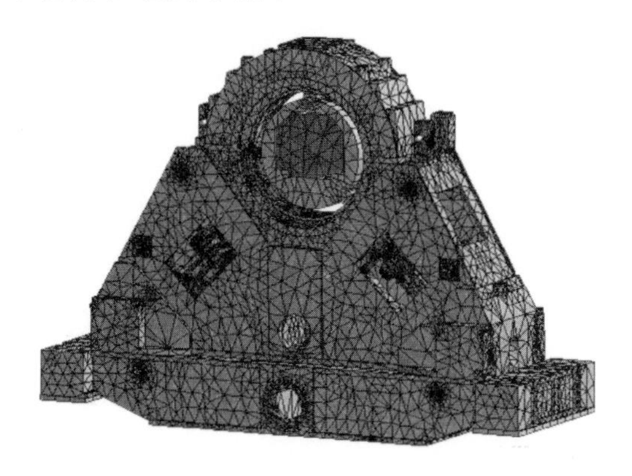

图 15-4　动平衡机摆架 3D 有限元模型[2]

**2. 考虑界面接触效应的摆架支承刚度数值分析**

对于界面接触效应的考虑,按照 G-W 模型以计算界面接触刚度[2]。

在 G-W 模型中,接触界面上参与力传递的实际接触面积取决于微凸体的个数以及相对应的等效面积,它们都与接触界面的粗糙度有关。

有关粗糙表面的基本假设包括:

(1)粗糙表面由一定分布密度的等曲率球形微凸体所分布和覆盖;

(2)所有微凸体的高度分布服从 Gaussian 分布规律。

当两粗糙表面相互接触时,在弹性范围内假设各接触点上的力传递规律均服从 Hertz 接触定律,据此可计算出在一定外载荷作用下参与接触的微凸体个数、等效接触面积、等效弹性变形量,进而计算出界面的等效接触刚度。

在具体数值计算中,对于界面接触效应的考虑可以通过在 Matlab 中生成服从高斯分布的微元体表面形貌节点数据,并将其导入 Ansys 中建立微元体有限元接触模型,继而通过 Ansys 对两粗糙表面进行微元体接触分析来实现。

图 15-5 为两粗糙平面接触时在不同外载压力作用下的等效刚度变化曲线。随着外载荷的不断增加,等效接触刚度也呈不断增加趋势并最终趋于某一极限值。

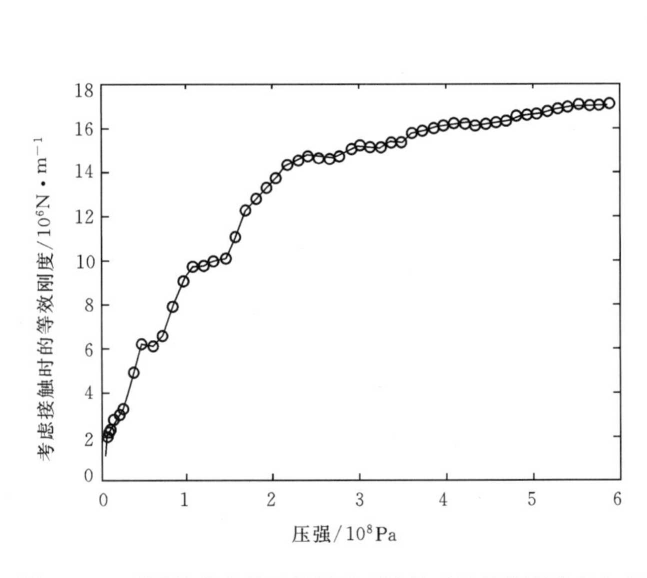


图 15-5 不同外载条件下粗糙平面接触时的等效刚度变化曲线

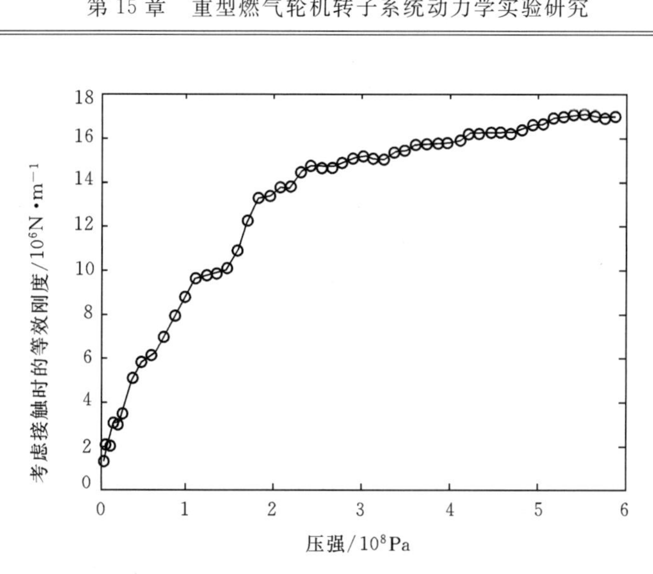


图 15－6　不同外载条件下粗糙弧面接触时的等效刚度变化曲线

对于弧形接触界面的处理，除了需要对接触弧面作特殊处理之外，其余与平面接触并没有本质上的区别。类似地，在外载荷作用下，计入接触效应的弧形界面等效接触刚度变化曲线如图 15－6 所示。

经理论计算得到轴承-摆架子系统在不同频率下的动态阻抗后，可直接求解或通过曲线拟合得到摆架系统的参振质量和参振刚度。

参考文献[1]报道了针对某高速动平衡机在各向同性假设前提下所得到的摆架结构参数理论辨识结果，如表 15－1 所示。

**表 15－1　轴承摆架子系统结构参数计算值[1]**

| 项目 | 等效质量/kg | 等效刚度/(N/m) |
|---|---|---|
| 摆架结构参数(无附加刚度杆) | 16985 | 3.0143E9 |
| 摆架结构参数(带附加刚度杆) | 20912 | 5.1473E9 |

从表 15－1 中可以看到，对于有、无附加刚度杆两种不同情况，摆架子系统的等效参振质量和参振刚度也将产生很大的变化，这一因素在油膜力动特性参数辨识过程中是必须认真考虑的。

## 15.2.2　轴承摆架子系统的动力学仿真

将 Pro/E 三维 CAD 摆架模型直接导入 Ansys Workbench 中建立有限元

动力分析模型,建模时最大限度地保留摆架的真实结构细节。通过对于摆架振型及固有频率的分析,可以深入掌握轴承-摆架子系统的动力学行为特征。

无轴向阻尼装置作用时的摆架模态振型。无轴向阻尼装置作用时的摆架振动模态如图 15-7 所示,低阶模态很好地对应了摆架在三个方向上的位移和扭转振动。

摆架各阶典型模态振型如图 15-7 所示。

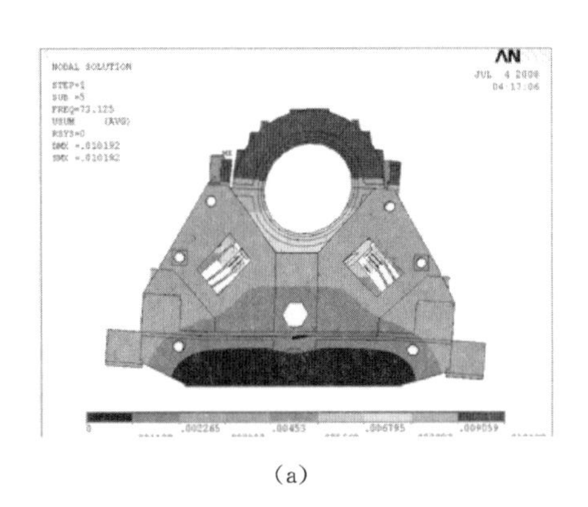

(a)

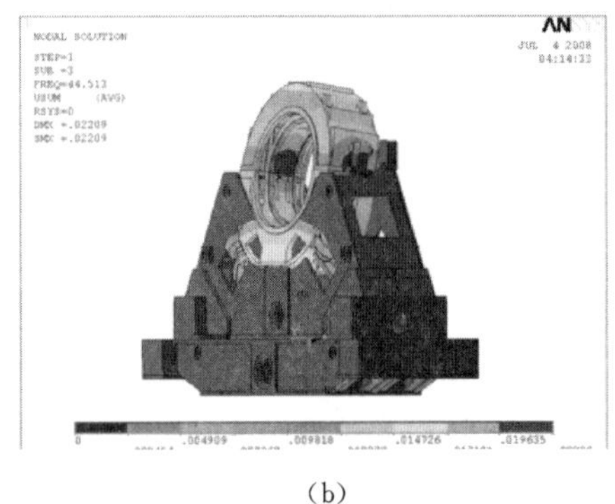

(b)

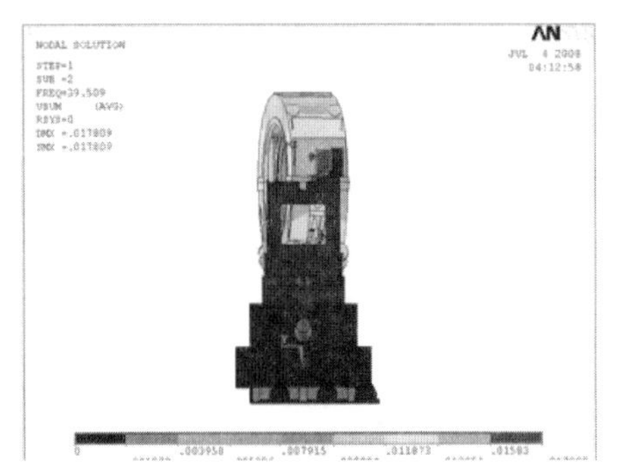

(c)

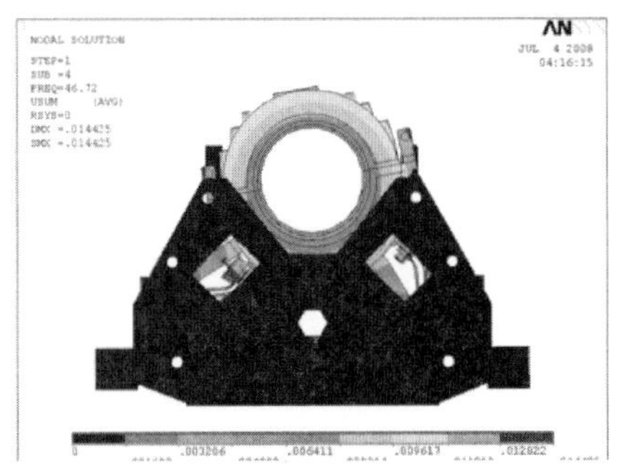

(d)

图 15-7　摆架模态分析振型

(a)X 向横振:freq5=73.125Hz;(b)X 向扭振 freq3=44.5Hz;

(c)Y 向扭振:freq2=39.51Hz;(d)Z 向扭振:freq4=46.72Hz

## 15.2.3　轴承摆架子系统的结构参数测量

如前所述,利用摆架刚度可变的特点进行动态油膜力参数辨识的首要条件是对于轴承摆架子系统结构参数(包括参振质量、支承刚度以及支承阻尼)的准确估计。

由系统的强迫激励动力学方程

$$\begin{bmatrix} m_1 & 0 \\ 0 & m_1 \end{bmatrix}\begin{pmatrix} \ddot{x}_a \\ \ddot{y}_a \end{pmatrix}+\begin{bmatrix} d_{xa} & 0 \\ 0 & d_{ya} \end{bmatrix}\begin{pmatrix} \dot{x}_a \\ \dot{y}_a \end{pmatrix}+\begin{bmatrix} k_{xa} & 0 \\ 0 & k_{ya} \end{bmatrix}\begin{pmatrix} x_a \\ y_a \end{pmatrix}=\begin{pmatrix} F_x \\ F_y \end{pmatrix}$$

出发,当激励力 $F_x$,$F_y$ 以及系统的动态位移响应已知时,即可作出对于系统参振质量、支承刚度和阻尼的实验估计。

动态激励加载。在实验过程中,动态激励加载可通过偏心激振电机来实现——由直流电机带动一个主动的质量偏心轮以及与主动轮同步旋转的从动偏心轮,依靠调整两偏心轮间的相对啮合位置,可以实现垂直或水平的单方向激振;还可以根据需要调整偏心距或偏心质量的大小以改变激振力的大小,相应的动态激振力为

$$P = mr\omega^2$$

式中:$m$ 为偏心质量;$r$ 为偏心距;$\omega$ 为激振力圆频率;$P$ 为 $\omega$ 频率下动态的激振力。

轴承摆架子系统结构参数实验测试方案如图 15－8 所示。

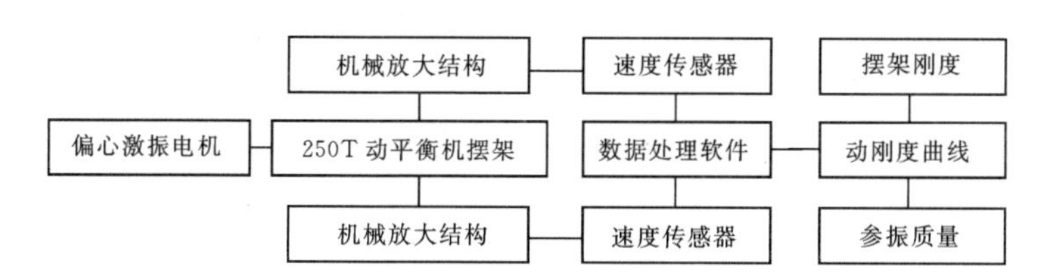


图 15－8　动平衡机摆架结构参数测试原理

### 15.2.4　摆架系统结构参数辨识结果的比较与讨论

图 15－9 中给出了采用有限元法在 0～100 Hz 范围内数值计算得到的轴承-摆架子系统(无附加刚度)的动态阻抗曲线(考虑与不考虑界面接触效应)和实验测量得到的阻抗曲线。

图 15－9 表明,界面接触效应的计入与否将会对计算结果造成较大的影响。考虑界面接触效应后的数值计算结果与实验结果更为接近;理论与实验结果均表明,在转速 4 000 r/min 附近系统存在共振区,这一状况可以通过在线施加附加刚度来得到有效的改善(见图 15－10)。

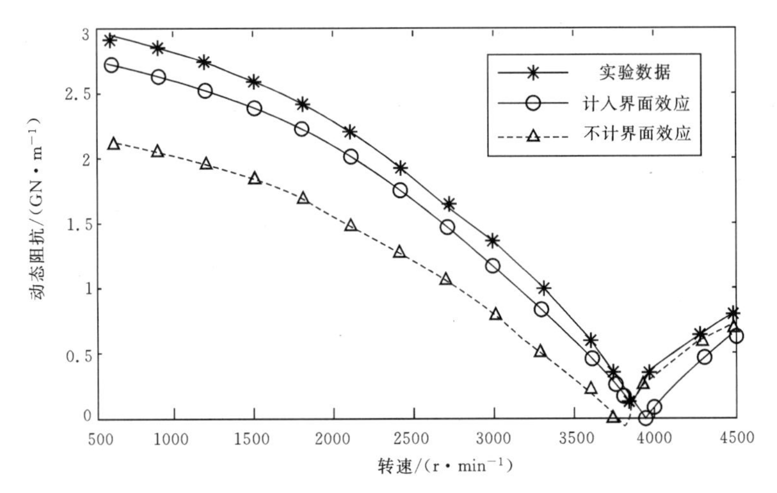


图 15-9 轴承摆架子系统动态阻抗-转速的关系曲线(无附加刚度)

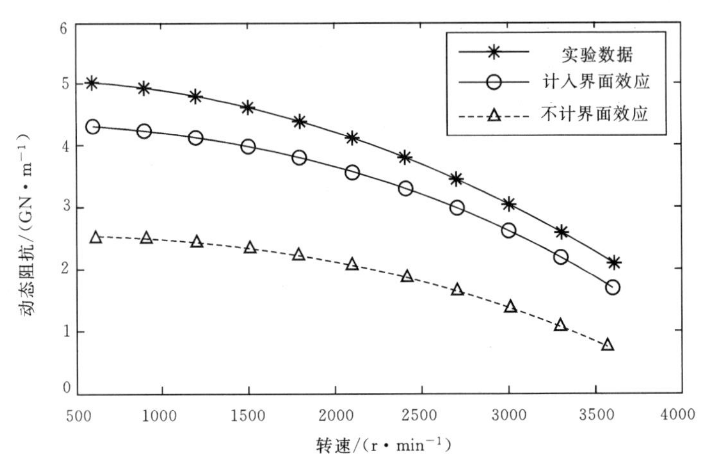


图 15-10 轴承摆架子系统动态阻抗-转速的关系曲线(有附加刚度)

摆架自振频率数值仿真结果与实验测定值如表 15-2 所示。

**表 15－2　摆架自振频率数值仿真与实验结果对比**

| 自振频率/Hz | 施加附加刚度 | | 无附加刚度 | |
|---|---|---|---|---|
| | 实验值 | 仿真值 | 实验值 | 仿真值 |
| $X$ 向横振 | 65 | 73.1 | 60 | 65 |
| $Y$ 向横振 | 71.5 | 95.7 | 64 | 79.5 |
| $Z$ 向横振 | 17.5 | 13.5 | 8.5 | 4 |
| $X$ 向扭振 | 41.5/53 | 44.5 | 19.5 | 14.5 |
| $Y$ 向扭振 | 40 | 39.5 | 14.5 | 14 |
| $Z$ 向扭振 | 42.5 | 46.72 | 44 | 48 |

表 15－2 中的数据显示，对于低阶模态，理论与实验值有较好的吻合，$Z$ 方向上之所以出现较大的误差是由于未考虑轴向阻尼装置的原因；对于高阶模态，例如第 13 阶模态（对应于摆架在垂直方向上的横向振动），理论与实际测量结果也出现了较大误差，说明现行所采用的理论模型尚有待于进一步完善。

数值仿真和实验结果都表明，由外界激励或动态油膜力施加于轴承摆架子系统上的激励能量，除了以在 $xz$ 和 $yz$ 平面内的平动形式耗散之外，这些激励能量还将以其它运动形式（例如扭转振动、$Z$ 方向上的横向振动等）耗散开去。以上认识对于理论模型的完善和实验辨识方法的改进都是有益的。

## 15.3　基于高速动平衡机的重型燃气轮机轴承轴系全尺寸实验

对于动平衡机摆架子系统结构参数与动态性能的充分认识，为开展全尺寸轴承轴系动力学的实验研究提供了必要条件，这里包括大型全尺寸动压滑动轴承静、动特性参数的辨识以及整个轴承轴系的动力学性能实验测试。

基于高速动平衡机的全尺寸轴承轴系实验方案如图 15－11 所示。

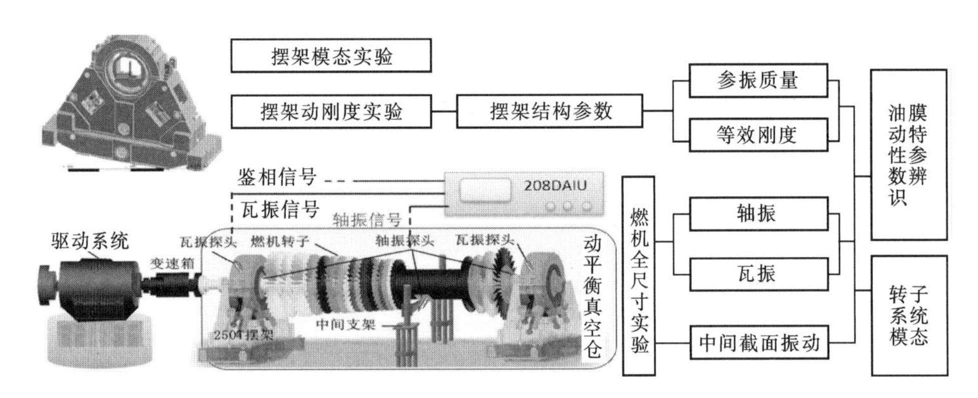


图 15-11　基于高速动平衡机的全尺寸轴承轴系实验方案

为了便于更多地获取整个轴系的振动信息，在实验室条件下可以在沿测试转子轴向方向上增加了转子中段振动位移测点，以利于对于转子低价模态的辨识。

## 15.3.1　全尺寸轴承油膜动特性系数辨识

表 15-3 列出了一组实验轴承为椭圆轴承时的相关结构参数。

**表 15-3　全尺寸实验用椭圆轴承结构参数**

| 直径/mm | 宽度/mm | 顶隙比 | 预负荷系数 |
| --- | --- | --- | --- |
| 480 | 336 | 1.5‰ | 0.57 |

采集信号包括由涡流传感器所测量的转子与轴承间的相对位移、由速度传感器所测量得到的轴承振动速度(经积分后可转换为轴承的绝对位移)以及转速测量信号。测试系统的组成如图 15-12 所示。

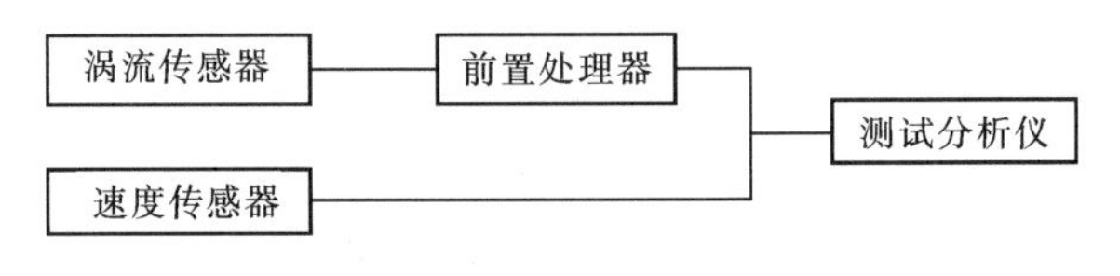


图 15-12　测试系统组成

### 1. 实验步骤

(1)在摆架支承主刚度条件下低速运行及动平衡;

(2)保持摆架支承主刚度不变,升速至额定转速并保持稳定工况;

(3)在额定转速稳定运行工况下通过投入摆架附加刚度机构,以改变(增加)摆架支承刚度并保持稳定运行;

(4)切除摆架附加刚度机构,重新回复到低刚度支承工况下运行。

拾取并记录上述每一实验阶段及升降过程的测量信息并观察数据的重复性。

### 2. 信号处理

在动平衡过程中所获取的信息主要以系统不平衡响应亦即同频简谐信号为主,而通过实际测量所获得的信息除同频成分外,往往还包含有半频、倍频以及高频噪声等其它信号成分。有必要说明的是,这些含有复杂成分信号的产生,除高频信号外,都有其不应忽视的内在原因,例如分频信号多半来源于油膜力的非线性,而倍频信号则可能由于同轴驱动的不对中所致……对于分频和倍频信号的剔除是在线性范围内识别油膜动特性系数所不得不付出的代价——建立在方程(15-1)基础上的参数辨识理论的基本假设之一就是不考虑油膜力的非线性成分;而另一个将转子本身的受力及运动与摆架的运动完全隔离的假设则直接导致了对于倍频分量的无法计入,这些都应当归咎于建模误差。

同时,在对测量信号进行线性化处理过程中也可能因方法不当而产生信息泄漏误差,例如,如果对于拾取信号直接采用快速傅里叶变换(FFT)方法从中提取同频信号,将会因谱泄漏而造成较大的幅值误差和相位误差,这类误差可以通过插值细化得到有效的消除。

### 3. 辨识结果

对于表15-3所示实验轴承在改变支承刚度前后测量,得到的轴颈相对振动位移和轴承绝对振动速度信号的波形及频谱分析结果如图15-13~图15-16所示。

有关实验轴承振动信号同频分量的提取与数据处理结果见表15-4。

**表 15-4　全尺寸椭圆轴承同频振动分量实测数据处理结果**

| 工况 | 轴颈相对振动(μm/∠°)幅值及相位差 | | 轴承绝对振动速度($mm \cdot s^{-1}$/∠°) | |
|---|---|---|---|---|
| | *X* 方向 | *Y* 方向 | *X* 方向 | *Y* 方向 |
| 无附加刚度 | 23.20/∠198 | 32.00/∠109 | 7.660/∠228 | 6.010/∠203 |
| 有附加刚度 | 16.10/∠166 | 34.20/∠68 | 9.040/∠158 | 11.40/∠138 |

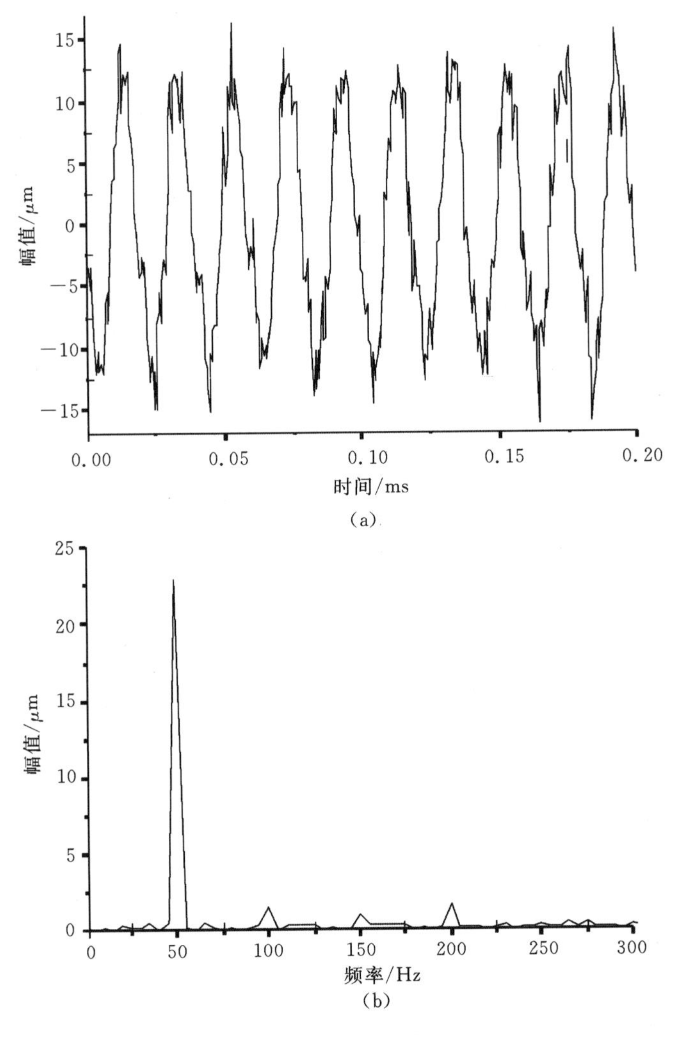


图 15-13　轴颈相对振动位移波形及频谱分析(无附加刚度)

(a)相对位移振动波形;(b)频谱

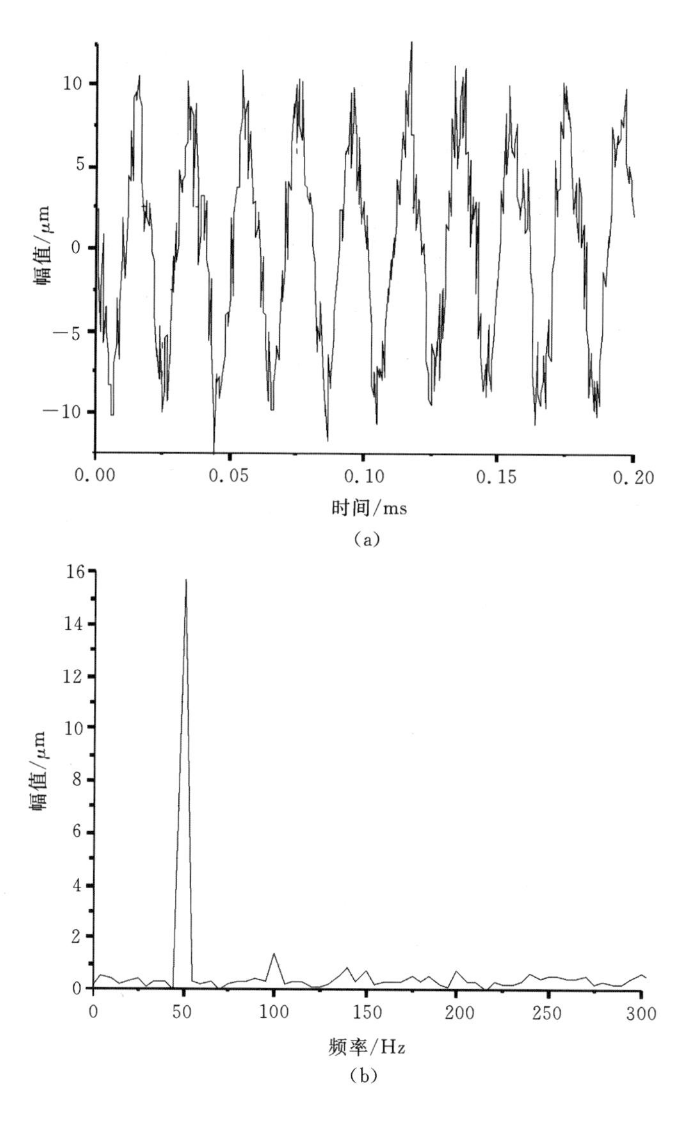


图 15-14　轴颈相对振动位移波形及频谱分析(有附加刚度)

(a)相对位移振动波形;(b)频谱

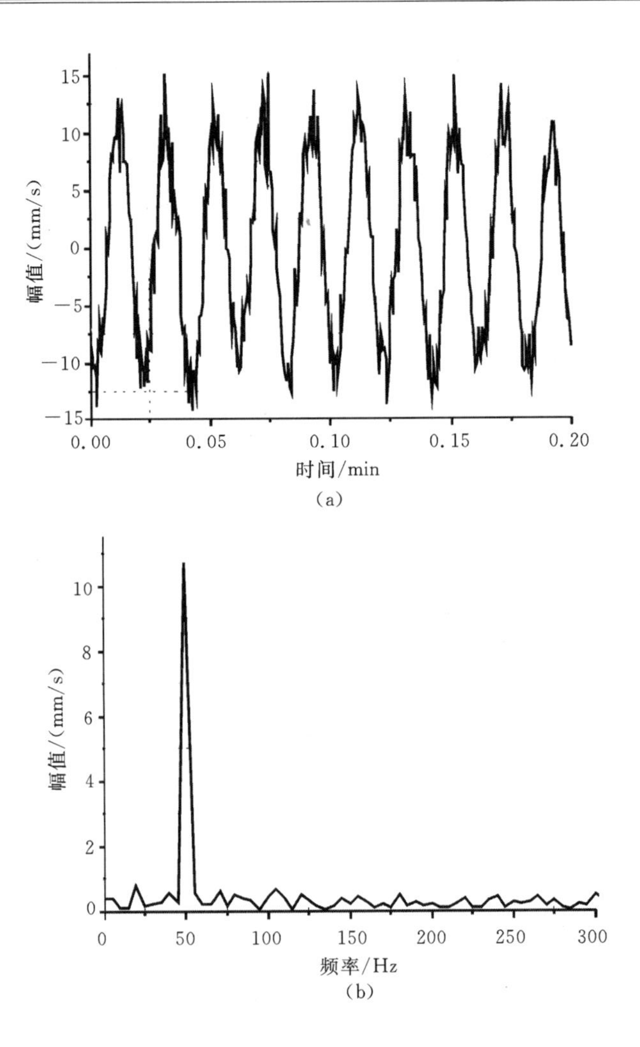


图 15-15 轴承绝对振动速度波形及频谱分析(无附加刚度)

(a)绝对振动速度波形;(b)频谱

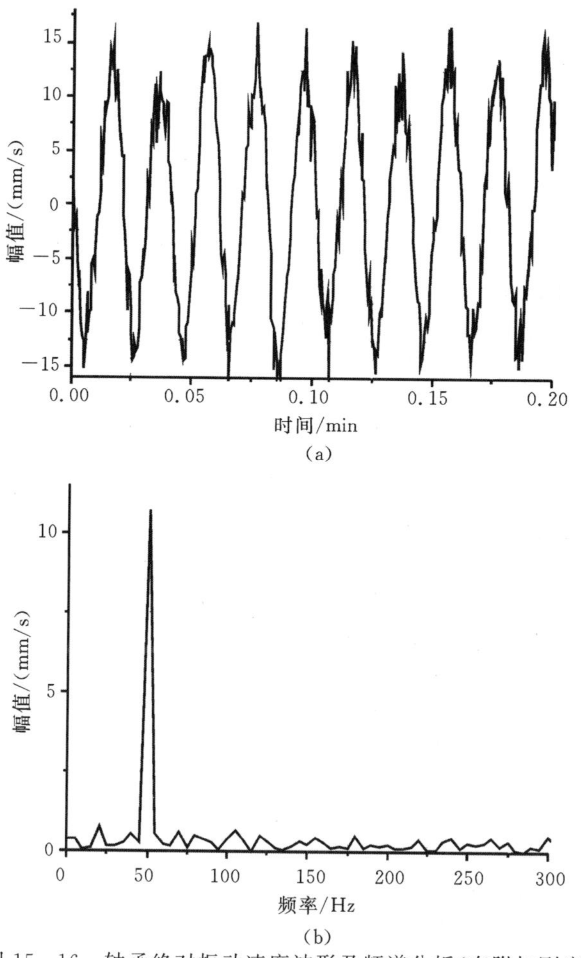


图 15-16　轴承绝对振动速度波形及频谱分析(有附加刚度)

(a)绝对振动速度波形;(b)频谱

在此基础上依据方程(15-1)所得到的全尺寸轴承的油膜动特性参数实验辨识与理论结果见表 15-5。

**表 15-5　全尺寸椭圆轴承油膜动特性参数实验值与理论值**

| 项目 | $k_{xx}$ | $k_{xy}$ | $k_{yx}$ | $k_{yy}$ | $c_{xx}$ | $c_{xy}$ | $c_{yx}$ | $c_{yy}$ |
|---|---|---|---|---|---|---|---|---|
| | N/m | | | | $N/m\cdot s^{-1}$ | | | |
| 实验值 | 0.16E9 | -0.19E9 | 0.97E9 | 1.42E9 | 3.49E6 | 3.49E6 | 2.30E6 | 5.24E6 |
| 理论值 | 0.42E9 | -0.30E9 | 1.17E9 | 2.22E9 | 2.11E6 | 0.42E6 | 0.49E6 | 8.16E6 |

数据显示,实验辨识结果与理论值相比,量级相同、总体趋势一致,在数值上仍然存在一定的误差;与以往文献报道的结果相比,识别精度还是有了较大的提高[2]。

#### 4. 误差分析及讨论

如前所述,虽然影响动压轴承油膜动特性参数识别精度的因素很多,但可以归纳为以下两大类:

(1)系统理论建模误差。

(2)系统实验测量误差,这里包括对于轴承静态工作点和动态位移、速度的测量误差。

以摆架系统结构参数为例,当摆架参振质量及支承刚度的实际值与估计值出现偏差时,定义

$$m_1 = \bar{m}_1 + \Delta m_1$$

$$k = \bar{k} + \Delta k$$

以上 $m_1$,$k$ 分别为参振质量及刚度的实际值;$\bar{m}_1$,$\bar{k}$ 为辨识估计值;$\Delta m_1$,$\Delta k$ 为相对应的差值。定义相对误差 $\delta_m$,$\delta_k$ 如下:

$$\delta_m = \frac{\Delta m_1}{m_1} \times 100\%,\ \delta_k = \frac{\Delta k}{k} \times 100\%$$

摆架结构参数误差对于油膜动特性参数辨识精度的影响可见表 15-6。

**表 15-6 结构参数误差对于油膜动特性参数辨识的影响(额定工作转速 3000 r/min)[2]**

| 相对误差 | $k_{xx}$ | $k_{xy}$ | $k_{yx}$ | $k_{yy}$ | $c_{xx}$ | $c_{xy}$ | $c_{yx}$ | $c_{yy}$ |
|---|---|---|---|---|---|---|---|---|
| ($\delta_m$,$\delta_k$) | N/m | | | | N/m·s$^{-1}$ | | | |
| $\delta_m$,$\delta_k$=0 | 0.16E9 | -0.19E9 | 0.97E9 | 1.42E9 | 3.49E6 | 3.49E6 | 2.30E6 | 5.24E6 |
| $\delta_m$=10% | 0.14E9 | -0.20E9 | 0.94E9 | 1.39E9 | 3.40E6 | 3.43E6 | 2.34E6 | 5.23E6 |
| $\delta_k$=10% | 0.20E9 | -0.19E9 | 1.10E9 | 1.59E9 | 3.93E6 | 3.90E6 | 2.50E6 | 5.77E6 |
| $\delta_m$,$\delta_k$=10% | 0.18E9 | -0.21E9 | 1.07E9 | 1.56E9 | 3.84E6 | 3.84E6 | 2.54E6 | 5.77E6 |

可以看到,由测量估计得到的摆架结构参数对于最终油膜刚度和阻尼的识别影响是不容忽视的。如果对于所有来自理论建模和实验测量误差能够予以综合考虑,辨识精度可望得到进一步提高。

## 15.3.2　重型燃气轮机全尺寸轴系动力学性能实验

**1. 实验系统简介**

除不带载荷之外，全尺寸轴系的运行工况和条件都与真实机组相同。结合转子的动平衡过程，在整个全转速范围内对轴承轴系的振动水平、系统稳定性和系统逻辑转速给出全面的评估，从而为轴系设计或改进提供依据。

(1)传感器设置。轴承绝对振动测量：采用分别安装在垂直方向和水平方向上的速度传感器测量振动速度并转换为绝对位移；轴颈相对振动测量：采用安装在轴承座上、相对于垂直方向各 45°方向上的电涡流传感器直接测量相对位移；为了在实验过程中能够获取更多的轴系振动信息，还专门在轴系中间部位增加了位移测点。

(2)采样。采集数据包括重型燃气轮机转子在全部升、降速过程中的转子与轴承的振动信息，在同步与非同步采样两种方式中以同步采样为主，所有测量得到的信号均被送入监测系统中心进行集中数据处理。

整个轴承轴系动力学实验系统如图 15－17 所示。

数据采集包括重型燃气轮机转子在全部升、降速过程中的转子与轴承的位移振动信息，如图 15－18 所示。

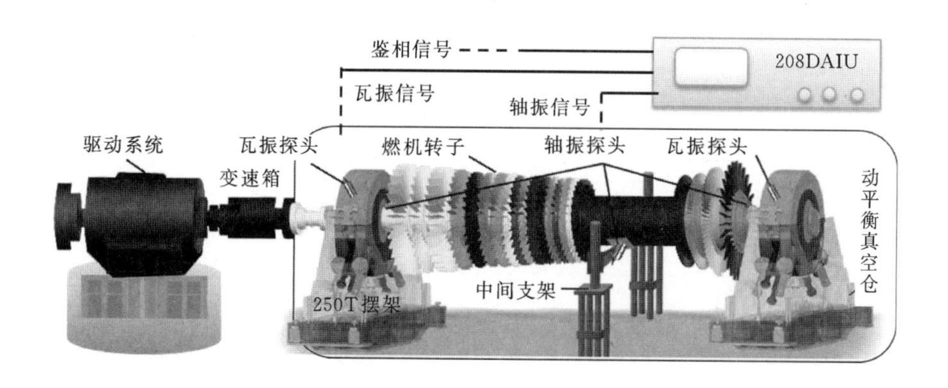


图 15－17　全尺寸轴承轴系实验系统

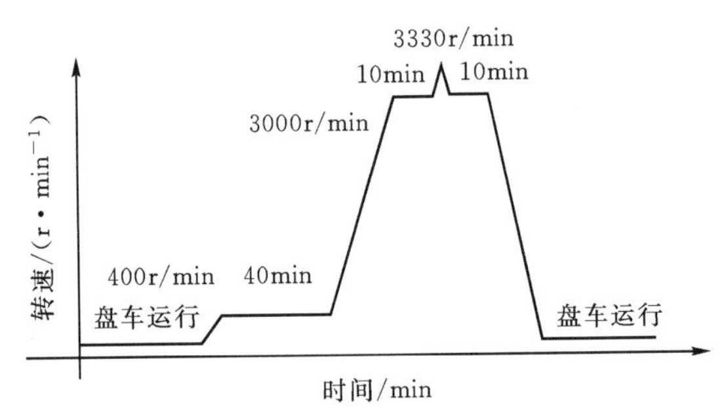


图 15-18　燃气轮机实验转子升、降速运行过程

**2. 测试结果与分析**

1)Bode 图分析

燃气轮机在升速过程中位于热端支承及冷端支承处的轴承绝对振动以及轴颈相对位移振动的 Bode 图分别如图 15-19、图 15-20 所示。图中横坐标为转速,纵坐标为振幅和相位。

2) 轴系临界转速

由图 15-19、图 15-20 可以看到,在转速 1 000 r/min 和 2 000 r/min 附近存在有共振峰,尤其是对应于一阶临界转速的弯曲振动,无论是支承轴承的绝对振动抑或是轴颈的相对振动幅值都清楚地表明了这一点;而相对于二阶临界转速,轴承的绝对振动频谱则反映得更为明显。在整个额定工作转速 0 ~ 3 000 r/min 范围内,系统将穿越两阶临界转速,转子一、二阶模态振型简图如图 15-21 所示。

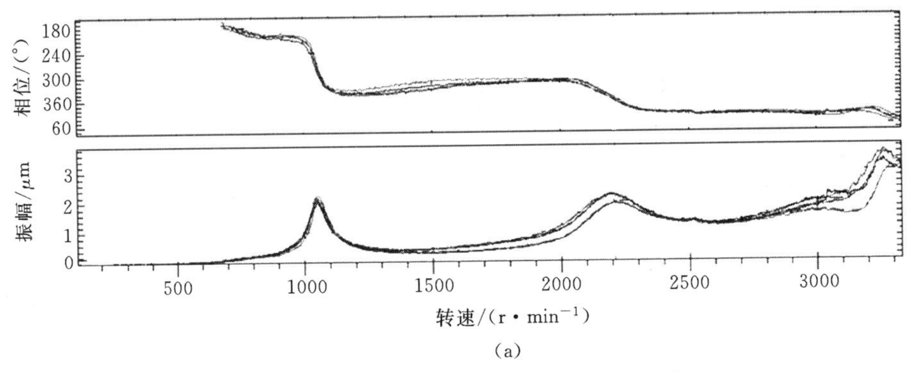


图 15-19　实验转子轴承绝对振动 Bode 图

(a) 透平端;

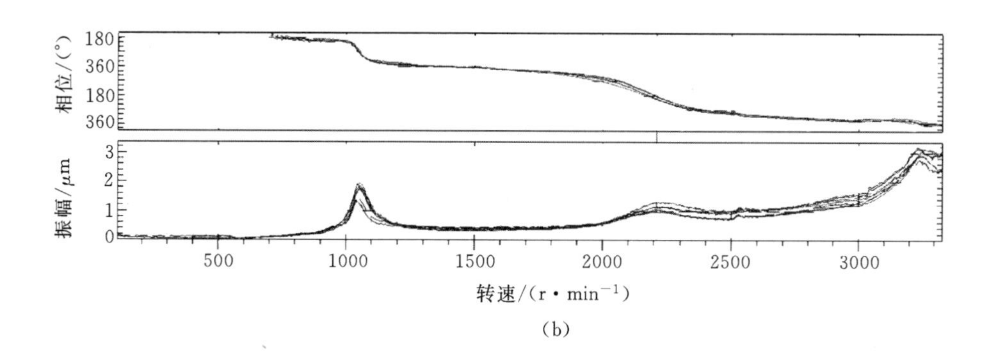


续图15-19　实验转子轴承绝对振动Bode图

(b) 压气机端

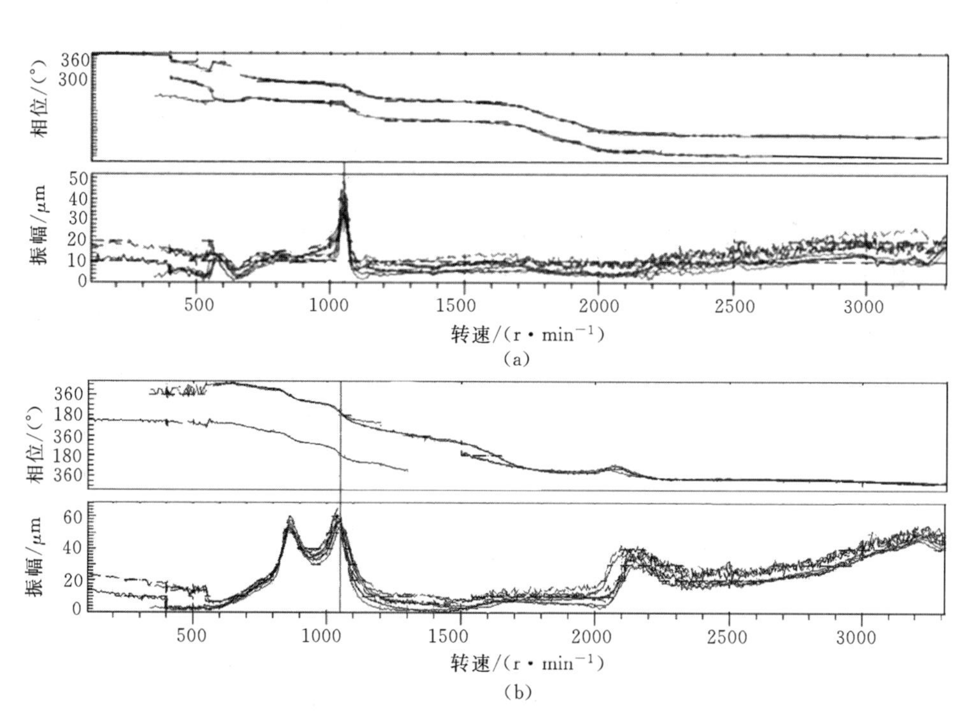


图15-20　实验转子支承处轴颈相对振动Bode图

(a) 透平端;(b) 压气机端

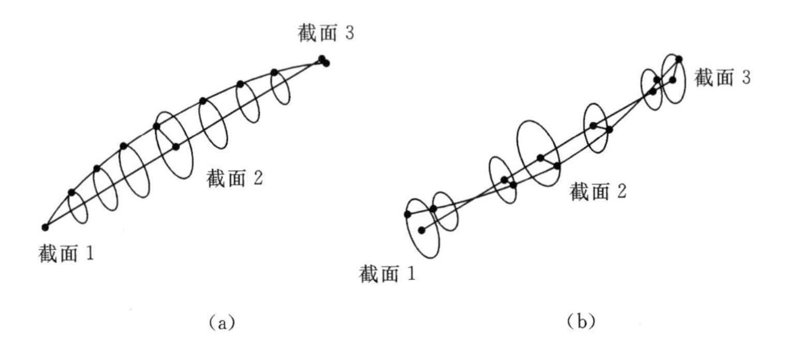


图 15-21　实验转子的振动模态

(a) 一阶模态振型;(b) 二阶模态振型

如果考虑超速运行,在转速 0～3 330 r/min 范围内,则第三临界转速也将落在工作区域内,这是需要加以注意的。实验测量得到的转子临界转速如表 15-7 所示。

**表 15-7　燃气轮机实验转子轴系的临界转速测量值**

单位:r/min

| 临界转速 | 一阶振型 | 二阶振型 | 三阶振型 |
| --- | --- | --- | --- |
| 1# 转子 | 1 058 | 2 191 | 3 250 |
| 2# 转子 | 1 048 | 2 180 | 3 211 |

有关燃气轮机转子动平衡前后的幅频特性如图 15-22 所示。

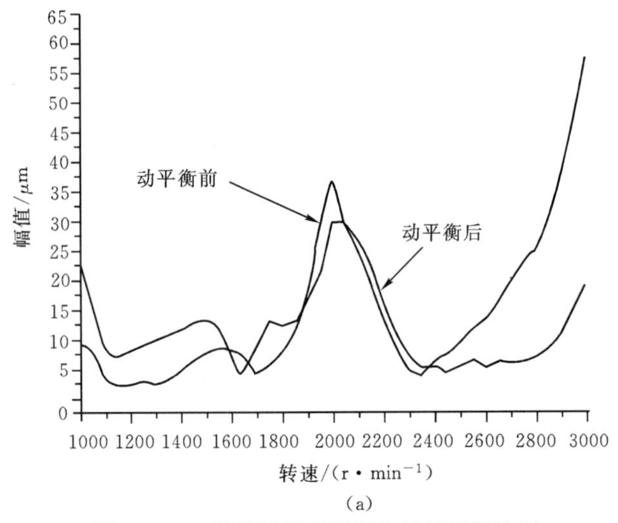


图 15-22　燃机转子动平衡前后幅频特性图

(a)压气机端;

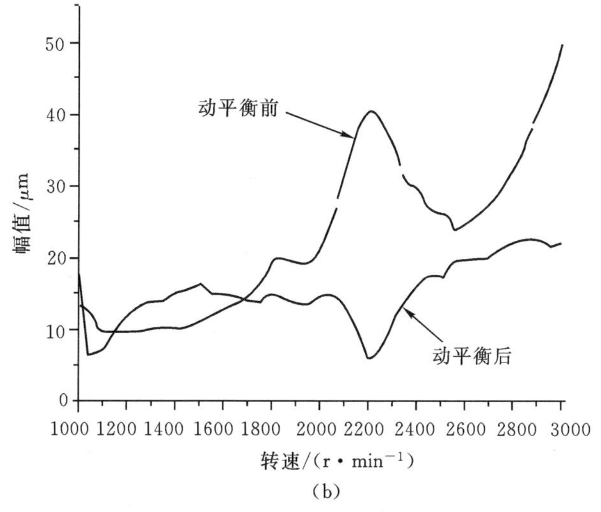


续图 15－22　燃机转子动平衡前后幅频特性图

(b)透平端

## 15.3.3　重型燃气轮机机组动力学性能的在线测试

和所有大型发电机组一样，在重型燃气轮机机组投运、正常运行以及机组全寿命周期运行历史记录过程中，对于机组动力学性能现场测试与评估都是不可缺少的重要环节。

判别机组轴系的运行状况，包括振动状况、轴系稳定性等；

发现现存或潜在故障的异常信息；

为机组全寿命周期监测及机组改进设计提供实际运行依据。

以下结合一台在运燃气-蒸汽联合循环发电机组，介绍对于机组轴系的在线监测状况。联合发电机组通常由燃气轮机、高/中/低压汽轮机、发电机和励磁机组成，如图 15－23 所示。

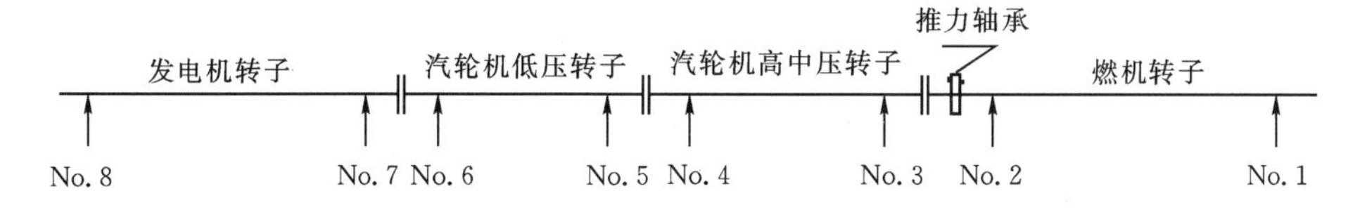


图 15－23　燃气-蒸汽联合循环发电机组示意图

对于联合循环发电机组轴系在线运行的实时振动监测与动力学性能评估，主要依据来自对于在各支承轴承处通过涡流传感器测量得到的转子横向振动信息、轴系轴向振动信息以及转速信息等,在线运行测点布置及数据采集分析系统如图15-24所示。

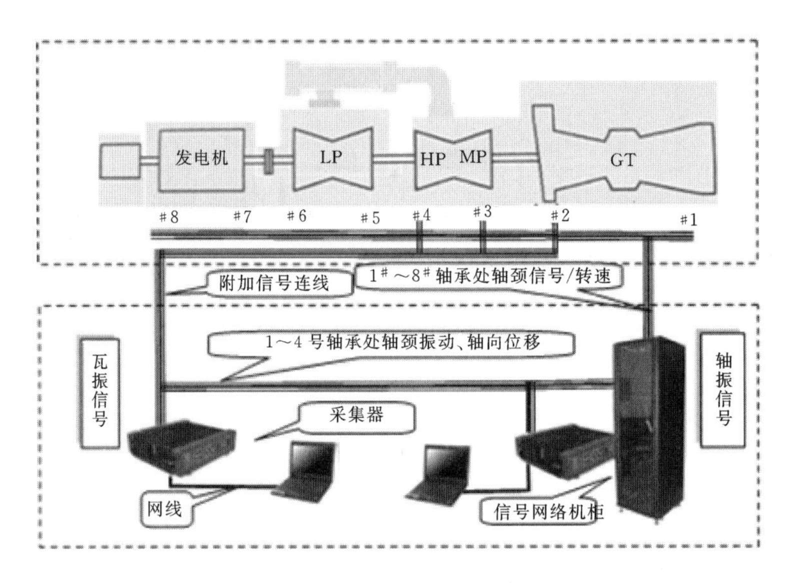


图15-24　轴系在线运行实时振动测点布置及数据采集分析系统

(1)振动瀑布图。轴系在整个升速过程中的振动瀑布图如图15-25、图15-26所示,图中横坐标为频率,纵坐标为转速和幅值。

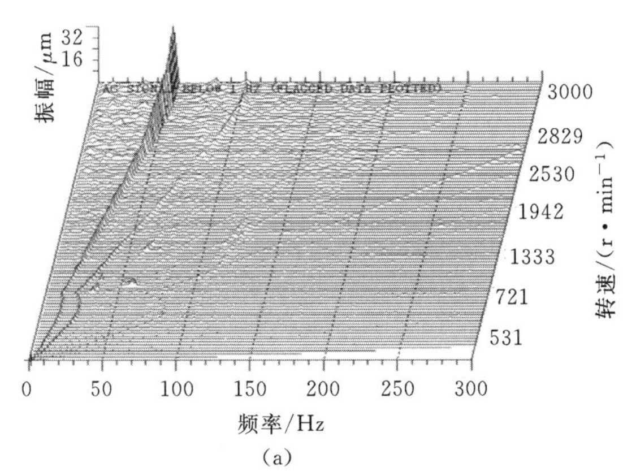


(a)

图15-25　燃气轮机透平支承端的轴颈振动瀑布图

(a)$X$方向;

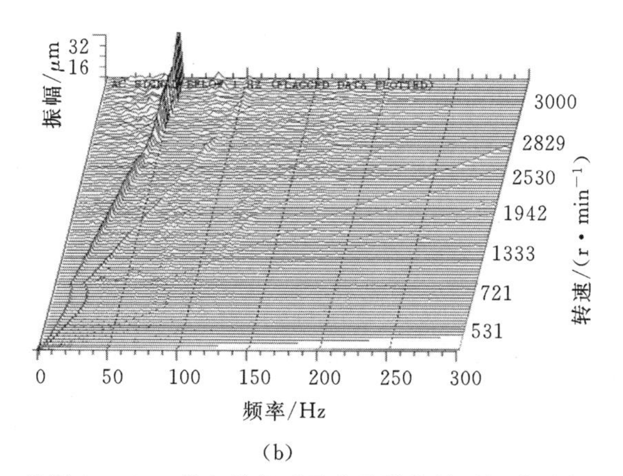


(b)

续图 15 - 25　燃气轮机透平支承端的轴颈振动瀑布图

(b)$Y$ 方向

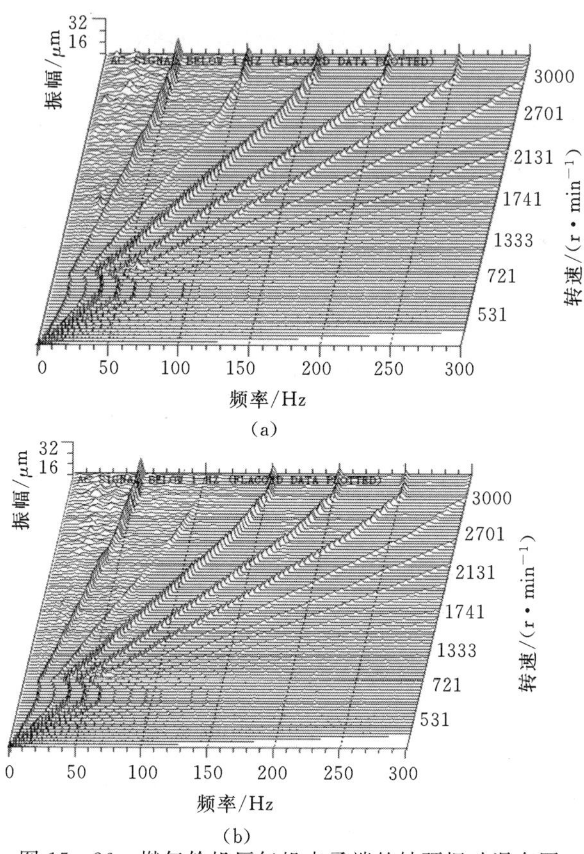


(b)

图 15 - 26　燃气轮机压气机支承端的轴颈振动瀑布图

(a)$X$ 方向;(b)$Y$ 方向

(2)振动频谱与分析。在机组升速过程中,位于重型燃气轮机热端支承及冷端支承处的轴颈相对位移振动如图 15-27、图 15-28 所示,图中横坐标为转速,纵坐标为振幅和相位。所对应的轴颈相对振动的频谱分析见图 15-29、图 15-30。

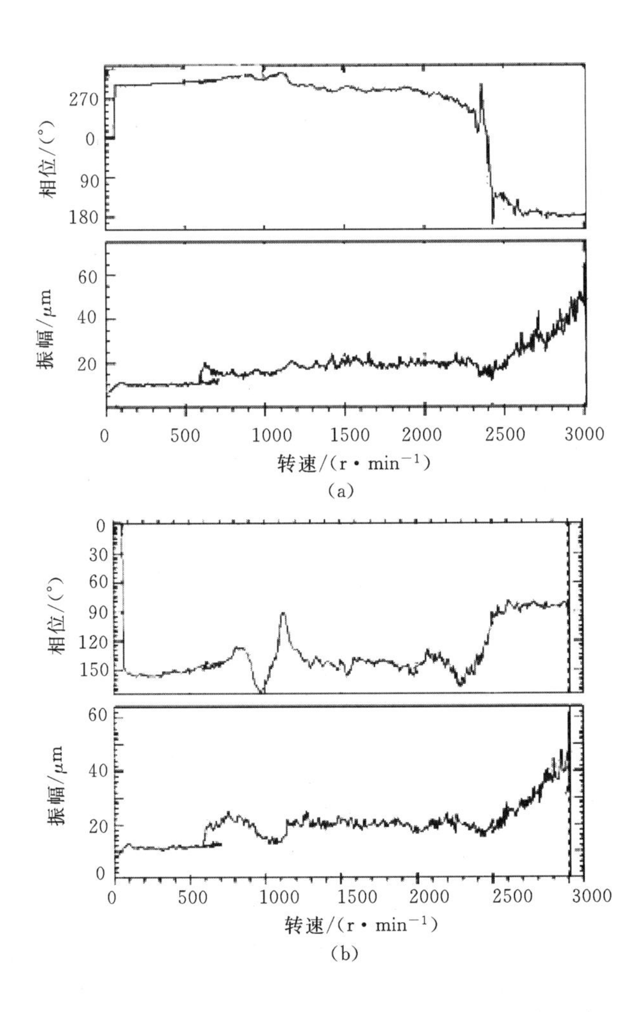


图 15-27　重型燃气轮机的轴颈相对振动(透平支承端)

(a)$X$ 方向;(b)$Y$ 方向

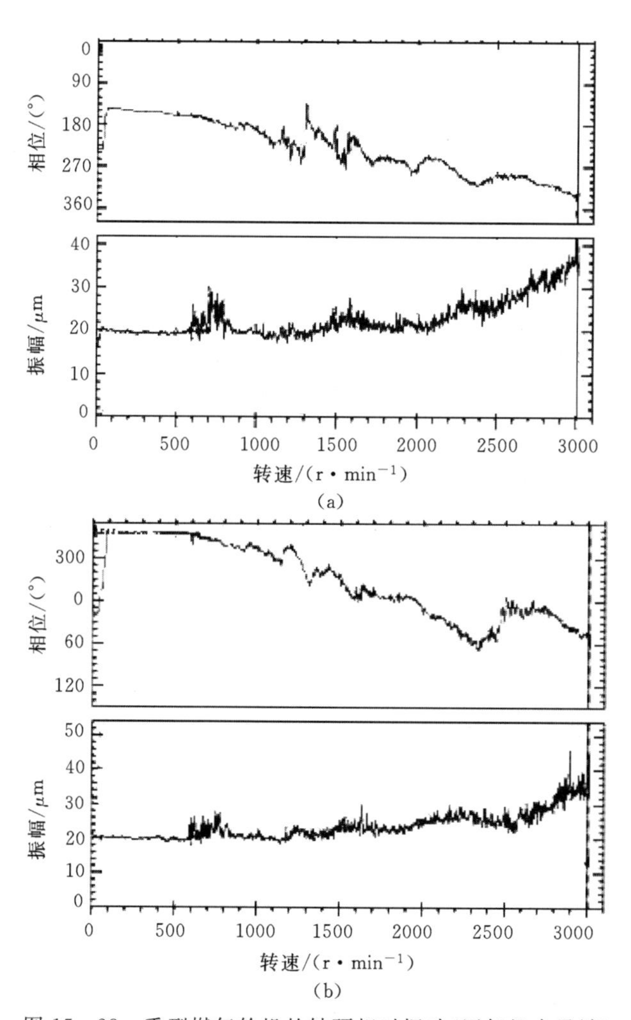


图 15-28　重型燃气轮机的轴颈相对振动(压气机支承端)

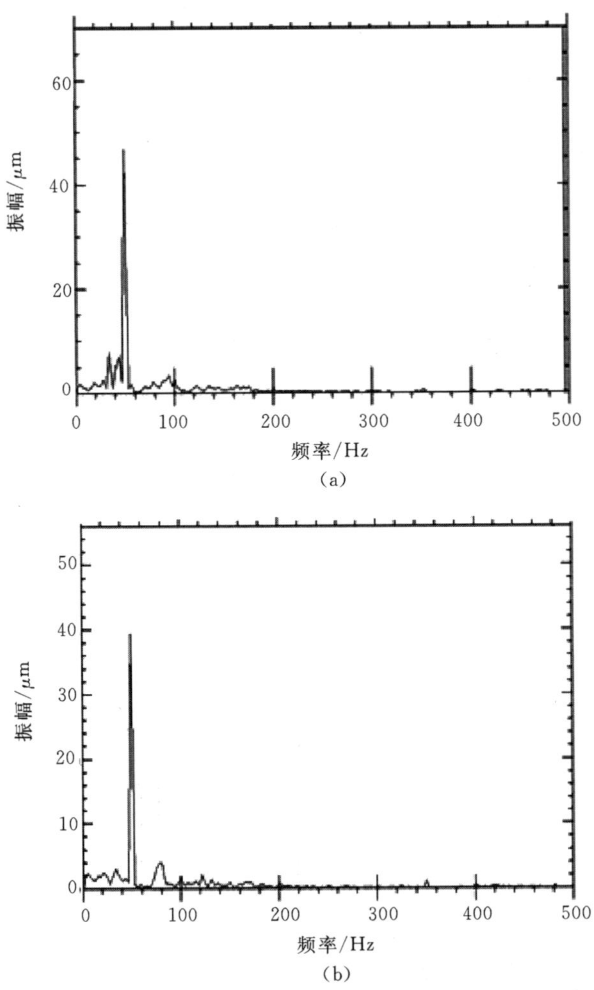


图 15-29 重型燃气轮机轴颈相对振动频谱分析(透平支承端)

(a)$X$ 方向;(b)$Y$ 方向

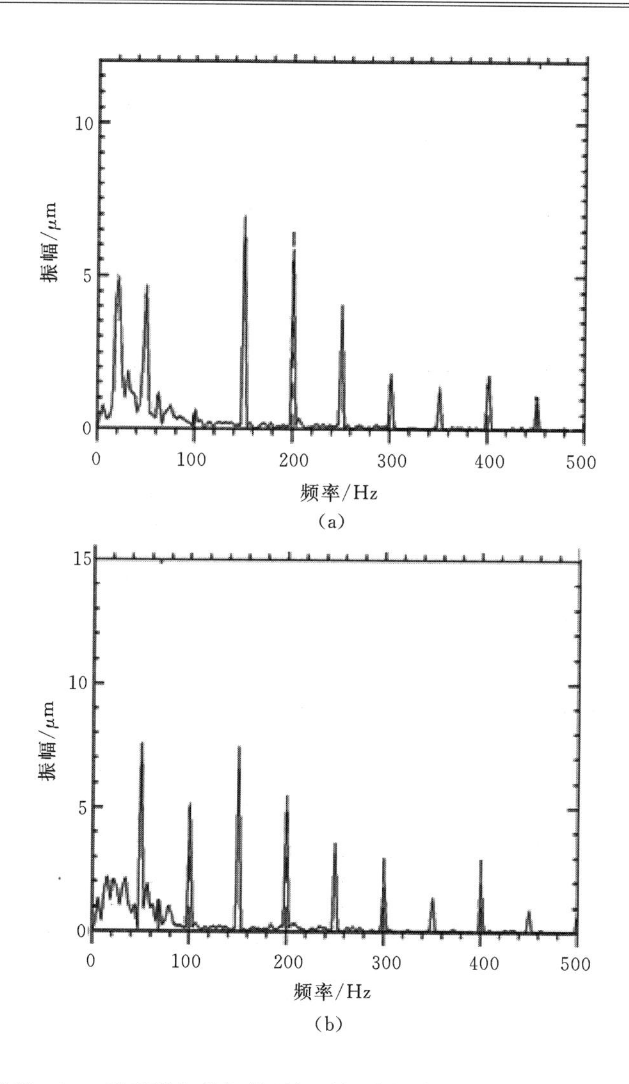


图 15 - 30　重型燃气轮机轴颈相对振动频谱分析(压气机支承端)
(a)$X$ 方向;(b)$Y$ 方向

由图 15 - 29 可见,透平支承端的转子振动以基频为主,几乎无倍频信号;而在压气机支承端的振动频谱则复杂得多,除了分频信号之外还包含了 2 倍频直至 5 倍频等成分,并且出现了基频振幅小于倍频信号的情况。对于这一现象的最为可能的解释是:在冷端驱动模式下压气机端需要通过联轴器和汽轮机相连,由于不对中因而引发了倍频分量的发生;对于半频、分频信号的解释则需要通过进一步研究才能从非线性角度给出合理的诠释(见图 15 - 30)[4]。

# 参考文献

[1] 段吉安.轴承-转子系统油膜动特性系数及模态参数识别的研究[D].西安:西安交通大学,1996.

[2] 张明书.重型燃气轮机轴承转子系统动力学理论及实验研究[D].西安:西安交通大学,2014.

[3] Zhang Mingshu,Liu Heng, Yu Lie. A New Finite Element Simulation Method of Large-scale Non-continuum Structure Considering Interface Contact Effects[C]//Proceedings of the 2010 IEEE International Conference on Mechatronics and Automation(ICMA'2010). Xi'an (China):IEEE, 2010:1032-1035.

[4] 张明书,徐自力,漆小兵,虞烈.大型动压滑动轴承动特性参数辨识研究[J].西安交通大学学报,2010,44:75-78.

# 第十六章　轴承转子系统的非线性动力学分析

在轴承转子系统中，有关非线性动力学的研究是极为重要的方向之一。本章主要讨论非线性因素轴承油膜力对轴承转子系统运动的非线性影响，并给出非线性动力学分析的一般方法。

## 16.1　概　述

在前面几章中，轴承转子系统的运动都是采用线性微分方程组来描述的。

在这种线性假设下，转子系统的自由振动与强迫振动总可以分开来单独处理，而叠加原理则适用于系统在暂态时的振动分析。对于自由振动是衰减振动的系统，受扰后的转子在经历了一段足够长的时间后，随着自由振动成分的消失，最终将维持振幅一定的强迫振动，即定常运动。反之，如系统是不稳定的，受扰后的转子随着时间的增大将越来越偏离其定常运动轨迹。

按照线性理论，失稳以后转子轴心的振幅将会随时间无限增长。但实际情况并非如此，轴心的振动幅值在增至某一数值后将保持不变，轴心轨迹为一封闭的环，如图 16－1 所示，称为“极限环”。这也是轴承转子系统中发现最早、研究最深入的非线性现象。

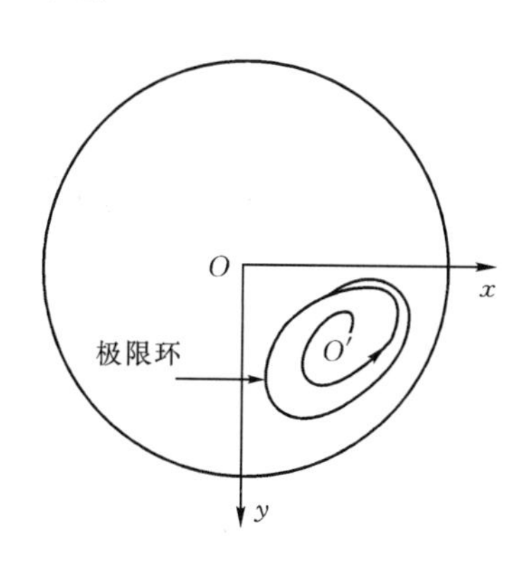


图 16－1　平衡点失稳分岔出极限环

对于一般的轴承转子系统，自激振动的频率并不等于转速，而且恒为非协调进动，此时转轴中将产生幅值很大的交变应力，对系统的安全运行造成极大的危害，故而研究这种自激振动现象便成了轴承转子系统非线性研究的主要内容。

### 16.1.1 轴承转子非线性动力系统的一般表述

轴承转子非线性动力系统一般可用多参数有限维二阶常微分方程组来描述。因转动频率$\omega$是最主要的影响参数，故本章所研究的仅指那些可表述为单参数、有限维、二阶常微分方程组的系统。它们的表述形式如下：

$$\boldsymbol{M}\ddot{\boldsymbol{q}}+\boldsymbol{f}_{\mathrm{in}}(\dot{\boldsymbol{q}},\boldsymbol{q},t,\omega)=\boldsymbol{f}_{\mathrm{ex}}(\mathrm{t},\omega)\quad(\mathrm{t},\boldsymbol{q})\in(\mathbf{R}\times\mathbf{R}^{m})\tag{16-1}$$

式中，$t\geqslant 0$为时间；频率$\omega\in\mathbf{R}$是实数轴上的一个系统参数；$m$维矢量$\boldsymbol{q}(t)$是未知量；$\boldsymbol{f}_{\mathrm{in}}(\dot{q},q,t,\omega)$是由轴刚度、轴承油膜力等所产生的系统内力矢量，对于实际的轴承转子系统，$\boldsymbol{f}_{\mathrm{in}}$未必有显式的解析表达式；$\boldsymbol{f}_{\mathrm{ex}}(t,\omega)$则代表系统的外激励力矢量。

引入状态变量

$$\boldsymbol{u}=\begin{pmatrix}q\\ \dot{q}\end{pmatrix}$$

即可得到系统在状态空间中的表达式

$$\frac{\mathrm{d}\boldsymbol{u}}{\mathrm{d}t}=\boldsymbol{F}(t,\omega,\boldsymbol{u})\quad(t,\boldsymbol{u})\in(\mathbf{R}\times\mathbf{R}^{2m})\tag{16-2}$$

其中

$$\boldsymbol{F}(t,\omega,\boldsymbol{u})=\begin{bmatrix}\dot{\boldsymbol{q}}\\ \boldsymbol{M}^{-1}\{-\boldsymbol{f}_{\mathrm{in}}(\dot{\boldsymbol{q}},\boldsymbol{q},t,\omega)+\boldsymbol{f}_{\mathrm{ex}}(t,\omega)\}\end{bmatrix}$$

若$\boldsymbol{F}$中不显含时间$t$，且满足$\boldsymbol{F}(t,\omega,\boldsymbol{u})\xlongequal{\mathrm{def}}\boldsymbol{F}(\omega,\boldsymbol{u})\neq 0$，则式(16－2)可简化为

$$\frac{\mathrm{d}\boldsymbol{u}}{\mathrm{d}t}=\boldsymbol{F}(\omega,\boldsymbol{u})\quad(t,\boldsymbol{u})\in(\mathbf{R}\times\mathbf{R}^{2m})\tag{16-3}$$

称此时的轴承转子非线性动力系统式(16－3)为自治系统。

若$\boldsymbol{F}$是关于时间$t$的$T$周期函数，即满足$\boldsymbol{F}(t,\omega,\boldsymbol{u})=\boldsymbol{F}(t+T,\omega,\boldsymbol{u})$及$\boldsymbol{F}(t,\omega,0)\neq 0$，则式(16－2)简化为

$$\frac{\mathrm{d}\boldsymbol{u}}{\mathrm{d}t}=\boldsymbol{F}(t,\omega,\boldsymbol{u})=\boldsymbol{F}(t+T,\omega,\boldsymbol{u})\quad(t,\boldsymbol{u})\in(\mathbf{R}\times\mathbf{R}^{2m})\tag{16-4}$$

称此时的轴承转子非线性动力系统式(16-4)为非自治系统。本章的研究内容仅限于上述两种基本的非线性动力系统。

### 16.1.2　轴承转子非线性动力系统的主要研究内容

对一般的工程应用而言，轴承转子非线性动力系统的研究一般可分为以下四个方面：

(1) 求解，即求出系统的稳态解；

(2) 判稳，对所求出解的稳定性进行判别；

(3) 解的分岔追踪，研究系统参数变化时解的变化发展规律及结构变异问题；

(4) 解的全局性态分析，即研究不同初始条件下，系统长期发展的全局性结果。

其中以求解问题最为关键。对于一般的轴承转子非线性动力系统而言，解的形式一般包括三种：周期及平衡点解、伪周期解和混沌解。这里对平衡点解和周期解的研究最为深入，它们又可分为以下五种情况：

(1) 自治系统的平衡点解，$\boldsymbol{u}(t)=\boldsymbol{u}(0)\equiv$ 常数；

(2) 自治系统的 $\tau$ 周期解，$\boldsymbol{u}(t)=\boldsymbol{u}(t+\tau)$，即所谓“极限环”自激振动，这里周期 $\tau$ 随系统参数 $\omega$ 变化；

(3) 自治系统的次谐波解，$\boldsymbol{u}(t)=\boldsymbol{u}(t+n\tau)$，$n\in\mathbf{Z}$，这里的 $\tau$ 就是解(2)中“极限环”的周期；

(4) 非自治系统的 $T$ 周期解，$\boldsymbol{u}(t)=\boldsymbol{u}(t+T)$；

(5) 非自治系统的次谐波解，$\boldsymbol{u}(t)=\boldsymbol{u}(t+nT)$，$n\in\mathbf{Z}$。

研究上述解的稳定性及当系统参数 $\omega$ 变化时，它们之间的相互转化规律是轴承转子系统非线性研究的主要课题。这些问题属于分岔稳定性理论的研究范畴，在这一方面比较成熟的是霍普夫(Hopf)分岔理论和弗洛凯(Floquet)分岔理论，它们分别研究了自治系统的平衡点解(1)分岔成为 $\tau$ 周期解(2)以及周期稳态解(2)、(4)的分岔问题。本章将对这两种理论及其在轴承转子系统非线性研究中的应用和近年来所发展的解分岔问题的延续算法予以介绍。

对于实际工程应用而言，求得轴承转子系统的稳态解及其稳定性规律、分岔规律后，还不能说对系统的非线性研究已经完成，因为在同一系统参数条件下，可能存在多个解，系统到底以哪个解运动?解的吸引域有多大?这些问题并未得到解答。因此,还应进一步对系统的全局性态进行分析研究。这方面的研究一直是十分困难的,但在徐皆苏教授于上世纪80年代初提出胞映射解法后,这一方面的研究取得了很大进展,胞映射法已被成功地引入轴承转子非线性动力系统的全局性态的分析之中,本章亦将介绍有关这一方面的研究成果。

### 16.1.3 非线性动力系统研究的一般方法

非线性动力系统研究一般可分成定性分析法和定量分析法两种,二者的奠基人都是法国的庞加莱(Poincare)。

定性分析法,又称几何法或相平面法,是由庞加莱首先提出的。该法是在相平面上研究周期稳态解或平衡点的相图性质,从而定性地确定解的性态。此法通常以研究二维问题为主,对轴承转子这种高维非线性动力系统,因其相空间维数较高,难以得到满意的结果。

定量分析法近几十年来发展得很快,方法也很多,大体上可归结为以下两类:一类是基于摄动思想的解析方法,主要有普通小参数法、林特斯蒂脱小参数法、多尺度法、平均法、KBM法、伽辽金法、谐波平衡法等等。这类方法各具特色,对于简单的动力系统,例如可简化为二自由度的对称刚性轴承转子系统,用这类方法处理常常是很有效的,但对于复杂的高维非线性动力系统来说,这类方法则往往难以奏效,而不得不借助于数值求解。另一类定量分析方法,是随着计算机的广泛应用而发展起来的数值分析方法,包括:① 以数值积分模拟为基础的各种初值方法;② 求解周期性边值问题的各类数值方法,如打靶法、差分法、谐波平衡法、PNF法等;③ 近年来发展的各种全局分析方法、胞映射法、庞加莱型胞映射法等等。相对于解析方法,数值分析方法有适用性广、精度高等诸多优点,日益受到人们的重视,在非线性研究中的作用越来越大,是目前轴承转子非线性动力系统最主要的研究方法。

本章将着重介绍非线性动力系统分析的一般理论与数值分析方法,并运用这些方法讨论在非线性油膜力作用下转子的非线性动力学特征。

## 16.2 非线性动力系统的稳定性、分岔理论

近几十年来,非线性动力系统中复杂现象的发现,使人们不断地把新的观点和方法引入动力系统的研究之中,逐步形成了以分岔、稳定性及混沌理

论为代表的非线性动力系统现代理论及分析方法。随着计算机技术的不断进步，这些理论与方法的发展迅速超越了传统的数学界限，被越来越广泛地应用于各个学科非线性问题的研究之中。

由于轴承转子系统的物理模型均可表示为式(16-1)或式(16-2)的形式，所以研究这类动力系统稳态解的稳定性分岔问题对于轴承转子系统的非线性研究至关重要。就目前的理论水平而言，对于此类系统平衡点解和周期解的稳定性及分岔问题已有成熟的理论及研究方法，而对于其伪周期解及混沌解的研究，情况则不容乐观。本节主要介绍有关动力系统平衡点解和周期解的稳定性分岔理论。

### 16.2.1　庞加莱映射

首先介绍一个非线性动力系统研究中十分重要的概念——庞加莱映射。直接研究非线性动力系统式(16-2)

$$\boldsymbol{\phi}_t:\ \frac{\mathrm{d}\boldsymbol{u}}{\mathrm{d}t}=\boldsymbol{F}(t,\omega,\boldsymbol{u})\ (t,\omega,\boldsymbol{u})\in(\mathbf{R}\times\mathbf{R}\times\mathbf{R}^n)$$

的稳态周期解的稳定性、分岔及吸引域等问题（上式中已令式(16-2)中的 $2m=n$）。由于难以得到相空间中周期解 $\boldsymbol{u}(t)$ 的解析表达式，而用相空间中的无穷多点构成的封闭轨迹表示 $\boldsymbol{u}(t)$ 又会给数值分析带来极大的困难，因而有必要寻找表述 $\boldsymbol{u}(t)$ 的更好方式。由于非线性动力系统式(16-1)及其所定义的流 $\boldsymbol{\phi}_t$ 可以表达为如下非线性映射：

$$\boldsymbol{u}^{(n+1)}=\boldsymbol{G}(\boldsymbol{u}^{(n)})\text{ 或 }\quad\boldsymbol{u}\rightarrow\boldsymbol{G}(\boldsymbol{u})\tag{16-5}$$

其中 $\boldsymbol{G}=\boldsymbol{\phi}_t$ 是一个矢量场。又注意到我们仅关心周期稳态解 $\boldsymbol{u}(t)=\boldsymbol{u}(t+T)$ 的特点，可以将非线性动力系统转化为与之本质上完全等价而研究起来更为简单方便的点映射系统，这就是庞加莱映射系统。

对于由式(16-2)演化出的自治系统式(16-3)：

$$\boldsymbol{\phi}_t:\ \frac{\mathrm{d}\boldsymbol{u}}{\mathrm{d}t}=\boldsymbol{F}(\omega,\boldsymbol{u})\quad(t,\boldsymbol{u})\in(\mathbf{R}\times\mathbf{R}^n)$$

设 $\boldsymbol{u}(t)$ 是其在 $\mathbf{R}^n$ 中所定义的流场 $\boldsymbol{\phi}_t$ 的一个周期轨迹，即 $\boldsymbol{u}(t)$ 是上式的一个周期解。在此 $n$ 维状态空间取一个 $n-1$ 维的全局横截面 $\Sigma\subset\mathbf{R}^n$，当然此超曲面 $\Sigma$ 不必一定是超平面，但它必须与流场 $\boldsymbol{\phi}_t$ 处处横截。

这样，周期解 $\boldsymbol{u}(t)$ 与 $\Sigma$ 的同方向交点（即 $\boldsymbol{u}(t)$ 从 $\Sigma$ 的同一侧穿过 $\Sigma$ 的交点）的数目必为有限多个，若为 $K$ 个，则可称 $\boldsymbol{u}(t)$ 是系统上的 $KT$ 周期解。

因此,对于点 $q\subseteq\Sigma$ 的庞加莱映射 $\boldsymbol{P}:\Sigma\rightarrow\Sigma$ 可定义为

$$\boldsymbol{P}(q)=\boldsymbol{\phi}_{\tau}(q) \tag{16-6}$$

这里 $\tau=\tau(q)$ 是以 $q$ 为起点的流 $\boldsymbol{\phi}_{t_0}(q)$ 首次同方向返回 $\Sigma$ 所用的时间(如图 16-2 所示)。

应注意的是,$\Sigma$ 也存在某些点 $A$,以它为起点的流 $\boldsymbol{\phi}_{t_0}(A)$ 再也不同方向返回 $\Sigma$,过这些点的流 $\boldsymbol{\phi}_{t_0}(A)$ 代表着发散的暂态过程所对应的轨迹,这里并不关心这些点及其对应的暂态轨迹,统一将它们定义为 $\Sigma$ 上的迷走点而不再深入研究。

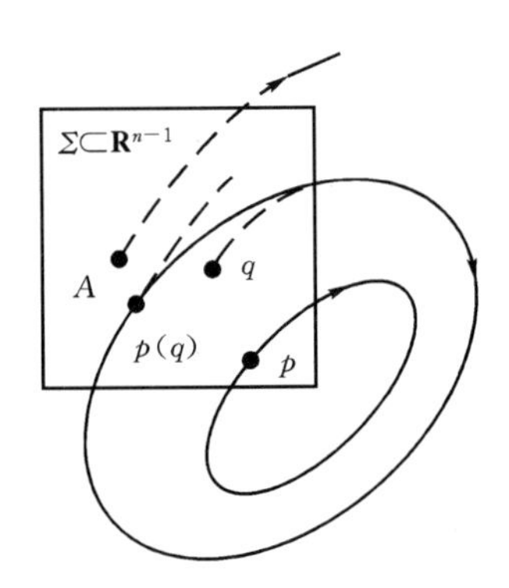


图 16-2 自治系统庞加莱映射

对于由式(16-2)演化出的非自治系统式(16-4):

$$\boldsymbol{\phi}_t:\ \frac{\mathrm{d}\boldsymbol{u}}{\mathrm{d}t}=\boldsymbol{F}(t,\omega,\boldsymbol{u})=\boldsymbol{F}(t+T,\omega,\boldsymbol{u})\quad(t,\boldsymbol{u})\in(\mathbf{R}\times\mathbf{R}^n)$$

如果把时间表示成显状态变量,那么可以以付出增加一维的代价将其转化为自治系统式(16-3)的形式:

$$\begin{cases}\dfrac{\mathrm{d}\boldsymbol{u}}{\mathrm{d}t}=\boldsymbol{F}(\theta,\omega,\boldsymbol{u})\\[2mm]\dfrac{\mathrm{d}\theta}{\mathrm{d}t}=1\quad(t,\theta,\boldsymbol{u})\in(\mathbf{R}\times S^1\times\mathbf{R}^n)\end{cases} \tag{16-7}$$

相空间是流形 $S^1\times\mathbf{R}^n$,这里圆分量 $S=R(\mathrm{mod}T)$ 反映了矢量场 $\boldsymbol{F}$ 对变量 $\theta$ 的周期依赖性。这时可以定义一个全局横截面

$$\Sigma=\{(\theta,\boldsymbol{u})\in S^1\times\mathbf{R}^n\mid_{\theta=\theta_0}\} \tag{16-8}$$

此时,所有的解 $(\theta,\boldsymbol{u})$ 均与 $\Sigma$ 相交,所以此处对于点 $q\in\Sigma$ 的庞加莱映射 $\boldsymbol{P}$:$\Sigma\rightarrow\Sigma$ 可定义为

$$\boldsymbol{P}(q)=\boldsymbol{u}(\theta_0+T,q) \tag{16-9}$$

其中，$\boldsymbol{u}(t,q)$ 是非自治系统的一个以 $\boldsymbol{u}(\theta_0,q)=\boldsymbol{u}_0$ 为初始点的解，如图16－3所示。应注意的是，此时 $\Sigma$ 上不存在像自治系统 $\Sigma$ 截面上可能出现的迷走点 $A$。

尽管自治系统式(16－3)和非自治系统式(16－4)离散建立庞加莱点映射系统的方法有所不同，但它们最后均可得到形式上完全相同的庞加莱点映射系统。所以，可以不加区分地将其记为

$$\boldsymbol{u}^{(k+1)}=\mathbf{P}(\boldsymbol{u}^{(k)})\quad k\in\mathbf{Z}\tag{16-10}$$

或

$$\boldsymbol{u}\rightarrow\mathbf{P}(\boldsymbol{u})\tag{16-11}$$

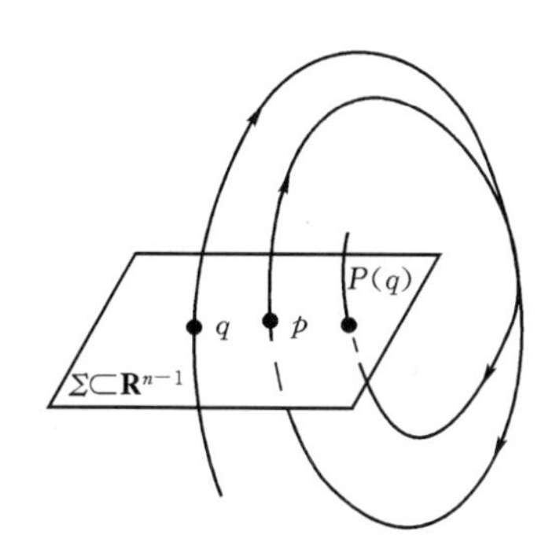


图16－3　非自治系统庞加莱映射

根据这样的定义，显然 $kT$ 周期解 $\boldsymbol{u}(t)=\boldsymbol{u}(t+kT)$，$k\in\mathbf{Z}$，与庞加莱横截面 $\Sigma$ 的交点 $p_1,p_2,\cdots,p_k$ 均是点映射 $P$ 的 $P-k$ 周期点，即

$$\mathbf{P}^k(p_i)=p_i\quad i=1,2,\cdots,k\tag{16-12}$$

这些 $P-k$ 周期点 $p_i(i=1,2,\cdots,k)$ 在 $\Sigma$ 上的吸引域就是解 $\boldsymbol{u}(t)=\boldsymbol{u}(t+kT)$ 在状态空间中的吸引域被庞加莱截面 $\Sigma$ 所截得的部分，而这些 $P-k$ 周期点对点映射 $\boldsymbol{P}$ 的稳定性则反映了解 $\boldsymbol{u}(t)=\boldsymbol{u}(t+kT)$ 对流 $\boldsymbol{\phi}_t$ 的稳定性。

由于由原动力系统建立起来的点映射系统仅关心庞加莱截面 $\Sigma$ 上的点及其映射规律，而不关心整个状态空间中解的轨迹上其他点的性质，因此问题的研究得以简化，并十分有助于数值方法的进一步应用。

## 16.2.2　非线性动力系统稳定性分析的一般方法

由前可知，利用庞加莱映射，连续动力系统式(16－2)可转化为与之完全等价的离散动力系统

$$\boldsymbol{u}^{(k+1)} = \boldsymbol{P}(\boldsymbol{u}^{(k)}) \quad k \in \mathbf{Z}$$

或

$$\boldsymbol{u} \to \boldsymbol{P}(\boldsymbol{u}) \tag{16-13}$$

于是对于连续动力系统式(16-2)的分析可以用对离散动力系统式(16-13)的分析来取得。本文根据不同的需要分别采用动力系统的连续型式(16-2)和离散型式(16-13)这两种表达形式。

一般说来,目前非线性问题的稳定性分析方法本质上都是线性化的方法。假设动力系统式(16-3)存在稳态解 $\boldsymbol{u}^e(t)$,如果 $\boldsymbol{u}^e(t)$ 施加的初始小摄动随时间而增长,那么 $\boldsymbol{u}^e(t)$ 是不稳定的;如果它被逐渐衰减掉,那么 $\boldsymbol{u}^e(t)$ 对小摄动是稳定的,即李雅普诺夫意义下是稳定的。

对于无限小摄动的稳定性理论即是线性化理论,因为在摄动方程中高阶项相对于线性项可以忽略不计。假设 $\boldsymbol{u}^e(t,\omega)$ 是动力系统式(16-2)的一个稳态解,$\delta\boldsymbol{v}$ 是$\boldsymbol{u}$ 的一个小摄动,这里 $\delta$ 是一个任意给定的常量,代入式(16-2),有

$$\delta \frac{\mathrm{d}\boldsymbol{v}}{\mathrm{d}t} = \boldsymbol{F}(t,\omega,\boldsymbol{u}+\delta\boldsymbol{v}) - \boldsymbol{F}(t,\omega,\boldsymbol{u}) \tag{16-14}$$

当 $\delta \to 0$ 时,摄动趋于无限小,那么式(16-14)可写为

$$\begin{aligned} \frac{\mathrm{d}\boldsymbol{v}}{\mathrm{d}t} &= \lim_{\delta\to 0} \frac{\boldsymbol{F}(t,\omega,\boldsymbol{u}^e+\delta\boldsymbol{v}) - \boldsymbol{F}(t,\omega,\boldsymbol{u}^e)}{\delta} \\ &\overset{\text{def}}{=} \boldsymbol{F}'_u(t,\omega,\boldsymbol{u}^e \mid \boldsymbol{v}) \\ &= \boldsymbol{A}(t,\omega,\boldsymbol{u}^e)\cdot\boldsymbol{v} \end{aligned} \tag{16-15}$$

这里 $\boldsymbol{A}(t,\omega,\boldsymbol{u}^e) = \boldsymbol{F}'_u(t,\omega,u^e \mid \cdot)$ 是一个对竖线后面变量的线性算子。对于 $n$ 维问题,这是一个 $n\times n$ 的矩阵函数,一般称之为矢量场 $\boldsymbol{F}$ 在 $\boldsymbol{u}=\boldsymbol{u}^e$ 处的雅可比矩阵或导函数。对于非线性自治系统式(16-3),式(16-15)还可简化为

$$\frac{\mathrm{d}\boldsymbol{v}}{\mathrm{d}t} = \boldsymbol{F}'_u(\omega,\boldsymbol{u}^e \mid \boldsymbol{v}) = \boldsymbol{A}(\omega,\boldsymbol{u}^e)\cdot\boldsymbol{v} \tag{16-16}$$

类似地,对于式(16-13)表达的离散动力系统的不动点 $\boldsymbol{u}^*$,有

$$\boldsymbol{u}^* + \delta\,\boldsymbol{v}_{k+1} = \boldsymbol{P}(\boldsymbol{u}^{(k)} + \delta\,\boldsymbol{v}_k) \tag{16-17}$$

这里

$$\boldsymbol{u}^* = \boldsymbol{u}^e(t_k,\omega) = \boldsymbol{u}^e(t_k+T,\omega)$$

$$\boldsymbol{v}_k = \boldsymbol{v}(t_k)$$

$$\boldsymbol{v}_{k+1} = \boldsymbol{v}(t_k+T)$$

因此 $\delta \to 0$ 时,对应于无限小摄动可得

$$\boldsymbol{u}^* + \delta\,\boldsymbol{v}_{k+1} = \boldsymbol{P}(\boldsymbol{u}^*) + \boldsymbol{P}'_u\cdot\delta\boldsymbol{v}_k$$

故

$$\boldsymbol{v}_{k+1} = \boldsymbol{P}'_u\cdot\boldsymbol{v}_k \qquad k\in\mathbf{Z} \tag{16-18}$$

这里 $\boldsymbol{P}'_u$ 是庞加莱映射在不动点 $\boldsymbol{u}^*$ 处的线性化形式，它是一个常矩阵。

可以证明式(16－15)和式(16－18)两式是完全等价的，分别为连续和离散形式的摄动方程，通过对摄动方程的讨论就可以判别系统稳态解 $\boldsymbol{u}^e(t,\omega)$ 的稳定性。李雅普诺夫证明了摄动方程所得的结论在考虑非线性项时仍然成立。

### 16.2.3　非线性动力系统平衡点解的霍普夫分岔理论

霍普夫分岔理论研究的是自治系统平衡点解分岔产生稳态周期解的问题，是基于经典稳定性理论从摄动方程零解稳定性判别平衡点解稳定性的思想得到的稳定性理论，即考察摄动方程(16－15)的线性算子 $\boldsymbol{F}'_u(t,\omega,\boldsymbol{u}^e\mid\cdot)$ 的谱，也就是平衡点解雅可比矩阵的特征值来确定稳态平衡点解的稳定性及分岔临界点。所以实质上，霍普夫分岔理论是线性化的稳定性理论。

对于自治系统式(16－3)：

$$\frac{\mathrm{d}\boldsymbol{u}}{\mathrm{d}t}=\boldsymbol{F}(\omega,\boldsymbol{u})\qquad(t,\boldsymbol{u})\in(\mathbf{R}\times\boldsymbol{R}^{2n})$$

当外参数 $\omega$ 为一确定值 $\omega_m$ 时，满足

$$\boldsymbol{F}(\omega_m,\boldsymbol{u}^s)=0\qquad\boldsymbol{u}^s\in\mathbf{R}^n\tag{16-19}$$

的点 $\boldsymbol{u}^s$ 即为此系统此时的平衡点解。由上节知，平衡点解在李雅普诺夫意义下的稳定性可用线性化系统

$$\frac{\mathrm{d}\boldsymbol{v}}{\mathrm{d}t}=\boldsymbol{F}'_u(\omega,\boldsymbol{u}^s\mid_v)=\mathbf{A}(\omega,\boldsymbol{u}^s)\cdot\boldsymbol{v}\tag{16-20}$$

在 $\boldsymbol{u}^s$ 处的雅可比矩阵 $\mathbf{A}(\omega_m,\boldsymbol{u}^s)=\boldsymbol{F}'_u(\omega_m,\boldsymbol{u}^s\mid\cdot)$ 的特征值判定，此时雅可比矩阵 $\mathbf{A}(\omega_m,\boldsymbol{u}^s)$ 是一个 $n\times n$ 的常矩阵。

**定理**1　对于自治系统式(16－3)平衡点 $\boldsymbol{u}^s$，如果其线性化系统的雅可比矩阵 $\mathbf{A}(\omega_m,\boldsymbol{u}^s)$ 的所有特征值均有负实部，则 $\boldsymbol{u}^s$ 是渐进稳定的；而当 $\mathbf{A}(\omega_m,\boldsymbol{u}^s)$ 至少有一个特征值的实部为正时，$\boldsymbol{u}^s$ 不稳定。

随着外参数 $\omega$ 的变化，平衡点解会发生失稳而导致系统式(16－3)结构稳定性的丧失，产生分岔现象，其分岔方式多种多样。由于在轴承转子系统中，系统的平衡点解失稳时发生分岔的主要形式之一是霍普夫型分岔，因此本章对平衡点分岔的研究仅限于此种分岔形式。其判别准则如下：

设自治系统式(16－3)的平衡点解 $\boldsymbol{u}^s$ 和 $\omega=\omega_c$ 处满足：

①$\boldsymbol{F}(\omega,\boldsymbol{u})$ 在 $(\omega_c,\boldsymbol{u}^s(\omega_c))$ 的邻域内均可导；

②$\boldsymbol{F}(\omega,\boldsymbol{u})$ 在稳态解 $\boldsymbol{u}^s(\omega_c)$ 处的雅可比矩阵 $\boldsymbol{F}'_u(\omega_c,\boldsymbol{u}^s(\omega_c)\mid\cdot)$，有一对纯虚非零特征值 $\pm \mathrm{i}\beta_0(\beta_0>0)$，并且其余 $n-2$ 个特征值均有负实部；

③ $\left.\dfrac{\mathrm{d}\alpha}{\mathrm{d}\omega}\right|_{\omega=\omega_c}\neq 0$。这里 $\alpha(\omega)\pm \mathrm{i}\beta(\omega)$ 为 $\boldsymbol{F}'_u\mid_{\omega=\omega_c}$ 对于 $\pm \mathrm{i}\beta_0$ 连续展开的特征值，则称稳态平衡点解 $\boldsymbol{u}^s(\omega_c)$ 失稳。霍普夫证明自治系统式(16-1)将在 $(\omega,\boldsymbol{u}(\omega))=(\omega_c,\boldsymbol{u}^s(\omega_c))$ 处从稳态平衡点解 $\boldsymbol{u}^s(\omega_c)$ 分岔出一个非常量的周期解 $\boldsymbol{u}^H$，对应于系统的自激振动“极限环”。

霍普夫分岔根据分岔时产生周期解的情况的不同，可进一步分为超临界和亚临界分岔两种：

(1) 若 $\omega>\omega_c$，系统由平衡点解 $\boldsymbol{u}^s(\omega_c)$ 分岔出一个稳定的周期解 $\boldsymbol{u}^H$，并且当 $\omega\rightarrow\omega_c$ 时，周期解 $\boldsymbol{u}^H\rightarrow u^s(\omega_c)$，则称之为超临界霍普夫分岔。其分岔特征为：周期解的产生是渐变的，随 $\omega$ 的变化，系统不出现“跳跃迟滞”现象，如图16-4(a) 所示。

(2) 若 $\omega<\omega_c$，系统由平衡点解 $\boldsymbol{u}^s(\omega_c)$ 分岔出一个不稳定的周期解 $\boldsymbol{u}^H$，并且当 $\omega\rightarrow\omega_c$ 时，周期 $\boldsymbol{u}^H\rightarrow\boldsymbol{u}^s(\omega_c)$，则称之为亚临界霍普夫分岔。其分岔特征为：周期解的产生是突变的，随 $\omega$ 的变化，系统将出现“跳跃迟滞”现象，这是由于不稳定的周期解外往往还存在一个稳定的周期解所致，如图 16-4(b) 所示。

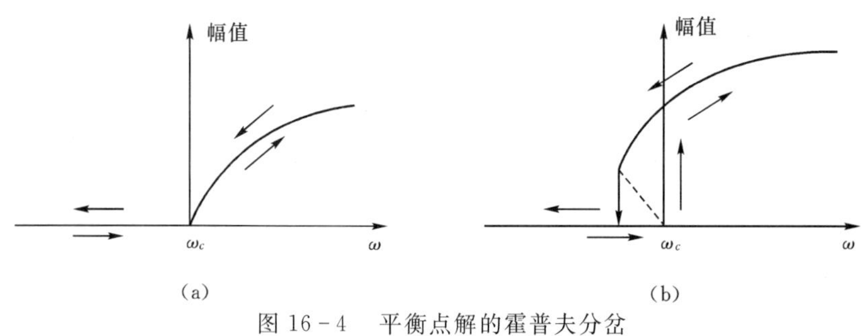


图 16-4　平衡点解的霍普夫分岔

(a) 超临界霍普夫分岔；(b) 亚临界霍普夫分岔

综上所述，对于平衡点解的霍普夫分岔，由于对应的摄动方程(16-15)中的雅可比矩阵是常矩阵，因此可以直接分析式(16-15)来确定自治系统式(16-3)的稳态平衡点解的分岔，而不会遇到什么困难。然而对于稳态周期解分岔的情况，问题将远为复杂，而不得不引进新的分析方法——弗洛凯理论。

### 16.2.4　非线性动力系统稳态周期解的稳定性分岔理论

弗洛凯理论是研究周期系数的线性微分方程对原点的稳定性的理论，利用它可以解释非线性动力系统稳态周期解的分岔问题，并将平衡点解的霍普夫分岔归结为这类分岔问题的一个特例。

与平衡点解的霍普夫分岔理论相同，弗洛凯理论也是基于经典稳定性理论从摄动方程零解稳定性判别未扰周期运动稳定性的思想得到的稳定性理论，同样是一种线性化的稳定性理论。

**1. 弗洛凯理论**

对于一个给定的外参数 $\omega$ 和这时的稳态周期解 $u_p$，$u_p$ 的周期为 $T$，即 $u_p=u_p(t+T)$，其摄动方程为

$$\frac{\mathrm{d}\boldsymbol{v}}{\mathrm{d}t}=\boldsymbol{F}'_u(t,\omega,\boldsymbol{u}_p\Big|_v)=\boldsymbol{A}(t)\cdot\boldsymbol{v} \tag{16-21}$$

其中，$\boldsymbol{A}(t)=\boldsymbol{A}(t+T)$ 是一个周期为 $T$ 的矩阵函数。这里方程(16－21)可以统一地代表自治和周期非自治系统的稳态周期解的摄动方程。

弗洛凯定理指出，若 $\boldsymbol{V}(t)$ 是方程(16－21)的一个基解矩阵，则必存在一个非奇异的 $T$ 周期矩阵 $\boldsymbol{\Phi}(t)=\boldsymbol{\Phi}(t+T)$ 和一个常矩阵 $\boldsymbol{D}$，使得

$$\boldsymbol{V}(t)=\boldsymbol{\Phi}(t)\cdot\mathrm{e}^{t\boldsymbol{D}} \tag{16-22}$$

同时，根据方程(16－21)中 $\boldsymbol{A}(t)$ 的周期性特点，有

$$\frac{\mathrm{d}\boldsymbol{V}(t+T)}{\mathrm{d}t}=\boldsymbol{A}(t+T)\cdot\boldsymbol{V}(t+T)=\boldsymbol{A}(t)\cdot\boldsymbol{V}(t+T) \tag{16-23}$$

所以 $\boldsymbol{V}(t+T)$ 也是方程(16－21)的基解矩阵，且根据方程(16－21)有

$$\boldsymbol{V}(t+T)=\boldsymbol{\Phi}(t+T)\cdot\mathrm{e}^{(t+T)\boldsymbol{D}}=\boldsymbol{\Phi}(t)\cdot\mathrm{e}^{t\boldsymbol{D}}\cdot\mathrm{e}^{T\boldsymbol{D}}=\boldsymbol{V}(t)\cdot\mathrm{e}^{T\boldsymbol{D}} \tag{16-24}$$

或简记为

$$\boldsymbol{V}(t+T)=\boldsymbol{V}(t)\cdot C \tag{16-25}$$

式中，$\boldsymbol{C}$ 是一个常矩阵。

任取方程(16－21)的两个基解矩阵 $\boldsymbol{V}_1(t)$ 和 $\boldsymbol{V}_2(t)$，则对应地有满足方程(16－25)的常矩阵 $\boldsymbol{C}_1$ 和 $\boldsymbol{C}_2$，使得

$$\begin{cases}\boldsymbol{V}_1(t+T)=\boldsymbol{V}_1(t)\cdot\boldsymbol{C}_1\\ \boldsymbol{V}_2(t+T)=\boldsymbol{V}_2(t)\cdot\boldsymbol{C}_2\end{cases} \tag{16-26}$$

同时一定存在非奇异的常数矩阵 $\boldsymbol{S}$,使得

$$\boldsymbol{V}_2(t) = \boldsymbol{V}_1(t) \cdot \boldsymbol{S} \tag{16-27}$$

于是

$$\boldsymbol{V}_2(t+T) = \boldsymbol{V}_1(t+T) \cdot \boldsymbol{S} = \boldsymbol{V}_1(t) \cdot \boldsymbol{C}_1\boldsymbol{S} = \boldsymbol{V}_2(t) \cdot \boldsymbol{S}^{-1}\boldsymbol{C}_1\boldsymbol{S} \tag{16-28}$$

即

$$\boldsymbol{C}_2 = \boldsymbol{S}^{-1}\boldsymbol{C}_1\boldsymbol{S} \tag{16-29}$$

因此,$\boldsymbol{C}$ 是一族相似的常矩阵,同理 $\boldsymbol{D}$ 也是一族相似矩阵,即它们的特征值与所给的初始条件和基解矩阵的选择无关,而由方程(16-21)中的 $\boldsymbol{A}(t)$ 唯一确定。分别定义 $\boldsymbol{C}$ 和 $\boldsymbol{D}$ 为方程(16-21)的离散和连续的状态传递矩阵,定义 $\boldsymbol{C}$ 和 $\boldsymbol{D}$ 的特征值 $\lambda$ 和 $\sigma$ 分别为弗洛凯乘子和弗洛凯指数,则从式(16-22)和式(16-23)可以看出它们决定了式(16-21)解对原点的稳定性。

根据 $\boldsymbol{C}$ 与 $\boldsymbol{D}$ 的关系可得

$$\lambda = \mathrm{e}^{\sigma T} = \mathrm{e}^{\mathrm{Re}(\sigma T)}[\cos(\mathrm{Im}(\sigma T)) + \mathrm{i} \cdot \sin(\mathrm{Im}(\sigma T))] \tag{16-30}$$

以及

$$\begin{cases} \mathrm{Re}(\sigma) = \dfrac{1}{T} \cdot \ln|\lambda| \\ \mathrm{Im}(\sigma) = \dfrac{1}{T} \cdot \arctan\left[\dfrac{\mathrm{Im}(\lambda)}{\mathrm{Re}(\lambda)}\right] \end{cases} \tag{16-31}$$

值得注意的是,$\sigma$ 具有多值性,实际应用中应取

$$0 \leqslant \mathrm{Im}(\sigma) \leqslant \frac{2\pi}{T}$$

的那些。

**2. 稳态周期解的稳定性与分岔**

现在我们来讨论如何利用 $\lambda$ 和 $\sigma$ 判断式(16-21)任意解对原点的稳定性,并进而得到原动力系统式(16-2)稳态周期解的稳定性判据及分岔条件。

令基解矩阵 $\boldsymbol{V}(t)$ 在初始时刻 $t_0$ 时为一单位矩阵,即

$$\boldsymbol{V}(t_0) = \boldsymbol{I} \tag{16-32}$$

则

$$\boldsymbol{V}(t_0+T) = \boldsymbol{V}(t_0) \cdot \boldsymbol{C} = \boldsymbol{C} \tag{16-33}$$

又设 $\boldsymbol{v}(t)$ 为某一时刻 $t$ 时的小扰动,而 $\boldsymbol{v}(t+T)$ 则为 $\boldsymbol{v}(t)$ 经过一个周期 $T$ 后的小扰动,则

$$\boldsymbol{v}(t_0) = \boldsymbol{V}(t_0) \cdot \boldsymbol{\phi}_i = \boldsymbol{\phi}_i \qquad \boldsymbol{\phi}_i \in \mathbf{R}^n \tag{16-34}$$

$$\boldsymbol{v}(t_0+T)=V(t_0+T)\cdot\phi_i=\boldsymbol{V}(t_0)\cdot\boldsymbol{C}\cdot\phi_i=\boldsymbol{C}\cdot\phi_i\quad \phi_i\in\mathbf{R}^n \tag{16-35}$$

因此

$$S_i=\frac{\|\boldsymbol{v}(t_0+T)\|}{\|\boldsymbol{v}(t_0)\|}\leqslant\|\boldsymbol{C}\| \tag{16-36}$$

所以,若设 $S_{\max}$ 为 $S_i$ 的最大值,则

$$S_{\max}=\|\boldsymbol{C}\|=\max_{i=1,\cdots,n}(|\boldsymbol{\lambda}_i|) \tag{16-37}$$

于是可得下列结论:

① 原动力系统式(16-2)的周期解 $\boldsymbol{u}_p$ 稳定的充分条件是其对应的弗洛凯乘子模的最大值小于 1,即所有弗洛凯乘子均在复平面上的单位圆内;

② 当弗洛凯乘子模的最大值大于 1 时,$\boldsymbol{u}_p$ 不稳定;

③ 当弗洛凯乘子模的最大值等于 1 时,$\boldsymbol{u}_p$ 处于临界稳定状态。

同时,随着外参数 $\omega$ 的变化,与平衡点解类似,原动力系统式(16-2)的周期解也会发生失稳而产生多种多样分岔现象。进一步的研究表明,根据模最大的弗洛凯乘子穿出单位圆时位置的不同(见图 16-5),周期解 $\boldsymbol{u}_p$ 的失稳分岔方式可分为以下三种:

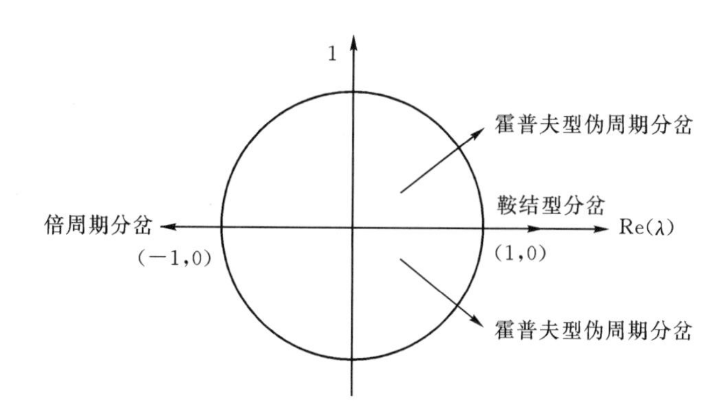


图 16-5　弗洛凯乘子指示的周期解失稳的三条道路

(1) 当一个模最大的弗洛凯乘子由(1,0)穿出单位圆时,周期解失稳分岔的可能方式主要有鞍结分岔、叉型分岔和对称破损分岔等多种情况,视系统的不同而不同。为叙述方便,本章将这种情况统称为鞍结型分岔。

(2) 当一个模最大的弗洛凯乘子由(−1,0)穿出单位圆时,周期解将通过倍周期分岔而失稳。此时,经过分岔点后,$T$ 周期解将通过轨道裂解变成 $2T$ 周期解,$2T$ 周期解变成 $4T$ 周期解……这种倍周期解分岔的结果最终将导致系统的混沌运动。

(3) 当一对模最大的乘子以共轭复数方式(虚部不为 0) 穿出单位圆时，周期解将经霍普夫型伪周期分岔产生伪周期解。

同理可得用弗洛凯指数 $\sigma$ 对周期解进行稳定性及分岔判别的判据，在此不再赘述。

### 16.2.5 非线性动力系统的伪周期解及混沌解

伪周期解和混沌解是非线性动力系统式(16－2) 除平衡点及周期解外的其余两种稳态运动形式，相对来说也是更为复杂的稳态运动形式，它们的存在使得我们所处的客观世界更加丰富多彩。对于伪周期解和混沌解，目前仍没有成熟的稳定性理论。表 16－1 中给出了这两种稳态解运动表现出的与周期解不同的特征。

**表 16－1 周期解、伪周期解及混沌解的特征对比**

| 对比项目 | 运动状态 | | |
|---|---|---|---|
| | 周期解 | 伪周期解 | 混沌解 |
| 时间历程 | 规律，周期重复 | 有“拍”出现 | 无规律，不重复 |
| 相空间轨迹 | 闭曲线 | 环面上永不重复的运动轨线 | 有限区域内永不重复，貌似随机的运动轨线 |
| 功率谱 | 离散的谱线；所有谱线对应的频率可共约 | 离散的谱线，至少有两条谱线对应的频率不可共约 | 带有宽噪声背景的连续谱线 |
| 庞加莱截面上穿越点的形状 | 有限个孤立点 | 无穷个点构成的闭曲线 | 分布在一定区域上的不可数点集 |
| 产生道路 | 1. 周期非自治系统的“固 有”解<br>2. 自治系统的霍普夫分岔 产生的周期解<br>3. 周期解经倍周期分岔产 生的亚谐波解 | 周期解伪周期分岔 | 1. 倍周期分岔道路<br>2. 伪周期分岔道路<br>3. 阵发性道路 |

应指出的是，伪周期解和混沌解这两种稳态运动形式和周期解有着直接的联系，伪周期解一般由周期解经伪周期分岔而产生，而混沌解的三条产生道路也均是由周期解开始的：倍周期分岔道路实际就是周期解不断裂解、周期不断加倍，最终进入混沌的道路；伪周期分岔道路则是由周期解经伪周期分岔产生伪周期解，再经伪周期分岔产生混沌的道路；而阵发性道路则更表现为周期解与混沌的交替出现。因此，对周期解及其分岔规律的深入研究无疑有助于对伪周期解和混沌解这两种稳态运动形式的认识，这也是本章后面对轴承转子系统的非线性研究以周期解讨论为主线的原因所在。

# 16.3　轴承转子非线性动力系统稳定性、分岔问题的数值分析方法

非线性动力系统研究的方法很多,大体可分为解析方法和数值方法两类,而对于轴承转子系统这种复杂的高维非线性动力系统来说,解析的方法往往难以奏效,因而数值研究方法便成了分析轴承转子系统稳定性分岔问题的主要手段。

平衡点解和周期解是轴承转子系统最基本的两种稳态运动形式,对于它们的求解和判稳问题,人们已先后发展了许多有效的数值求解方法。然而,要直接将这些方法用于研究外参数变化时系统解的稳定性分岔规律,则难免有些差强人意。因此,发展适用于研究外参数变化时轴承转子系统稳定性分岔规律的数值分析方法势在必行。

## 16.3.1　轴承转子系统平衡点解的预测追踪算法

平衡点解是平衡轴承转子系统的固有解。在线性分析理论中,它被称为系统的静态工作点;由于油膜力的非线性作用,系统静态工作点的确定实际上是一个非线性方程组迭代求解的过程。常见的求解方法为:在一个确定的工作转速下,约定一个迭代初值,然后通过对非线性方程组的迭代求解,最终确定系统在此工作转速下的静态工作点。若要考虑工作转速不同系统静态工作点的变化情况,则必须在每一工作转速下重复上述求解过程。显然,这种求解方法使得每一工作转速下系统静态工作点的确定都是一个全新的非线性方程组迭代求解过程。因此,用这种方法研究不同工作转速下系统静态工作点的变化情况,效率不高。

为此,这里结合轴承转子系统,给出一种非线性动力系统平衡点解的预测追踪算法,它将外参数变化对系统平衡点解曲线的求解分为预估计和校正两个步骤,大大提高了求解效率。现介绍如下:

求非线性自治系统式(16-3)

$$\frac{\mathrm{d}\boldsymbol{u}}{\mathrm{d}t}=\boldsymbol{F}(\omega,\boldsymbol{u})\quad(t,\boldsymbol{u})\in(\mathbf{R}\times\mathbf{R}^{2n})$$

平衡点解曲线的问题可以转化为求单参数的非线性代数方程组

$$\boldsymbol{F}(\omega,\boldsymbol{u})=0\quad(\omega,\boldsymbol{u})\in(\mathbf{R}\times\mathbf{R}^{2n})\tag{16-38}$$

解的问题。

非线性方程(16－38)求解的主要困难在于解的分岔及由此产生的多解现象,然而,这些现象在客观实际中往往反映着状态的突变和跳跃,是非线性问题有别于线性问题的重要特征,因而格外为人们所关注,并迅速成为非线性研究中一个新的研究方向。

要了解在外参数连续变化时自治系统式(16－3)平衡点解的发展过程及其分岔演化规律,就必须对非线性方程(16－38)随外参数变化时的解曲线进行连续地追踪。这种研究方法一般需要解决三个问题:

(1) 如何实现对解曲线的追踪;

(2) 如何判断和搜寻分岔点;

(3) 如何计算分岔点处的分岔方向,进而实现对分岔后解曲线的追踪。

一般说来,问题(3)远比问题(1)及(2)复杂,目前仍处于对小系统特定分岔形式的探索性研究阶段。这里着重讨论问题(1),并简单介绍问题(2)研究的一般方法。

问题(1)就是预测追踪算法如何具体实施,一个自然而然而且也是目前仍广泛使用的方法是采用外参数 $\omega$ 为控制参数,每次在确定的 $\omega$ 下用牛顿法或类似方法通过求解非线性方程(16－38)得到相应的 $\boldsymbol{u}$,这样,在有限步长控制下不断改变外参数 $\omega$ 的取值,就可以计算出一组与之对应的 $\boldsymbol{u}$ 值,从而得到方程(16－38)的解曲线上的一组点,这种方法本书称之为 $\omega$ 参数法。

对于 $\omega$ 参数法,由于求解非线性方程(16－38)的牛顿型数值方法是局部稳定的,而方程求解所需初始值的选取主要取决于计算者的经验,并无特殊考虑,因此迭代初始值的选取不当不仅会浪费很多计算时间,甚至还可能造成求解失败,特别是在分岔点附近当同一参数值下存在多个解时,情况更是如此。实用中发现,对于简单非线性系统,由于其自由度数一般较少,迭代初始值确定的困难相应地也较小,因此用 $\omega$ 参数法追踪其解在外参数变化时的变化过程,尚可取得较好的计算结果;而对于自由度数较多的复杂非线性系统,用 $\omega$ 参数法直接追踪其解的发展过程则往往难以取得满意的计算结果。

为克服 $\omega$ 参数法的不足,更有效地求解非线性方程(16－38)的解曲线,人们提出了各种方法,其中较为成熟的做法是将求解非线性方程(16－38)的解曲线的问题转化为常微分方程柯西(Cauchy)问题:

$$\begin{cases}\dot{\boldsymbol{u}}(\omega)=-\left[\boldsymbol{F}'_u(\omega,\boldsymbol{u})\right]^{-1}\times\boldsymbol{F}'_\omega(\omega,\boldsymbol{u})\\ \boldsymbol{u}(\omega_0)=\boldsymbol{u}_0\end{cases}\tag{16-39}$$

这样,采用欧拉法或其他更高阶数值方法求得一条通过$(u_0,\omega_0)$的积分曲线

就是方程(16－38)的解曲线。若采用欧拉型积分公式,则有

$$\begin{cases}\boldsymbol{u}_{k+1}=\boldsymbol{u}_k-[\boldsymbol{F}'_{u}(\omega_k,\boldsymbol{u}_k)]^{-1}\times\boldsymbol{F}'_{\omega}(\omega_k,\boldsymbol{u}_k)\times\Delta\omega\\ \omega_{k+1}=\omega_k+\Delta\omega\end{cases}\tag{16-40}$$

与通常的常微分方程数值求解不同的是,式(16－39)的积分曲线隐含非线性方程式(16－38)之中,因此在式(16－39)的一步步求解过程中,可以不时地利用式(16－38)进行一般牛顿迭代的修正过程

$$\boldsymbol{u}_{c,k}^{(i+1)}=\boldsymbol{u}_{c,k}^{(i)}-[\boldsymbol{F}'_{\boldsymbol{u}}(\omega_k^{(i)},\boldsymbol{u}_{c,k}^{(i)})]^{-1}\times\boldsymbol{F}'_{\omega}(\omega_k^{(i)},\boldsymbol{u}_{c,k}^{(i)})\tag{16-41}$$

使近似解点充分逼近解曲线,误差满足精度要求。上述求解过程通常被称为预测校正法(predict-correct)。

具体实施上述算法,步长 $\Delta\omega$ 的选取十分重要,较大的步长会造成求得的解突然从一个解支跳到另一个解支。为避免这种情况的发生,可以增加约束条件,要求第 $k$ 步预测解的方向与第 $k+1$ 步实际求得解的方向间的夹角 $\alpha$ 小于某一事先给定 $\alpha_{\max}$,即

$$\alpha=\arccos\left[\frac{(\boldsymbol{u}_{p,k}-\boldsymbol{u}_{s,k})^{\mathrm{T}}\cdot(\boldsymbol{u}_{s,k+1}-\boldsymbol{u}_{s,k})}{\|\boldsymbol{u}_{p,k}-\boldsymbol{u}_{s,k}\|\cdot\|\boldsymbol{u}_{s,k+1}-\boldsymbol{u}_{s,k}\|}\right]\leqslant\alpha_{\max}\tag{16-42}$$

如果条件式(16－42)不能满足,则将步长 $\Delta\omega$ 减半,重新计算第 $k+1$ 步的解。但过小的步长又会使求解时间增大,算法效率降低,因而选择一个合适的 $\alpha_{\max}$ 值十分重要。

综上所述,与 $\omega$ 参数法相比,由于上述算法多了对第 $k+1$ 步解 $\boldsymbol{u}_{k+l}$ 进行预测这关键的一步,不仅节省了大量计算时间,而且大大提高了求解的成功率,从而能更有效地研究非线性动力系统解随外参数变化时的稳定性分岔规律。

关于问题(2),只需连续考察每一步求解时得到的雅可比矩阵特征值中具有最大实部的一对复根,当其实部变号时,根据 16.2 节中介绍的霍普夫分岔理论知,系统将发生霍普夫分岔,这时利用二分法或牛顿插值法就可确定分岔点的位置。

按照上述算法的基本思想,编制了适用于平衡轴承转子系统平衡点解的预测追踪、稳定性判别及分岔点确定的计算程序,该程序既可用于刚性轴承转子系统,也可用于柔性轴承转子系统,下面给出此方法的一个应用实例。

**算例 1**　由于旨在说明算法的正确性和有效性,这里仅以一个最简单的刚性轴承转子系统进行说明。此系统的动力模型及运动微分方程参见后面章节的式(16－94),支承采用帕金斯(Pinkns)的无限长轴承模型,系统参数 $S=1$。图 16－6 给出的是无量纲转速 $\omega$ 从 1 到平衡点解的霍普夫分岔点

$\omega_H^0=3.165$,系统平衡点解的预测值与迭代求出的真实值的对比图示,步长为0.05;图16-7则为平衡点解相应雅可比矩阵特征值最大实部(Re$\lambda$)的变化规律,可以看出系统平衡点解的预测值相当准确。实际计算表明,采用预测追踪算法后,求解效率大大提高,计算时间约为$\omega$参数法的1/5。

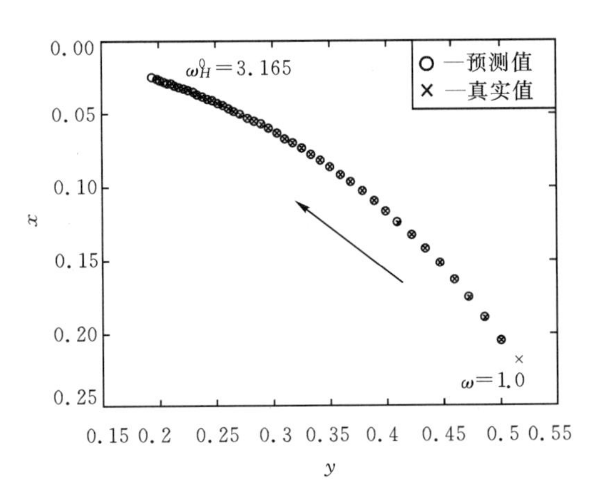


图16-6　平衡点解的预测值与真实值的对比

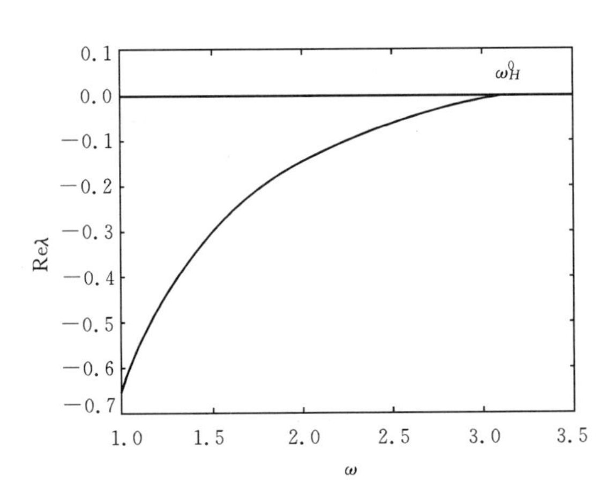


图16-7　雅可比矩阵特征值的最大实部

## 16.3.2　轴承转子系统周期解的预测追踪算法

由于实际的轴承转子系统总会有不平衡量存在,所以研究不平衡轴承转子系统稳态周期解的稳定性分岔规律更具有现实意义。要研究非线性动力系统式(16－2)稳态周期解随外参数变化时的稳定性分岔规律，首先就必须求出这个解，而这本身就是一个难题。对于动力系统式(16－2)而言，由于一般难于解析求解，所以只能考虑数值方法，其中最早的一种就是直接积分法。此算法简单可靠，至今仍被用来对其他方法的计算结果进行验证，然而用它来求周期解，不仅耗资费时，而且由于其本身的局限性，它只能求得稳定的周期解，无法求得不稳定的周期解，所以难以在系统周期解的稳定性分岔问题的研究中发挥更大的作用。为克服这些不足，人们先后提出了多种求周期解的数值方法，它们大致可分为以打靶法、差分法为代表的时域方法和以谐波平衡法为代表的频域方法两类。由于这些方法主要是设计来求周期解的，所以直接将它们用于周期解随外参数变化时的稳定性分岔分析，难免有些差强人意。

近年来，非线性方程分岔问题的延续算法被引入轴承转子系统周期解的求解之中，大大提高了求解效率和成功率。本节首先介绍基于打靶法和弗洛凯分岔理论的周期解求解及稳定性分析的 PNF 法，然后介绍引入延续算法后形成的改进型方法 CPNF 法。

**1. PNF 法**

对于给定的参数 $\omega$，动力系统式(16－2)可以表示为

$$\frac{\mathrm{d}\boldsymbol{u}}{\mathrm{d}t}=\boldsymbol{F}(t,\boldsymbol{u}) \qquad (t,\boldsymbol{u})\in(\mathbf{R}\times\mathbf{R}^n) \tag{16-43}$$

求解此动力系统周期解的问题多被变换为庞加莱映射式(16－13)的不动点问题(称为周期性边界的边值问题(PBVP))来解决。

令 $\boldsymbol{P}$ 是庞加莱映射算子，则动力系统式(16－43)可写为式(16－13)的形式：

$$\boldsymbol{u}^{(k+1)}=\boldsymbol{P}(\boldsymbol{u}^{(k)}) \tag{16-44}$$

而求动力系统式(16－43)周期解 $\boldsymbol{u}(t)=\boldsymbol{u}(t+T)$ 的问题转变为求解非线性方程

$$\boldsymbol{G}(\boldsymbol{u})=\boldsymbol{u}-\boldsymbol{P}(\boldsymbol{u})=0 \tag{16-45}$$

或

$$\boldsymbol{u}=\boldsymbol{P}(\boldsymbol{u}) \tag{16-46}$$

的不动点

$$\boldsymbol{u}^*=\boldsymbol{P}(\boldsymbol{u}^*) \tag{16-47}$$

的问题。

根据牛顿法的基本思想，将式(16－45)和式(16－46)在给定的初始点 $\boldsymbol{u}_0$ 附近线性化，得到

$$\boldsymbol{G}(\boldsymbol{u})\approx\boldsymbol{G}(\boldsymbol{u}_0)+\boldsymbol{G}'_{\boldsymbol{u}_0}(\boldsymbol{u}-\boldsymbol{u}_0) \tag{16-48}$$

或

$$\boldsymbol{P}(\boldsymbol{u})\approx\boldsymbol{P}(\boldsymbol{u}_0)+\boldsymbol{P}'_{\boldsymbol{u}_0}(\boldsymbol{u}-\boldsymbol{u}_0) \tag{16-49}$$

分别将式(16-48)、式(16-49)代入式(16-45)和式(16-46),可得到两种等价的牛顿迭代格式

$$\boldsymbol{u}=\boldsymbol{u}_0-[\boldsymbol{G}'_{\boldsymbol{u}_0}]^{-1}\cdot\boldsymbol{G}(\boldsymbol{u}_0) \tag{16-50}$$

或

$$\boldsymbol{u}=[\boldsymbol{I}-\boldsymbol{P}'_{\boldsymbol{u}_0}]^{-1}\cdot(\boldsymbol{P}(\boldsymbol{u}_0)-\boldsymbol{P}'_{\boldsymbol{u}_0}\cdot\boldsymbol{u}_0) \tag{16-51}$$

以上 $\boldsymbol{u}$ 为新的迭代点,$\boldsymbol{I}$ 为单位阵,$\boldsymbol{G}'_{\boldsymbol{u}_0}$ 和 $\boldsymbol{P}'_{\boldsymbol{u}_0}$ 分别为算子 $\boldsymbol{G}$ 和 $\boldsymbol{P}$ 在 $\boldsymbol{u}_0$ 处的雅可比矩阵。同时,由式(16-45)知

$$\boldsymbol{G}'_{\boldsymbol{u}}=\boldsymbol{I}-\boldsymbol{P}'_{\boldsymbol{u}} \tag{16-52}$$

显然,确定庞加莱映射 $\boldsymbol{P}$ 在给定的初始点 $\boldsymbol{u}_0$ 处的雅可比矩阵就成了实现上述迭代的关键。

将式(16-43)对迭代的初始点 $\boldsymbol{u}_0$ 求偏导,得

$$\frac{\mathrm{d}}{\mathrm{d}t}\left(\frac{\partial\boldsymbol{u}}{\partial\boldsymbol{u}_0}\right)=\boldsymbol{F}'_{\boldsymbol{u}}(t,\boldsymbol{u})\cdot\frac{\partial\boldsymbol{u}}{\partial\boldsymbol{u}_0} \tag{16-53}$$

这是一个线性矩阵微分方程组,与摄动方程(16-15)的基本形式相同。根据式(16-44),有

$$\frac{\partial\boldsymbol{u}_0^{(0)}}{\partial\boldsymbol{u}_0}=\boldsymbol{I}\quad 及\quad\frac{\partial\boldsymbol{u}_0^{(1)}}{\partial\boldsymbol{u}_0}=\boldsymbol{P}'_{\boldsymbol{u}_0} \tag{16-54}$$

因此,联立微分方程(16-43)和(16-53):

$$\begin{cases}\dfrac{\mathrm{d}\boldsymbol{u}}{\mathrm{d}t}=\boldsymbol{F}(t,\boldsymbol{u})\\[2ex]\dfrac{\mathrm{d}}{\mathrm{d}t}\left(\dfrac{\partial\boldsymbol{u}}{\partial\boldsymbol{u}_0}\right)=\boldsymbol{F}'_{\boldsymbol{u}}(t,\boldsymbol{u})\cdot\dfrac{\partial\boldsymbol{u}}{\partial\boldsymbol{u}_0}\end{cases} \tag{16-55}$$

以$(\boldsymbol{u}_0,\boldsymbol{I})$为初始值积分一个庞加莱映射周期 $T$,可求得$(\boldsymbol{P}(\boldsymbol{u}_0),\boldsymbol{P}'_{\boldsymbol{u}_0})$。应当注意的是,上述方法的运用首先必须以求得雅可比矩阵为 $\boldsymbol{F}'_{\boldsymbol{u}}$ 前提,否则式(16-55)将难以求解。为了使算法得以继续,可采用 $\boldsymbol{F}'_{\boldsymbol{u}}$ 的某种差分近似,在此不再赘述。

于是,求解动力系统式(16-2)在一给定参数 $\omega=\omega_m$ 时的周期解的步骤可归纳为:

(1)在选定的庞加莱截面,给出周期解不动点的初始迭代值 $\boldsymbol{u}_0$。

(2)将式(16-55)以$(\boldsymbol{u}_0,\boldsymbol{I})$为初始值积分一个庞加莱映射周期 $T$,得到$(\boldsymbol{P}(\boldsymbol{u}_0),\boldsymbol{P}'_{\boldsymbol{u}_0})$。

(3)将 $\boldsymbol{u}_0$,$\boldsymbol{P}(\boldsymbol{u}_0)$及 $\boldsymbol{P}'_{\boldsymbol{u}_0}$ 代入式(16-51),求得周期解的不动点 $\boldsymbol{u}^*$ 的一次近似 $\boldsymbol{u}'$。

(4) 若$\frac{\| \boldsymbol{u}'-\boldsymbol{u} \|}{\| \boldsymbol{u} \|}\leqslant \varepsilon$,$\varepsilon$ 为给定的精度,则认为已经求得了满足精度要求的庞加莱截面上的周期解不动点 $\boldsymbol{u}^*=\boldsymbol{u}'$;否则,令 $\boldsymbol{u}_0=\boldsymbol{u}'$,转步骤(2)继续计算。

为了判定上述迭代过程中求得周期解的稳定性,需引入弗洛凯理论。由弗洛凯理论知,周期解的无限小摄动满足

$$\boldsymbol{v}(t+T)=\boldsymbol{v}(t)\cdot \boldsymbol{C} \tag{16-56}$$

周期解的稳定性由离散状态传递矩阵 $\boldsymbol{C}$ 的特征值 $\lambda$,即弗洛凯乘子模的最大值决定。

比较式(16-56)与式(16-18)可知,上述迭代过程中,庞加莱映射的雅可比矩阵 $\boldsymbol{P}'_{u_0}$ 就是离散状态传递矩阵 $\boldsymbol{C}$,故利用上述迭代方法求得周期解的不动点 $\boldsymbol{u}^*$ 的同时,也得到了其离散状态的传递矩阵 $\boldsymbol{P}'_{u_0}$;于是再利用求解特征值的 QR 法即可迅速求得该周期解的弗洛凯乘子,并根据弗洛凯理论判定这个周期解的稳定性。

上述周期解求解及判稳的数值分析方法就是 PNF(Poincare-Newton-Floquet)方法。

**2. CPNF 法**

PNF 法可以有效地对系统周期解进行求解及判稳;为使其也能有效地研究外参数变化时轴承转子系统周期解的演化规律,可通过引进延续算法对其进行改进,现介绍如下:

将式(16-2)

$$\frac{\mathrm{d}\boldsymbol{u}}{\mathrm{d}t}=\boldsymbol{F}(t,\omega,\boldsymbol{u}) \qquad (t,\omega,\boldsymbol{u})\in(\mathbf{R}\times\mathbf{R}\times\mathbf{R}^n)$$

应用庞加莱映射,可将求此非线性动力系统周期解曲线的问题转变为求解单参数点映射系统

$$\boldsymbol{u}^{(k+1)}=\boldsymbol{P}(\omega,\boldsymbol{u}^{(k)}) \tag{16-57}$$

在庞加莱截面上的不动点曲线

$$\boldsymbol{u}^*(\omega)=\boldsymbol{P}(\omega,\boldsymbol{u}^*(\omega)) \tag{16-58}$$

的问题,即求解非线性方程

$$\boldsymbol{G}(\omega,\boldsymbol{u})=\boldsymbol{u}-\boldsymbol{P}(\omega,\boldsymbol{u})=\boldsymbol{0} \tag{16-59}$$

的解曲线的问题,从而变成了与 16.3.1 节中一样的单参数非线性代数方程组的求解问题,不同的是 $\boldsymbol{P}$ 没有显式的表达式。为求解这一问题,这里给出将延

续算法与 PNF 法相结合，形成的一种新方法 CPNF(Continued -Poincare-Newton-Floquet)法。

CPNF 法的求解分为预测和校正两步：

1)预测

根据 16.3.1 节中介绍的延续算法的思想，将求解非线性方程(16－59)的解曲线的问题转化为求解常微分方程

$$\begin{cases}\dot{\boldsymbol{u}}(\omega)=-[\boldsymbol{G}'_{\boldsymbol{u}}(\omega,\boldsymbol{u})]^{-1}\times\boldsymbol{G}'_{\omega}(\omega,\boldsymbol{u})\\ \boldsymbol{u}(\omega_0)=\boldsymbol{u}_0\end{cases}\tag{16－60}$$

的问题。设已求得 $\omega=\omega_k$ 时周期解在庞加莱截面上的不动点 $\boldsymbol{u}_k$，则采用欧拉型积分公式，得如下预测公式：

$$\begin{cases}\boldsymbol{u}_{(k+1)}^{(0)}=\boldsymbol{u}_k-[\boldsymbol{G}'_{\boldsymbol{u}}(\omega_k,\boldsymbol{u}_k)]^{-1}\times\boldsymbol{G}'_{\omega}(\omega_k,\boldsymbol{u}_k)\times\Delta\omega\\ \qquad\quad=\boldsymbol{u}_k-[\boldsymbol{I}-\boldsymbol{P}'_{\boldsymbol{u}}(\omega_k,\boldsymbol{u}_k)]^{-1}\times\boldsymbol{P}'_{\omega}(\omega_k,\boldsymbol{u}_k)\times\Delta\omega\\ \omega_{k+1}=\omega_k+\Delta\omega\end{cases}\tag{16－61}$$

其中，$\boldsymbol{P}'_{\omega}(\omega_k,\boldsymbol{u}_k)$ 及离散状态传递矩阵 $\boldsymbol{P}'_{\boldsymbol{u}}(\omega_k,\boldsymbol{u}_k)$ 在第 $k$ 步求解过程(即第 $k$ 步校正过程)中获得。

2)校正

第 $k$ 步校正过程实际就是用 PNF 法求解外参数 $\omega$ 为一确定值 $\omega_k$ 时系统周期解的牛顿迭代过程，不同的是初始值的 $\boldsymbol{u}_k^{(0)}$ 由前一步预测过程给出，而不由计算者人为给定，从而大大提高了求解的成功率，节省了计算时间。

其牛顿迭代格式为

$$\boldsymbol{u}_k^{(i+1)}=[\boldsymbol{I}-\boldsymbol{P}'_{\boldsymbol{u}}(\omega_k,\boldsymbol{u}_k^{(i)})]^{-1}\cdot[\boldsymbol{P}(\omega_k,\boldsymbol{u}_k^{(i)})-\boldsymbol{P}'_{\boldsymbol{u}}(\omega_k,\boldsymbol{u}_k^{(i)})\cdot\boldsymbol{u}_k^{(i)}]\quad(i=0,1,\cdots)\tag{16－62}$$

其中，$\boldsymbol{P}'_{\boldsymbol{u}}(\omega_k,\boldsymbol{u}_k^{(i)})$ 由联立微分方程

$$\begin{cases}\dfrac{\mathrm{d}\boldsymbol{u}}{\mathrm{d}t}=\boldsymbol{F}(t,\omega_k,\boldsymbol{u})\\ \dfrac{\mathrm{d}}{\mathrm{d}t}\left(\dfrac{\partial\boldsymbol{u}}{\partial\boldsymbol{u}_0}\right)=\boldsymbol{F}'_{\boldsymbol{u}}(t,\omega_k,\boldsymbol{u})\cdot\dfrac{\partial\boldsymbol{u}}{\partial\boldsymbol{u}_0}\end{cases}\tag{16－63}$$

以 $(\boldsymbol{u}_k^{(i)},\boldsymbol{I})$ 为初始值积分一个庞加莱映射周期 $T$ 得到。当迭代求出满足精度要求的第 $k$ 步周期解 $u_k$ 时，就同时得到了相应的离散状态传递矩阵 $\boldsymbol{P}'_{\boldsymbol{u}}(\omega_k,\boldsymbol{u}_k)$，用于此时的稳定性分析及第 $k+1$ 步的预测。

为实现第 $k+1$ 步的预测还需求得 $\boldsymbol{P}'_{\omega}(\omega_k,\boldsymbol{u}_k)$。与 $\boldsymbol{P}'_{\boldsymbol{u}}(\omega_k,\boldsymbol{u}_k)$ 的求解类似，在求得 $\boldsymbol{u}_k$ 后，将微分方程组

$$\begin{cases}\dfrac{\mathrm{d}\boldsymbol{u}}{\mathrm{d}t}=\boldsymbol{F}(t,\omega_k,\boldsymbol{u})\\ \dfrac{\mathrm{d}}{\mathrm{d}t}\left(\dfrac{\partial\boldsymbol{u}}{\partial\omega}\right)=\boldsymbol{F}'_u(t,\omega,\boldsymbol{u})\cdot\dfrac{\partial\boldsymbol{u}}{\partial\omega}+\boldsymbol{F}'_\omega(t,\omega,\boldsymbol{u})\end{cases}\tag{16-64}$$

以$(\boldsymbol{u}_k,0)$为初始值积分一个庞加莱映射周期 $T$,即得$(\boldsymbol{u}_k,\boldsymbol{P}'_\omega(\omega_k,\boldsymbol{u}_k))$。

以上就是利用 CPNF 法求解周期曲线的基本思路及实施步骤。具体实施时,可随时调整步长 $\Delta\omega$,使第 $k$ 步预测解的方向与第 $k+1$ 步实际求得解的方向间的夹角 $\alpha$ 始终小于某事先给定值 $\alpha_{\max}$,即

$$\alpha=\arccos\left[\frac{(\boldsymbol{u}_k^{(0)}-\boldsymbol{u}_k)^{\mathrm{T}}\cdot(\boldsymbol{u}_{k+1}-\boldsymbol{u}_k)}{\|\boldsymbol{u}_k^{(0)}-\boldsymbol{u}_k\|\cdot\|\boldsymbol{u}_{k+1}-\boldsymbol{u}_k\|}\right]\leqslant\alpha_{\max}\tag{16-65}$$

根据上述周期解预测追踪的基本算法,要搜录和判断周期解分岔点,只需连续考察每一步求解时得到的离散状态传递矩阵 $\boldsymbol{P}'_u(\omega_k,\boldsymbol{u}_k)$的特征值,也就是周期解对应的弗洛凯乘子。根据弗洛凯理论,当模最大的弗洛凯乘子穿出单位圆时,周期解就将产生分岔现象,这时利用二分法或牛顿插值法就可确定分岔点的位置,并根据不同情况判别分岔的类型。另外,若分岔后仍有周期解存在,为说明 CPNF 法的有效性,下面给出其在轴承转子系统中的一个应用实例。

**算例 2**　无限长轴承支承不平衡刚性转子系统工频振动周期解的预测追踪。此系统的动力模型及运动微分方程参见式(16-94),支承采用帕金斯的无限长轴承模型,系统参数 $S=1$,不平衡偏心距$=0.1$。CPNF 法的分析表明,此系统的工频 $T$ 周期解将在无量纲转速 $\omega=2.127\ 45$ 处经倍周期分岔,产生 $2T$ 周期解。选取系统转速 $\omega=1.0$ 至 $\omega=2.15$ 的范围,取步长 $\Delta\omega=0.05$,将其等分为 24 个工作点,对此系统工频振动对应的周期稳态解进行了预测追踪。具体实施中,庞加莱截面取为 $\tau=0$ 时的超截面,图 16-8 给出了在 $\tau=0$ 这一庞加莱超截面上周期解穿越点位移和速度的预测值与真实值的对比图示。为进一步看清此处系统周期解随 $\omega$ 的演化规律,图 16-9 还给出了 $\omega=1.05$,$\omega=1.65$ 及 $\omega=2.10$ 三个典型转速下的系统周期解轨迹。可以看出系统周期解在 $\tau=0$ 这一庞加莱超截面上穿越点的预测值相当准确。同时应当指出,采用预测追踪算法后,求解效率也大大提高了。

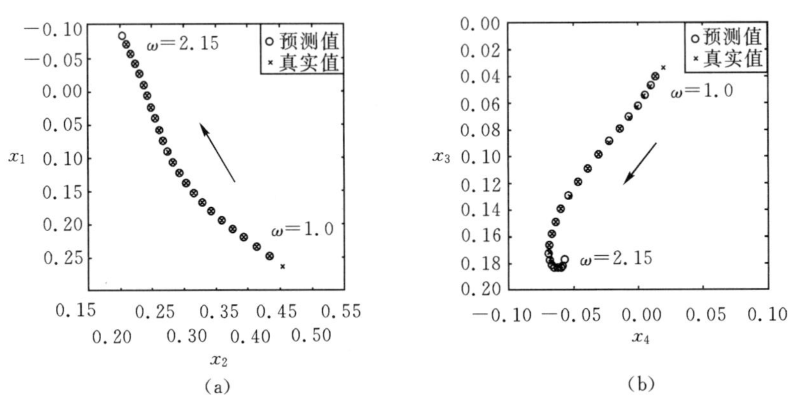


图 16-8 $\omega=1.0\sim2.15$,庞加莱超截面 $\tau=0$ 上周期解穿越点的预测值与真实值对比

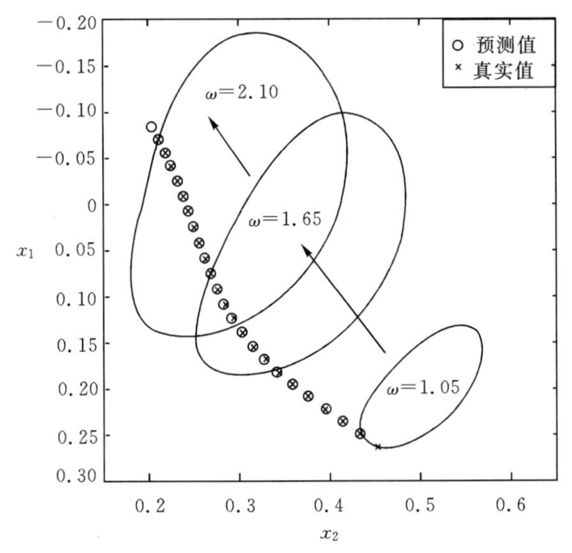


图 16-9 若干典型转速下系统周期解轨迹及其在庞加莱超截面 $\tau=0$ 上穿越点与预测值的对比

## 16.4 非线性动力系统的全局稳定性及其数值分析方法

非线性动力系统与线性动力系统的本质区别在于其稳态解对初始条件的依赖性。对于线性动力系统而言,不论初始条件如何,其稳态解是确定的;而在非线性动力系统中却不是这样,对于不同的初始条件,系统可能会收敛

于不同的稳态解。因此，要研究非线性动力系统的稳定性，就不仅要求出同一参数条件下系统所可能存在的各个稳态解，而且要给出这些稳态解的吸引域等全局性态。

要研究一个实际非线性动力系统的全局稳定性是非常困难和复杂的，以前的研究多是使用定性的方法对非常简单的非线性动力系统得出的。只是在徐皆苏教授于上世纪80年代初提出专用于全局性态分析的数值工具胞映射法(cell-mapping)[9,10]之后，这方面的研究才取得了很大的进展。从理论上讲，胞映射法可推广到高维非线性动力系统，但由于问题的复杂性，对于实际工程问题往往难于直接应用胞映射法进行分析。

作为非线性动力系统全局性态分析的数值工具，庞加莱型胞映射方法通过引入庞加莱映射的思想，大大降低了胞映射法实际应用时的计算量[11,12]，从而有希望在高维非线性动力系统全局性态分析中发挥巨大的作用。本节将对胞映射法及由它演化而来的庞加莱型胞映射法作相应介绍。

### 16.4.1　胞映射方法

胞映射法是对动力系统进行全局稳定性研究的重要数值方法，庞加莱型胞映射法是以它为基础构造的，故本节对它作一较为详细的介绍。

胞映射法是基于把连续的状态空间离散成有限个有限大小的单元——称之为胞的思想，然后用表征各个胞的特征矢量来描述连续的状态变量，用胞的运动轨迹描述状态空间中点的运动，也就是用胞的集合——胞空间——来代替密实的状态空间作为研究对象，进而分析原动力系统在状态空间中性态的方法。

胞映射法的第一步是将状态空间离散成为胞空间，具体做法是将 $n$ 维状态空间 $\mathbf{R}^n$ 中的坐标轴 $x_i(i=1,2,\cdots,n)$ 分成间段为 $h_i$ 的很多小段，每一小段用一整数 $z_i$ 表示，则整个状态空间被分为许多边长为 $h_i(i=1,2,\cdots,n)$ 的 $n$ 维长方体，将其称之为胞，而每一个胞均可用 $n$ 个整数 $z_i(i=1,2,\cdots,n)$ 表示，这 $n$ 个整数可以构成一个胞矢量 $\boldsymbol{z}$，它们与状态空间中状态变量 $\boldsymbol{x}$ 的关系为

$$\left(z_i-\frac{1}{2}\right)h_i<x_i<\left(z_i+\frac{1}{2}\right)h_i \quad i=1,2,\cdots,n \tag{16-66}$$

即若状态变量 $\boldsymbol{x}$ 在 $x_i$ 轴上的投影满足式(16-66)，就说它属于胞 $z_i(i=1,2,\cdots,n)$，于是任一时刻系统状态变量 $\boldsymbol{x}$ 所在的位置可用一 $n$ 维胞矢量 $\boldsymbol{z}$ 来表征。而一定范围的状态空间，则可由为数众多但数目有限的一群胞——胞的集合——

所构成。

对于状态空间的一个动力系统,不论它是连续的动力系统还是离散的点映射系统,都可以建立其相应的胞映射变换关系式

$$\boldsymbol{z}(n+1)=\boldsymbol{C}(\boldsymbol{z}(n)) \tag{16-67}$$

其分量形式为

$$\boldsymbol{z}(n+1)=\boldsymbol{C}_i(z_i(n))\ (i=1,2,\cdots,n) \tag{16-68}$$

在所建立的胞空间上,由胞变换关系式(16-67)所支配的系统即被称为胞映射系统,其中变换关系 $\boldsymbol{C}$ 被称为胞映射。通过它们,原动力系统的性态就完全被确定了。

值得注意的是,由原动力系统所建立起来的胞映射系统式(16-67)是用 $n$ 个整数方程组成的方程组表述的,通过对其定义域中有限个整数的研究,可以揭示出状态空间中涉及无穷多点运动规律的动力系统的全局性态,从而大大降低了问题研究的困难,并且也更加有利于数值方法的运用。

下面介绍胞映射中的几个基本概念。

设 $\boldsymbol{e}_i$ 是坐标轴 $x_i$ 方向上的单位矢量,则胞矢量可写为

$$\boldsymbol{z}=\sum_{i=1}^{n}\boldsymbol{z}_i\boldsymbol{e}_i \tag{16-69}$$

如果 $\boldsymbol{z}'=\boldsymbol{z}\pm\boldsymbol{e}_i$,则称 $\boldsymbol{z}'$为 $\boldsymbol{z}$ 的连胞(见图 16-10)。

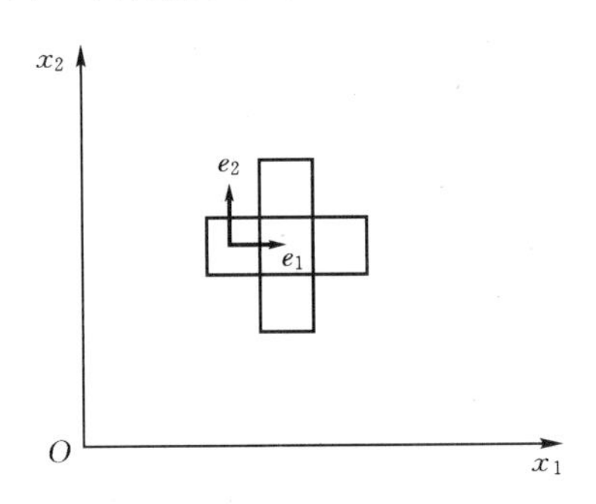


图 16-10　胞映射示意图

对于胞空间中的任一胞 $\boldsymbol{z}^*$,若满足

$$\boldsymbol{z}^*=\boldsymbol{C}(\boldsymbol{z}^*) \tag{16-70}$$

则称其为平衡胞。若 $\boldsymbol{z}^*$ 的所有连胞均不是平衡胞,则称 $\boldsymbol{z}^*$ 为孤立的平衡胞。

胞空间中如若干相连的胞均为平衡胞,则将这些平衡胞所构成的集合称为平衡胞核,核的大小等于核中所含胞的数目。可以看出胞空间中的平衡胞

或平衡胞核与状态空间中动力系统的不动点相对应，即对应于原动力系统的平衡点解。

令 $\boldsymbol{C}^m$ 表示用胞映射 $m$ 次，$\boldsymbol{C}^0$ 理解为恒等映射，若由 $k$ 个不同的胞 $\boldsymbol{z}^*(j)$ $(j=1,2,\cdots,k)$ 构成的序列满足

$$\begin{aligned} &\boldsymbol{z}^*(m+1)=\boldsymbol{C}^m(\boldsymbol{z}^*(1)) \qquad (m=1,2,\cdots,k-1) \\ &\boldsymbol{z}^*(1)=\boldsymbol{C}^k(\boldsymbol{z}^*(1)) \end{aligned} \tag{16-71}$$

则称此胞变换序列是周期为 $k$ 的周期运动，简称 $P-k$ 周期运动。它的每个元素 $\boldsymbol{z}^*(j)$ 称为周期为 $k$ 的周期胞或简称 $P-k$ 胞，显然 $k=1$ 时的 $P-1$ 胞即是前述的平衡胞。

与平衡胞类似，若 $P-k$ 胞 $\boldsymbol{z}^*$ 的所有连胞均不是任何周期的周期胞，则称此 $P-k$ 胞 $\boldsymbol{z}^*$ 是孤立的周期胞，所有相连的 $P-k$ 胞的集合构成 $P-k$ 周期胞核，核的大小等于核中所含胞的数目。胞空间中的 $P-k$ 周期胞或 $P-k$ 周期胞核的集合对应于状态空间中的周期运功，即对应于原动力系统的稳态周期解。

设 $\boldsymbol{z}^*(j)(j=1,2,\cdots,k)$ 是某个 $P-k$ 运动中的 $k$ 个 $P-k$ 周期胞，对胞空间中的任一胞 $\boldsymbol{z}$，若存在最小的正整数 $r$，使得

$$\boldsymbol{C}^r(\boldsymbol{z})=\boldsymbol{z}^*(j) \qquad j=1,2,\cdots,k \tag{16-72}$$

则称胞 $\boldsymbol{z}$ 与该 $P-k$ 运动相邻 $r$ 步，即 $\boldsymbol{z}$ 经过 $r$ 步映射后，将成为该 $P-k$ 周期运动中的一个 $P-k$ 周期胞，而任何进一步的映射将永远留在该 $P-k$ 运动中。据此定义所有用 $r$ 步或低于 $r$ 步映射到 $P-k$ 运动的胞的集合为该 $P-k$ 周期运动的 $r$ 步吸引域，而当 $r\to\infty$ 时的 $r$ 步吸引域称为该 $P-k$ 周期运动的吸引全域，简称吸引域。

由于胞空间中的 $P-k$ 运动对应于状态空间中动力系统的周期解，所以胞空间中的 $P-k$ 周期运动的吸引域也对应于状态空间中动力系统周期解的吸引域。这样，在胞空间中对 $P-k$ 周期运动进行全局性态的研究可以揭示出状态空间中动力系统周期解的全局状态。

## 16.4.2　全局稳定性分析的数值方法——庞加莱型胞映射法

就目前的理论水平而言，当无法求得非线性动力系统式(16-2)周期性稳态解 $\boldsymbol{u}(t)$ 的解析表达式时，从理论上就难以给出此周期性稳态解 $\boldsymbol{u}(t)$ 在相空间中的全局性态。基于数值分析的胞映射法从理论上讲，虽然可以用一定范围相空间离散成的胞状态空间中的一群 $P-k$ 周期胞所构成的一条封闭胞

轨迹来表示此周期性稳态解$\boldsymbol{u}(t)$在相空间中的周期轨道,并用这些$P-k$周期胞的吸引域表示解$\boldsymbol{u}(t)$在相空间的吸引域,但当相空间的维数较高时($n>3$),为了找到此周期性稳态解$\boldsymbol{u}(t)$,就必须使其在相空间的封闭轨迹均包含于所研究的胞空间之内,还需将胞取得足够小来分辨出一条封闭的周期胞轨道,这将使实际需要的计算量大得让人无法忍受。特别是当相空间中存在两条靠得很近的周期轨道时(如轴承转子系统中分岔点处出现的倍周期分岔、轨道裂解的情况),要分辨出这两条轨道从而得到此时存在的两个周期性稳态解就更加困难。

然而,对于可转化为自治系统式(16-3)或周期性非自治系统式(16-4)的非线性动力系统式(16-2),利用16.2.1节中介绍的庞加莱映射的思想,可以将其化为庞加莱截面$\Sigma$上的点映射系统,即

$$\boldsymbol{u}^{(k+1)}=\boldsymbol{P}(\boldsymbol{u}^{(k)})\quad k\in\mathbf{Z}\tag{16-73}$$

或

$$\boldsymbol{u}\rightarrow\boldsymbol{P}(\boldsymbol{u})\tag{16-74}$$

其中,$\boldsymbol{P}:\Sigma\rightarrow\Sigma$。

这样,就将求解非线性动力系统式(16-2)$kT$周期解

$$\boldsymbol{u}(t)=\boldsymbol{u}(t+kT)\qquad k\in\mathbf{Z}\tag{16-75}$$

(其中$T$为$\boldsymbol{u}(t)$两次同向穿过$\Sigma$所需的时间,对自治系统不恒定)的问题转化为求解庞加莱截面$\Sigma$上点映射系统式(16-73)的$P-k$周期点问题

$$\boldsymbol{u}^{*}=\boldsymbol{P}^{k}(\boldsymbol{u}^{*})\quad k\in\mathbf{Z}\tag{16-76}$$

因此,研究庞加莱截面$\Sigma$上点映射系统式(16-73)的$P-k$周期运动及其吸引域等全局性态的问题,就等价于研究原动力系统式(16-2)在相空间中$kT$周期解及其吸引域等全局性态的问题。为此,以下我们把着眼点放在研究庞加莱截面$\Sigma$上的点映射系统式(16-73)的$P-k$周期运动及其吸引域。

为求得庞加莱截面$\Sigma$上点映射系统式(16-73)的$P-k$周期运动的$k$个周期点及其吸引域,引入胞映射数值分析方法。具体作法除胞空间的维数降低一维即$n-1$维外,其他与16.4.1节中所介绍的胞映射方法完全相同,为避免重复,在此不再赘述。

最终可以在$\Sigma$上建立与点映射系统式(16-73)相对应的胞映射系统

$$\boldsymbol{z}(n+l)=\boldsymbol{C}_{l}(\boldsymbol{z}(n))\tag{16-77}$$

其中胞矢量$\boldsymbol{z}$与$\Sigma$上某一状态点$\boldsymbol{x}$的关系为

$$\left(z_i-\frac{1}{2}\right)h_i<x_i<\left(z_i+\frac{1}{2}\right)h_i\quad i=1,2,\cdots,n-1\tag{16-78}$$

$h_i$ 是 $x_i$ 方向上胞的宽度。

胞映射 $\boldsymbol{C}_l$ 可定义如下：对于给定的胞 $\boldsymbol{z}(n)$，找出胞的中心点 $x^d(n)$，显然 $x^d(n)$的分量为

$$x_i^d(n)=h_i z_i(n) \tag{16-79}$$

然后计算 $x^d(n)$ 的 $l$ 次点映射：

$$x^d(n+l)=\boldsymbol{P}_l(x^d(n)) \tag{16-80}$$

把 $x^d(n+l)$所在的胞，即满足式(16－66)的胞，取 $\boldsymbol{z}(n+l)$，作为 $\boldsymbol{z}(n)$的 $l$ 步象胞。

在庞加莱截面 $\Sigma$ 上建立起这样的胞映射系统之后，为减少计算工作量，在$n-1$维的庞加莱截面 $\Sigma$ 上，选择适当的范围 $S$，或者说是包含所关心的非线性动力系统 $kT$ 周期稳态解$\boldsymbol{u}(t)=\boldsymbol{u}(t+kT)$与 $\Sigma$ 同方向相交的$k$ 个交点的预估计范围 $S$，利用胞映射的计算机算法便可求出此范围内所有的周期胞及其各自的吸引域，它们实际上就是原非线性动力系统 $kT$ 周期解及其吸收域被庞加莱截面$\Sigma$ 所截得的部分。这就是庞加莱型胞映射方法基本思路，具体应用此法时，自治系统与非自治系统有所不同。下面予以详细说明。

### 1. 自治系统

首先将自治系统式(16－3)转化为庞加莱截面 $\Sigma$ 上的点映射系统式(16－73)，然后引入胞映射数值分析方法即可求出其 $P-k$ 周期运动的 $k$ 个周期点及其吸引域，它们分别是原自治系统式(16－3)的 $kT$ 周期解及其吸引域被庞加莱截面$\Sigma$ 所截得的部分。具体实施时，与直接在 $n$ 维状态空间中进行胞映射分析的传统胞映射法相比，胞空间的维数降低一维，即为 $n-1$ 维，从而极大地节省了计算时间，并且更为有效。其优势和特点在于：

(1)$n-1$ 维相空间中进行分析的庞加莱型胞映射方法与直接在 $n$ 维状态空间进行胞映射分析的传统胞映射法相比，计算工作量大大降低了。

(2)它用 $n-1$ 维胞空间中求出的周期胞代表实际非线性动力系统中的周期解轨道，和直接用 $n$ 维胞空间中的周期胞轨道表示周期解相比，它更容易求得和分辨，特别在两个周期轨迹十分靠近时，情况更是如此。

### 2. 周期性非自治系统

1) 用于周期性非自治系统的庞加莱型胞映射方法

由于周期性非自治系统式(16－4)的等号右端项显含时间，且为 $t$ 的周期函数，因而可以把时间 $t$ 表示成显含状态变量 $\theta$，以付出增加一维的代价将其转化为自治系统式(16－3)的形式：

$$\begin{cases}\dfrac{\mathrm{d}\boldsymbol{u}}{\mathrm{d}t}=\boldsymbol{F}(\theta,\omega,\boldsymbol{u}) \\ \dfrac{\mathrm{d}\theta}{\mathrm{d}t}=1\end{cases} \quad (t,\omega,(\theta,\boldsymbol{u}))\in(\mathbf{R}\times\mathbf{R}\times S^1\times\mathbf{R}^n) \tag{16-81}$$

相空间是流形 $S^1\times\mathbf{R}^n$，为 $n+1$ 维，这里圆分量 $S=R(\mathrm{mod}T)$ 反映了矢量场 $\boldsymbol{F}$ 对变量 $\theta$ 的周期依赖性。这时可以定义一处 $n$ 维全局横截面

$$\Sigma_{\theta_0}=\{(\theta,\boldsymbol{u})\in S^1\times\mathbf{R}^n\Big|_{\theta=\theta_0}\} \tag{16-82}$$

显然，所有的解 $(\theta,\boldsymbol{u})$ 均与 $\Sigma_{\theta_0}$ 相交，所以此处对于点 $q\in\Sigma_{\theta_0}$ 的庞加莱映射 $\boldsymbol{P}$: $\Sigma_{\theta_0}\to\Sigma_{\theta_0}$ 可定义为

$$\boldsymbol{P}(q)=\boldsymbol{u}(\theta_0+T,q) \tag{16-83}$$

其中，$\boldsymbol{u}(t,q)$ 为非自治系统式(16-4)的一个以 $\boldsymbol{u}(\theta_0,q)=\boldsymbol{u}_0$ 为初始点的解。然后将 $\Sigma_{\theta_0}$ 离散为胞空间，应用庞加莱型胞映射方法，即可求出选定范围内的所有周期解及其吸引域。

应着重指出的是：此方法可以通过选取不同的庞加莱截面实行胞映射分析，得到系统在 $n-1$ 维相空间 $(\theta\times\boldsymbol{u})$ 中全局特性的全面认识。

2) 用于周期性非自治系统的传统胞映射方法

传统胞映射方法在处理周期性非自治系统时，采取了下面的做法：首先将 $n$ 维状态空间离散为胞空间，然后通过对各胞由 0 时刻开始，以系统的外激励周期 $T$ 为定时间间隔作胞映射，求得其象胞，从而完成胞映射分析，得到 $n$ 维状态空间中的周期解及其吸引域。

与庞加莱型胞映射方法相比，可以看出，在对周期性非自治系统的进行全局性态分析时，传统胞映射方法实际上是在 $t=0$ 时刻的定截面(即 $\theta_0=0$ 时的 $n$ 维庞加莱截面 $\Sigma_{\theta_0}\Big|_{\theta_0}=0$)上实行的庞加莱型胞映射方法。由于传统胞映射方法缺少了选取庞加莱截面这关键一步，而直接在 $t=0$ 时刻的定截面上进行胞映射分析，所以其求得的周期解及吸引域只是系统周期解及吸引域被时刻的这一 $n$ 维定截面所截得的部分，因而不能得到系统在 $n+1$ 维相空间 $(\theta\times\boldsymbol{u})$ 中全局性态的全面认识。相比而言，庞加莱型胞映射方法则可以通过选取不同的庞加莱截面实行胞映射分析，得到对系统在 $n+1$ 维相空间 $(\theta\times\boldsymbol{u})$ 中全局特性的全面认识。传统的胞映射方法实质上是新方法应用中的一个特例。

庞加莱型胞映射方法与传统胞映射方法相比，在对自治系统及周期性非自治系统进行全局特性分析时具有更广泛的适用性，也更加有效。同时，由于庞加莱型胞映射方法不仅能求得周期解，而且能求得解的吸引域等全局性态，所以系统

稳定性的概念在这里有了“质”的飞跃，如可以用解的吸引域的内接球半径为量化指标来刻画稳定性的强弱，这样过去一些难以把握的问题可望从全局分析中找到更为准确的解答。

## 16.5　轴承转子系统非线性动力分析实例

轴承转子系统的本质是非线性的，要正确认识它就必须利用非线性分析方法。尽管这时影响系统动力特性的非线性因素很多，而且有些影响因素的机理至今尚不清楚，但多年的研究表明滑动轴承的非线性油膜力是这里最主要的影响因素。实际使用的轴承转子系统一般都十分复杂，为研究方便，人们常将其简化为刚性转子支承于非线性轴承之上的简单模型进行研究，这即是所谓的刚性轴承转子系统。对刚性轴承转子系统非线性特性的深入研究，有助于对复杂轴承转子系统运动非线性本质的理解，是轴承转子系统非线性研究的一个重要内容。

### 16.5.1　刚性轴承转子系统的运动方程

为研究方便，这里仅考虑一对固定圆轴承支承的刚性单圆盘转子作为研究对象，且不计陀螺效应，即转子两端运动状态完全相同，故其动力模型可用一个圆轴承支承一个重为总重量一半的转子的平面运动来表示，如图16－11及图16－12所示。

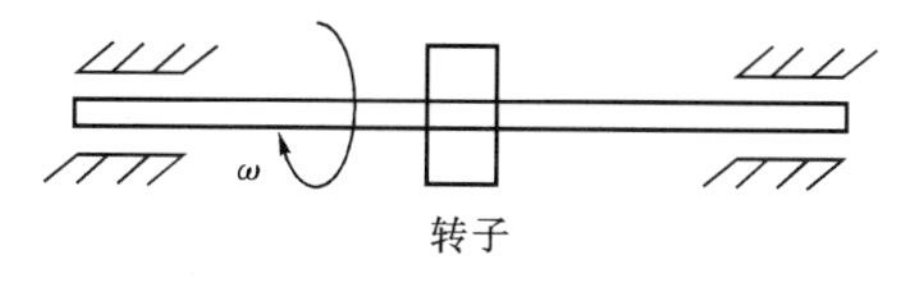


图16－11　刚性轴承转子系统示意图

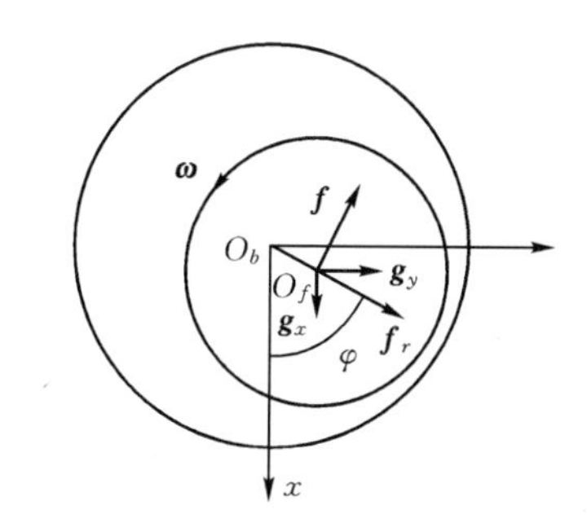


图16－12　刚性轴承转子系统动力学模型

设轴和转子的总质量为 $2M$,取轴承中心 $O_b$ 为坐标原点构造直角坐标系 $O_bxy$,这样,转子的形心 $O_j$ 的位置可用 $O_b(x,y)$表示,于是转子的运动微分方程可写成

$$\begin{cases} M\dfrac{\mathrm{d}^2X}{\mathrm{d}t^2}=G_x-F_r\cos\phi-F_t\sin\phi+M\bar{e}\bar{\omega}^2\cos\bar{\omega}t \\ M\dfrac{\mathrm{d}^2Y}{\mathrm{d}t^2}=G_y-F_r\sin\phi+F_t\cos\phi+M\bar{e}\bar{\omega}^2\sin\bar{\omega}t \end{cases} \tag{16-84}$$

其中,$G_x$,$G_y$ 为重力载荷在 $x$ 和 $y$ 轴上的分量;$F_r$,$F_t$ 为非线性油膜力径向和切向上的分量;$\bar{e}$ 为转子重心到形心的距离,即转子的偏心距;$\bar{\omega}$ 为转子转速。

为了使研究结果具有更广泛的适用性,利用支承轴承的特征尺寸——轴承间隙 $c$ 和转子的重量 $G=\sqrt{G_x^2+G_y^2}$ ($G=Mg$ 实际是轴和转子的总重量 $2Mg$ 的一半),将式(16-84)无量纲化。为此,引入以下无量纲变量:

$$\begin{cases} x=X/c,\ y=Y/c,\ e=\bar{e}/c \\ g_x=G_x/G=1,\quad g_y=G_y/G=0 \\ f'_r=F_r/G,\quad f'_t=F_t/G \\ \omega=\bar{\omega}\sqrt{c/g}\ (g\ \text{为重力加速度}) \\ \tau=\bar{\omega}t \end{cases} \tag{16-85}$$

这样,式(16-84)可表示为

$$\begin{cases} \omega^2\cdot\dfrac{\mathrm{d}^2x}{\mathrm{d}t^2}=1-f'_r\cos\phi-f'_t\sin\phi+e\omega^2\cos\tau \\ \omega^2\cdot\dfrac{\mathrm{d}^2y}{\mathrm{d}t^2}=-f'_r\sin\phi+f'_t\cos\phi+e\omega^2\sin\tau \end{cases} \tag{16-86}$$

式中,$f'_r$ 与 $f'_t$ 的求解涉及到滑动轴承中油膜压力的分布及求解,是一个十分复杂的流-固耦合问题,虽经多年的研究,至今仍未完全解决,原因在于难以确定油膜的边界条件。为研究方便,这里的研究限于最简单的圆轴承。这一方面是由于它提供的油膜力存在近似解析表达式;另一方面则是因为它是最基本的轴承形式,对它的研究无疑具有较为普遍的意义。研究中采用了以下两种无限宽轴承油膜力形式:

### 1. 无限宽帕金斯轴承模型

对圆轴承,帕金斯采用了无限宽轴承假定及索姆菲尔德(Sommerfled)边界条件 $P(0)=P(2\pi)=P_0$,得到油膜动压力分布的解析表达式

$$P-P_0=6\mu\bar{\omega}\left(\frac{R}{c}\right)^2$$

$$\frac{2+\varepsilon\cdot\cos\theta}{(1+\varepsilon\cdot\cos\theta)^2}\left(1-2\frac{\mathrm{d}\phi}{\mathrm{d}t}\right)\frac{\varepsilon}{2+\varepsilon^2}\cdot\sin\theta+\frac{1}{\varepsilon}\left[\frac{1}{(1+\varepsilon\cos\theta)^2}-\frac{1}{(1+\varepsilon)^2}\right]\frac{\mathrm{d}\varepsilon}{\mathrm{d}\tau} \tag{16-87}$$

采用了“静态 $\pi$”油膜假设，将式(16-87)对 $\theta$ 由 0 积分到 $\pi$，可得

$$\begin{cases}F_r=-\sigma\bar{\omega}\left[\left(1-2\dfrac{\mathrm{d}\phi}{\mathrm{d}\tau}\right)\dfrac{2\varepsilon^2}{(2+\varepsilon^2)(1-\varepsilon^2)}+\dfrac{\pi}{(1-\varepsilon^2)^{3/2}}\cdot\dfrac{\mathrm{d}\varepsilon}{\mathrm{d}\tau}\right]=-\sigma\bar{\omega}\cdot f_r\\ F_t=\sigma\bar{\omega}\left[\left(1-2\dfrac{\mathrm{d}\phi}{\mathrm{d}\tau}\right)\dfrac{\pi\varepsilon}{(2+\varepsilon^2)(1-\varepsilon^2)^{1/2}}+\dfrac{4}{(1+\varepsilon)(1-\varepsilon^2)}\cdot\dfrac{\mathrm{d}\varepsilon}{\mathrm{d}\tau}\right]=\sigma\bar{\omega}\cdot f_t\end{cases} \tag{16-88}$$

式中的参数 $\sigma=6\mu B(R^3/c^2)$，一般称为索姆菲尔德数，本书将式(16-88)称为帕金斯无限宽轴承模型，它是比较简单的轴承力形式之一，采用这种轴承油膜力形式的刚性转子系统简称帕金斯模型。

**2. 无限宽霍瑞轴承模型**

单就无限宽轴承模型而言，轴承力还有许多形式，最常用的是所谓的霍瑞解[5]，它也是采用了无限宽轴承假定及“静态 $\pi$”油膜假设得到的，只是简化的方法有所不同，其形式如下：

$$\begin{cases}F_r=-\sigma\bar{\omega}\left[\left(1-2\dfrac{\mathrm{d}\phi}{\mathrm{d}\tau}\right)\dfrac{2\varepsilon^2}{(2+\varepsilon^2)(1-\varepsilon^2)}+\dfrac{[\pi^2(2+\varepsilon^2)-16]}{\pi(2+\varepsilon^2)(1-\varepsilon^2)^{1/2}}\cdot\dfrac{\mathrm{d}\varepsilon}{\mathrm{d}\tau}\right]=-\sigma\bar{\omega}\cdot f_r\\ F_t=\sigma\bar{\omega}\left[\left(1-2\dfrac{\mathrm{d}\phi}{\mathrm{d}\tau}\right)\dfrac{\pi\varepsilon}{(2+\varepsilon^2)(1-\varepsilon^2)^{1/2}}+\dfrac{4\varepsilon}{(2+\varepsilon^2)(1-\varepsilon^2)}\cdot\dfrac{\mathrm{d}\varepsilon}{\mathrm{d}\tau}\right]=\sigma\bar{\omega}\cdot f_t\end{cases} \tag{16-89}$$

这里将式(16-89)相应地称为霍瑞无限宽轴承模型，而采用这种轴承油膜力形式的刚性转子轴承系统简称霍瑞模型。

为计算方便，需将轴承非线性油膜力在极坐标中的表达式转换到直角坐标。由变换关系

$$\begin{cases}\varepsilon=\sqrt{x^2+y^2}\\ \phi=\arctan\left(\dfrac{y}{x}\right)\end{cases}\quad 及\quad\begin{cases}\sin\phi=\dfrac{y}{\varepsilon}\\ \cos\phi=\dfrac{x}{\varepsilon}\end{cases} \tag{16-90}$$

可得到

$$\begin{cases}\dfrac{\mathrm{d}\varepsilon}{\mathrm{d}\tau}=\left(x\dfrac{\mathrm{d}x}{\mathrm{d}\tau}+y\dfrac{\mathrm{d}y}{\mathrm{d}\tau}\right)\Big/\varepsilon\\ \dfrac{\mathrm{d}\phi}{\mathrm{d}\tau}=\left(x\dfrac{\mathrm{d}y}{\mathrm{d}\tau}-y\dfrac{\mathrm{d}x}{\mathrm{d}\tau}\right)\Big/\varepsilon^2\end{cases} \tag{16-91}$$

利用式(16－90))和式(16－91)便可得到上述各种油膜力在直角坐标系中的表达式。

引入系统参数 $S=\sigma\bar{\varepsilon}/(G\omega)=\dfrac{6\mu B(R^3/c^2)}{\sqrt{GcM}}$，可得

$$\begin{cases}\dfrac{d^2x}{d\tau^2}=\dfrac{S}{\omega^2}\left[\dfrac{1}{S}-\omega\dfrac{xf_r+yf_t}{\sqrt{x^2+y^2}}\right]+e\cdot\cos\tau\\ \dfrac{d^2y}{d\tau^2}=\dfrac{S}{\omega^2}\left[-\omega\dfrac{xf_r+yf_t}{\sqrt{x^2+y^2}}\right]+e\cdot\sin\tau\end{cases}\tag{16－92}$$

再引入状态变量：

$$(x_1\quad x_2\quad x_3\quad x_4)^{\mathrm{T}}=\left(x\quad y\quad \dfrac{dx}{d\tau}\quad \dfrac{dy}{d\tau}\right)^{\mathrm{T}}\tag{16－93}$$

得式(16－93)在状态空间中的表达式

$$\begin{cases}\dfrac{dx_1}{d\tau}=x_3\\ \dfrac{dx_2}{d\tau}=x_4\\ \dfrac{dx_3}{d\tau}=\dfrac{S}{\omega^2}\left[\dfrac{1}{S}-\omega\dfrac{x_1f_r+x_2f_t}{\sqrt{x_1^2+x_2^2}}\right]+e\cdot\cos\tau\\ \dfrac{dx_4}{d\tau}=\dfrac{S}{\omega^2}\left[-\omega\dfrac{x_2f_r-x_1f_t}{\sqrt{x_1^2+x_2^2}}\right]+e\cdot\sin\tau\end{cases}\tag{16－94}$$

其中，$f_r=f_r(x_1,x_2,x_3,x_4)$，$f_t=f_t(x_1,x_2,x_3,x_4)$。

本章后面对刚性轴承转子系统的研究就是针对式(16－94)得出的。显然，当 $e=0$ 时，式(16－94)表示的动力系统为自治系统；$e\neq0$ 时，则为周期非自治系统。

## 16.5.2 平衡轴承转子系统平衡点解的霍普夫分岔

由于这里所采用的轴承转子系统的动力方程(16－94)具有解析形式，在 $e=0$的平衡条件下，可以直接利用解析方法求得不同系统参数下分岔的临界曲线，如图 16－13、图 16－14 所示；其中图 16－13 中的“*”点是用近似差分法求得的，可以看出霍普夫分岔的数值分析亦有较高的精度。从图 16－13 和图 16－14 可以发现不同的轴承模型对系统稳定性的影响很大；下面的分析将进一步展示这些差异。霍普夫理论所得的临界曲线与线性分析的结果在本质上是一致的，但是霍普夫理论可以进一步判断分岔的方向和分岔解的稳定

性。研究表明，帕金斯模型在所研究的范围内均为超临界分岔，而霍瑞模型则有所不同。在图16-14中，参数$S$的研究范围被分成了三个区，Ⅰ、Ⅲ区为亚临界分岔区，而Ⅱ区为超临界分岔区。亚临界分岔时，在转速$\omega$的一定范围内，稳定的平衡点解与稳定的周期解共存。这意味着将发生所谓"迟滞"现象。

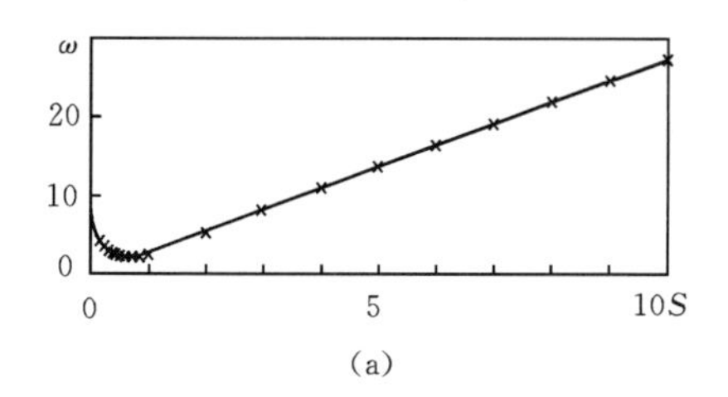

(a)

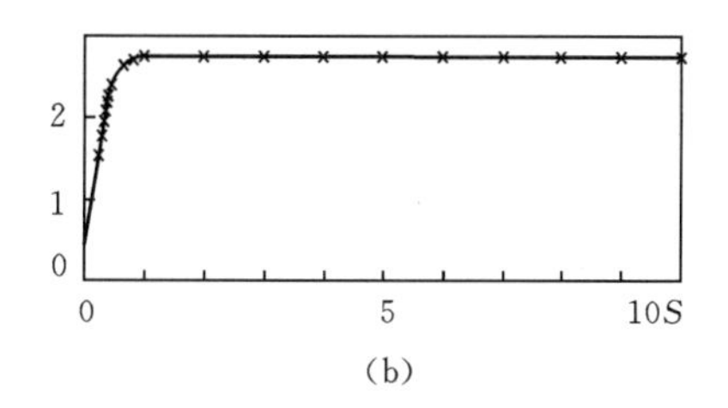

(b)

图16-13　Sommerfeld

(a)线性临界曲线；(b)对应的"极限环"周期

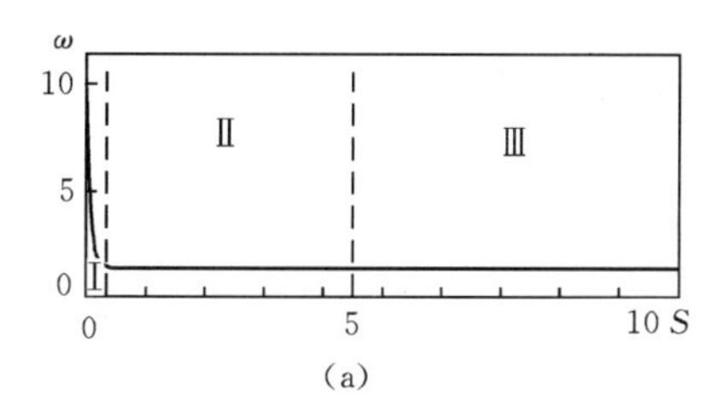

(a)

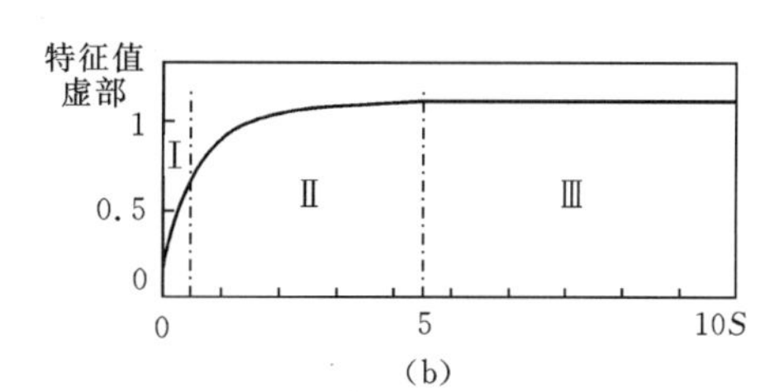

(b)

图16-14　霍瑞模型

(a)线性临界曲线；(b)对应的"极限环"周期

## 16.5.3　平衡轴承转子系统周期解的稳定性分岔分析

对于平衡的轴承转子系统($e=0$)，如果把失稳理解为轴颈在轴承中的运动轨迹迅速发散，直到与轴承壁相撞，以下称为绝对失稳，那么轴承转子系统在所谓的"线性临界门槛"之上依然可以稳定地运转(当然实际中不能允许大的涡动)，只是这时的运动轨迹已不再是一个静止的稳定点，而成为某种形式的涡动，其中最简单的情况是"极限环"轨迹，也就是自治系统的霍普夫型周期解。随系统转速的进一步升高，此周期解将发生二次分岔等一系列复杂的非线性现象，直到绝对失稳。

利用CPNF法分析"极限环"轨迹在李雅普诺夫意义下的稳定性，即周期解的局部稳定性，直到确定二次分岔的临界点，得到如下结果。

如不考虑自治问题中恒为零的弗洛凯指数，以弗洛凯指数实部的最大值来作为“极限环”的稳定性指标，可得图 16－15 及图 16－16，它们分别为帕金斯模型($S$＝1)和利霍瑞模型($S$＝1.2)的稳定曲线及“极限环”周期的变化规律。其中，图 16－15 可以分为四个性质不同的区：Ⅰ区为稳态平衡状态；Ⅱ区为经历了霍普夫分岔后稳定性增强的周期性涡动状态，对应的最大弗洛凯指数的虚部为 0，因此从逆向看也可以认为在 $A$ 点处从“极限环”分岔到稳态平衡点解；Ⅲ区为稳定性衰弱直到产生二次分岔的周期性涡动状态，对应的最大弗洛凯指数的虚部为 0.5，说明经过 $C$ 点后“极限环”将发生亚谐波分岔；Ⅳ区为亚谐波状态。

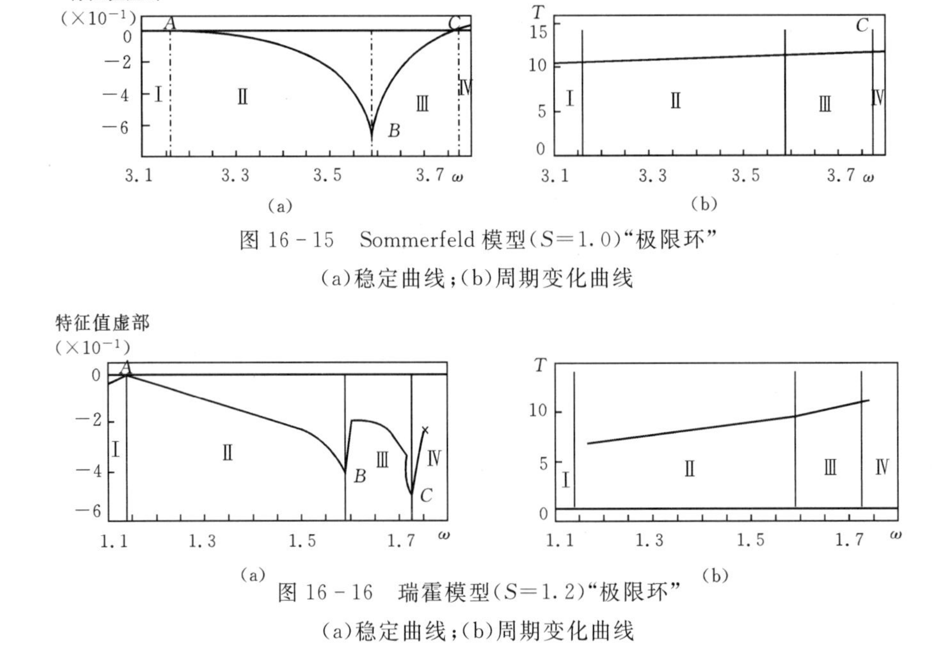


图 16－15　Sommerfeld 模型($S$＝1.0)“极限环”

(a)稳定曲线；(b)周期变化曲线

图 16－16　瑞霍模型($S$＝1.2)“极限环”

(a)稳定曲线；(b)周期变化曲线

从动态数值模拟的结果，如图 16－17 所示，可以看到上述变化过程。对应于图 16－17(a)的是霍普夫分岔临界点 $A$；图 16－17(b)是一个稳定的 $T$ 周期“极限环”；图 16－17(c)是“极限环”的最稳定点 $B$；图 16－17(d)则对应二次分岔临界点 $C$；图 16－17(e)是 $T$ 周期“极限环”解经二次分岔后得到的 $2T$ 周期极限环解；图 16－17(f)则对应更高转速下的发散轨迹。可以看出系统在“线性稳定门槛”之上的有相当长的稳定阶段，只是在二次分岔后不久才又经历了一系列的分岔而绝对失稳。

霍瑞模型的情况与帕斯金模型有所不同。虽然图16-16也分为四个区，且其中Ⅰ、Ⅱ区与图16-10相同，但是Ⅳ区并未产生二次分岔，而是到达了第二个最稳定点$C$，对应的最大弗洛凯指数的虚部为0，然而在到达二次分岔点之前，系统已因轴颈与轴承壁相接而绝对失稳。从图16-18可以看出霍瑞系统的“极限环”的变化比帕金斯系统更加剧烈。其中，图16-18(a)对应于霍普夫分岔临界点$A$，图16-18(c)和图16-18(e)分别对应于两个最稳定点$B$和$C$，而图16-18(f)显示的是暂态过程的一部分，随着时间的增长，涡动轨迹十分缓慢地发散直到绝对失稳。

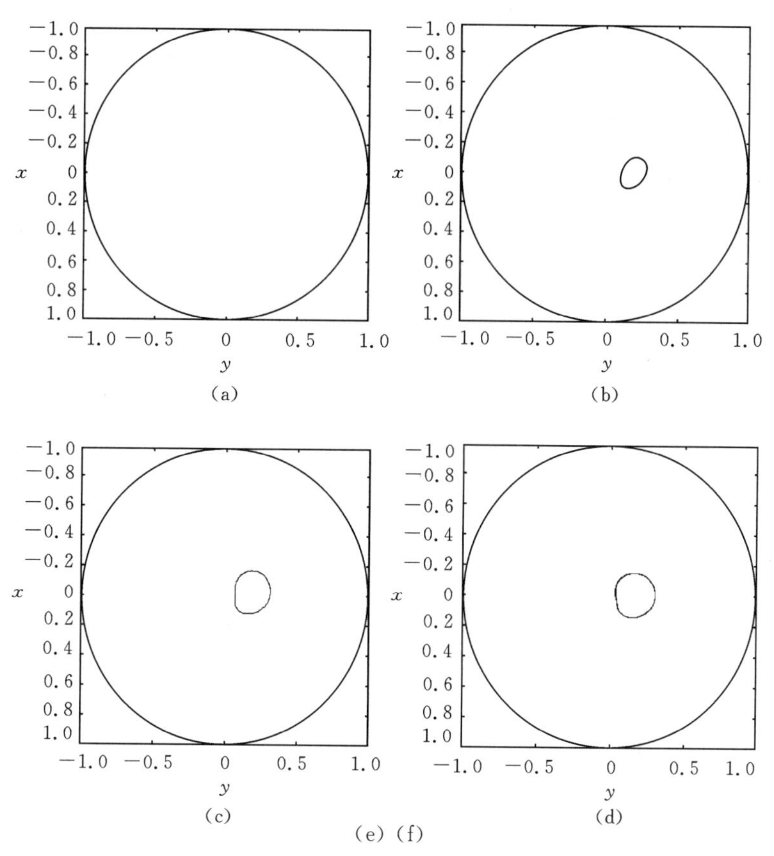


图16-17 帕金斯轴承支承平衡转子系统($S=1.0$)的轴心涡动轨迹

(a)$\omega=3.164\ 23$；(b)$\omega=3.3$；(c)$\omega=3.586\ 4$；(d)$\omega=3.772\ 95$；

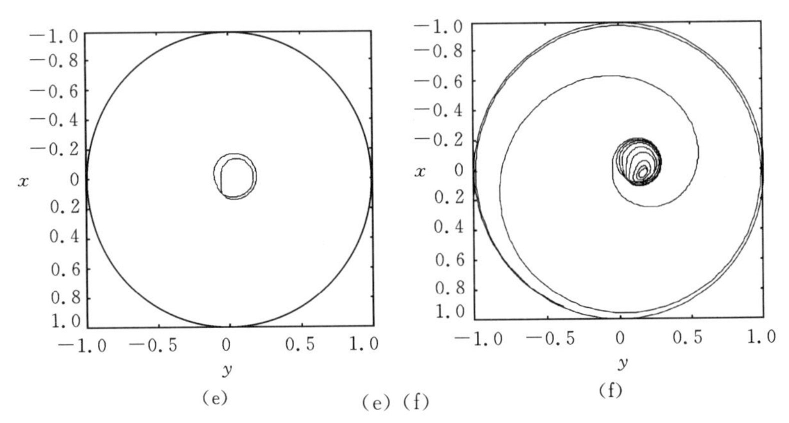


续图 16－17 帕金斯轴承支承平衡转子系统($S$＝1.0)的轴心涡动轨迹

(e)$\omega$＝3.8；(f)$\omega$＝3.9

图 16－15 和图 16－16 均是超临界霍普夫分岔的情况。图 16－19 所示的则是霍瑞解(S＝0.2)的反向分岔的稳定曲线，其中实线是稳态解的稳定曲线，而虚线是不稳定“极限环”的稳定曲线，对应的弗洛凯指数的虚部始终是 0。此时的动力系统，随着转速 $\omega$ 的上升到达 $\omega_A$ 时，涡动的幅值突然变大，以后又随着转速的下降，到达 $\omega_B$ 时，幅值突然变小，即出现所谓的“迟滞”现象(见图 16－20)，很显然这是由于在 $\omega_A$ 至 $\omega_B$ 之间系统同时存在两个稳定的平衡解。选取这个范围内的一个转速 $\omega$＝2.6，图 16－21(a)，(b)分别表示此时存在的两个稳定平衡解，图 16－21(c)，(d)分别给出了系统在稳态平衡位置受到向下的不同大小的冲击时的响应情况，其中冲击较大的图 16－21(d)就激发出了系统的自激振动。

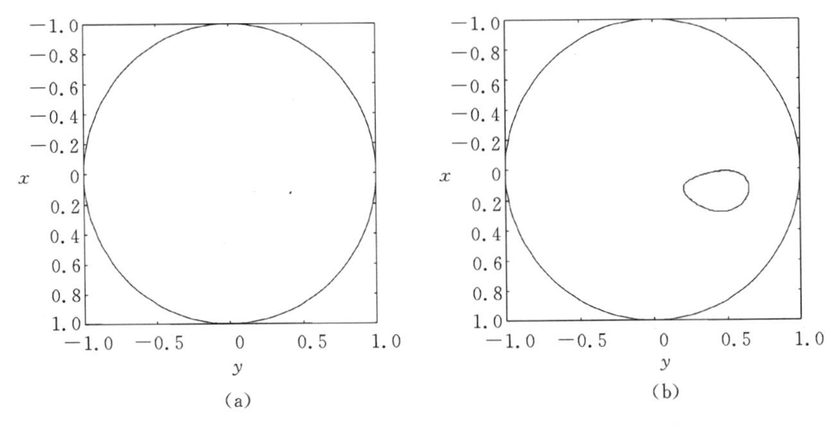


图 16－18 霍瑞轴承支承平衡转子系统($S$＝1.2)的轴心涡动轨迹

(a)$\omega$＝1.137 99；(b)$\omega$＝1.2；

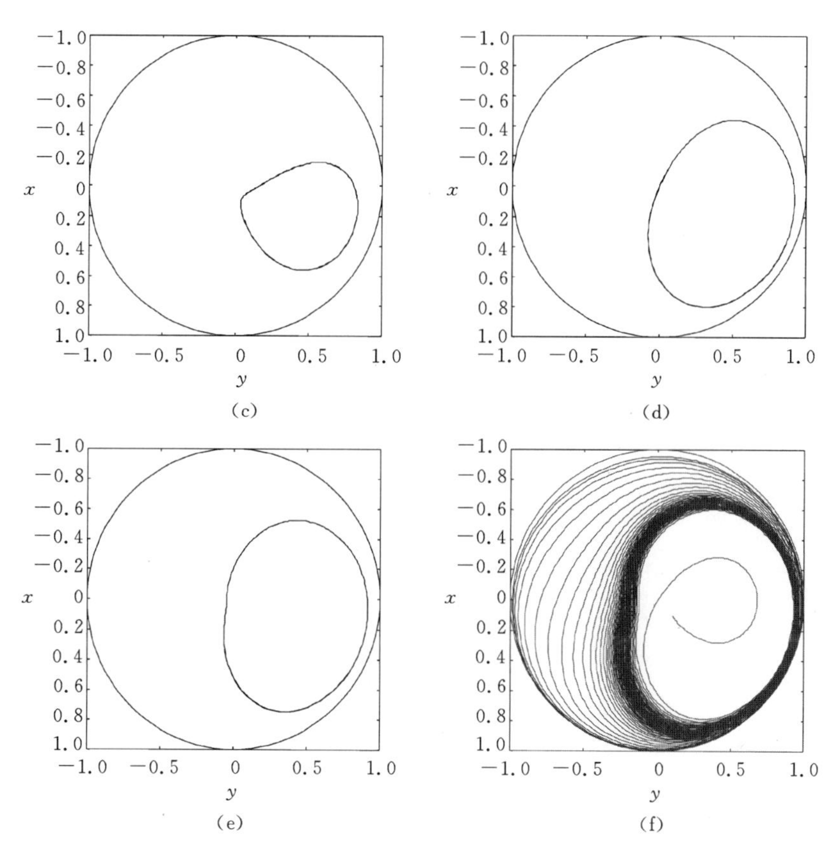


续图 16 - 18　霍瑞轴承支承平衡转子系统($S$=1.2)的轴心涡动轨迹

(c)$\omega$=1.359 28；(d)$\omega$=1.64；(e) $\omega$=1.778 85；(f) $\omega$=1.85

特征值虚部

($\times 10^{-1}$)

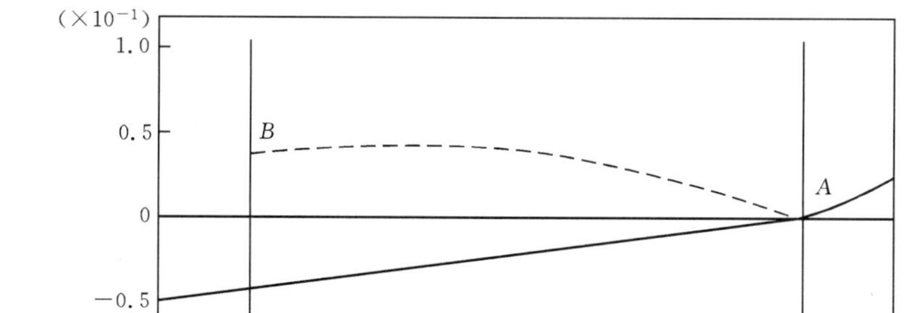


图 16 - 19　平衡的霍瑞模型($S$=0.2)稳定曲线

——稳定平衡状态；－－－“极限环”涡动状态

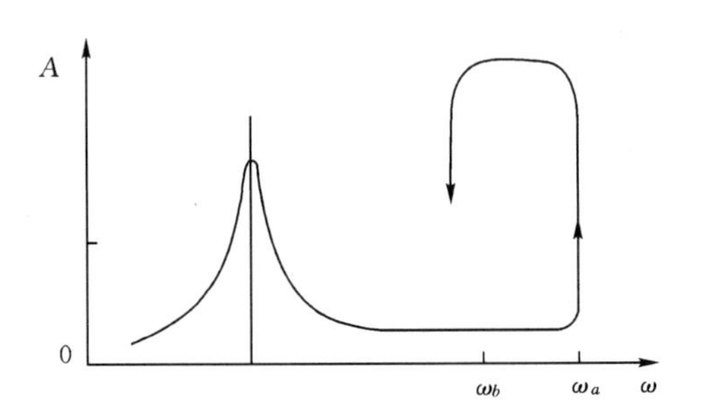


图 16-20　平衡的霍瑞模型(S=0.2)的“迟滞”现象

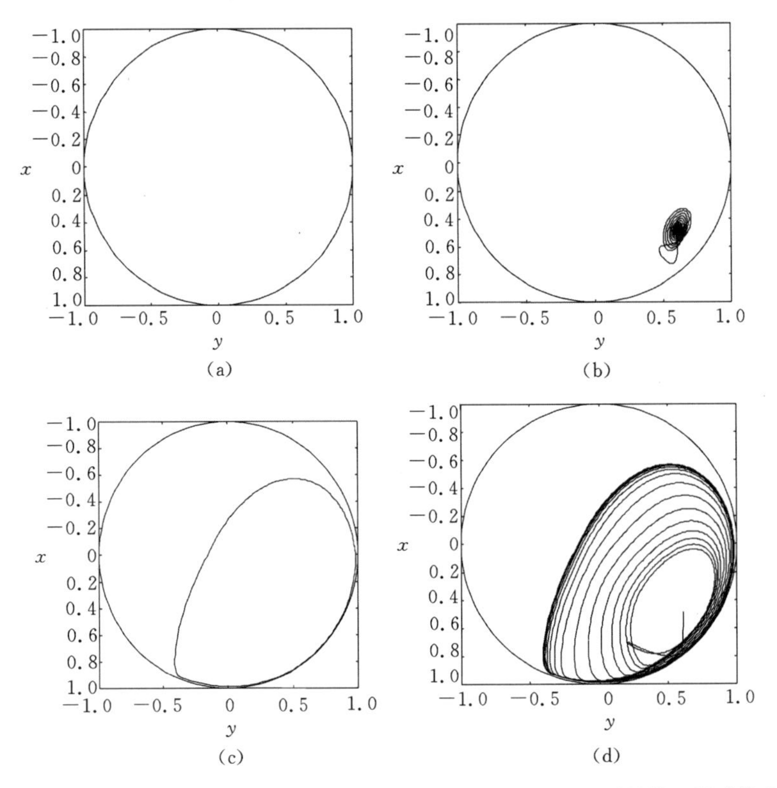


图 16-21　霍瑞轴承支承平衡转子系统(S=1.0)在 $\omega$=2.6 时的轴心涡动轨迹

### 16.5.4　不平衡轴承转子系统同步周期解的稳定性分岔规律

工程实际中,由于轴承转子系统总会存在一些残余不平衡量,因而不平衡轴承转子系统非线性动力特性的研究更加为人们所关注。传统的线性理论认为不平衡量不影响系统的稳定性，但实验和近年来的研究表明不平衡量对系统的影响是多方面的，一定条件下存在适当的不平衡量有益于系统的可靠运行。本节利用 16.2 节中介绍的稳定性分岔理论研究两个典型轴承转子系统受不平衡激励后的稳定性分岔规律。

**1. 霍瑞轴承支承转子系统($S$=1.2)**

该不平衡转子系统稳态解随参数 $\omega$ 和 $e$ 的分布变化规律示于图 16-22。

图中，$\omega_H^0$ 为相应平衡转子系统平衡点解的线性失稳转速；Ⅰ为满足周期解伪周期分岔的参数点集，称之为伪周期分岔集；Ⅱ为满足周期解倍周期分岔的参数点集，称之为倍周期分岔集；$e_{cr}$ 为伪周期分岔集Ⅰ与倍周期分岔集Ⅱ的偏心分界点。

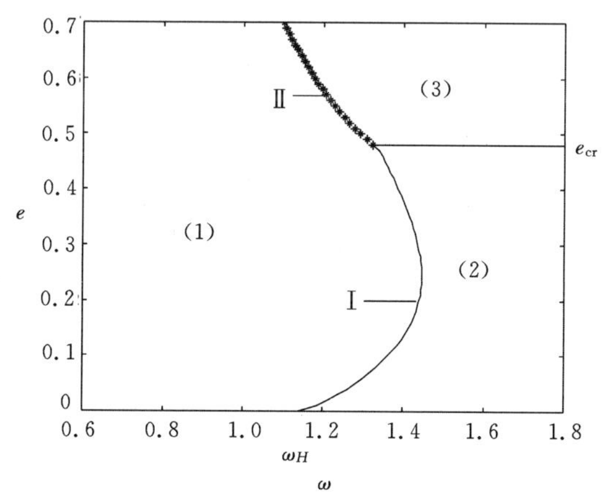


图 16-22　霍瑞轴承支承刚性不平衡轴承转子系统($S$=1.2)的稳定性分岔规律

其特征是由分岔集Ⅰ、Ⅱ及 $e=e_{cr}$ 将所研究的参数域分成三个区：(1)区为系统稳态同步周期解的稳定区；(2)区为系统同步周期解伪周期分岔产生的伪周期解参数区(此类区域中含有因“锁频”而产生的倍周期运动参数域，这里不再细分)；(3)区为系统同步周期解经倍周期分岔产生的倍周期解参数区。

由此可见不平衡量 $e$ 较小时，系统同步周期解的分岔表现为伪周期分岔；$e$ 较大时则表现为倍周期分岔，且随 $e$ 的增大，倍周期分岔点一致左移。下面分别以 $e$=0.2 和 $e$=0.65 为例进行分析：

1)$e=0.2$,$\omega$变化时同步同期解的分岔规律

此时,随$\omega$增大,区域(1)中的系统同步周期解将穿越伪周期分岔集I,进入伪周期解参数区(2)。表16-2给出了分岔点前后系统同步周期解弗洛凯乘子的变化规律。从中可见,有$\omega\approx1.439$时一对共轭的弗洛凯乘子同时穿出单位圆,说明系统同步周期解发生了伪周期分岔。图16-23给出了这一过程中系统在庞加莱截面上的分岔图,可以看出系统的同步周期解在$\omega=1.439$处失稳形成伪周期解,并随$\omega$的增大,在一定范围内($\omega\approx1.51\sim1.57$)锁频至一个稳定的$3T$周期解,而后回到伪周期运动,直至$\omega=1.73$时系统由于碰壁而绝对失稳。

**表16-2　$e=0.2$时系统同步周期解分岔点前后的弗洛凯乘子**

| $\omega$ | $\lvert\lambda\rvert_{max}$ | $\lambda_1,\lambda_2$ |
|---|---|---|
| 1.434 | 0.989 | $-0.375\pm0.915\,i$ |
| 1.436 | 0.993 | $-0.378\pm0.918\,i$ |
| 1.438 | 0.997 | $-0.381\pm0.922\,i$ |
| 1.440 | 1.002 | $-0.384\pm0.925\,i$ |

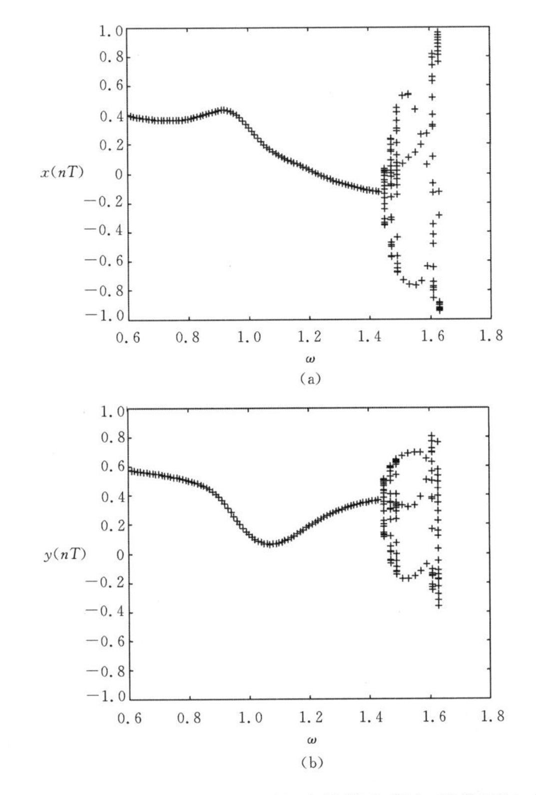


图16-23　$e=0.20$,$\omega=0.6.\sim1.8$时系统在庞加莱截面上的分岔图

上述演变过程中，系统的若干典型运动的稳态轴心轨迹、幅值谱及稳态解在庞加莱截面上的穿越点集见图16-24，这些计算结果验证了图16-22给出的此系统分岔规律的正确性。从频谱图上看，系统伪周期分岔产生伪周期解的频率特征表现为非0.5倍频低频分量的出现。而当伪周期解演化为$3T$周期解时，低频成分则锁定在1/3和2/3倍频上。

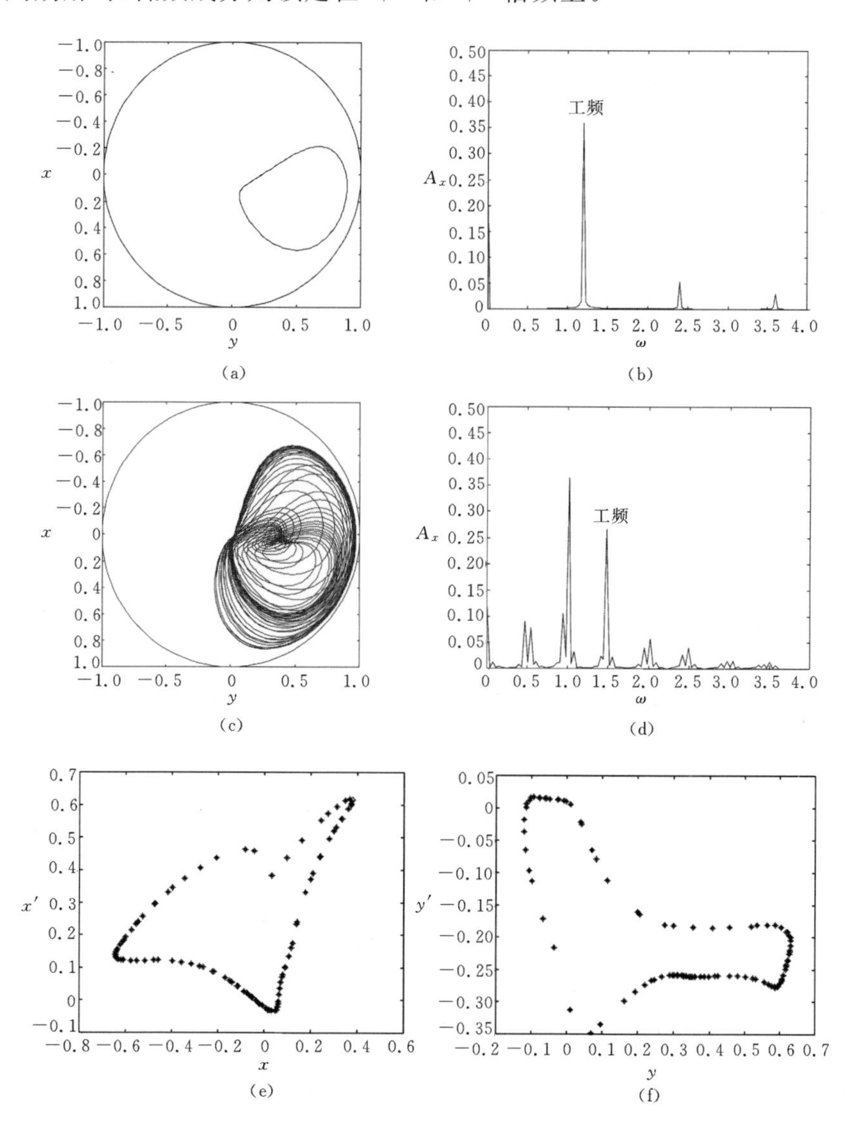


图16-24　$e=0.20$时系统($S=1.2$)的稳定性分岔规律

(a) $\omega=1.2$时的稳态同步周期解；(b) $\omega=1.2$时的幅值谱；
(c) $\omega=1.48$时的稳态伪周期解；(d) $\omega=1.48$时的幅值谱；
(e) $\omega=1.48$时伪周期解的庞加莱映射；(f) $\omega=1.48$时伪周期解的庞加莱映射；

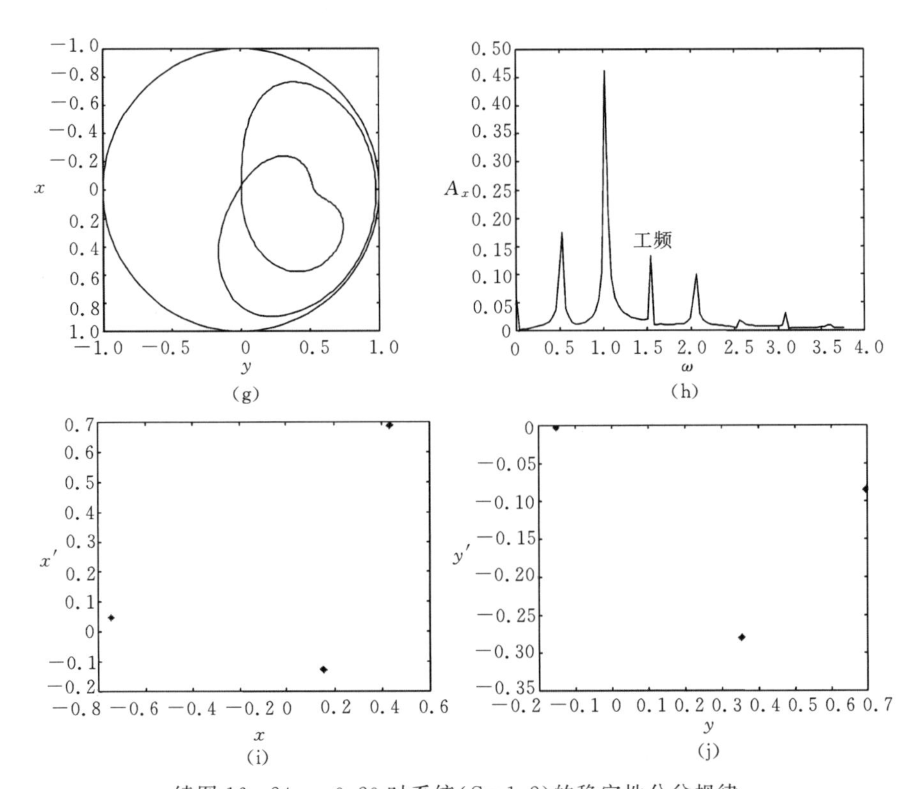


续图 16－24 $e=0.20$ 时系统($S=1.2$)的稳定性分岔规律

(g)$\omega=1.54$ 时的稳态 $3T$ 周期解；(h) $\omega=1.54$ 时的幅值谱；

(i)$\omega=1.54$ 时 $3T$ 周期解的庞加莱映射；(j)$\omega=1.54$ 时 $3T$ 周期解的庞加莱映射

2)$e=0.65$,$\omega$ 变化时同步周期解的分岔规律

对于这种不平衡量 $e$ 较大的情况，区域(1)中的系统同步周期解将穿越周期分岔集Ⅱ，进入倍周期解参数区(3)。表 16－3 给出了分岔点前后系统同步周期解弗洛凯乘子的变化规律；从中可见，在 $\omega=1.135$ 时有一个负实数的弗洛凯乘子在(－1,0)上率先穿出单位圆，证明系统同步周期解发生了倍周期分岔。图 16－25 则进一步给出这一过程中系统在庞加莱截面上的分岔图，可以看出系统的同步周期解在 $\omega=1.135$ 失稳形成倍周期解，并随着 $\omega$ 的增大，系统的倍周期解很快由于碰壁而绝对失稳。

表16-3　$e=0.65$时系统同步周期解分岔点前后的弗洛凯乘子的变化规律

| $\omega$ | $\lvert\lambda\rvert_{max}$ | $\lambda_1,\lambda_2$ |
|---|---|---|
| 1.130 | 0.935 | $-0.935\pm0.1\,i$ |
| 1.132 | 0.963 | $-0.963\pm0.0\,i$ |
| 1.134 | 0.988 | $-0.988\pm0.0\,i$ |
| 1.136 | 1.014 | $-1.014\pm0.0\,i$ |

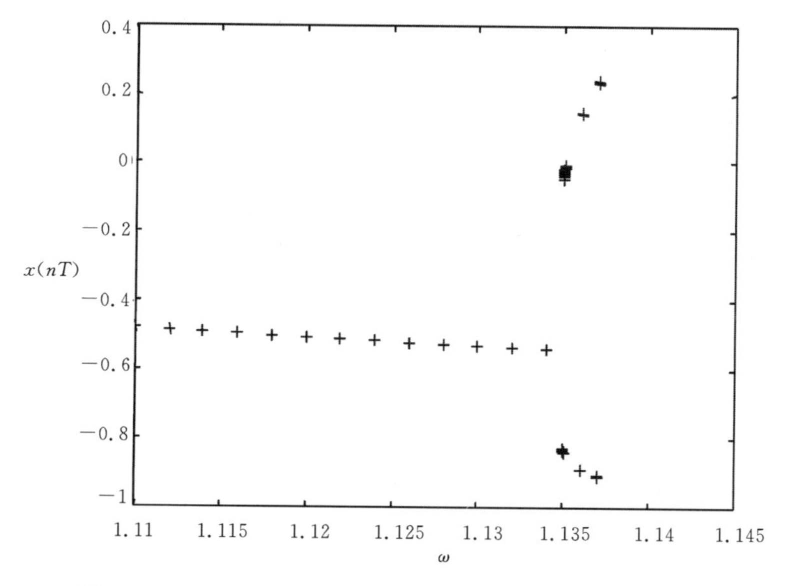


图16-25　$e=0.65$，分叉点前后系统在庞加莱截面上的分岔图

在上述演变过程中，系统分岔点前$\omega=1.0$的同步周期解及分岔后$\omega=1.136$的倍周期解的稳态轴心轨迹、幅值谱及暂态轴心轨迹见图16-26。应当指出，此处倍周期分岔后产生了两个稳定的$2T$周期解，其一由同步周期解轨道裂解产生(见图16-26(c))，其二则是系统新生成的$2T$周期解(见图16-26(c))，虽然在频谱图上它们都出现了0.5的倍频分量，但二者的频率成分的组成明显不同(见图16-26(d)，(f))。图16-26(g)，(h)给出的暂态轴心轨迹则进一步证实了这两个$2T$周期解的稳定性，此时不同的初始条件将导致系统收敛于不同的$2T$周期解，此种现象说明了油膜振荡的复杂性，同时也表明了系统发生油膜振荡时频率成分的可变性。

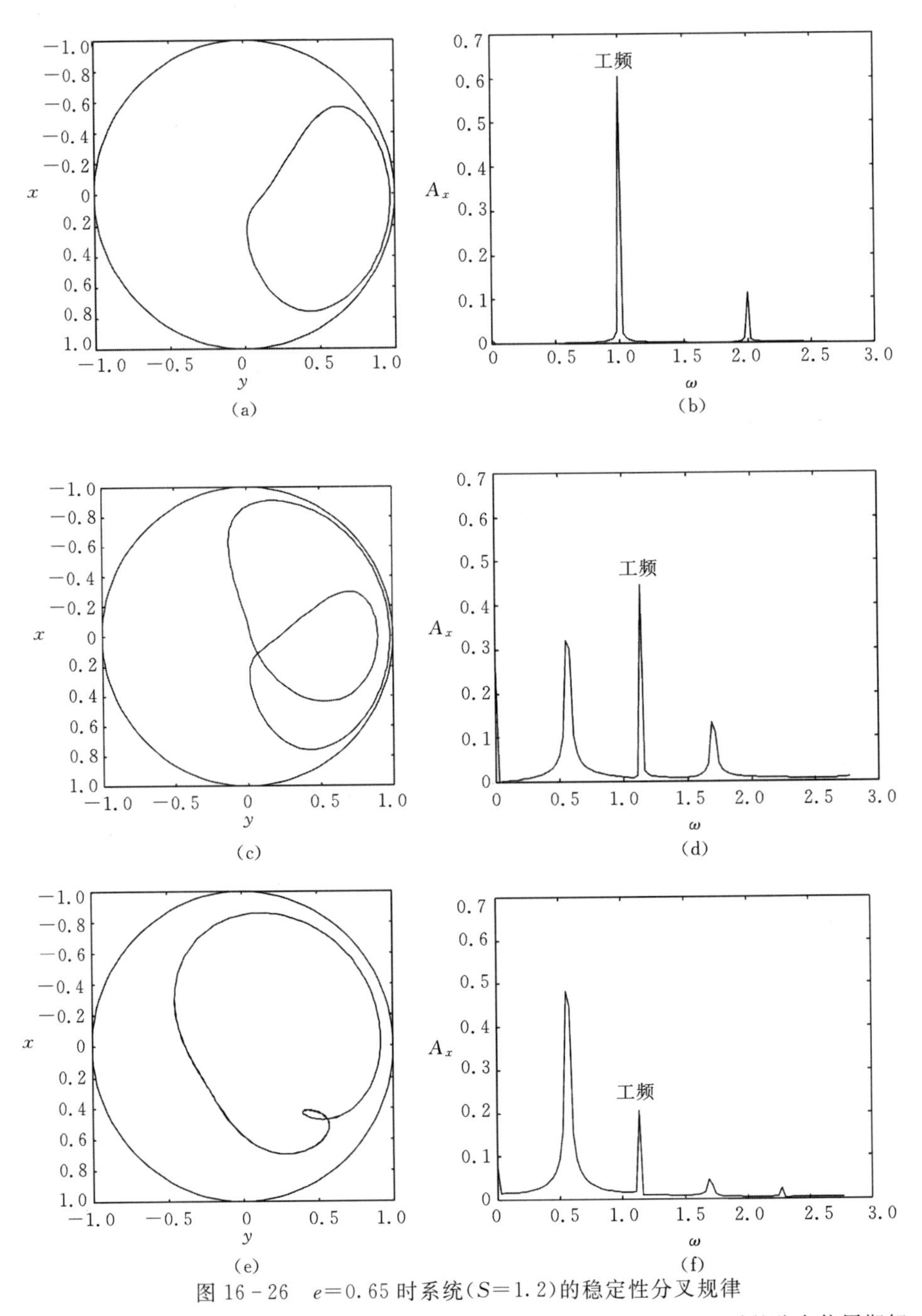


图 16-26 $e=0.65$ 时系统($S=1.2$)的稳定性分叉规律

(a)$\omega=1.0$ 时的稳态同步周期解；(b)$\omega=1.0$ 时的幅值谱；(c) $\omega=1.136$ 时的稳态倍周期解；(d) 相应于(c)的幅值谱；(e) $\omega=1.136$ 时的另一个稳态倍周期解；(f) 相应于(e)的幅值谱；

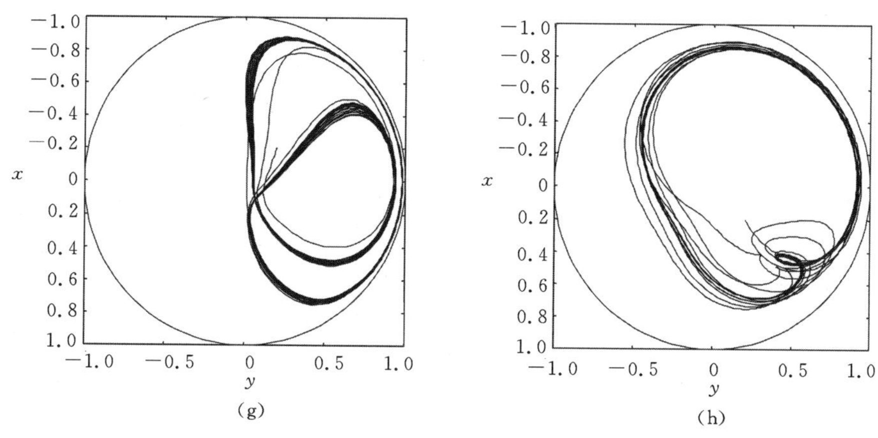


续图 16-26 $e=0.65$ 时系统($S=1.2$)的稳定性分叉规律

(g)$2T$ 周期解的瞬态轨迹;(h)$2T$ 周期解的瞬态轨迹

**2. 帕金斯轴承转子系统($S=1.0$)**

对于宽径比较大的刚性轴承转子系统($S=1.0$,$B/D=1.0$),我们分别采用帕金斯无限宽轴承油膜力模型,对其稳定性分岔规律进行了对比计算,其系统稳态解随参数 $\omega$ 和 $e$ 的分布变化规律分别示于图 16-27。图中,$\omega_H^0$ 为相应平衡转子系统平衡点解的线性失稳转速;Ⅰ为满足周期解伪周期分岔的参数点集,称之为伪周朗分岔集;Ⅱ为满足周期解倍周期分岔的参数点集,称之为倍周朗分岔集;$e_{cr}$ 为伪周期解分岔集Ⅰ与倍周期解分岔集Ⅱ的偏心分界点。

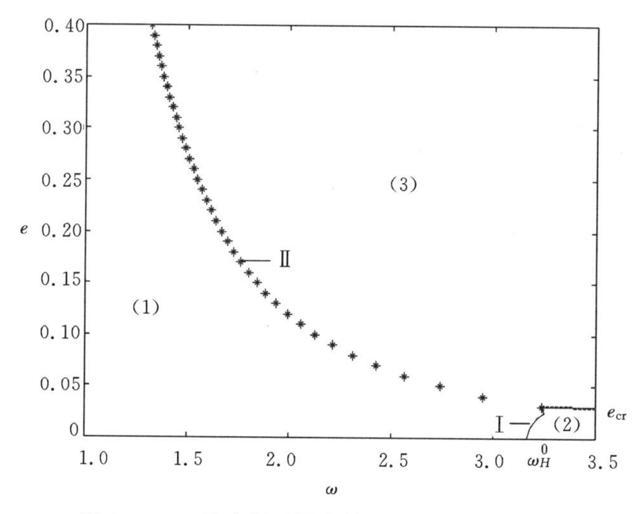


图 16-27 帕金斯无限宽轴承支承刚性转子系统($S=1.0$,$B/D=1.0$)的稳定性分岔规律

与霍瑞轴承支承转子系统相比,它们的定性规律有以下一致之处:

①均由分岔集Ⅰ,Ⅱ及 $e=e_{cr}$ 将所研究的参数域分成三个区:(1)区为系统稳态同步周期解存在的区域;(2)区为系统同步周期解经伪周期分岔产生的伪周期解参数区;(3)区为系统同步周期解经倍周期分岔产生的倍周期解参数区。

② $e$ 较小时,同步周期解的分岔均表现为伪周期分岔;$e$ 较大时,同步周期解的分岔均表现为倍周期分岔,且随 $e$ 的增大,倍周期分岔点均左移,即增大 $e$ 将使系统同步周期解的失稳转速下降。

两种系统稳定性分岔规律的不同之处,主要在于两种系统各个分岔集、参数域的位置和形状均存在一定差异。帕金斯轴承支承转子系统($S=1.0$)同步周期解失稳分岔后,若干典型伪周期及倍周期稳态解运动轨迹及其在庞加莱截面上的穿越点集见图 16-28,计算结果验证了图 16-27 给出的系统稳定性分岔规律的正确性。

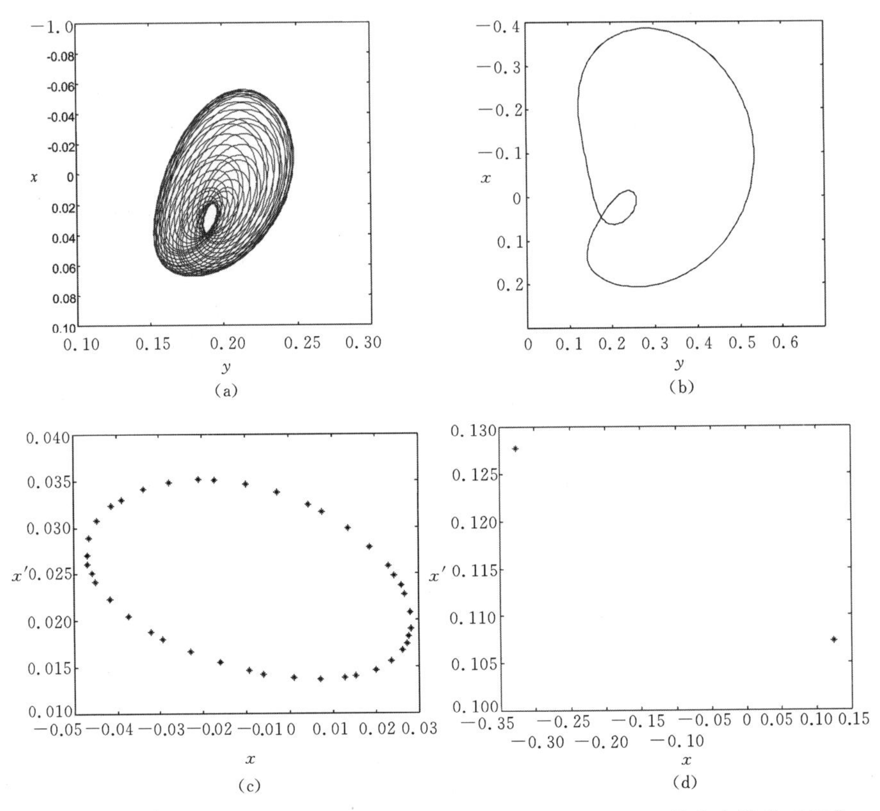


图 16-28 帕金斯模型支承刚性转子系统($S=1.0$,$B/D=1.0$)的稳定性分叉规律

(a) $e=0.02$,$\omega=3.22$ 时的稳态伪周期解;(b) $e=1.10$,$\omega=2.13$ 时的稳态倍周期解;(c)稳态伪周期解的庞加莱映射;(d)稳态倍周期解的庞加莱映射;

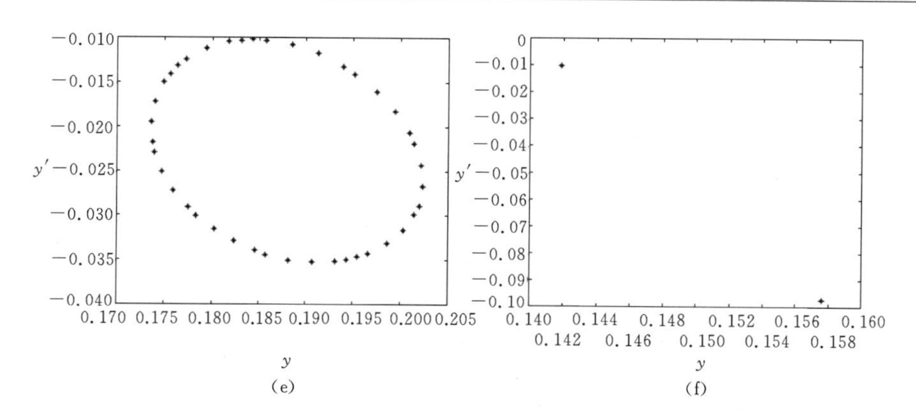


续图 16-28　帕金斯模型支承刚性转子系统($S=1.0,B/D=1.0$)的稳定性分叉规律
(e) 稳态伪周期解的庞加莱映射；(f) 稳态倍周期解的庞加莱映射

### 16.5.5　平衡轴承转子系统自激振动的全局性态分析

前面分别对平衡及不平衡轴承转子系统在帕金斯及霍瑞两种轴承模型下的分岔稳定性问题进行了较为详细的局部分析，得到了它们随转速 $\omega$ 变化时的分岔及稳定性变化规律。但这里的问题并未完全解决，因为在同一个转速 $\omega$ 时，系统的周期解可能不止一个，而系统到底以哪一个解运动则取决于系统的初始条件，为此必须研究初始条件对系统解的影响，即求出系统各解的吸引域。这是局部分析力所不及的，必须借助于前面介绍的全局分析方法。

本小节以帕金斯模型下的平衡轴承转子系统($S=1.0,e=0$)为例，用庞加莱型胞映射方法对其自激振动的全局性态进行分析。下面将应用庞加莱型胞映射方法分析此模型的具体做法作一简单介绍：此系统可以用 $e=0$ 时的式(16-94)表示，它代表的是四维状态空间中的自治系统，其周期稳态解在四维状态空间中的封闭轨道必通过 $x_3=0$ 及 $x_4=0$ 这二个三维超截面。这是因为 $x_3,x_4$ 分别是 $x_1,x_2$ 的速度这一特点所决定的，为此，

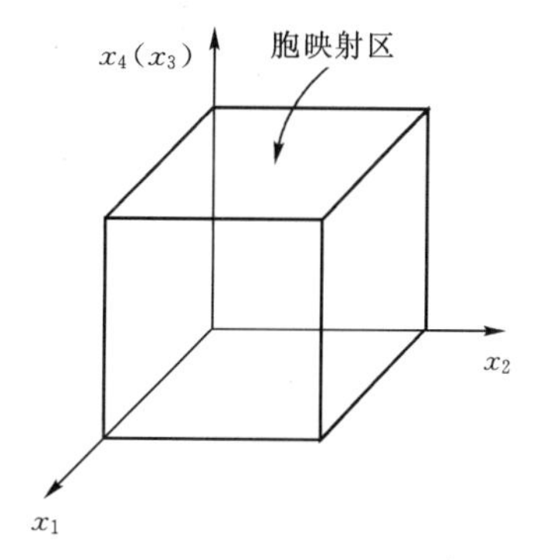


图 16-29　$x_3=0$ 或 $x_4=0$ 截面上的胞空间

将庞加莱型胞映射法中的庞加莱超截面取为 $x_3=0$ 或 $x_4=0$，并选取适当的范围，即得到坐标轴为 $x_1,x_2,x_3$ 或 $x_1,x_2,x_4$ 的三维长方体，如图 16-29 所

示,这样即可在其上进行胞映射分析。

**1. 系统霍普夫分岔后典型自激振动“极限环”在单个庞加莱截面上的全局分析($\omega=3.3$)**

对 $S=1.0$ 时采用帕金斯轴承模型的平衡轴承转子系统,前面的局部分析已经表明系统将转速 $\omega=3.164\ 23$ 处经霍普夫分岔产生“极限环”,并在$\omega=3.772\ 95$ 处发生二次分岔(倍周期分岔)而产生 $2T$ 周期解,这里选取 $\omega=3.3$ 来考察系统的全局性态。

首先在四维状态空间中 $x_4=0$ 这个超截面 $\Sigma$ 上取

$$\begin{cases}0.01<x_1<0.17\\0.00<x_2<0.16\\0.044\ 509\ 8<x_3<0.047\ 450\ 8\end{cases}\tag{16-95}$$

的区域 $D_1$ 作为研究对象,将其离散为 $102\times102\times3$ 共 21 212 个胞组成的胞空间进行分析,得到了代表系统 $T$ 周期解的四个平衡胞及其五步吸引域,如图 16-30 所示。通过对它们的分析可以得到以下几点结论:

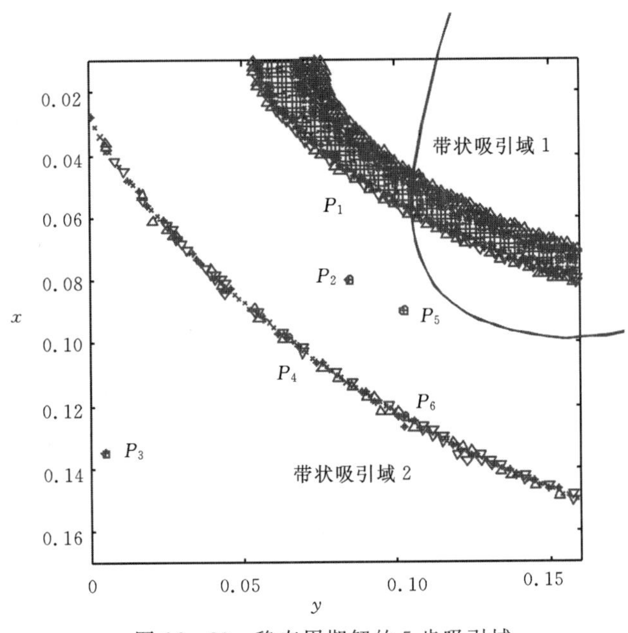


图 16-30 稳态周期解的 5 步吸引域
(周期胞;吸引域:+—1 步,×—2 步,*—3 步,▽—4 步,Δ—5 步)

(1) 在 $T$ 周期解庞加莱截面穿越点的邻域内,其吸引域成带状,所以系

统运动在通过此 $\Sigma$ 截面时，受扰运动的衰减将具有明显的方向性：沿带状区域方向的扰动迅速衰减，而垂直于此方向的扰动则衰减得最慢。$P_1$，$P_2$ 点分别代表大小相同、沿着带状区域方向的两个扰动，由图 16－31(a)和(b)可以看出由 $P_2$ 出发的受扰运动远比从 $P_1$ 出发的受扰运动衰减得慢。

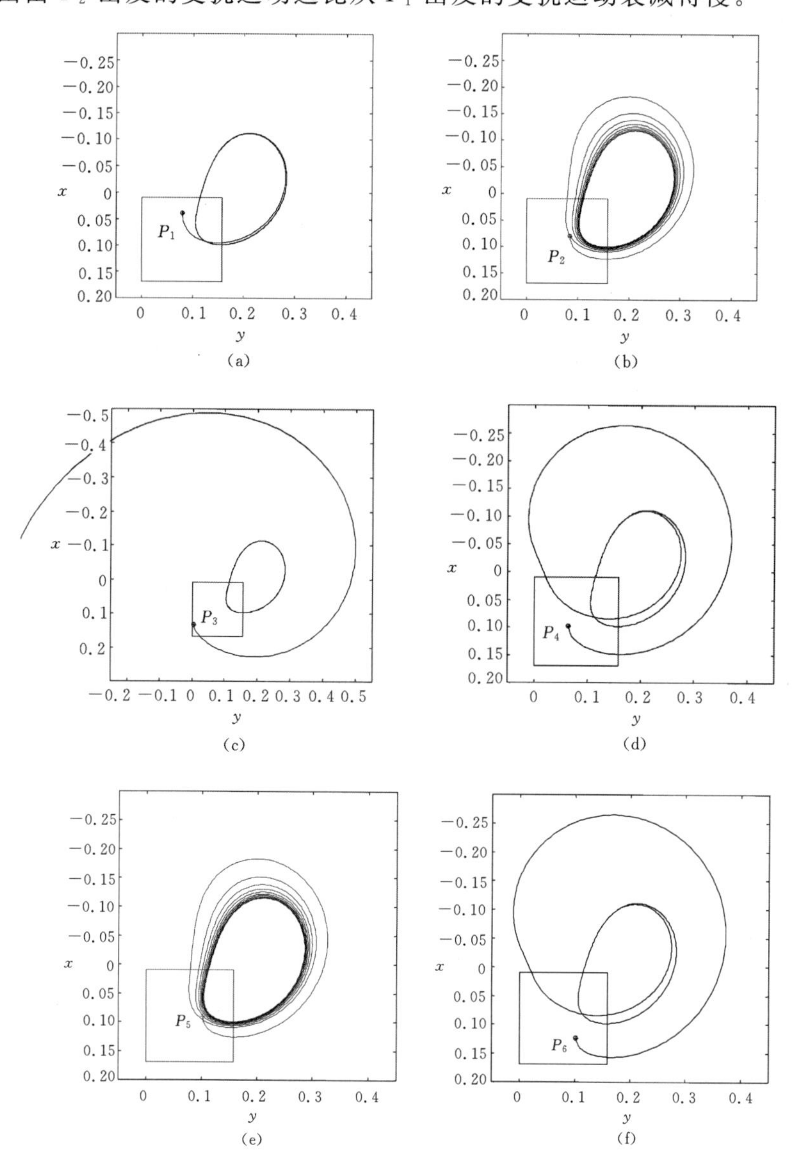


图 16－31 平衡轴承转子系统霍普夫型 $T$ 周期解的胞映射分析($\omega=3.3$)

(a)从 $P_1$ 点出发的瞬态轨迹；(b)从 $P_2$ 点出发的瞬态轨迹；(c)从 $P_3$ 点出发的瞬态轨迹；(d)从 $P_4$ 点出发的瞬态轨迹；(e)从 $P_5$ 点出发的瞬态轨迹；(f)从 $P_6$ 点出发的瞬态轨迹

(2)在 $T$ 周期解庞加莱截面穿越点处带状吸引域外，存在一条反次序的带状吸引域 2。其特点是最外层为 2 步吸引域，向内依次为 3,4,5 步吸引域，且最外层的 2 步吸引域中夹杂着一些 3,4,5 步吸引域胞，再向外则均无条件发散。图 16-30 中，$P_3$ 点为此带状吸引域 2 外任一点。图 16-31(c)给出了其数值模拟的发散轨迹；$P_4$ 为此带状吸引域 2 内任一点。图 16-31(d)给出了其数值模拟的收敛轨迹，与主带状吸引域中 $P_1$,$P_2$ 点的收敛轨迹图(图 16-31(a),(b))比较可见，它们的收敛方式是不同的。同时，由于这一反次序带状吸引域的存在，此时系统的受扰运动表现出更加复杂的特性：系统的 $T$ 周期运动在同一位置受到同一方向不同大小的扰动时，小扰动的衰减可以比大扰动还慢；图 16-30 中 $P_5$,$P_6$ 点代表同一方向的大小不同的两个扰动，$P_6$ 点代表的扰动比 $P_5$ 点大，但它却属于比 $P_5$ 更小步数的吸引域，故此 $P_6$ 点的扰动比 $P_5$ 点收敛得更快，如图 16-31(e),(f)所示。这就表明：系统出现“极限环”解后，在同一位置、同一方向受到大小不同的冲击时也有可能具有不同的衰减速率。

**2. 系统霍普夫分岔后典型自激振动“极限环”在不同庞加莱截面上的全局分析($\omega=3.3$)**

仍选取 $\omega=3.3$，当庞加莱超截面 $\Sigma$ 取在 $T$ 周期解的不同位置时，计算得到的系统 $T$ 周期解在 $\Sigma$ 截面上穿越点邻域内的吸引域均具有带状特征，但“带”的方向却并不相同。图 16-32 分别给出了 $T$ 周期解在其轴心轨迹的最左($x_4=0$ 正向穿出)、最右($x_4=0$ 负向穿出)、最上($x_3=0$ 正向穿出)、最下($x_3=0$ 负向穿出)四个庞加莱截面上 1 步吸引域的图示。可以看出，此带状吸引域作与轴心轨迹同周期同方向为系统受扰运动的最慢衰减方向，则系统 $T$ 周期解受扰运动的最快及最慢衰减方向均随系统的周期性运动而周期性改变，也就是说对于同样大小方向的扰动而言，系统受扰运动的衰减规律将随扰动作用时系统所处极限环上位置的不同而不同，且具有和系统此时周期运动同周期的变化规律。

众所周知，对数衰减率常被用来衡量系统的稳定性裕度，但由上面的分析计算可以看出：对于非线性平衡轴承转子系统，对数衰减率将和系统周期运动的轨迹发生关系，而不再能简单地用来衡量系统的稳定性裕度。长期以来，工程及实验中常用敲击法测量系统的对数衰减率，且发现在高转速时测得值离散度很大。以前人们总将这一现象归结于测量条件，而由上面的分析可看出这正是轴承转子系统非线性本质的表现：因为高转速时系统具有一定的轴心轨迹，而测量者无法使每次敲击系统总处于其周期轨迹的同一位置，这样即使敲击方向及大小均不变，测得的受扰运动也将具有不同的衰减速度，即不同的对数衰减率。因此，人们有必要考虑建立更适用于非线性轴承-转子系统的稳定性及稳定性裕度准则。

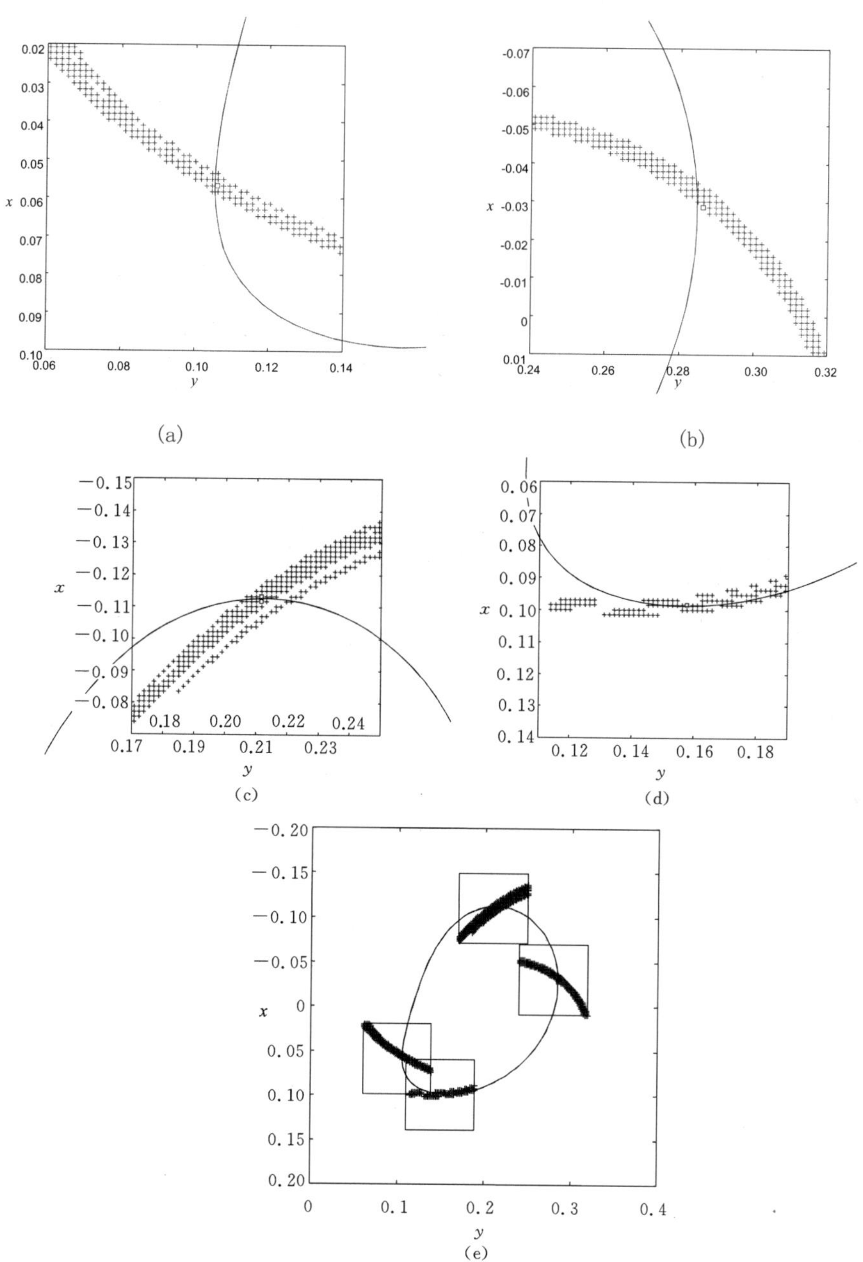


图 16-32　帕金斯无限宽轴承支承平衡转子系统霍普夫型 $T$ 周期解在不同庞加莱截面上的胞映射分析($\omega$=3.3)

(a)左截面($x_4=0$ 正向穿出)上的1步吸引域；(b) 右截面($x_4=0$ 负向穿出)上的1步吸引域；(c)上截面($x_3=0$ 负向穿出)上的1步吸引域；(d) 下截面($x_3=0$ 正向穿出)上的1步吸引域；(e) 不同庞加莱截面上的1步吸引域

### 3. 系统二次分岔(倍周期分岔)后自激振动的全局分析

取 $\omega=3.8$ 进行分析,在四维状态空间中 $x_4=0$ 这个超截面上取

$$\begin{cases}-0.09<x_1<-0.01\\-0.02<x_2<0.06\\0.05<x_3<0.1\end{cases}\tag{16-96}$$

的区域 $D$ 作研究对象,将其离散为 51×51×51 共 132 651 个胞组成的胞状态空间,进行胞映射分析,从中求出 5 个周期胞。其中之一是一个孤立的平衡胞,经考察发现它代表了通过它的一个 $T$ 周期稳态解;其余 4 个为一个 $P$—4 周期运动的 4 个周期胞,并形成了两个周期胞核,进一步的研究发现它们代表了实际存在的一个 $2T$ 周期稳态解,如图 16-33(a)所示。在 $D$ 上作一垂直于 $x_3$ 轴且过求得的平衡胞的截面,则上述两种周期解的一步吸收域被该截面所截得形状如图 16-33(b)所示。从这两种周期运动在该截面上的吸引域中各选一点 $P_1$ 和 $P_2$,考察其暂态运动过程,发现 $P_1$ 确实收敛于它所对应的 $T$ 周期运动,而 $P_2$ 也确实收敛于它所对应的 $2T$ 周期运动,如图 16-33(c),(d)所示,从而证实了计算的正确性。

应当指出,由于此时系统同时存在不稳定的 $T$ 周期解和稳定的 $2T$ 周期解,因而使得:①$2T$ 周期解吸引域的形状远比系统仅存在一个周期解时周期解的吸引域复杂得多;②不稳定 $T$ 周期解的吸引域表现为状态空间的离散点,而稳定 $2T$ 周期解的吸引域则为状态空间中的密实区域,由图 16-33(e)给出的 8 步吸引域可以看出,稳定的 $2T$ 周期解已连成密实的区域,而不稳定的 $T$ 周期解的吸引域则仍表现为状态空间中的离散点。

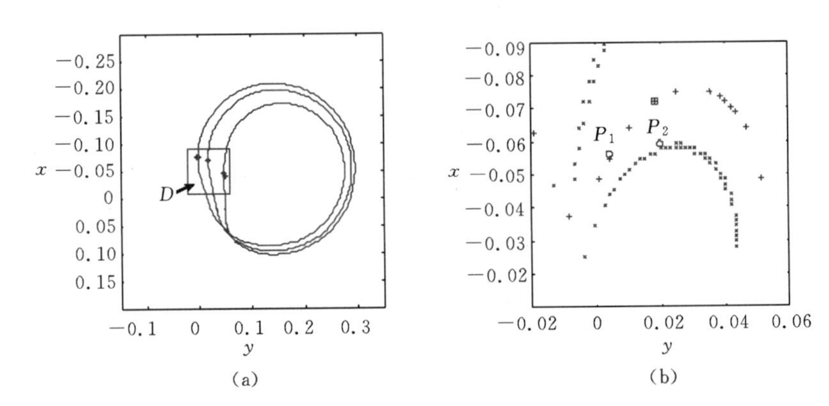


图 16-33 平衡轴承转子系统霍普夫型 $2T$ 周期解的胞映射分析($\omega=3.3$)

(a)平衡胞核与周期运动对应;

(b)周期运动的 1 步吸引域(□—周期胞;+—$T$ 周期解,×—$2T$ 周期解);

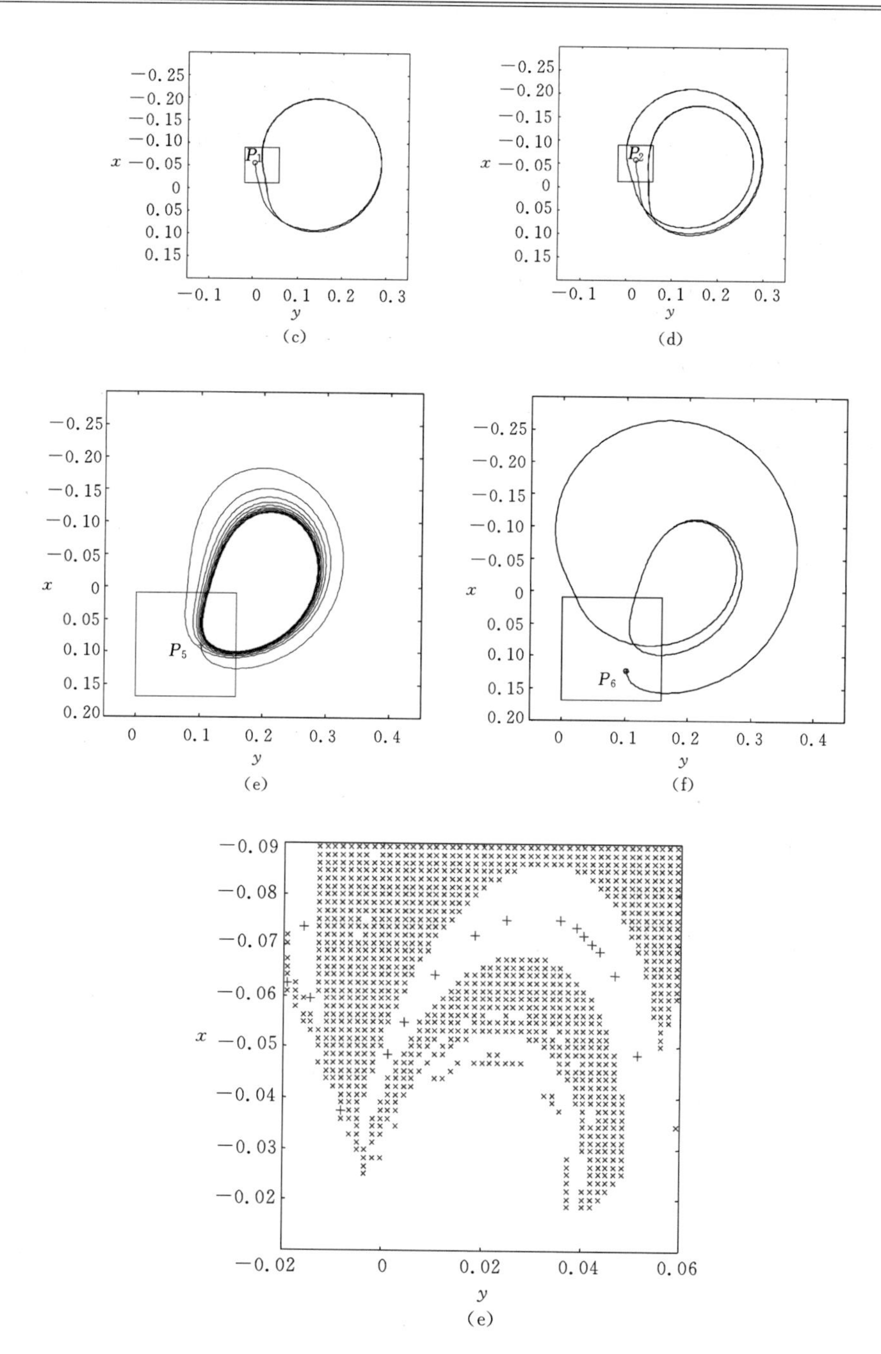


续图 16-33　平衡轴承转子系统霍普夫型 $2T$ 周期解的胞映射分析($\omega=3.3$)

(c)$P_1$ 点的瞬态轨迹；(d)$P_2$ 点的瞬态轨迹；

(e)周期运动的 8 步吸引域（+—$T$ 周期解 8 步吸引域；×—$2T$ 周期解 8 步吸引域）

为说明全局分析的实际意义,我们来研究冲击对系统最终运动状态的影响。首先在 $D$ 上作一垂直于 $x_2$ 轴且过求得的平衡胞的截面,两种周期解的 1 步吸收域被该截面所截得的形状如图 16-34(a)所示。从这两种周期运动在该截面上的吸收域中各选一点 $P_3$ 和 $P_4$,并使其具有相同的 $x_1$ 值,考察它们的暂态运动过程,发现 $P_3$ 确实收敛于它所对应的 $T$ 周期运动,而 $P_4$ 也确实收敛于它所对应的 $2T$ 周期运动,如图 16-34(b),(c)所示。因 $P_3$ 和 $P_4$ 具有相同的位置坐标 $(x_1,x_2)$,故上述两个暂态运动过程对应于轴心在 $(x_1,x_2)$ 处受到不同大小向下冲击时发生的情况,如图 16-34(d)所示。在这种情况下,随冲击大小的不同,系统最终收敛于不同的稳定状态。这种现象在实验中被发现过,这里的分析揭示了其非线性本质。

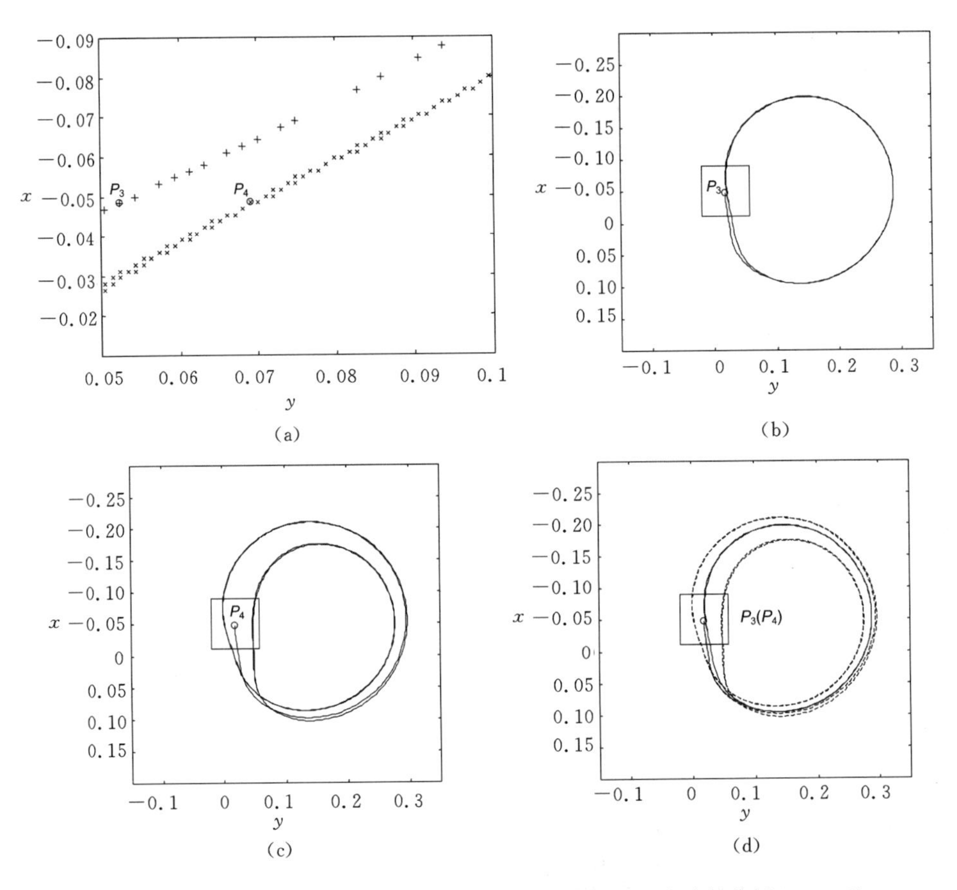


图 16-34　平衡轴承-转子系统霍普夫型 $2T$ 周期解的胞映射分析($\omega=3.8$)

(a)周期运动的 1 步吸引域(+—$T$ 周期解,×—$2T$ 周期解);(b)$P_3$ 点的瞬态轨迹;(c)$P_4$ 点的瞬态轨迹;(d) $P_3$ 和 $P_4$ 点的瞬态轨迹的叠加

### 16.5.6 不平衡轴承转子系统的全局性态分析

上节对平衡轴承转子系统的非线性全局性态进行了分析，并得到了一些有趣的现象和结论。但对于实际的轴承转子系统而言，残余不平衡量总不可能完全消除，因此研究不平衡轴承转子系统的非线性全局性态更具有实际意义。本节采用的模型仍为帕金斯模型下的不平衡轴承转子系统（$S=1.0$，$e=0.2$），它可以用 $e=0.1$ 时的式(16-94)表示。

**1. 不平衡轴承转子系统在单个庞加莱截面上的全局分析($\omega=2.1$)**

首先，将 $x_4=0$ 时的四维状态空间作为庞加莱截面 $\Sigma_{\theta_0}|_{\theta_0=0}$，再在此庞加莱截面上选取包含系统稳态 $T$ 周期解在其上的穿越点的区域 $D$：

$$\begin{cases}-0.11<x_1<-0.03\\0.17<x_2<0.25\\0.1795<x_3<0.1815\\-0.0593<x_4<-0.0573\end{cases}\tag{16-97}$$

作为研究对象，将其离散为 51×51×3×3 共 23 409 个胞组成的胞空间。应用庞加莱型胞映射方法进行分析，从中求得了由一个 $P-1$ 周期胞及两对 $P-2$ 周期胞共 5 个胞构成的一个不平衡胞核，与系统此时的 $T$ 周期解正好对应，因而它就代表了系统此时的 $T$ 周期解，如图 16-35(a)所示。图 16-35(b)给出的则是这 5 个周期胞的 5 步吸引域，此 5 步吸引域也具有明显的带状特征，这与平衡轴承-转子系统中得到的结论一致。这种带状特征表明系统受扰运动的衰减具有明显的方向性：沿带状区域方向的扰动迅速衰减，而垂直于此方向的扰动则衰减得最慢。$P_1$，$P_2$ 点分别代表大小相同，沿着带状区域方向及垂直带状区域方向的两个位移扰动，$P_1$ 属于 1 步吸引域，而 $P_2$ 属于步数较高的吸引域。由图 16-35(c)，(d)给出的数值模拟可以看出：由 $P_2$ 出发的衰减运动远比从 $P_1$ 点出发的受扰运动衰减得慢，同时也验证了本章计算的正确性。另外，与平衡轴承转子系统不同的是：①不平衡轴承转子系统的偶数步吸引域在带子的一边，奇数步吸引域则在“带子”的另一边，而平衡轴承转子系统的吸引域依次分布在“带子”的两边；②主带状吸引域外不存在反次序的带状吸引域 2。

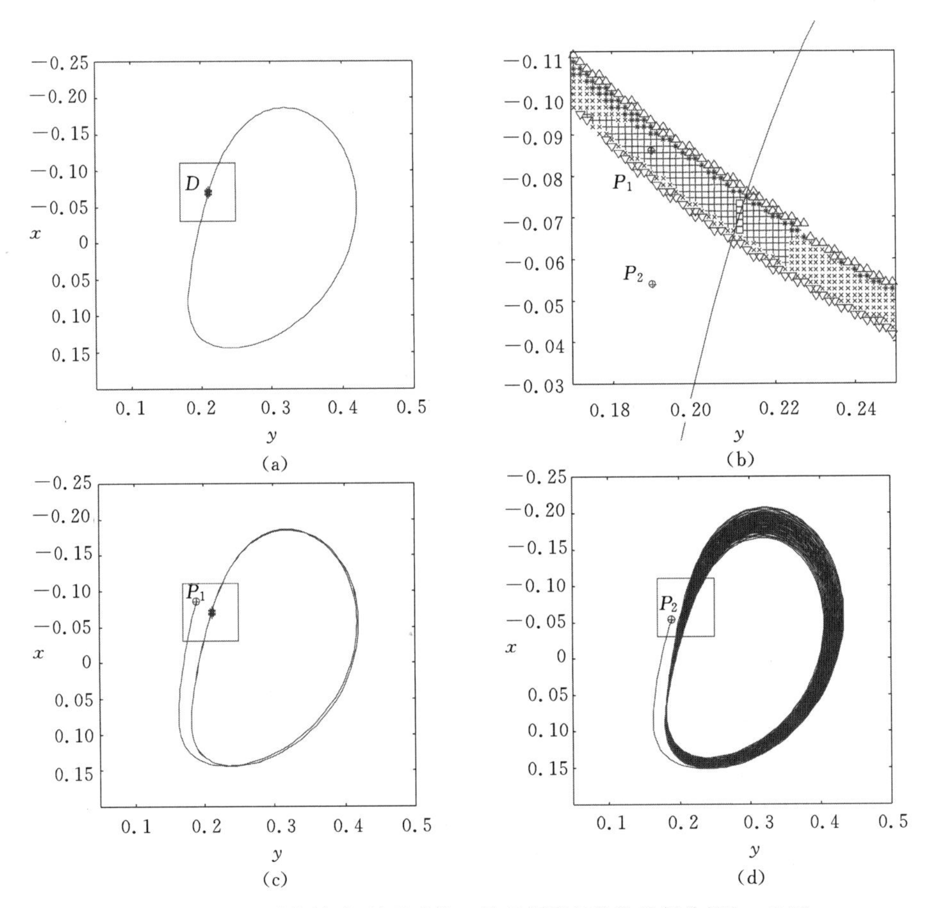

图 16-35 不平衡轴承-转子系统工频 $T$ 周期解的胞映射分析($\omega=2.1$)

(a)平衡胞核与工频 $T$ 周期解对应;(b)工频 $T$ 周期解的 5 步吸引域(□—周期胞;吸引域:+—1 步;×—2 步;*—3 步;▽—4 步;Δ—5 步);(c) $P_1$ 点的瞬态轨迹;(d) $P_2$ 点的瞬态轨迹

**2. 不平衡轴承转子系统在不同庞加莱截面上的全局分析($\omega=2.1$)**

$\omega$ 依次取 $\tau=0,\tau=\pi/2,\tau=\pi,\tau=3\pi/2$ 时的四维状态空间作为庞加莱截面,用庞加莱型胞映射方法进行分析。图 16-36 所示为非自治系统 $T$ 周期解在 $\tau=0,\tau=\pi/2,\tau=\pi,\tau=3\pi/2$ 共四个庞加莱截面上的 5 步吸引域在过各自平衡胞核中心且同时垂直于 $x_3$ 及 $x_4$ 截面上的形状,可以看出此带状吸引域作与轴心轨迹同周期同方向的逆时针旋转。因此,非自治系统 $T$ 周期解受扰运动的衰减规律亦类似于自治系统,即随扰动作用时系统所处极限环上位置的不同而不同,且具有和系统此时周期运动同周期的变化规律。

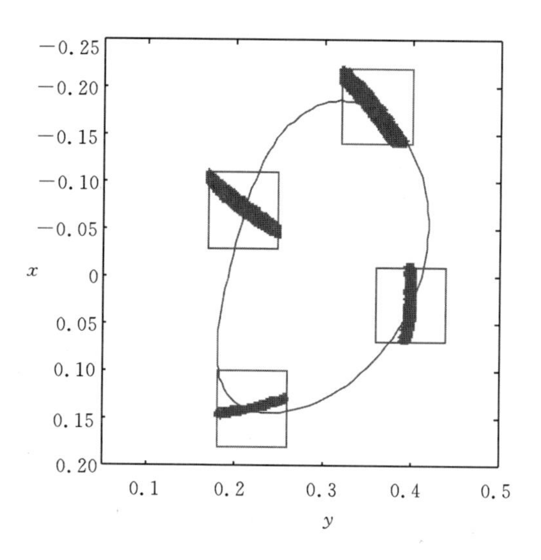


图16-36　不平衡轴承转子系统工频 $T$ 周期解在不同庞加莱截面上的5步吸引域($\omega=2.1$)

由上面的分析计算可看出:无论是对非线性平衡轴承转子系统,还是对于非线性不平衡轴承转子系统,只要其轴心具有一定的轴心轨迹,那么它受扰运动的衰减将和系统周期运动的轨迹发生关系,受扰时系统处在不同的位置,就将具有不同衰减率。这就进一步说明了,采用敲击法测量轴承转子系统对数衰减率时离散度大是系统非线性本质决定的。

### 16.5.7　小结

本节采用CPNF法、数值模拟、庞加莱型胞映射法等多种方法对一个简单的非线性轴承转子系统进行了研究,揭示了其非线性运动的一般规律。同时,可以看到这里使用的多种分析方法只是众多非线性求解方法中的代表;非线性分析方法如此之多,正好说明非线性振动研究远远没有完善,迄今为止还没有一个通用方法可供普遍应用,解决实际问题往往需要同时使用多种方法,以求相互补充和取长补短。

## 参考文献

[1]　Iooss G, Joseph D D. Elementary stability and Bifurcation Theory[M]. New York: Springer-Verlag, 1980.

[2] Lund J W,Saibel E. Oil-Whip While Orbits of a Rotor in Sleeve Bearing [J]. Journal of Engineer Industry,ASME,1967,89.

[3] Lund J W,Nielson H B. Instability Threshold of an Unbalanced,Rigid Rotor in Short Journal Whirling[J]. Vib in Rotating Mach,I Mach E,1980.

[4] Gunter E J,Hamphris R R,Springer H. Influence of Unbalance on the Nonlinear Dynamical Response and Stability of Flexible Rotor Bearing System. Rotor Dynamical instability[C]. ASME,1983.

[5] 霍瑞. A Theory of Oil Whip[J]. J Appl Mech,ASME,1959,81.

[6] 凌复华. 非线性振动系统周期解的数值分析[J]. 应用数学和力学,1983,4.

[7] Nayfeh A H,Mook D T. Nonlinear Oscillations[M]. New York:Wiley-Inter science,1986.

[8] Pinkus O,Sternlioht B. Theory of Hydrodynamic Lubrication[M]. New York:McGrow-Hill,1961.

[9] HSU C S. A Theory of Cell-to-Cell Mapping Dynamic System[J]. J Appl Mech,1980,47.

[10] HSU C S. An Unraveling Algorithm for Global Analysis of Dynamical System:An Application of Cell-to-Cell Mapping[J]. J Appl Mech,1980,47.

[11] Levitas J,Weller T,Singer J. Poincare-Like Simple Cell Mapping for Nonlinear Dynamical System[J]. Journal of sound and Vibration, 1994. 116 (10).

[12] 刘恒,陈绍订. 非线性全局特性分析的 PCM 法及其在轴承转子系统中的应用[J]. 应用力学学报,1995,12 (9).

[13] Fey R H B,Van Campen D H,de Kraker A. Long Term Structural Dynamics of Mechanical Systems with local Nonlinearities[J]. Journal of Vibration and Acoustics,1996,118.

[14] Sundararajan P,Noah S T. Dynamic of Forced Nonlinear System Using Shooting/Arclength Continuation Method-Application to Rotor Systems [J]. Journal of Vibration and Acoustics,1997,119.

[15] 季海波,武际可. 分岔问题及其数值方法[J]. 力学进展,1993,23.

[16] 张欢,陈绍订. 轴承转子系统的分岔行为研究[J]. 应用力学学报,1994,11.

[17] Ehrich F. Nonlinear Phenomena in Dynamic Respinse of Rotor in Anisotropic Mounting System[J]. Transaction of the ASME,1995,119.

# 索　引